普通高等教育农业部“十二五”规划教材

羊生产学

第2版

张英杰　主编

中国农业大学出版社
·北京·

内 容 简 介

本书结合当前国内外养羊业生产实际，在力求科学、先进、实用的基础上，经过编者的共同努力，编写了此书。全书共10章，主要内容包括养羊业概况，养羊业的主要产品，绵、山羊品种，羊的遗传育种，羊的繁殖技术，羊的营养需要与日粮配制，羊的饲养管理，羊的育肥技术，奶山羊业和羊场建设与环境控制，并附实验指导7个，同时每章还附相应的复习思考题。

图书在版编目(CIP)数据

羊生产学/张英杰主编．—2版．—北京：中国农业大学出版社，2015.1(2023.11重印)

ISBN 978-7-5655-1153-0

Ⅰ.①羊…　Ⅱ.①张…　Ⅲ.①羊-饲养管理　Ⅳ.①S826

中国版本图书馆CIP数据核字(2014)第300438号

书　　名　羊生产学　第2版

作　　者　张英杰　主编

策划编辑　张　程　潘晓丽　　**责任编辑**　田树君

封面设计　郑　川　李尘工作室　　**责任校对**　王晓凤

出版发行　中国农业大学出版社

社　　址　北京市海淀区圆明园西路2号　　**邮政编码**　100193

电　　话　发行部 010-62818525，8625　　读者服务部 010-62732336

编辑部 010-62732617，2618　　出　版　部 010-62733440

网　　址　http://www.cau.edu.cn/caup　　**e-mail** cbsszs @ cau.edu.cn

经　　销　新华书店

印　　刷　北京虎彩文化传播有限公司

版　　次　2015年2月第2版　　2023年11月第3次印刷

规　　格　185 mm×260 mm　　16开本　　21.75印张　　537千字

定　　价　46.00元

第2版编审人员

主　编　张英杰(河北农业大学)

副主编　刘月琴(河北农业大学)

　　　　　李拥军(扬州大学)

参　编　刘武军(新疆农业大学)

　　　　　姜怀志(吉林农业大学)

　　　　　罗　军(西北农林科技大学)

　　　　　王玉琴(河南科技大学)

主　审　陈玉林(西北农林科技大学)

第1版编审人员

主　编　张英杰(河北农业大学)

副主编　刘月琴(河北农业大学)

参　编　孙占鹏(宁夏大学)

李拥军(扬州大学)

姜怀志(吉林农业大学)

罗　军(西北农林科技大学)

高腾云(河南农业大学)

王玉琴(河南科技大学)

主　审　周占琴(西北农林科技大学)

第2版前言

本书是高等农业院校动物科学专业教材，对2010年出版的《羊生产学》(第1版)教材进行了修改和补充。

本书第2版以《羊生产学》(第1版)教材为基础，按照动物科学专业本科生培养方案的要求，并考虑到本门课程在专业培养中的作用，以及不同省、市(区)本门课程计划学时的差异，结合当前国内外养羊业生产实际，在力求科学、先进、实用的基础上，经过编者共同努力编写而成的，是一本既理论联系实际又与时俱进的教材。期望本书的出版为我国实施科教兴国战略，强化现代化建设人才支撑，培养德智体美劳全面发展的社会主义建设者和接班人，推动我国羊产业高质量发展做出贡献。

全书共10章，主要内容包括养羊业概况，养羊业的主要产品，绵、山羊品种，羊的遗传育种，羊的繁殖技术，羊的营养需要与日粮配制，羊的饲养管理，羊的育肥技术，奶山羊业和羊场建设与环境控制，并附实验指导7个，同时每章后还附有相应的复习思考题。

本书由全国6所高等农业院校长期从事羊生产学教学、科研和生产的7位专家教授共同完成，具体分工是：张英杰(第一、六、八、十章)、刘月琴(第四、七章)、刘武军(第二章)、姜怀志(第三章)、李拥军(第五章)、罗军(第九章)、王玉琴(实验指导)。教材初稿完成后，经刘月琴、李拥军两位教授审阅部分初稿后，西北农林科技大学陈玉林教授对书稿内容进行主审，最后由主编在汲取审稿专家意见的基础上进行统一编审、修改、补充并定稿。

在本书编写过程中，我们得到了河北农业大学李婷、王思伟、刘静静、张君艳、赵向利、张瑜、谷振慧及韩颖洁等同志的热情帮助，在此特致谢意。

由于编者水平所限，本书难免有不足之处，敬请广大师生、其他读者和同行不吝指正。

张英杰

2023年11月26日于保定

第1版前言

本书是高等农业院校动物科学专业教材。在编写过程中，我们按照动物科学专业本科生培养方案的要求，并考虑到本门课程在专业培养中的作用，以及不同省、市（区）本门课程计划学时的差异，结合当前国内外养羊业生产实际，在力求科学、先进、实用的基础上，经过编者的共同努力，编写了此书。

全书共10章，主要内容包括养羊业概况，养羊业的主要产品，绵、山羊品种，羊的遗传育种，羊的繁殖技术，羊的营养需要与日粮配制，羊的饲养管理，羊的育肥技术，奶山羊业和羊场建设与环境控制，并附实验指导6个，同时每章还附有相应的复习思考题。

本书由全国7所高等农业院校长期从事羊生产学教学、科研和生产的8位专家、教授共同完成，具体分工是：张英杰（第一、六、八章）、刘月琴（第四、七章）、孙占鹏（第二章）、李拥军（第五章）、姜怀志（第三章）、罗军（第九章）、高腾云（第十章）、王玉琴（实验指导）。教材初稿完成后，聘请西北农林科技大学周占琴教授对书稿内容进行了审阅，最后由主编在汲取审稿专家意见的基础上进行统一编审、修改、补充并定稿。

在本书编写过程中，得到了河北农业大学宋杰、程善燕、董李学和郭勇庆等同志的热情帮助，在此特致谢意。

由于编者水平所限，本书难免有遗漏和不妥之处，敬请广大师生、读者和同行不吝指正。

张英杰

2010年5月6日于保定

目　录

第一章 养羊业概况

第一节 发展养羊业的意义

我国是养羊历史悠久的国家，已有八千多年的历史，随着人类生产的发展，养羊业已成为一项重要的产业。在牧区，羊是牲畜中饲养数量最多的畜种，不仅是牧民重要的生产资料，羊产品也是他们主要的生活资料之一。山区农民素有养羊习惯，在半农半牧区和农区，羊的饲养量近年来逐年增加，发展很快。羊的产品如羊毛、山羊绒、羊肉、羊皮、羊奶等都是高价值的商品，粪尿是优质肥料。在广大农村、牧区和老、少、边、穷地区，可以利用草场、荒山以及河边、田间地边养羊，是农民脱贫致富的一项重要产业。

养羊业在我国国民经济和人民生活中具有如下重要意义。

一、提供工业原料

羊毛、羊绒是毛纺工业的主要原料，不仅可以制成绒线、毛毯、呢绒、工业用呢、工业用毡，还可以加工成精纺毛料及羊毛和羊绒衫、裤。毛纺品美观耐用，保温力强，具有其他纺织品所不及的优点，而羊绒制品更是以其轻、薄、暖等优点备受消费者欢迎。羊皮是制革工业的重要原料，可以制成皮革服装、皮帽、皮鞋、箱包。羊肉、羊奶是食品加工业不可缺少的原料，可以加工成各种烧烤、腌腊、熏制、罐头食品以及奶酪、奶粉、炼乳等。羊肠衣可以灌制香肠、腊肠，加工成琴弦、网球拍、医用缝合线。羊毛、羊肉、羊奶、羊皮、羊肠衣等，是毛纺工业、食品工业、制革工业、医药、化工等方面不可缺少的重要原料，养羊业的发展，直接关系到这些部门的生产和发展。此外，养羊业与轻工业、造纸、轮胎和国防业也有密切关系。

二、增加养羊户收入，改善人民生活

养羊能增加农牧民的经济收入，改善生活状况。羊肉营养价值高，风味独特，是少数民族、广大牧民、山区人民喜爱的食品。在城镇羊肉的消费量也很大，并以其涮、烤、煎、炸等多种吃法，深受消费者喜爱。羊毛、羊绒制品美观大方、穿着舒适、保暖性好，人们以穿羊毛、羊绒衣物作为高档时尚的表现。皮板加工成的皮革衣物，轻薄柔软、结实耐穿，极受人们欢迎，羔皮和裘皮服装是冬季御寒和装饰用佳品。羊奶营养丰富，容易消化吸收，是婴幼儿及老年人的理想食品。

随着国民经济的发展，人民生活水平的日益提高，羊产品的市场需求也越来越大，从而激发了养羊业的发展。养羊数量的增加和质量的提高，一方面增加了养羊户的收入，另一方面又为广大城乡人民提供了更多更好的产品，从而进一步改善人民生活。随着今后农业产业结构的调整和市场发展的需要，养羊业将对进一步繁荣产区经济起到积极的作用。

三、提供出口物资，换取外汇

我国的羊毛、山羊绒、羊皮、羊肠衣等产品，是传统的出口物资，在对外贸易上占有一定地

位。地毯远销美国、日本及欧洲各国，在国际市场上享有很高的声誉。山羊板皮、青猾子皮、湖羊羔皮、滩羊二毛皮等亦受国际市场的欢迎。特别应该强调的是，我国的山羊绒细软洁白，手感滑爽，质地优良，深受各国欢迎，我国每年出口的分梳净绒及羊绒织品占国际贸易量的一半以上，是重要的出口创汇产品。

近年来，随着我国加工业水平的提高，羊的产品出口已不仅限于原料，经过深加工后的高档纺织品、服装、皮革制品等也已远销国外，从而大大提高了羊产品的价值，其换汇率进一步提高。

四、为农田提供优质肥料

羊粪尿是各种家畜粪尿中肥力最浓的，含有丰富的氮、磷、钾元素，具有增高地温，改善土壤团粒结构，防止板结等作用，特别是对改良盐碱土和黏土，提高肥力有显著效果。

长期以来，广大劳动人民积累和创造了许多养羊积肥的经验。据测定，一只羊全年可排粪750～1 000 kg，含氮量 8～9 kg，相当于 35～40 kg 硫酸铵的肥效，可施 1～1.5 亩地(1 亩=667 m^2)。多养羊可以积肥，多施肥是增加农作物产量的重要措施之一。在牧区，还将羊粪作燃料，是牧民生活能源的重要来源之一。当然，积肥只是养羊业的副产品，不是养羊的目的，发展养羊主要是要提高毛、绒、肉、奶、皮等的产量和品质。

第二节　我国养羊业现状与发展方向

一、我国养羊业生产现状

中国养羊历史悠久，早在夏商时代就有养羊文字记载。特别是改革开放以来，我国养羊业发展迅速，已跨入世界生产大国行列。目前中国绵羊、山羊的饲养量，出栏量，羊肉产量，绵、山羊生皮产量，山羊绒产量均居世界第一位。我国绵、山羊生产基本情况(1996—2012 年)见表 1-1。

表 1-1　我国绵、山羊生产基本情况(1996—2012 年)

年代	羊年底只数/万只	山羊/万只	绵羊/万只	羊肉/万 t	绵羊毛/t	细羊毛/t	半细羊毛/t	山羊毛/t/	羊绒/t
1996	23 728.3	12 315.8	11 412.5	181.0	298 102	121 020	74 099	35 284	9 585
1997	25 575.7	13 480.1	12 095.6	212.8	255 059	116 054	55 683	25 865	8 626
1998	26 903.5	14 168.3	12 735.2	234.6	277 545	115 752	68 775	31 417	9 799
1999	27 925.8	14 816.3	13 109.5	251.3	283 152	114 103	73 700	31 849	10 180
2000	27 948.2	14 945.6	13 002.6	264.1	292 502	117 386	84 921	33 266	11 057
2001	27 625.0	14 562.3	13 062.8	271.8	298 254	114 651	88 075	34 241	10 968
2002	28 240.9	14 841.2	13 399.7	283.5	307 588	112 193	102 419	35 459	11 765
2003	29 307.4	14 967.9	14 339.5	308.7	338 058	120 263	110 249	36 692	13 528
2004	30 426.0	15 195.5	15 230.5	332.9	373 902	130 413	119 514	37 727	14 515
2005	29 792.7	14 659.0	15 133.7	350.1	393 172	12 7862	123 068	36 904	15 435

续表 1-1

年代	羊年底只数/万只	山羊/万只	绵羊/万只	羊肉/万 t	绵羊毛/t	细羊毛/t	半细羊毛/t	山羊毛/t	羊绒/t
2006	28 369.8	13 768.0	14 601.8	363.8	388 777	131 808	116 098	40 512	16 395
2007	28 564.7	14 336.5	14 228.2	382.6	363 470	123 920	106 760	38 382	18 483
2008	28 084.7	15 229.2	12 885.7	380.4	367 687	123 838	104 838	44 406	17 184
2009	28 452.2	15 050.1	13 402.1	389.4	364 002	127 352	113 018	49 453	16 964
2010	28 088.0	14 204.0	13 884.0	393.1	386 768	123 173	114 944	42 714	18 518
2011	28 236.0	14 274.0	13 962.0	398.9	393 072	132 836	120 119	44 047	17 989
2012	28 504.0	14 136.0	14 368.0	401.0	400 057	125 709	131 983	43 924	18 021

我国绵、山羊品种资源十分丰富，仅列入《中国羊品种志》的地方绵、山羊遗传资源就有140个，其中绵羊71个，包括地方品种或资源42个，培育品种21个，引进品种8个；山羊69个，包括地方品种或资源58个，培育品种8个，引进品种3个。

经过我国畜牧科技人员几十年的选育、培育，目前已育成不同生产方向的绵羊品种20多个，山羊品种10余个，如新疆细毛羊、中国美利奴羊、东北细毛羊、内蒙古细毛羊、敖汉细毛羊、巴美肉羊、南江黄羊、陕北白绒山羊、关中奶山羊、崂山奶山羊等。此外先后引入国外毛用、肉用、羔皮用、奶用的绵、山羊品种20多个，大大提高了我国绵羊的产毛量、羊毛品质和我国绵、山羊的产肉性能。丰富的绵、山羊品种资源，有力地促进了我国养羊生产的发展，使养羊生产水平得到显著提高。

在养羊业快速发展的同时，我国种羊场的建设也取得了长足发展，且布局日趋完善。已建设了一定规模的种羊场近1 000个，他们担负着我国良种羊的繁育和供种工作，每年可提供种羊40多万只，为我国良种繁育体系建设和养羊业生产的发展起到了重要的推动作用。目前羊的良种覆盖率及良种的供应能力已逐渐提高。

我国细毛羊生产主要集中在新疆、内蒙古、青海、甘肃牧区和东北部分地区，生产主要以天然草场放牧辅以补饲的方式进行。肉羊在牧区、农区和半农半牧区均有饲养，同时，我国肉羊生产体现出如下新的特点。

第一，主要生产区域从牧区转向农区。1980年，排在羊肉产量前五位的是新疆、内蒙古、西藏、青海和甘肃5大牧区省份，其羊肉产量占到全国的49%，2012年已下降到30%左右。目前，除新疆和内蒙古的羊肉产量在国内仍位居前列以外，河南、河北、四川、江苏、安徽、山东等几大农区省份的羊肉生产均已大大超过了其他几个牧区省份，上述6省的羊肉产量占全国的比重已从1980年的35%上升到了2012年的55%左右。

第二，养殖方式逐步由放牧转变为舍饲和半舍饲。以往我国传统牧区养羊主要是以草原放牧为主，很少进行补饲和后期精饲料育肥。这种饲养方式的优点是生产成本低廉，但随着草地载畜量的逐年增加，很容易对草地资源造成破坏，同时，这种饲养方式周期较长，肉质较粗糙，且肌间脂肪沉积量较少，口感较差，要求的烹制时间较长，经济效益也较差。目前在部分条件较好的农区，对肉羊进行后期育肥或全程育肥的饲养方式越来越普遍，舍饲既是发展优质高档羊肉的有效措施，也是保护草原生态环境，加快肉羊业发展的重要途径。

第三，千家万户分散饲养正在向相对集中方向转变。目前，千家万户的分散饲养仍然是我国肉羊生产的主要饲养方式。在农村特别是在中原和东北，羊的饲养规模已经出现了逐步增大的趋势，饲养规模在百头以上的养殖大户和养殖小区的数量也有了较大幅度的增加。

二、当前我国养羊业存在的问题

（一）传统的饲养习惯和千家万户的分散饲养制约着养羊生产水平的提高

目前，在我国的农村牧区，绵、山羊基本上实行千家万户分散饲养。在农区，由于农业产业结构调整，广大农户发展养羊业的积极性空前高涨，种草养羊、舍饲养羊、科学养羊在我国农村正在兴起，发展势头强劲。但是，存在品种的良种化水平不高、畜舍简陋、设备落后、饲养管理粗放、农牧户科技文化素质低、市场观念差、科学技术普及推广困难等问题。在牧区，养羊主要作为牧民谋生的一项重要产业，饲养规模一般较农区大，对主要生产环节的组织和羊群的饲养管理比较重视，但由于生态经济条件的制约，饲养管理和经营比较粗放，不少地区至今仍未摆脱靠天养畜的局面。这种分散经营和粗放管理方式，在市场经济迅速发展的今天，不能充分有效地利用当地资源；不能目标明确地批量生产适销对路的产品；不能有效地进入市场和参与市场竞争；不利于采用先进实用的综合配套技术，提高产品的产量和质量；不利于抗御自然或人为灾害，严重制约养羊业的进一步发展。

（二）绵羊、山羊品种良种化程度低，生产力水平不高

尽管我国在引入国外优良品种，开展杂交改良，培育生产力高的绵、山羊品种方面，以及在选育提高地方品种方面，做了大量的工作，取得了显著成效。但时至今日，我国绵、山羊良种化程度依然不高，仅占全国绵、山羊总数的38%左右。这就大大影响了我国养羊业的总体生产水平和产品质量的提高，使我国养羊业水平与发达国家相比差距较大。生产水平高的专门化肉羊品种只是近几年少量从国外引进，杂交利用也仅限于小范围的试验阶段，羊肉生产仍以地方品种或细毛杂种羊为主。细毛羊及半细毛羊的良种普及率也较低。在养羊业发达的国家，基本上实现了品种良种化，天然草场改良化和围栏化以及饲料生产工厂化、产业化，主要生产环节机械化，并广泛利用牧羊犬，同时，电子商务技术得到了广泛应用，整个养羊业生产水平和劳动生产率相当高。

（三）草场单位面积畜产品产值较低

我国的天然草地资源辽阔，天然草场和草山草坡仍然是我国绵羊、山羊的主要放牧地。天然草场的兴衰，直接影响着绵、山羊的营养状况、生长发育、繁殖力和生产性能。然而，多年来，许多地区单纯盲目地发展牲畜数量，掠夺式地利用天然草原，对草原重用轻养，放牧过度，长期超载，加上滥垦、乱挖和鼠、虫害的严重破坏，草原沙化严重，生产力逐年降低，单位面积草地产肉量仅为世界平均水平的1/3。草地退化严重制约我国养羊业的发展。近年来由于禁牧舍饲政策的实施，草场状况有很大的改善，但随之也带来了养羊成本的增加和草场质量的变化。

（四）羊毛、羊绒生产形势严峻

我国绵羊业虽然经历了50年的品种改良，草场基地建设和新品种的不断培育成功（细毛、半细毛羊品种近20个），使毛用羊数量、质量得到发展和提高，但生产方式落后，优质细毛羊和细羊毛的数量、产量增长缓慢，个体产毛量及羊毛综合品质等方面与澳洲美利奴羊之间差距较大；细羊毛的数量、质量远远不能满足国内毛纺工业的需求，造成羊毛进口量年年增长，国内羊毛价格偏低，挫伤了农牧民养细毛羊的积极性；另外，毛用羊新品种培育与选育提高不能持之

以恒，致使已经育成的品种退化、混杂现象严重，削弱了产品在国内及国际市场上的竞争力。

随着人们生活水平的提高，国内外市场对山羊绒制品的需求量与日俱增。近30年来，我国绒山羊品种由辽宁绒山羊和内蒙古绒山羊发展到近10个品种，饲养绒山羊的省（区）数量也大大增加，但良种及改良绒山羊的比例较低，从全国看不足50%（内蒙古也仅为68%），特别是优质绒山羊，仅在25%左右；绒山羊个体平均产量低而且差异较大（0.17～1.5 kg），羊绒综合品质也不理想，近年来有羊绒变粗的趋势；优质高产绒山羊种羊缺乏，又由于绒山羊比绵羊更耐粗饲，它所处的饲养环境较恶劣，相对加剧了草原的退化、沙化，致使绒山羊的发展受到自然环境与生态的制约，可持续发展受到较大限制；还有绒山羊作为我国独特的稀有的优良品种资源，但在科研、品种选育等方面的投入不足，影响其生产性能提高及开发利用。

（五）饲养管理体系建设问题

我国养羊业牧区大多处于靠天养畜状态，夏秋季节水草丰美则牛、羊肥壮，冬春季节地干草枯则牛羊瘦弱。而且我国草原由于过度放牧，长期超载，致使草场“三化”严重。不合理的营养状况严重地阻碍了羔羊的生长发育，也极大地影响了羊肉的产量和品质。在农区舍饲喂养的羊，状况也不容乐观。有的地区缺少饲料制作技术，青贮技术还不普及，有的地区因饲喂饲料单一，造成妊娠母羊大量流产，羔羊发生白肌病、初生重小等营养性疾病。

（六）科学研究滞后生产问题

科学研究滞后生产，阻碍了该产业全面、稳定的发展。就目前情况看，羊相关研究如羊品种培育、杂交技术体系、繁育技术、饲喂技术、规模化饲养技术明显滞后，没有起到科技先行之目的，影响了羊产业化的发展。

三、我国养羊业发展的重点和策略

目前我国养羊生产，生产方式和经营方式落后，生产效率低。必须用现代科学技术和商品经济观点来指导和研究我国养羊生产。要改变已经过时的传统生产方式和经营方式，建立适合我国国情的比较先进的养羊生产体系。

（一）加快发展肉羊和肉毛兼用羊

为顺应日益增长的国际市场需求，很多国家的绵羊业生产方向已由过去的单纯的毛用改为肉毛兼用或完全肉用。在我国多数地区的生态经济条件下，应当借鉴国外的经验，适应世界养羊业的发展趋势和国外市场对羊肉日益增长的要求，大力发展我国的肉用羊或肉毛兼用羊。发展措施和方法：引用国内外优良的肉羊品种公羊（绵、山羊）与当地绵羊和山羊进行经济杂交或轮回杂交，利用杂种优势生产肉羊，特别是肉用肥羔；利用羔羊生长发育快和饲料报酬高的特点，积极推广羔羊当年出栏，配合羔羊育肥技术，使当年羔羊达到理想的屠宰水平。在大面积杂交的基础上，在生态经济条件和生产技术条件比较好的地区和单位，通过有目的、有计划的选育，培育出适应我国不同地区生态条件的若干个各具特色的早熟、高产、多胎和抗逆的专门化肉羊新品种。

（二）提高现有细毛羊的净毛产量和品质，突出发展超细型绵羊

我国的细毛羊改良工作，主要从20世纪30年代开始，70多年来，取得了显著成绩。20世纪50～60年代先后培育出新疆细毛羊、内蒙古细毛羊、东北细毛羊等诸多品种。1972年在农业部的统一领导下，新疆、内蒙古、黑龙江、吉林等省区相继开展了引进澳大利亚、美国公羊培育我国新型细毛羊的工作，到1986年我国正式命名中国美利奴羊品种，包括新疆型、新疆军垦

型、科尔沁型和吉林型。中国美利奴羊育成后各地继续进行选育提高，经过10多年的努力，又先后培育出细毛型、无角型、多胎型、强毛型、毛密品系、体大品系、毛质好品系、U品系等一系列新类型和新品系，极大地丰富了品种的基因库。由于我国绵羊数量主要以产毛量低的地方品种居多，细毛羊、半细毛羊及其改良羊数量较少，超细毛羊又刚起步，且在我国育成的细毛羊、半细毛羊新品种中，只有中国美利奴羊的产毛量、羊毛质量接近或达到世界先进水平，其他育成的品种羊生产水平与世界先进水平差距较大。我国绵羊个体的平均原毛产量只有2.20 kg，净毛产量只有1.15 kg，远低于世界养羊业发达的澳大利亚和新西兰，还达不到世界平均水平。因此，应当继续从澳大利亚引入优良的澳洲美利奴种公羊，利用引进的澳洲美利奴超细型优秀种羊和集中国内现有的超细型优秀种羊，按照不同类型的选育目标和现有基础羊群特点，通过品系繁育和开放式合作育种体系，培育出中国美利奴羊超细和细毛新类型。在新疆、内蒙古、黑龙江、吉林等地，择优选择种羊场和繁育场，建立我国优质细毛羊育种核心群体及优质细羊毛生产基地，形成细毛羊改良区和优质细羊毛生产区。同时，逐步建立以提高羊毛商业价值为宗旨的羊毛现代化管理体系，完善剪毛分级房、剪毛机械、分级台、打包机等基础设施，推广澳式剪毛、新法分级、客观检验、公开拍卖等与国际接轨的技术措施，使国产羊毛的质量标准、检验标准接近并达到WTO和SAA标准，以适应我国加入世贸组织后的羊毛市场交易。

（三）不断选育和提高我国的绒山羊

中国绒山羊的数量、品种、产绒量及羊绒品质，在世界上首屈一指。可以自豪地说，中国的绒山羊，特别是内蒙古白绒山羊、辽宁绒山羊，是我国甚至世界绒山羊业中两颗璀璨的明珠，是我们国家的"国宝"，应当采取一切措施，不断提高这些品种的产绒量和羊绒品质，以确保它在国际上无与伦比的地位。但是，我国的绒山羊分布地域辽阔，产区生态环境除少数地区外比较严酷，生态经济条件和饲养管理水平比较差，在全国范围内，不同的绒山羊品种、不同个体的生长发育和生产性能差异很大。因此，在生态经济条件适宜发展绒山羊的地区，应当有计划地采取积极有效的措施，以草定畜，控制数量，提高质量，以本品种选育为主，必要时可导入其他高产优质绒山羊品种的基因，努力提高本地绒山羊的产绒量和羊绒品质。

（四）大力发展规模化、集约化和标准化养羊

当前，我国养羊业的饲养管理和经营方式，主要以千家万户分散饲养为主，这样的饲养和经营方式，与现阶段我国市场经济的发展不相适应，特别是我国已经加入WTO，因此，应改变落后的生产方式，积极发展专业化、规模化、集约化和标准化养羊，突出重点，发挥优势，增强产品在国内外市场上的竞争能力，以确保我国养羊业的持续发展。在条件较好的农村牧区，在千家万户分散饲养的基础上，积极引导和支持农牧户走专业化、规模化、集约化、标准化发展养羊业，特别是走集约化、标准化发展肉羊业的道路，生产无害化产品，实现小生产与大市场接轨。养羊业的规模化、集约化、标准化是一个渐进的发展过程，不可一蹴而就，各地要在不断摸索经验中稳妥地推进。在整个进程中，要紧紧抓住基地、龙头、流通等关键环节，积极探索和建设规模化、集约化、标准化的运行机制。在建设规模化生产基地的同时，要扶持发展规模大、水平高、产品新的龙头企业，并采取股份合作制等形式，引导龙头企业和农牧户建立起利益共享、风险共担的利益共同体。同时，要鼓励和支持各类中介服务组织，充分发挥其引导生产、连接市场的纽带作用。

（五）建立健全良种繁育体系

有了良好的羊种，但没有完整的良种繁育体系，同样不能适应现代养羊生产的需要。目前

我国虽然在肉羊生产试点上已取得一定进展，但对全国肉羊生产来讲，肉羊的良种繁育体系尚未形成，因此，今后我们工作的重点仍应放在良种繁育体系的建设上。根据我国现阶段肉羊生产现状和联合育种技术的需要，良种繁育体系应重点抓好原种场、种羊繁育场的建设，并结合杂交改良，积极推广羊人工授精技术，加快羊人工授精网站的建设，大力推广优秀种公羊的使用面。同时要与肉羊生产基地结合，真正做到有试点、有示范、有推广面、点面结合的肉羊生产商品基地。

（六）科学规划，合理布局

为了养羊业的正常健康发展和可持续发展，应从长远利益出发，加强我国养羊业的科学区划和合理布局。从我国目前的羊肉生产情况看，羊肉生产量较大的一是农区，主要集中在黄淮海及中原一带；二是牧区，主要是新疆、内蒙古等省（区）。前一类地区的绵、山羊数量基本各占一半，而后一类地区主要以绵羊为主，而且是我国细羊毛的主要生产基地。因此，在肉羊业发展上，一要抓好农区，利用农区自然条件好，饲料资源丰富，质量好等方面的优势，结合当前农业产业结构的调整，大力发展肉羊产业。二是在牧区要稳妥发展肉羊，因为牧区高寒，基础设施差，饲草料严重不足，而且是我国羊毛生产基地，因此肉羊生产应在细毛羊核心育种群以外地区，也可对细毛羊的淘汰母羊利用肉用品种公羊杂交，后代全部出栏方式生产羊肉。肉用父本应选择长毛型品种，在生产上合理安排产羔季节，利用夏秋季节牧草丰盛之时，开展季节性肉羊生产，也可开展牧区繁育，农区肥育，农牧区联合开展肉羊生产。三是利用退耕还林（草）的机遇，在农牧交错地带发展肉羊产业。

（七）积极开展饲草、饲料的加工调制

无论羔羊繁殖或育肥，均需有充足的饲草饲料来源，要保证肥羔生产尤其需要有符合羔羊快速生长的优良草料。传统的养羊方式在放牧条件下，绵、山羊的饲草来源主要是天然草地、草山草坡中的自然植被，很少使用农副产品和精饲料补喂。根据羊的生物学特性及现代化肉羊生产的需要，首先要对天然草地进行人工改良，或种植人工牧草，在耕作制度和农业产业结构调整中实行三元结构，在青绿饲料丰富时重点放牧加补饲，在枯草期则可完全舍饲喂养加运动。为此，应加大秸秆类粗饲料的利用，研制秸秆类粗饲料的优良添加剂，使羊在枯草期能保证足够营养。

（八）羊肉安全生产技术

近几年来，世界上不断有危害人类健康的畜产品事件发生，如“疯牛病”、“二噁英”事件等，有关食物安全问题越来越受到人们的重视，因此在羊肉生产上必须把好畜产品质量安全关，确保上市羊肉安全可靠，万无一失。应研究肉羊产业安全生产的各项配套技术，建立肉羊生产和肉产品的相关标准，确保生产符合国际标准的优质高档羊肉产品。同时，抓好羊肉及其产品的技术安全，严禁有害添加剂的研究与使用。

第三节　世界养羊业现状与发展趋势

一、世界养羊业现状

养羊业一直与人类生活息息相关，但随着时代的发展，人类对养羊业的要求已经发生了相应的变化。16～17 世纪，西班牙美利奴羊的出现及其在世界各地的传播和 18 世纪初人们追求高档毛料，使养羊业注重羊毛生产，培育了大量的毛用羊特别是细毛羊，形成了以细毛羊为主的世界养羊业。至19世纪，在世界范围内基本上形成了具有区域经济特征、适应区域自然资源特点、体现民族特色的羊毛生产体系，并由此推动了毛用羊产业的形成。如澳大利亚细毛养羊业始于18世纪后期，19世纪已发展为农业的主要产业，20世纪，绵羊的数量和羊毛产量多年居世界第一位，号称“绵羊王国”。18～19世纪，肉羊生产开始兴起，20世纪60年代，养羊业开始向多极化发展，肉羊业在大洋洲、美洲、欧洲和一些非洲国家得到迅猛发展，世界羊肉的生产和消费显著增长，并且许多国家羊肉由数量型增长转向质量型增长，生产瘦肉量高、脂肪含量少的优质羊肉，特别是羔羊肉，并开展了相关育种工作。

据联合国粮农组织(FAO)资料，1961—1991年的30年中，全世界绵羊净增18.5%，山羊净增59.9%，原毛净增19.8%，羊肉净增48.3%。从1990—2010年20年间，全世界羊毛产量减少38.92%，而羊肉产量却增长了41.49%。山羊发展快于绵羊，羊肉增长高于羊毛。这是50多年来养羊生产的显著特点和发展的基本定势。

近年来，由于国际市场对羊肉需求量的增加和羊肉价格的提高，使得羊肉产量持续增长。据联合国粮农组织统计，1970年，全世界生产羊肉727.2万t，1985年增加到854.7万t，1990年达941.7万t，2003年增加到1 231.4万t，2010年达到1 371.5万t。全球市场羊肉需求量一直保持了持续上升的态势。为顺应日益增长的国际市场需求，英国、法国、美国、新西兰等养羊大国现今的养羊业主体已变为肉用羊的生产，历来以产毛为主的澳大利亚、苏联、阿根廷等国，其肉羊生产也居重要地位。

二、世界养羊业发展趋势

(一)细毛羊向细型细毛羊、超细型细毛羊转化

20世纪20～50年代，世界绵羊业以产毛为主，着重生产60～64支纱的细毛。进入60年代，由于合成纤维产量迅速增长和毛纺工艺技术的提高，在世界养羊生产中，羊毛尤其细羊毛60～64支纱的需求量下降，使单纯的毛用养羊业受到了冲击，羊毛产量和销售一直徘徊不前。近10年来，世界羊毛品质方面出现了划时代的重大变革，主要表现在羊毛细度上，如澳大利亚近10年来羊毛减产，但减产的羊毛几乎全是较粗的细羊毛，很细的细羊毛，非但没有减少，反而大幅度增产。20世纪90年代以来，随着毛纺织品朝着轻薄、柔软、挺括、高档方向发展，对66支纱以上的高支羊毛的需求剧增，价格也远远高于一般羊毛。市场需求的变化促使细毛羊业朝着超细类型发展。

(二)绵羊逐渐由毛用、毛肉兼用、转向肉毛兼用或肉用

19世纪50年代以后，随着对羊肉需求量增长，羊肉价格的提高，单纯生产羊毛，而忽视羊肉的生产，经济上是不合算的，因而绵羊的发展方向逐渐由毛用、毛肉兼用，转向肉毛兼用或肉用，并由生产成年羊肉转向生产羔羊肉。羔羊出生后最初几个月生长快、饲料报酬高，生产羔羊肉的成本较低，同时羔羊肉具有精肉多、脂肪少、鲜嫩、多汁、易消化、膻味轻等优点，备受国内、国际市场欢迎。在美国、英国每年上市的羊肉中90%以上是羔羊肉，在新西兰、澳大利亚和法国，羔羊肉的产量占羊肉产量的70%。欧美、中东各国羔羊肉的需求量很大，仅中东地区每年就进口活羊1 500万只以上。一些养羊业比较发达的国家都开始进行肥羔生产，并已发展到专业化生产程度。

(三)饲养方式发生变化

由于育种、畜牧机械、草原改良及配合饲料工业等方面的技术进步，养羊饲养方式由过去靠天养畜的粗放经营逐渐被集约化经营生产所取代，实现了品种改良，采用围栏，划区轮牧，建立人工草地，许多生产环节都使用机械操作，从而大大提高了劳动生产率。中东一些国家或地区在发展养羊产业中，在肉用专用品种培育、经济杂交优势、现代化羊肉生产加工及改良天然草场、建立人工草地等方面具有成功的经验和模式。

(四)注重草场建设

为了提高草地载畜量，降低养羊生产成本，可通过改良天然草场，建设人工草地，并采用围栏分区轮牧技术，对原有的可利用草场运用科学方法进行大范围的改良工作，提高单位面积的载畜量和牧草质量，在缺少或草场资源匮乏的地区建立人工草地，从而解决或缓解牧草短缺与饲养之间的矛盾，推动畜牧业的发展。例如，澳大利亚的人工草地占 66.5%，英国占 64.5%，且多设有人工围栏，这使养羊业摆脱了“靠天养羊”的局面。新西兰政府和农场都非常注重草场改良和人工草场的建设。农场对人工草场的建设，每公顷一次性投入 1 200 新元左右，播种的牧草主要有黑麦草和三叶草；草场围栏的总长度 80.5×10^{4} km，围栏面积占全国草场面积的 90%以上；用牛、羊混合放牧来调节牧草高度和草生状况；研究土壤—草场—家畜生态系统，让三者最佳结合，获得最大的经济效益。

(五)山羊的发展越来越受到重视

山羊活泼、温顺易管理，个体小，生产周期短，繁殖快，饲料利用率和消化率高，适应性特别强，在很多家畜无法生存的地方，甚至在半饥饿的条件下，山羊仍能为人类提供宝贵的畜产品。山羊是人和贫瘠环境的相互依存者，是不发达地区人民重要的生产和生活资料。山羊的饲养量增长较快，全世界现有山羊近 7.7 亿只，比 1990 年增长近 45%，其中亚洲的山羊占世界总数的近 60%，非洲占 30%。

三、世界肉羊业发展特点

(一)肉羊业发展趋势

1. 羊肉生产专业化、羔羊肉生产量增加

国外羊肉产量较高的国家，如英国、法国、俄罗斯、美国、巴西、墨西哥、巴基斯坦等，充分利用本国条件，采用高新技术、集约化的饲养方式，建立了本国的羊肉生产体系。羊肉生产趋于良种化、规模化、专业化和集约化。羊肉特别是肥羔肉，瘦肉多，脂肪少，肉质鲜嫩味美，深受国际市场欢迎。因此，一些养羊业发达的国家，在繁育早熟肉用品种的基础上，通过杂交手段，进行规模化饲养，实行肥羔的专业化生产，肥羔肉产量增长很快。由于肥羔生产周转快，成本低，产品率高，经济效益好，因此肥羔生产呈快速发展趋势。如法国的羔羊肉占羊肉总产量的 75%，澳大利亚占 70%，英国和美国占 94%，新西兰占 80%。

2. 注重多胎肉羊的培育工作

羊肉在人们肉类消费中的不断上升，不仅刺激了绵羊生产方向的变化，而且使羊肉生产向集约化、工厂化方向转变，引起了人们对多胎绵羊品种的重视，利用途径主要集中在：利用芬兰羊(Finnsheep)、罗曼诺夫(Romanov)等品种资源来培育新的生产性能更高的多胎品种；利用多胎品种进行广泛的经济杂交来生产肥羔，并向多元杂交发展。如澳大利亚，根据市场发展需求，利用美利奴×边区莱斯特×肉用短毛羊(如无角道赛特)三元杂交方式生产肥羔。

（二）发展肉羊业所采用的主要方法

1. 培育适宜本国羊肉生产的绵、山羊品种

主要是采用三、四个品种间的多元杂交，根据品种的特点，利用科学手段，在短时间内培育或引进肉用羊品种，形成产业化、专门化的肉用种羊体系，同时利用各种先进的繁殖技术和手段，不断提高品种的利用价值。近些年来，肉羊育种的主要目标集中追求母羊性成熟早、全年发情、产羔率高、泌乳力强、羔羊生长发育快、饲料报酬高、肉用性能好，并注意把羊肉与产毛性状结合起来，如英国育成的考勃来（Colbred），用德国东佛里生羊（East Friesian）与 3 个英国品种（边区莱斯特、克仑森林和有角道塞特羊）杂交而成，全年发情，产羔率 200%～250%，产奶量高，肉用性能好。新西兰 20 世纪 80 年代以来有目的地引进特克塞尔（Texel）、萨福克（Suffolk）等种羊来提高优质羔羊肉的生产水平；南非培育出了世界上唯一一个肉用山羊专门化品种——波尔山羊（Boer Goat），被引入到了世界几十个国家。

未来较长一段时期里，常规育种技术仍是畜禽遗传改良的主要手段，但分子生物技术以及基因工程技术的发展将为羊遗传改良提供新的途径和方法。自阐明了 Booroola 多产基因（FecB）的性质以来，识别和分析主基因的工作已成为绵羊育种研究的重要特征。影响排卵率的类似基因也已报道，而且已经尝试探索这种变异的机制并使其渗入到其他品种和羊群中，对影响羊免疫功能、羊肉品质遗传基础的进一步认识，将使羊育种不再停留在单纯的提高个体生产性能，而品质育种、抗病育种将成为羊育种的重要内容。

2. 选择体大、早熟、多胎和肉用性能好的亲本广泛开展经济杂交

世界肉羊业的发展将逐步走向广泛利用经济杂交，以最大限度地利用杂种优势生产羊肉。实践证明，根据本国不同地区的自然资源和羊的品种资源情况，选择成熟早、生长快、体型大的羊为父系品种；选择分布广泛、繁殖力高、母性强、泌乳能力好和适应性好的本地品种作为母系品种，建立经济杂交模式，通过杂交生产出综合性能高的羔羊，能取得较好的肉羊生产效益。例如，英国选用的母本品种是固有的山地种，建立了低地、平原和山地肉羊生产体系；澳大利亚利用美利奴母羊作母本，由边区莱斯特羊和无角道赛特羊分别作为第一、第二父本，建立了二元和三元杂交体系；美国用萨福克、汉普夏、南丘羊作为父本，以兰布列、芬兰羊等作为母本，新西兰以无角道赛特和萨福克作终端父本、以纯种罗姆尼和考力代等为母本进行经济杂交。

3. 制定肉羊的营养需要量标准和常用饲料参数

饲养标准对于肉羊的科学养殖至关重要，是肉羊养殖者合理养殖肉羊、科学配制日粮的依据，常用饲料营养参数和饲养标准匹配使用，可以收到良好的效果。发达国家都已经完成肉羊饲养标准的制定工作，美国 NRC、英国 AFRC、澳大利亚和法国的标委会都在近几年推出新制定的标准，为肉羊的发展起到了积极作用。

4. 研究和推广新技术

注重对羊产业发展相关技术的研究，如集约化肉羊生产所必需的繁殖控制技术、繁殖利用制度、饲养标准及羊常用饲料营养参数评定、饲料配方、育种技术、农副产品和青粗饲料加工利用技术，以及工厂化、半工厂化条件下生产肉羊的配套设施、饲养工艺和疫病防治程序等。目前推广应用的技术，如将 CT 扫描技术应用于活羊肉用性状检测，提高了对肉用性状选种的精确度；在提高母羊繁殖力方面，利用超声波技术对妊娠母羊群进行大范围检测，对怀双羔或三羔母羊提供优良草场，实行分群、分栏放牧饲养；淘汰连续两年产单羔的母羊，以期提高母羊的繁殖力；另外，内窥镜输精技术也得到大范围应用。

第四节　发达国家养羊业的生产概况

一、新西兰

新西兰位于太平洋西南部，由南岛、北岛和斯图尔特岛及其附近一些小岛组成，面积27.05万km^2，人口426万，主要集中于奥克兰、惠灵顿、克赖斯特彻奇等几个大城市。境内山地、丘陵占总面积的3/4以上，平原狭小。山区多冰川和湖泊，西部多丘陵和高原，东部多为平原，属于温带阔叶林气候，雨量丰沛，年温差小，夏无酷暑，冬无严寒。最冷月气温大都在0℃以上，最热月平均气温各地都在20℃左右。常年西风带来大量雨水，南岛山地降水量500～2 500 mm，北岛一般在800～1 500 mm。

新西兰养羊史始于19世纪早期，1834年第一次大量引入澳洲美利奴，由于其适宜在南岛丘陵山地的干旱草场饲养，加之当时政府的奖励，绵羊数量发展很快，进口羊数量剧增。到19世纪后叶，随着羊肉的市场需求增加，英国品种后来居上，超过澳洲美利奴，形成北岛以英国品种为主、南岛大量饲养美利奴半血杂交种的新生产布局。养羊业从单一的羊毛生产转为肉、毛生产，奠定了新西兰今日养羊业的基础。

新西兰培育本国绵羊品种的工作，最早在1868年开始用澳洲美利奴与英国长毛型品种杂交，育成考力代羊。为提高本国羊肉生产的经济效益，在杂交繁育体系中从英国等地引进终端杂交用的早熟肉用品种，因地制宜地加以利用，已成为新西兰养羊业的重要环节。如新西兰用于养羊业生产的绵羊品种，基本上都是高生产力水平的良种或几个优良品种羊之间的杂种，这就奠定了新西兰养羊业高产、优质、高效的基础。

专业化优质羔羊生产是新西兰草场较好地区的主要生产方向。有150年养羊历史的新西兰培育了许多高性能的良种，如考力代、德拉斯代、派伦代、波德代、柯泊华斯、南道赛特等。新西兰是世界各养羊国中绵羊良种最多、良种化程度最高的国家之一。根据新西兰绵羊育种协会的资料，现阶段新西兰饲养的绵羊品种有29个，主要是肉毛兼用的半细毛羊品种，其羊数约占全国绵羊总数的98%，其中罗姆尼品种羊共有2 770万只，占全国绵羊总数的55.74%；柯泊华斯品种羊总数为757.2万只，占全国绵羊总数的15.24%；派伦代品种羊总数为480万只，占全国绵羊总数的9.66%。在绵羊品种中，除美利奴、德拉斯代等品种为生产细毛、地毯毛外，其他品种一般均属于生长发育快、早熟、肉毛性能好、繁殖力较高的肉用或肉毛兼用专门化品种。另外，世界著名的肉用山羊品种——波尔山羊，在新西兰也饲养有一定的数量。良种化程度高，当家品种优势集中，这是新西兰养羊业的第一个特点。第二个特点是以澳洲美利奴羊作为基础母本品种，英国长毛型品种为父本，培育适应本国自然条件和顺应市场需求的本国品种和半血种，保证全国羊肉、羊毛的产品优势经久不衰。第三个特点是在全国范围内，羊肉生产占有主要地位，英国早熟长毛型品种为数不多，但作用巨大。

在绵羊育种方面，20世纪80年代以来，除了有目的地引进国外良种，如特克塞尔、芬兰兰德瑞斯、白头马尔士、丘陵牛津、萨福克等来提高优质羔羊生产水平外，在绵羊育种工作中更加注重对羊只肉用性状，特别是瘦肉性状、多羔性、早熟性和增重速率等的选择。同时利用新技术，如新西兰德科普畜牧有限公司将CT扫描（断层扫描）技术，应用于活羊肉用性状检测。在羊只不同的生长阶段，经过4～5次CT扫描，将测得的脂肪厚度、眼肌长度和宽度编入瘦肉生长指数对羊只进行选择，从而提高了对肉用性状选种的精确度。在提高母羊繁殖力方面，利用超声波技术对妊娠母羊群进行大范围检测，对怀双羔或三羔母羊，提供优良草场，实行分群、分栏放牧饲养。条件好的牧场，如果母羊连续两年产单羔，则将其淘汰，以期提高母羊的繁殖力。近几年来，德科普畜牧有限公司进行超级羔羊的生产和培育工作，其程序是从该公司所属牧场饲养的50多万只幼龄母羊中，挑选0.8%最优质的周岁母羊，然后用无角道赛特、特克塞尔、柯泊华斯、罗姆尼和威尔特夏品种公羊交配，所生后代，不考虑其品种成分，而是根据其生长速度、瘦肉率和眼肌面积大小等性状进行筛选。这样获得的羔羊在优良草场上放牧肥育，8月龄时活重达55.0 kg，而且胴体瘦肉率很高。

新西兰是世界生产羊肉最多的国家之一，2010年羊存栏3 265万只，原毛产量16万t，生产羊肉47万t，其中2/3以上属羔羊肉。生产的羊肉一半以上是出口，国内平均每人每年消耗羊肉38 kg。

新西兰在羊肉生产中，主要是抓哺乳期羔羊的放牧饲养，除在优质牧场放牧外，补给少量的干草、青贮饲料和精料。多年来通过生产实践摸索出了不少经验，同时围绕羊肉生产进行了一些研究工作。一是对肉羊生产率的研究，即比较不同品种及其杂交后代的生产率，从品种来说，萨福克羊和汉普夏羊体格大，其后代生长速度快。同时还进行品种之间的杂交研究，而使后代的生长速度加快5%～7%。杂交不仅可以提高羔羊的成活率和母羊的繁殖力，而且采用三元杂交的方式，可使羔羊断奶活重增加30%。二是对不同性别羔羊生长率的研究。研究表明，公羔的生长率比母羔快，公羔去势后生长率反而降低(10%)。去势后的公羔更易于积蓄脂肪，不去势的公羔易于生产瘦肉。三是对羔羊剪毛的研究。通过剪毛可以促进羔羊的生长。理由是剪毛后，可增加采食量，有促进羔羊生长的作用。四是对父系、母系品种的选择研究。选择合适的公母羊品种是搞好羊肉生产的重要环节，但是绝不可忽视母羊品种在羊肉生产中的作用。通过杂交试验进行比较之后，在父系品种方面认为萨福克羊的后代在3月龄和7月龄时胴体重均高，是最好的终端父本品种。同时也认为道赛特羊及其杂种母羊的羔羊生长发育快，胴体重高。此外，还进行了羔羊早期断奶和增加母羊双羔率的研究。

二、澳大利亚

澳大利亚位于南半球，地处太平洋西南部和印度洋之间，国土总面积768万km^2，农用土地占国土面积的60%，人工草地3 000万hm^2，天然草地4.12亿hm^2。全国人口2 170万，85%的人口集中分布在东南沿海大、中城市，城市化程度较高。大部分地区气候干热，大陆性气候特征显著，沿海地带受海洋性气候影响较大。全境年降水量平均470 mm，内陆干热和沙漠化。

澳大利亚2010年羊存栏7 258万只，有绵羊品种21个，其中13个是英国绵羊品种，此外，另有8个非正式品种。羊肉产量58万t，原毛产量38万t。在品种组成上充分体现了澳大利亚这一羊毛第一大国的特征。全国以美利奴为基础，占总羊数的75%；含美利奴血液75%、林肯血液25%的回交种(康拜克羊)占总羊数的3%；含美利奴和英国长毛型品种血液50%的半血种占总羊数的12.5%。全国羊肉生产供应，一是靠美利奴来源的大羊肉，二是靠终端杂交来源的羔羊肉。全年屠宰大、小羊3 500万～4 000万头，利用美利奴这一雄厚的品种基础和有效的杂交繁育体系，在保持羊毛生产世界领先的同时，羊肉生产也进入世界前列。

澳大利亚是以生产细毛羊为主的国家。当前澳大利亚养羊业的一个很重要的趋势就是在生产羊毛的同时,也很重视羊肉的生产,主要是发展肉用羔羊,肥羔肉已上升到70%以上。羊肉80%内销,20%出口。澳大利亚羔羊肉主要向中东的国家出口,这些国家要求瘦肉型羊肉,其腰部的脂肪一般为1~2 mm厚。但对羔羊胴体重要求不同,伊朗要求12~18 kg,阿拉伯联合酋长国要求10~14 kg,阿曼要求9~16 kg。

在羊肉生产体系中,主要采用三元终端杂交,先用英国长毛型公羊配美利奴母羊,生产半血种,半血种母羊再用丘陵型公羊配,生产肉用羔羊。生产半血种的杂交组合以用边区莱斯特×美利奴为主,在较冷地区也有使用罗姆尼公羊作父系,个别的也有用切维奥公羊的。终端杂交的父本品种有道赛特、萨福克、雷兰、南丘、南萨福克和汉普夏等。由于各地的自然条件不同,因此,在选择杂交用的公母羊品种时,要求也不同。在气候炎热的干旱地区,主要选用边区莱斯特公羊,在气候潮湿地区,则用罗姆尼公羊;在气候适宜、饲草条件丰富的地区,可利用南丘羊和有角道赛特公羊。多年试验证明,有角道赛特公羊与美利奴杂种母羊或考力代母羊杂交所生的杂种羔羊,生长快,4月龄体重可达36 kg,胴体重18 kg以上,肉质鲜美。萨福克羊在南澳与维多利亚州应用较广,生产肥羔效果好。莱斯特公羊与美利奴母羊杂交所生的杂种母羊,比较晚熟,不适于用来生产肥羔。林肯公羊与美利奴母羊杂交所生的杂种母羊,成熟更晚,最不适于用来生产肥羔。

澳大利亚对商品羊肉胴体的分类,近年来又有新的规定。主要是按绵羊的年龄、性别、体重和膘的厚度来对胴体分类。按胴体重分,可分以下几类:

一是羔羊胴体:分轻、中、重及特重4级。胴体13 kg及其以下者为轻(L);13~16 kg者为中(M);16~20 kg者为重(H);20 kg以上者为特重(X)。

二是幼羊胴体:分4级。16.5 kg以下者为轻(L);16.5~20 kg者为中(M);20~24 kg者为重(H);24 kg以上者为特重(X)。

三是青年羊至成年羊胴体:分3级。19 kg及其以下者为轻(L);19~26 kg者为中(M);26 kg以上者为重(H)。

三、英国

英国位于欧洲西部,由大不列颠岛(包括英格兰、苏格兰、威尔士)、爱尔兰岛东北部和一些小岛组成,国土面积24.36万km^2,人口6 094.3万。隔北海、多佛尔海峡、英吉利海峡与欧洲大陆相望。它的陆界与爱尔兰共和国接壤。全境分为4部分:英格兰东南部平原、中西部山区、苏格兰山区、北爱尔兰高原和山区。属海洋性温带阔叶林气候,终年温和湿润。年平均降水量约1 000 mm。

英国是肉主毛从做法的典型国家,在现有绵羊品种中,几乎全是肉用羊。养羊收入主要靠羊肉和种羊,羊毛收入仅占8%。英国养羊业的发展,不太注重羊毛生产,而重视羊肉生产。对羊毛长度和细度方面的指标不是十分重视,对肉羊品种的选择、羊肉品质(如净肉率、胴体品质、屠宰率)的改进及繁殖率的提高比较注重。2010年英国羊存栏3 116万只,年产羊肉达27万t,其中羔羊肉占羊肉生产的90%,原毛产量6.7万t。羊肉生产是英国养羊业的主要产品,约占养羊产值的85%。

18世纪后半期,英国先后人工培育了最初的两个肉毛兼用品种——莱斯特羊和南丘羊,为英国发展早熟肉毛兼用养羊业打下了基础。20世纪60年代以来,英国育种的主要目标集中追求母羊性成熟早、全年发情、产羔率高、泌乳力强、羔羊生长发育快、饲料报酬高、肉用性能好,并注意把羊肉与产毛性状结合起来,如育成的考勃来(Colbred)羊,是用边区莱斯特品种公羊与克伦森林品种母羊杂交,一代杂种再与有角道赛特品种羊交配,然后用三品种杂种羊进行自群繁育,在这过程中还吸收了东佛里生羊的基因,育成了考勃来新品种羊。该品种羊全年发情,产羔率 200%~250%,肉用性能好。目前英国正式登记的品种有 40 余个,并构成有自己特色的养羊业生产。

英国羔羊肉生产的传统做法是在山区主要饲养黑面羊、威尔士山地羊、北部雷维特羊及斯华代等山地品种羊。由于山区条件差,只进行纯种繁殖,母羊育成后转售到平原地区与早熟品种(如边区莱斯特等)公羊进行杂交,其后代杂种公羔全部供肥羔生产,母羔再转往北部人工草场地区,再用早熟丘陵品种(主要为萨福克)公羊杂交,所产羔羊早熟、胴体瘦肉量适当,为理想的肉用羔羊,故全部用来生产肥羔。如此往复,既充分利用了地区条件的特点,又利用了杂种优势,从而获得了最大的收益。

英国在羊肉生产中还进行了密集产羔(两年三产)和多品种杂交方法的研究,培育了一些具有早熟、终年发情、繁殖力高的新肉羊品种。还通过遗传改进的方法来提高多胎母羊的泌乳性能,就是采用多胎率高的品种与产奶量高的德国乳用绵羊东弗里生品种杂交,在较短的时期内提高多胎母羊的产奶量。观察表明,含东弗里生羊血液较高的杂种母羊,泌乳力明显提高,母羊哺育双羔以上羔羊还是较顺利的。目前,仍在继续研究依靠母羊哺育多羔的一套真正有效方法。科学家们认为,如果多产母羊多有几个起作用的乳头,在哺育多胎羔羊中会有较大作用。现在已有人开始致力于选育有 4 个起作用乳头的母羊的工作。

四、美国

美国位于北美洲中部,领土还包括北美洲西北部的阿拉斯加和太平洋中部的夏威夷群岛。北与加拿大接壤,南靠墨西哥和墨西哥湾,西临太平洋,东濒大西洋。面积 937.26 万 km^2,人口近 3 亿。大部分地区属于大陆性气候,南部属亚热带气候。

美国养羊以发展肉用羊业为主,生产羔羊肉。2010 年绵羊、山羊存栏 865 万只,产肉量 7.6 万 t,原毛产量 1.4 万 t。养绵羊最多的州是得克萨斯,约 110 万只,其次是加利福尼亚州 68 万只,排名第 3~5 的分别是怀俄明州(43 万只)、南达科他州(37 万只)、科罗拉多州(36 万只),6~9 名为蒙大拿州、犹他州、爱达荷州和俄勒冈州,饲养量都在 20 万~30 万只。

美国的绵羊可分为 6 个不同的类型:肉用品种、细毛品种、长毛品种、兼用品种、毛皮品种以及其他少数品种等。肉用品种有:雪维特羊、道赛特羊、汉普夏羊、牛津羊、雪洛普夏羊、南丘羊、萨福克羊、特克塞尔羊、突尼斯羊等。

羊肉生产主要是利用 3~4 月龄的断奶羔羊,育肥到 6 月龄就出栏屠宰,此时羊的活重可达到 40~45 kg,胴体重在 22 kg 以上。美国现时养羊收入 2/3 来自羔羊生产,仅有 1/3 来自羊毛生产。在美国屠宰的羊中,95%是羔羊和 1 岁羊。上市的羊肉中,肥羔肉占 94%。可以说美国的养羊业带有明显的肉主毛从和普遍实行终端杂交的生产特点。全国经营纯种羊繁育的羊场不多,育种专家根据市场生产体系中品种的位置,突出与此有关的性状,在既定目标的框架内,调整选育方向,强化本场羊群的这些性状。例如,萨福克和汉普夏已确认为终端父系品种,用于市场生产体系中生产羔羊肉,效益最好,在品种繁育计划中突出顺利分娩、羔羊成活率和生长速度。由于市场体系的作用,饲养纯种母羊的品种不多,在干旱草原地带有兰布列,西部山区有塔基和哥伦比亚，饲料资源丰富、条件好的地区有波利佩。其他品种一般用于经济杂交，生产半血杂种母羊供繁殖用，如道赛特与细毛母羊杂交，在小麦地放牧带生产适于春配秋产的杂种母羊，选育重点放在非繁殖季节的配种能力、产羔率和泌乳量，以补细毛羊品种的不足。

美国的羔羊肉生产，在全国范围内可以做到全年批量供应。因此，母羊的繁殖时间在不同的地区有不同的安排。在秋冬季有苜蓿干草和小麦、大麦、黑麦草和放牧地的地区进行秋季产羔。公羊是体型大、生长快、胴体分割率高的肉用品种，母羊为细毛羊、道塞特羊和芬兰兰德瑞斯羊。用作生产肥羔的母羊在 4～5 月份剪毛，5～6 月份配种，10～11 月份产羔，羔羊哺乳期和断奶后不补饲，全靠放牧，待体重长到 40～45 kg 时上市。在草场不好的地区，羔羊生后 60～90 d 断奶，然后转到育肥场。在农区进行冬季产羔。使用的公羊仍以大型肉用品种为主，母羊以细毛羊、道塞特羊和萨福克羊的杂种为主。要求产羔率高，泌乳量多。母羊 8 月份配种，配种前剪毛。母羊产羔后，母子均补料，羔羊 90 d 断奶，断奶羔羊补饲母羊饲料，进行育肥。在美国东北部地区大部分母羊都是产春羔。在经营水平高、饲养条件较好的农场进行密集产羔。使用的母羊是能全年发情配种的品种，如道塞特羊、芬兰兰德瑞斯羊、兰布里耶羊。1 岁母羊和泌乳期母羊不配种。母羊和羔羊全补饲，实行早期断奶(30 日龄)。母羊每年两次剪毛，有助于抓膘、发情，提高其繁殖率。羔羊断奶时进行剪毛，以促进生长。采用这种方式产的羔羊，从小补喂高精料日粮，实行强度育肥。而且羔羊断奶以后，就立即给母羊配种。实行密集产羔所用的母羊，是多胎性好的品种。采用以上配种产羔的季节安排，就可做到全年批量生产肥羔，满足市场供应。

在美国不同地区羔羊的育肥方式有所不同。大型育肥场进行集约化育肥。对育肥羔羊实行集约化饲养，不放牧，不喂青饲料。日粮由富含蛋白质的精料、干草和添加剂组成。大型育肥场一年可育肥羔羊 4～5 批，每期育肥 60 d，一般 27～32 kg 重的羔羊日增重 130～220 g，育肥终重一般不超过 50 kg，以 40～48 kg 活重最好。羔羊在育肥期的暖季要剪毛，冷季不剪毛。在美国东北部地区大部分羔羊都是放牧育肥。这些地区一般产春羔(3～4 月份)，羔羊断奶后，一直在草场上放牧，到 10 月份体重达 41.5 kg 时出售上市。在玉米地带主要从别处购进羔羊，直接在玉米地上放牧。这种方式死亡率高。在人工草场区和秋季产羔羊群进行早期精料育肥，利用母乳加精料，配合部分优良青草。羔羊生长到 6～12 周龄，体重达到 13～27 kg 时上市。这种羔羊肉主要用来供应圣诞节到复活节期间的需要。

五、南非

南非位于非洲大陆的最南端，国土面积 122.1 万 km^2，人口 4 740 万。南非的地形以高原为主，东南沿海有不大的平原。高原的东南边缘横亘着德拉肯斯山脉，有不少海拔超过 3 000 m 的山峰。全国的大部分地区属亚热带草原气候，东南沿海为亚热带湿润气候，西南沿海为地中海式气候。各地平均气温为 12～22℃，年降水量由西北向东南递增，100～1 200 mm。

2010 年，南非绵、山羊存栏 3 032 万只，羊肉产量 17.6 万 t，原毛产量 4.1 万 t。南非的主要绵羊品种有南非美利奴羊、杜泊羊及道美羊等。山羊品种有波尔山羊、努比山羊、安哥拉山羊。

羊毛是南非主要的农业出口产品，从 1994 年后南非成为世界第四大羊毛出口国。而且一直是排名前十位的羊毛生产国。

南非肉用美利奴是一个能适应干旱条件的肉毛兼用型绵羊品种。杜泊羊是用从英国引入的有角道赛特品种公羊与当地的波斯黑头品种母羊杂交,经选择和培育育成的肉用绵羊品种。道美羊是由有角道赛特公羊和南非肉用美利奴母羊杂交培育的肉用绵羊品种。波尔山羊是目前世界上公认的最理想的肉用山羊品种之一,现在南非大约有 500 万只波尔山羊,主要分布在 4 个省,其中现代改良型波尔山羊约有 160 万只,并出口到德国、澳大利亚、新西兰、美国、中国及一些非洲国家。

复习思考题

1. 试述发展养羊业的意义。
2. 试述当前我国养羊业存在的问题。
3. 试述我国养羊业发展的重点和策略。
4. 简述世界养羊业发展趋势。
5. 简述国外发展肉羊业所采用的主要方法。

第二章 养羊业的主要产品

第一节 羊　　毛

羊毛是养羊业的主要产品之一，也是毛纺工业的重要原料。它的产量和质量直接关系到养羊业和毛纺工业的发展。不同种类的羊毛产品对羊毛的种类、质量标准的需求也不同，因此，了解羊毛产品的种类和用途、纤维的形态学和组织学构造、羊毛的理化性能和工艺特性，以及影响羊毛产量和品质的因素，以便在养羊业生产中进行科学的饲养管理，生产量高质优的羊毛，满足毛纺工业原料的需求。

一、羊毛的形成和生长

（一）羊毛的形成

毛纤维的发生始于胚胎时期，并且要经历一个复杂的生物学过程。从毛纤维原始体的产生，到形成一套能够不断生长羊毛纤维的完整结构，和胎儿的皮肤组织同时发育。

羊胚胎发育到 50～70 d 时，在皮肤生发层与乳头层之间将要生长毛纤维的地方，出现一些特殊的细胞集团，叫毛囊原始体。血液加强向此处流动，细胞获得丰富的营养而迅速增殖，从而形成结节。结节细胞继续大量增殖，形成瘤状物。瘤状物连同它的下面的皮肤一起，向皮肤深层延伸，几乎达到皮肤结缔组织，形成充满生发层细胞的管状物，此即为毛囊。管状物中充满了生长细胞，发生形态上的变化，其一侧出现皮脂腺和汗腺，随后皮脂腺的细胞增生，接触毛囊的颈部从而连成一体，汗腺向下直达皮肤最下层。同时还出现了竖毛肌，竖毛肌的一端连接在生发层上，另一端插入皮脂腺的毛鞘上，绵羊的竖毛肌较其他动物插入毛囊的部位浅，所以当竖毛肌收缩时不会像某些动物的毛显著地竖立起来。皮肤乳头仍位于其底部。管状物的根端和真皮组织融合组成毛球，毛球把毛乳头包在中心。毛乳头是皮乳头演变而成的，其中充满毛细血管和神经末梢，供给毛球细胞所需要的营养物质。毛球细胞不断分裂形成三角形圆锥，并逐渐向上长出，穿过表皮，出现于皮肤表面，这就是毛纤维，毛纤维的形成过程如图 2-1 所示。

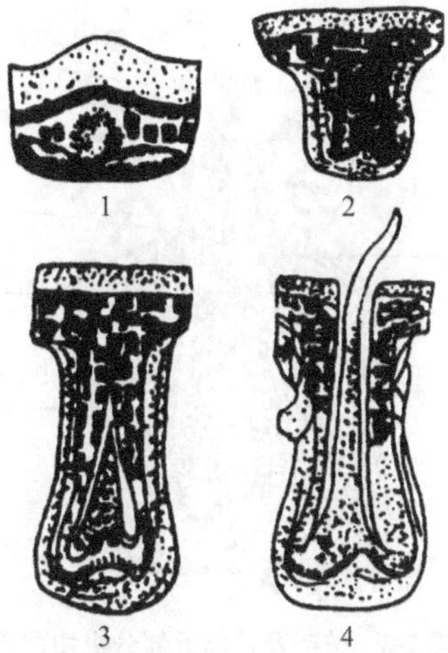

图 2-1　羊毛纤维形成图

1. 初级瘤状物的形成　2. 形成结节时期　3. 毛纤维形成时期　4. 形成羊毛纤维冲出体外

由于毛纤维是由皮肤里通过一定的压力而挤出来的，加之毛纤维的角质化过程是逐渐进行的，所以在第一次剪毛前，羊毛的顶端都是尖的，而在第一次剪毛后，毛纤维的顶端变为钝端。毛纤维的整个生长，从表皮原始点起，到突出胎儿体表止，共持续 30～40 d。了解羊毛形成的过程，在羔羊胚胎时期的后 2 个月，注意加强对怀孕母羊的饲养，尤其是供给蛋白质的饲料，对于增加羊毛密度和羊毛生长速度会起一定的促进作用。

（二）羊毛的生长

羊毛纤维是由鳞片层、皮质层和髓质层组成（细毛、绒毛无髓质层），在其形成与生长过程中，这三层是如何分化的呢？在发育成熟的毛囊中，细胞在毛球内形成一种压力，迫使它们呈现最小的面积，占据所有空间而不留任何空隙，细胞因此呈现泡沫状结构，每个细胞接近最小的四面体型状。在下面分裂的细胞，把这个可塑的细胞团推向毛囊颈部的收缩处，在这里每个细胞被压缩的很小，因而除外周的细胞外，所有细胞变得细长，成为梭状的细胞，这些细胞后来角化后，构成毛纤维的皮质层。外周很早就角化为羊毛纤维的鳞片层和内鞘的扁平细胞。

如果是有髓毛，内毛鞘和髓层细胞的角化，与变为皮质层和鳞片层的细胞的角化有所不同。在所有髓层细胞的角化的最早过渡阶段中，羊毛透明蛋白形成明显的、高度屈光性的嗜酸性小球，而皮质层和鳞片层细胞就未见此种物质。

（三）影响羊毛生长的因素

(1)遗传因素　决定羊毛生长的总长度的首要因素是品种特性。即品种的遗传性，在一定程度上决定着羊毛的长度。品种特性是在长期选育过程中逐渐稳固下来的。因此，有计划、有目的地选种是提高羊毛生长长度的重要手段之一。

(2)季节因素　某些绵羊羊毛的生长是连续性的，而另一些绵羊羊毛的生长是周期性的，这与季节性脱毛有关。原始品种的粗毛羊一般在春季绒毛脱落，而育成的细毛羊、半细毛羊以及其他品种则无脱毛现象。

(3)营养因素　羊毛生长与营养也有一定的关系，丰富而均衡的营养有利于羊毛的生长，营养贫瘠较营养丰富的个体的毛纤维不均匀性要大。

(4)剪毛　羊毛生长速度与剪毛也有一定关系，绵羊剪毛后的一段时间内，尤其在剪毛后的初期，由于气候和光对皮肤的影响较强，从而增加了皮肤中血液流量，提高了皮肤的活动，加速了羊毛的生长。之后随时间的延长而逐渐变得缓慢。

(5)年龄　羊只年龄不同，羊毛生长速度不同，羊毛的生长在周岁时最快，即周岁绵羊的羊毛生长较成年羊羊毛生长要快。苏联专家曾经利用 10 年不剪毛的美利奴羊进行测定，其结果是：第一年羊毛生长 7 cm，第二年生长 4 cm，到第八、九年则仅上涨 1～1.5 cm。说明羊毛增长速度随年龄增加而变得缓慢。

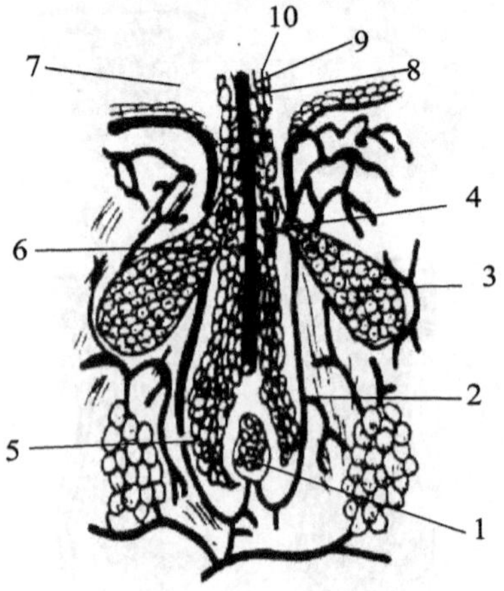

图 2-2　羊毛及其邻近部分纵切面图

1. 毛乳头　2. 毛鞘　3. 皮脂腺　4. 皮脂腺分泌管　5. 毛球　6. 毛根　7. 毛干　8. 毛的髓质层　9. 毛的皮质层　10. 毛的鳞片层

二、羊毛结构

羊毛结构分为外部结构和组织学结构。

（一）外部结构

从形态学上，羊毛可分为 3 个基本部分，即毛干、毛根和毛球。除此之外，羊毛纤维的周围还有毛乳头等一些有关组织和附属结构，如图 2-2

所示。

(1)毛干 羊毛纤维露出表皮以外的部分称为毛干,通常称毛纤维。

(2)毛根 羊毛纤维在皮肤内的部分称为毛根,它的上端与毛干相接,下端与毛球相连。

(3)毛球 位于毛根下部,为毛纤维最下端的膨大部分,毛球围绕着毛乳头并与之紧密相连,外形膨大成球状。毛球依靠毛乳头获得营养物质,使毛球中的细胞不断增殖,从而促使羊毛纤维的生长。

(4)毛乳头 位于毛球的中央,是供给毛纤维营养的器官,它由结缔组织构成,其中分布有密集的血管和神经末梢。毛乳头对羊毛的生长具有决定性作用。因为随着血液进入毛乳头的营养物质渗透到毛球内,保证了毛球细胞的营养,而且羊毛生长的神经调节作用也是通过它来实现的。

(5)毛鞘 是由数层表皮细胞所构成的管状物,此管状物称为毛鞘。它包围着毛根,所以亦称根鞘。毛鞘又分为外毛鞘和内毛鞘。外毛鞘是表皮圆柱层和刺状层的延续部分;内毛鞘是表皮颗粒层和角质层的延续部分。内毛鞘与外毛鞘紧密相连,中间有一层无核细胞,称为亨氏层;还有 1～3 层许多有核的细胞,称为赫氏层;还有与羊毛纤维同样结构的毛鞘的角质膜。

(6)毛囊 是毛鞘及周围的结缔组织层,形成毛鞘的外膜,如囊状,故称毛囊。

(7)皮脂腺 位于毛球两侧,分泌导管开口于毛鞘上 1/3 处,分泌油脂。油脂与汗液在皮肤表面混合,称为油汗。对毛纤维有保护作用。

(8)汗腺 位于皮肤深处,其分泌导管大多数开口于皮肤表面,也有的开口在毛囊内接近皮肤表面的地方。其生理作用主要为调节体温和排泄新陈代谢的废物。

(9)竖毛肌 是生长于皮肤较深处的小块肌肉纤维,它一端附着在皮脂腺下部的毛鞘上,另一端呈一角度与表皮相连。由于竖毛肌的收缩,促进了脂汗的分泌和运送,调节皮肤内血液和淋巴液的循环。

(二)羊毛的组织学结构

羊毛纤维是由一些微小的单细胞组成,这些单细胞是毛纤维组织学构造的基础。

按羊毛纤维组织学构造,有髓毛分为 3 层,即鳞片层、皮质层和髓质层;无髓毛只有 2 层,即鳞片层和皮质层。

1. 鳞片层

是毛纤维的最外一层,由扁平、无核、形状不规则的角质细胞组成。像鱼鳞一样覆盖在毛纤维的表面,鳞片的下部附着于毛干本体,上部伸向毛纤维外呈游离状,外观呈锯齿状。每个鳞片细胞的厚度从根部到尖端稍有不同,且常随纤维类型而异,为 0.5～2.0 μm,平均长度为 35.5～37.6 μm,平均宽度为 27.0～28.6 μm。在 1 mm 长度的羊毛上,无髓毛有 65～80 个鳞片,有髓毛 45～60 个。鳞片在毛纤维上的排列和形状因纤维类型的不同而有所差别。

(1)鳞片的形状 按毛纤维上鳞片的排列和形状,可将鳞片分为环状鳞片和非环状鳞片两种。毛纤维的鳞片形状见图 2-3。

环状鳞片是单独一个鳞片像一个环一样,每一鳞片即绕毛干一周,完全包裹起来。上面的一个环圈的下端伸到下面环圈的上端之内,每个环状鳞片都是完整无缝,而且边缘相互覆盖。环状鳞片是无髓毛的典型特征。

非环状鳞片也叫瓦状鳞片,是有 2～3 个或更多个各种形状的鳞片,绕毛纤维一周,鳞片相互覆盖或相互衔接,以覆瓦状或鱼鳞状排列,下端附着在毛干上。但覆盖面积没有细毛那样大，其上端也是翘起的，但程度小。鳞片边缘的锯齿形也不如细毛明显。一般两型毛和有髓毛的鳞片属此类型鳞片。

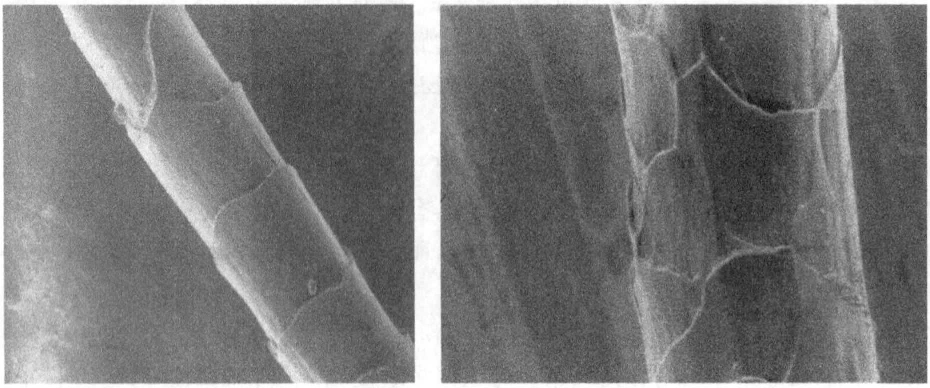

图 2-3　毛纤维的环形和非环形鳞片排列

(2)鳞片的结构　鳞片按其结构可分为 3 层，即表角质层、外角质层和内角质层。

表角质层是鳞片最外面的一层，也是鳞片细胞的胞膜(也叫鳞片外膜)，各个细胞的胞膜是分开的。因此，整根毛纤维上的表角质层以连续性的外膜包围在整个鳞片层的表面。鳞片外膜是在毛纤维生长期间由鳞片细胞胞膜诱导而来，它对化学药剂的侵蚀作用抵抗力极强，当毛纤维用氯或溴的水溶液处理时，此层就显得特别明显，并在纤维表面形成许多凸出的小气泡。这种现象由阿维尔登氏首次报道，故定名为阿维尔登反应。

外角质层(也叫外小皮层)是一层较厚的角质蛋白，厚约 0.3 μm，约占羊毛重量的 5%，但其厚度随毛纤维品质而异。外角质层角朊分子排列不规则，为不定型结构。含胱氨酸约 16%，一般外侧胱氨酸含量比内侧含量高一些。

内角质层(也叫内小皮层)为非角朊物质，厚度为 0.3 μm，约占毛纤维重量的 5%，含胱氨酸 3%，此层是构成鳞片的主要部分。化学稳定性差，可溶于酸。

(3)鳞片的作用　鳞片对毛纤维具有保护作用，保护毛纤维的皮质层免受物理、化学、空气、阳光和机械等因素的影响。鳞片层受到破坏时，毛纤维的强度和其他机械特性就会降低。

鳞片层对毛纤维不仅有保护作用，并且对羊毛的纺纱性能和黏合性均有重要作用。毛纤维在毛纺工业的加工过程中，经过酸、碱和热水处理后鳞片可开张，有较大的游离边缘，从而使毛纤维间易于密结，同时亦适于缩绒。羊毛的缩绒性主要以鳞片的数目及毛纤维的弯曲数而定，单位长度内鳞片数越多且游离程度越大，其缩绒性越大，这种性质可使毛纤维相互黏结，而其他纤维有所不备或不及。

鳞片的形状和排列与羊毛的光泽有很大的关系，它是决定羊毛光泽强弱的重要因素。细毛的环状鳞片排列较密，且鳞片边缘向上向外游离较多，使纤维表面呈锯齿状，鳞片倾斜度较大，当光线照到鳞片上时，其反射不整齐而呈漫射状，所以光泽柔和，呈银光。粗毛的非环状鳞片排列较稀且紧贴于毛干上，鳞片倾斜度小，纤维表面比较光滑，对光线的反射能力较强，故纤维的光泽较亮。因此，羊毛纤维越粗，纤维表面鳞片越平滑，其光泽越强，反之越弱。鳞片层受损伤或化学药剂长期作用，则羊毛会失去天然光泽。

2. *皮质层*

皮质层位于鳞片层之内，是毛纤维的主体，占毛纤维总重的 90%左右，它决定着毛纤维的物理和机械特性。

皮质层由两部分组成，即皮质细胞和细胞间质。细胞间质为非角质物质，亦称基质，系富含硫蛋白质的非结晶体结构。它的主要成分是无定形结构的蛋白质，其二硫键比较多。二硫键对羊毛的强度、弹性都有较大的影响。这些细胞间质容易受化学试剂作用，易被浓硫酸破坏。

皮质层是组成毛纤维的基本物质。它在毛纤维中所占比例的大小，因毛纤维的细度和类型不同而异。一般羊毛愈细，皮质层所占比例愈大，愈粗的羊毛皮质层所占的比例愈小。无髓毛除鳞片层外，全部为皮质层。而有髓毛其所占比例小。

皮质层不但是组成毛纤维的最基本物质，而且也是决定毛纤维的化学、物理和机械性质的主要部分。如果用化学方法处理使皮质层细胞分离或破坏，则毛纤维的强度、伸度、弹性等机械性质均不同程度的降低或丧失。另外，皮质层又是毛纤维天然色泽的体现者。色素一般存在于皮质层的细胞壁上，有时也分布在细胞的内部。在羊毛染色时，染色剂被吸收在皮质细胞中，故毛织品一般不易脱色。

3. 髓质层

髓质层是有髓毛纤维中心组成部分，在有髓毛和两型毛纤维中，位于毛纤维的中央，是有髓毛的主要特征。毛髓是毛乳头顶端生发层的细胞，以单个的不断向上进入正在生长中的毛纤维里而形成。毛髓的出现与发育是由羊品种和个体所决定的，至于饲养管理和外界环境条件对毛髓形成的影响，目前尚不明确。有髓毛多数发生于初级毛囊。细毛羊的初级毛囊生长的毛纤维比次级毛囊生长的毛纤维要粗，如细毛羊羔羊毛被中经常出现一种长而粗、弯曲较少的毛纤维，就可说明这一点。这种毛在出生后 4 个月左右即可脱换成无髓毛。髓质层是由不规则形状的薄壁空心细胞所组成，各种形状的细胞重叠似蜂窝状，细胞直径为 1～7 μm。细胞内有很多气孔，内含大量空气。因此，在显微镜下观察时，由于光的反射，白色的毛纤维也会看到黑色的髓质层。经过处理，将髓质层的空气排除后，就可看到髓质层中无色的多孔组织。

各种有髓毛和两型毛的髓质层，其直径的大小、形状极不一致，从极细的点状到几乎充满整个毛纤维的情况都有。例如，两型毛的髓多呈点状、断续状或很细的线状，有髓毛多呈连续状。毛纤维髓质层所占比例大小与其细度呈正相关，即纤维越细，髓质层所占比例越少或无髓；纤维越粗，髓质层所占比例越大。在干、死毛中髓质层特别发达，几乎占纤维体积的绝大部分。

通过对野生绵羊毛被成分的研究，发现羊只愈接近其野生祖先，其毛被上层的粗纤维几乎为髓质层充满。而这样的毛被状态是最耐寒的。这是由于髓质层中的多孔组织充满空气，空气是热的不良导体，可以降低毛纤维的导热性。具有适宜的髓质层的毛纤维，其抗压性、弹性和耐磨性都较好，而这些性能正是制作地毯和工业用呢所要求的。但髓质层发达的毛纤维往往使纤维强度、伸度、弹性下降，纤维易拉断，不易伸长，而且难以染色或染色不匀和染色不深，影响织物质量。在毛纺工业上，有髓毛比无髓毛工艺性能低，而有髓毛中髓质层愈细，工艺价值愈高，反之，髓质层愈粗，工艺价值愈低。

三、羊毛纤维类型

羊毛纤维类型的划分主要根据羊毛纤维的表观形态（如长短、弯曲形状等）、细度，并依据组织学构造和其他条件为辅助指标，将羊毛纤维分为以下 4 个类型：

1. 刺毛

亦称覆盖毛。着生于羊只面部和四肢下部。其特点是短(3 cm 以下)、粗、硬,呈微弓形,直而且光泽较亮。

刺毛在皮肤上倾斜生长,一根覆盖一根,毛纤维形成特殊的毛层。故这种毛又称为覆盖毛。

刺毛的组织学构造分三层,髓质层发达,鳞片较小而紧贴毛干,为非环状形鳞片,纤维表面平滑,故光泽较亮。

刺毛由于短而没有利用价值,只对羊只的特殊部位起保护作用。

2. 有髓毛

有髓毛可分为正常有髓毛、干毛和死毛 3 种。干毛和死毛都是正常有髓毛的变态毛。

(1)正常有髓毛　是一种粗、长而无弯曲或浅弯曲的纤维。粗毛羊和粗毛羊与细毛羊、半细毛羊杂交的低代杂种羊的被毛中具有这种毛纤维。由于它较其他类型的毛纤维长,因而组成了混合型被毛表面的外层毛。

正常有髓毛的细度范围很大,一般为 40～120 μm,组织学结构由 3 层组成,即鳞片层、皮质层和髓质层。鳞片有各种形状和大小,呈非环状,且紧贴于毛干上,因而有髓毛光泽较强。髓质层较发达,一般均为连续状,其髓腔的大小,往往随着毛纤维直径的变粗而增大。

有髓毛的手感比较粗糙,缺乏柔软性,但弹挠性好,是有髓毛的主要特性。有髓毛在整个被毛中的含量及其细度,是评价粗毛品质好坏的主要指标之一。由于有髓毛的纺织性能低于无髓毛,所以含有有髓毛的羊毛一般只能用于制造粗纺织品,如地毯、毛毯和毡制品等。

(2)干毛　是有髓毛的一种变态,其组织学构造与正常有髓毛相同,在外观上,干毛与正常有髓毛的区别在于羊毛纤维上端粗直,毛纤维变脆易断,缺乏光泽,毛纤维颜色呈蒸骨色。干毛形成的原因主要是被毛经常遭受雨水冲刷,以及风吹、日晒、气候过于干燥等外界因素的影响,失去油汗,使毛纤维上端变脆易断,光泽变弱,毛质干枯,成为干毛。干毛多见于毛纤维上端,整个毛纤维呈干毛的少见。干毛的工艺价值很低。被毛中存在的干毛越多,羊毛品质越差,是毛纺工业上的疵毛。

(3)死毛　是被毛中那些粗、短、脆、直或无规则螺旋形弯曲、呈灰白色的无光泽毛纤维。它也是有髓毛的一种变态粗毛。其细度在 120～140 μm。

死毛的组织学构造的特点是髓质层特别发达,皮质层很少,毛纤维横切面常呈扁的或极不规则形。由于死毛髓质层特别发达,因而死毛纤维极脆易断,不能染色,完全丧失了纺织纤维所具有的主要工艺特性。因此,含有死毛的羊毛,品质会大大降低。

死毛产生的原因和机制至今尚不能得出明确的结论。但可以肯定,完善的育种工作是减少和消除死毛的有效途径。

3. 无髓毛

亦称细毛或绒毛。在混型粗毛中它存在于被毛的底层,又称内层毛或底绒。细毛羊的被毛基本上全部由无髓毛组成。

从表观上看,无髓毛一般细、短、弯曲多而有规则,光泽柔和,其细度为 15～30 μm,长度为 5～15 cm。

无髓毛由鳞片层和皮质层组成。鳞片为环状,排列紧密,边缘翘起程度大,呈锯齿状。毛纤维除鳞片外,全部为皮质层所充满。其横切面形状呈圆形或近似圆形。具有良好的纺织性能，所以无髓毛是最好的纺织原料之一。

粗毛羊被毛中的绒毛(无髓毛)对羊只具有保护作用。绒毛在寒冷季节可以防止体温散失，在春暖时自然脱落，到秋冬季节又重新生长。

4. 两型毛

是有髓毛与无髓毛的中间类型。它比无髓毛粗而较有髓毛细，其细度、长度以及其他工艺价值介于无髓毛和有髓毛之间，细度在30～50 μm，毛纤维较长。

两型毛的组织学结构，也由鳞片层、皮质层和髓质层构成，其髓质层较细，多呈线状、断续状和点状，或一部分有髓，一部分无髓，其鳞片排列及形状介于有髓毛和无髓毛之间。

在工艺价值上，两型毛要比有髓毛好得多，两型毛比例大的羊毛是制造提花毛毯、长毛绒地毯等的优质原料。

四、羊毛种类

羊毛种类是针对羊毛纤维集合体的毛被或套毛而言，根据组成羊毛集合体的成分，分属于不同种类。羊毛集合体是由单根纤维所组成，其中有的羊毛种类是由同一种羊毛纤维类型组成，有的羊毛种类是由不同羊毛纤维类型所组成。

所有的羊毛集合体，按其组成的纤维类型成分，可分为同质毛(也称同型毛)和异质毛(也称混型毛)。

1. 同质毛

是指一个套毛上的各个毛丛是由同一种纤维类型所组成的，毛丛内部纤维的粗细、长短、弯曲以及其他特征趋于一致。细毛羊品种、半细毛羊品种及其高代杂种羊的羊毛都属于这一类。同质毛是毛纺工业上对羊毛原料要求的前提，粗毛羊杂交改良和育种工作也都要求被毛达到同质，在这个基础上进一步再要求羊毛综合品质的提高。

同质毛根据细度又可分为半细毛、细毛和超细毛3种。

(1)半细毛　是指品质支数在32～58支，毛纤维平均直径在25.1～67.0 μm的同质羊毛。半细毛的长度一般较细毛长，弯曲较浅，整齐而明显，油汗较细毛少，光泽感较强。在工艺性能方面与细毛相似，但较细毛用途广。首先它是良好的线纺原料，亦可制造毛毯、呢绒、工业用呢和工业用毡等。此外，在化工和轮胎制造等方面也有广泛的用途。56～58支，长度在9 cm以上的半细毛是生产普通的毛织品、细绒线和针织品的原料。46～50支，长度在12 cm以上的半细毛主要用作毛线和工业用呢。

半细毛主要来源于半细毛羊，亦可以从长毛羊种与细毛羊杂交后代中得到。

我国半细毛主要由我国育成的青海高原半细毛羊、内蒙古半细毛羊、东北半细毛羊、凉山半细毛羊、云南半细毛羊等所产。除此之外，每年还从国外进口大量的半细毛。

(2)细毛　是指品质支数在60～70支，毛纤维平均直径在18.1～25 μm的同质毛。一般由同一类型的无髓毛组成。从毛丛外部观察，并与其他羊毛比较，细毛较细、短，单位长度上弯曲较多，整齐而明显，油汗较多，长短一致。

细毛是毛纺工业中最佳精纺原料。可织制哔叽、华达呢、派力司和凡立丁等高级精纺织品，也可织成海军呢、麦尔登呢以及大衣呢等高级粗纺织品。

细毛主要来源于细毛羊品种及其与粗毛羊杂交的高代杂种羊的被毛。我国毛纺工业每年需要大量的细毛，小部分来自我国培育的细毛羊，如中国美利奴羊、新疆细毛羊、东北细毛羊、内蒙古细毛羊、青海细毛羊等品种所产的毛。另外，我国每年还要从国外如澳大利亚、新西兰等国进口大量细毛来满足毛纺工业的需求。

(3)超细毛　是指品质支数大于 70 支，毛纤维平均直径在 18 μm 以下的同质细毛。是生产轻薄、高档精纺产品的理想原料。在世界上只有澳洲美利奴羊中有少量的超细毛型美利奴羊生产这种超细毛。其价格高出一般细毛的数倍。近十多年来，我国进行的中国美利奴羊超细品系培育工作已初具规模，但生产的超细羊毛数量不多。目前，我国毛纺工业所用的超细毛基本上依赖进口。

2. 异质毛

也称混型毛或粗毛。是指一个套毛上的各个毛辫，由两种以上不同纤维类型(主要由无髓毛和有髓毛，也包括两型毛、干毛和死毛)的毛纤维所组成的羊毛，由于为不同纤维类型毛纤维所组成，其毛纤维的细度和长度不一致，弯曲和其他特征也显著不同，多呈毛辫结构。粗毛羊的羊毛皆为异质毛。

粗毛这一概念并不是说明羊毛都是粗的，而是说明其混型性。即粗毛是由各种类型的纤维组成，也包括干毛和死毛。

异质毛或粗毛是指从粗毛羊身上剪取的羊毛，由几种纤维类型的毛纤维混合组成。底层为无髓毛(绒毛)，上层为两型毛和有髓毛，也有的混有干毛和死毛。另外，细毛羊品种和半细毛羊品种与粗毛羊杂交的一二代杂种羊也生产粗毛。

组成粗毛的各种纤维类型的比例，随着羊的品种、性别、年龄、类型、个体特性以及被毛的季节性变化相差很大。蒙古羊分布范围很广，毛被虽都是几种纤维类型组成，但一般农区的蒙古羊比牧区的毛质要好，无髓毛比例大，干毛和死毛含量少，有的甚至没有，无髓毛和有髓毛的羊毛细度相差亦小。山谷型的藏羊的羊毛比草原型藏羊羊毛品质亦好，有髓毛比例少，毛质好。但草地型藏羊的羊毛长，两型毛比例大，羊毛光泽和弹性好，是国际上著名的地毯毛。

在工艺性能方面，粗毛比细毛和半细毛差。其品质取决于各种纤维类型的比例以及这些纤维的细度、长度、光泽和其他特性。通常粗毛可织造毛毯、地毯和擀毡，也可用于粗纺工业。

五、判定羊毛品质的主要性状指标

(一)羊毛性状的主要指标

羊毛性状的主要指标包括：羊毛的长度、羊毛的细度、羊毛的密度、羊毛的油汗、羊毛的弯曲、羊毛的净毛率、羊毛的强度和伸度以及颜色和光泽。可以根据这些指标来评价羊毛的好坏，也可以作为商业选毛的参考。

1. 羊毛的长度

羊毛是具有天然弯曲的纤维，所以其长度可分为自然长度和伸直长度。

(1)自然长度　指毛丛在自然弯曲状态下的两端间的直线距离。在羊体上是指毛丛的自然垂直高度。一般在剪毛之前，羊毛生长足 12 个月时量取。主要用于养羊实际生产、商业收购标准和羊毛工业分级。

(2)伸直长度　指将单根毛纤维拉伸至弯曲刚刚消失时两端的直线距离，亦称真实长度，在养羊业中是评定羊毛品质的重要指标，其准确度要求达到 1 mm。一般细毛的伸直长度比自然长度要长 20%，半细毛要长 10%～20%。

评定羊毛长度的指标有两种。一种是羊毛长度集中性指标，如自然长度、伸直长度、主体长度；另一种是离散性指标，如羊毛长度的均方差、变异系数、整齐度、短毛率等。这些指标不但在毛纺工业中应用，而且更多地应用于养羊业中。由于羊个体不同，其平均伸直长度的离散性指标差异很大。这对选种，尤其是对种公羊的选择提供了可靠的依据。羊毛长度在工艺特性上，其重要性仅次于细度。这是因为，一方面长度可以影响织品的品质，另一方面长度决定着纺纱加工系统和工艺条件的正确选择。从其品质上看，在细度相同的情况下，羊毛愈长，纺纱性能愈好，成品的品质愈好。在羊毛纺纱工业过程中，长度相差较大的纤维很难在相同的纺纱系统中利用。因此，对于不同长度的羊毛只能在相应的纺纱系统中进行加工。一般较长的羊毛适用于长毛精梳纺系统加工，中等长度的羊毛用于短毛精梳纺系统进行加工，再短的用于粗梳纺，而最短的羊毛只能用于擀毡。所以，不同长度的羊毛只能在相应的纺纱系统中利用，而一定的织品也要求一定的纤维长度。各种不同长度的羊毛在纺纱中的用途见表 2-1。

表 2-1 各种长度羊毛的用途 mm

同质毛		异质毛	
纺纱系统的种类	平均伸直长度	纺纱系统的种类	平均伸直长度
长毛精梳纺	120～150	长毛精梳纺	65～150
长毛半精梳纺	90～120	长毛半精梳纺	60～125
短毛精梳纺	55～120	粗毛精梳纺	50～100
短毛粗梳纺	30～55	粗毛毡生产	30～80
细毛毡生产	15～30		

据表 2-1，可以将同质毛按其长度分为以下 3 类纺纱加工系统：

55 mm 以上，作为精梳纺用毛；

30～50 mm 作为粗梳纺用毛；

30 mm 以下，作为毛毡生产用毛。

(3)影响长度的因素　影响羊毛长度的因素很多，其中最主要和最明显的影响因素是品种。其次是羊的营养状况以及个体、性别、年龄、不同身体部位和所处的环境条件，均与羊毛长度有关。

品种是决定羊毛长度最重要的因素。不同品种的羊有该品种特定的长度范围。如同质毛的长毛种，其羊毛平均长度为 150～200 mm，属于这一类的品种有边区莱斯特羊、林肯羊、罗姆尼羊、波德代羊等；同质毛的中毛种，其羊毛平均长度为 80～100 mm，属于这一类的品种有汉普夏羊、南丘羊、茨盖羊、萨福克羊、有角陶赛特羊等；同质毛的细毛羊，其羊毛平均长度为 50～90 mm，属于这一类的品种有中国美利奴羊、新疆细毛羊、东北细毛羊、澳洲美利奴羊、内蒙古细毛羊等。混型毛的粗毛羊，其羊毛平均长度除品种的差异外，还随每年剪毛次数的不同而异，这类羊羊毛较长，属于这类品种的有蒙古羊、西藏羊、哈萨克羊、湖羊、滩羊、小尾寒羊以及其他粗毛羊品种。

在同一品种中，不同个体间也存在很大差异。这对选种工作非常有利，利用一个品种内个体间毛长的较大差异，来扩大选种范围，以提高群体的羊毛长度。

羊毛长度的品种内差异，在很大程度上是受环境因素的影响，特别是营养水平低时，引起有机体生理状况的变化而使毛乳头营养物质供给不足，造成羊毛生长减缓。饲养条件相对稳定，羊毛纤维在全年不同时期的生长基本上是比较均衡的。

在性别上，公羊由于全年饲养比较均衡，一般毛长大于母羊。

从年龄看，羔羊羊毛生长速度较快，周岁羊的羊毛长度普遍大于2岁以上个体，随着年龄的增大，到老龄时，由于羊只生理功能减退的关系，羊毛长度渐减。

在同一个体上各部位间的长度差异也很大，一般颈部最长，肩、体侧稍次，股背又次之，四肢及腹部最差。

2. 羊毛的细度

羊毛细度是指羊毛粗细，一般用羊毛纤维直径大小表示，以 μm 为单位。要准确地测定其直径，就需要用长、短径之和的一半来表示，但通常用切短纤维中部的宽度来表示羊毛的细度。

细度是评定羊毛品质和确定使用价值最重要的物理性指标之一，它在羊毛的各物理特性重要性中占首要地位。目前，世界各国所通用的羊毛分级制度虽然具体方法不同，但主要都是以细度为基础的。这是因为细度与其他物理、化学和机械性能均有关联。人们也常常根据羊毛细度指标来估计其他方面的特性。另外细度还决定着毛纱的细度和织物的厚度及品质。即在相同长度的情况下，羊毛越细越均匀，所纺成的毛纱也越细越匀，毛织品的各种特性也越好。

(1)细度的表示方法　羊毛细度的表示方法最常用的有平均直径和品质支数两种。

平均直径是指毛纤维集合体的平均细度，直接用 μm 表示羊毛纤维的平均直径。通常在显微镜或纤维投影仪下测定羊毛的直径或短毛纤维中部的宽度，然后计算出平均直径。这是被广泛采用的一种指标。

品质支数是在国际国内范围内应用较广泛的一种工艺性细度指标。其含义是在英制中为1lb 净梳毛能纺成 560 码(约 512 m)长度的毛纱数，叫作 1 支纱。常用 S 表示品质支数。如纺成 60 段 560 码长的毛纱，即为 60 支纱(60 S)。在公制中是以 1 kg 净梳毛能纺成 1 000 m 长度的毛纱数，能纺成多少段 1 000 m 长的毛纱，就叫多少支纱。羊毛越细，单位重量内羊毛根数越多，能纺成的毛纱越长。因此，越细的羊毛品质支数越高，纺出的毛纱越细，其织品也越薄。

品质支数是毛纺业中长期沿用下来的表示羊毛细度的一种指标，羊毛品质支数仅表示直径在某一范围内的羊毛细度。然而随着科学技术的发展和纺织方法的改进，对纺织品质的要求的不断提高，毛纺织品已经开始标识织物的具体细度，一般范围在 1 μm 之内，羊毛品质支数已逐渐失去它原来的意义。绵羊毛国家标准(GB 1523—2013)中羊毛细度与支数对照见表 2-2。

表 2-2　羊毛品质支数与细度对照表　μm

品质支数/S	细度范围	品质支数/S	细度范围
150	11.1～12.0	60	23.1～25.0
140	12.1～13.0	58	25.1～27.0
130	13.1～14.0	56	27.1～29.0
120	14.1～15.0	50	29.1～31.0
110	15.1～16.0	48	31.0～34.0
100	16.1～17.0	46	34.1～37.0
90	17.1～18.0	44	37.1～40.0
80	18.1～19.0	40	40.1～43.0
70	19.1～20.0	36	43.1～55.0
66	20.1～21.5	32	55.1～67.0
64	21.6～23.0		

不同毛纤维间的细度差异很大,最细的直径约 7 μm,最粗的直径可达 240 μm。而且同一根毛纤维,其上、中、下 3 段粗细也有差异,有的差异很大可达 5～6 μm。因此,单纯用平均细度来反映羊毛的粗细是不全面的,实践证明,必须计算出它们的离散性指标(标准差和变异系数),才能正确地表示出羊毛细度的真实情况。

在现代养羊业中,不仅强调羊毛的细度,而且也把细度的均匀性看成羊毛细度的一个重要指标。因为细度的均匀性,在工艺价值上对毛纱的细度和毛纱的均匀性以及成品的品质均有直接的影响。所以在养羊业中,已把羊毛的均匀性和细度同等看待。因此,在测定羊毛细度时,不仅要测定其单根纤维的细度和纤维集合体的平均细度,而且还要测定纤维细度的均匀性。也就是不仅要测定羊体不同部位间羊毛细度的均匀性和同一部位各纤维间细度的均匀性,而且还要求了解同一纤维上不同区段细度的均匀性。这就对绵羊的选种和饲养提出了更高的要求。

(2)影响羊毛细度的因素　影响羊毛细度的因素,主要有品种、性别、年龄、部位、营养条件等因素。羊毛纤维的细度首先决定于品种。不同品种的羊毛均有其特定的细度范围,在同一品种内,羊毛细度因个体、性别、年龄、部位、营养条件等不同而异。

不同生产方向的品种之间,如细毛羊、半细毛羊、粗毛羊,其羊毛细度差异很大,而在相同生产方向的羊品种之间,细度差异较小。如细毛羊品种,其细度一般在 60～80 支,以 60～64 支为最多;半细毛羊品种,一般为 32～58 支。细度这一性状是受羊遗传因素影响的。

一般情况下,同一品种内,公羊的羊毛粗一些,而羯羊介于公、母之间,从细度的匀度上讲,羯羊最好,公羊其次,母羊较差。

羊毛细度随年龄变化而稍有差异,一般说,4～6 月龄的羔毛较细,以后随年龄的增长逐渐变粗,一般在 3～5 岁时,其羊毛细度是一生中最粗的时候,以后又逐渐变细。以上变化在粗毛羊中表现得更为明显。

羊毛的细度与其生长部位有密切关系,在同一只羊身上,以肩部的羊毛最细,体侧、颈部、背部的毛次之,臀部的毛较粗,尾部的毛最粗。这主要是由于羊毛细度与皮肤厚度、湿度以及血液循环有着密切的关系。

羊的营养水平对羊毛的细度,尤其是均匀度有着重要的影响。如营养缺乏或患病,尤其是在母羊怀孕期和哺乳期,可使羊毛较正常情况变得细。这种现象称之为羊毛的饥饿痕。当营养状况得到改善,疾病痊愈后,羊毛纤维又恢复了正常生长。带有饥饿痕的羊毛其工艺价值受到很大的影响。

毛纺工业需要细度均匀的毛纤维,因此加强羊的饲养管理,尤其在冬春枯草季节以及配种、产羔、哺乳等生产期间,加强补饲,特别是蛋白质饲料的补充,是提高羊毛细度均匀度的有力措施。

3. 羊毛的密度

羊毛密度是指羊体单位皮肤面积上毛纤维分布的紧密程度,一般以每平方厘米面积上毛纤维的根数来表示。在单位皮肤面积内生长的毛纤维根数越多,则羊毛密度越大。

羊毛密度是决定羊只产毛量的主要因素。被毛的毛纤维密度大、毛长,则剪毛量高。有些品种或个体腹部毛长和密度大的羊只,剪毛量较高,如澳洲美利奴羊。细毛羊和粗毛羊杂交所产的杂种羊,一般腹毛长度短,密度小,因而剪毛量低。因此,在育种工作中和个体选择时要重视腹毛的长度和密度。

羊毛密度的大小常随羊生产方向、品种和个体的不同而差异很大。此外，年龄、性别、部位的不同，胚胎发育期的营养条件，羔羊出生后的饲养管理条件以及育种技术等，都对密度有着不同程度的影响。就生产方向和品种而言，细毛羊羊毛密度最大，6 000～8 000 根/cm^2；半细毛羊次之，2 000～4 000 根/cm^2；粗毛羊较稀，1 000～3 000 根/ cm^2，甚至个别品种仅达 700～800 根/cm^2；细毛羊和粗毛羊杂交，杂种羊的羊毛密度随杂交代数的增高，毛纤维变向同质，羊毛密度也随之增加。

由于羊只各部位皮肤的厚度、湿度和血管、神经分布等状态不同，因而羊毛密度有差异。凡皮肤越厚，湿度越高，血管和神经末梢分布越密的部位，毛纤维亦越密，反之毛纤维越稀。一般来讲，在鬐甲、背部及荐部羊毛最密，颈部、肩部、体侧和股部次之，而以腹部的毛最稀(表 2-3)。

表 2-3　美利奴羊各部位的羊毛密度

项目	鬐甲	背部	荐部	颈部	肩部	股部	胸部	腹部
羊毛密度/(根/cm^2)	7 868	6 785	7 248	6 375	6 292	6 280	4 220	3 700

在正常情况下，羊只在 2 岁时即可达到一生中最大羊毛密度。随着年龄的逐渐增大，机体代谢机能逐渐衰退，部分毛囊萎缩，而使羊毛密度逐渐减少。

羊毛密度既决定于遗传因素，又与营养条件有关。有人用不同营养水平的两组苏联美利奴羊做试验，粗饲料日粮基础相同，试验组比对照组每只羊每天多喂精料 400 g，结果两组母羊所生羔羊的羊毛密度及其他指标均发生了明显的变化(表 2-4)。

表 2-4　妊娠后期不同营养水平对羔羊的影响

项　　目	试验组	对照组
妊娠后期母羊平均体重/kg	66.8	61.6
羔羊平均初生重/kg	3.89	3.35
皮肤总厚度/μm	1 558.4	1 401.4
表皮层厚度/μm	14.4	13.4
乳头层厚度/μm	1 278.0	1 175.0
网状层厚度/μm	266.0	213.0
羔羊每平方毫米皮肤面积上纤维根数	122.5	102.8
羔羊每平方毫米皮肤面积上毛囊原始体数	319.0	270.0
汗腺平均长度/μm	1 250.0	1 162.0
汗腺平均宽度/μm	84.4	70.5
羊毛平均细度/μm	19.0	18.0
1 岁时羊毛长度/cm	8.0	7.0

如果羊只营养失调、饲养不良或疾病影响，皮肤和毛乳头的营养供给不充足，必然会造成毛囊原始体减少，部分毛纤维停止生长发育，而使羊毛密度降低。因此，从羔羊胚胎后期到出生后很长一段时间，加强营养物质的供给，对增加羊毛密度，提高羊毛产量，改进羊毛品质均具有重要作用。由于羊毛密度在个体也表现出差异，因此，在育种过程中，选择羊只时，注意结合羊毛长度，选择密度大的个体，以提高剪毛量。

4. 羊毛的油汗

油汗是指羊体皮肤中皮脂腺分泌的油脂和汗腺分泌的汗液在皮肤皮表面毛纤维中形成的混合物。它包括羊毛脂和汗质。

油汗对毛纤维起着保护作用,特别是被毛常年经受日晒、雨淋、风吹、霜雪凝挂、尿渍和大气的作用,而油汗可保护羊毛使其化学成分、化学结构和各种物理机械性质免受或少受上述因素的损害。另外,油汗附着于毛纤维的表面,有黏附和润滑作用,即使毛纤维集合成密集的毛束,促进被毛内毛丛的自然形成,又可防止毛纤维相互的毡结和变态。在正常情况下,细毛羊羊毛的油汗含量一般为20%～30%,半细毛羊为20%～25%,粗毛羊为10%左右。当油汗含量低于上述指标时,毛纤维强度降低,手感、弹性和光泽变差,毛纤维易断;油汗过多,消耗羊体营养物质,同时降低净毛率。

根据洗毛时油汗溶于水的情况,可将油汗分为易溶性油汗和难溶性油汗两类。

易溶性油汗的特点是易溶于热的皂碱洗毛液。这种油汗外观呈白色、淡黄色、乳白色,亦称浅色油汗,属优良油汗。

难溶性油汗的特点是难溶于或微溶于皂碱洗毛液。洗毛时很难洗净,这种油汗外观呈深黄色、锈黄色,为深色油汗,属品质不良油汗。

不论何种颜色,凡呈颗粒状的油汗,均为不良油汗。

油汗对外界条件,如风吹、日晒、雨淋等有保护作用,闭合毛丛结构的被毛,可以防止油汗本身氧化,保持油汗的液化状态,利用油汗均匀分布,使毛纤维相互毡结,减少杂质侵入。

影响油汗品质和含量的主要因素是品种和营养水平。因此,改善油汗品质和含量的办法,是加强对种公羊和母羊的选择。在细毛羊选种工作中,选择毛长、羊毛密度大、匀度好的白色或淡黄色油汗的种公羊配种。另外,还应注意供给营养丰富的饲料并做好羊只科学管理工作,提高羊毛油汗品质和含量。

5. 羊毛的弯曲

羊毛在自然状态下并不是直的,是沿着它的长度方向,呈自然的、有规则的或不规则的周期性弧形,称羊毛弯曲,亦称羊毛卷曲。单位羊毛纤维长度内具有的弯曲数,称为弯曲度。羊毛越细,弯曲越多;羊毛越粗,弯曲越少。

各种羊毛的弯曲深浅和形态都不尽相同。羊毛弯曲的形状,按其弯曲的弧度深浅,高低不同,可分为7种,即平弯曲、长弯曲、浅弯曲、正常弯曲、深弯曲、高弯曲和环状弯曲(图2-4)。

凡弯曲弧度不呈半圆形,弧度底的半径大于高的,称为弱弯曲,平弯曲、长弯曲和浅弯曲均属弱弯曲。弯曲弧度的高比底的半径大的,称为强弯曲。深弯曲、高弯曲和环状弯曲属强弯曲。正常弯曲弧度的高和底的半径大体相等。浅弯曲和正常弯曲是比较好的。

羊毛的弯曲形状与毛纺工艺有着密切的关系。在毛纺工业上,羊毛弯曲被认为是羊毛所特有的一种特性,是其他纺织纤维均不具备的,它对羊毛的缩绒性能(毡合性能)起着积极作用。用有弯曲的羊毛制成的织品较其他天然纤维和化学纤维所制成的织品具有很好的恢复弹力。细毛羊羊毛具有浅弯曲和正常弯曲,宜用制作精

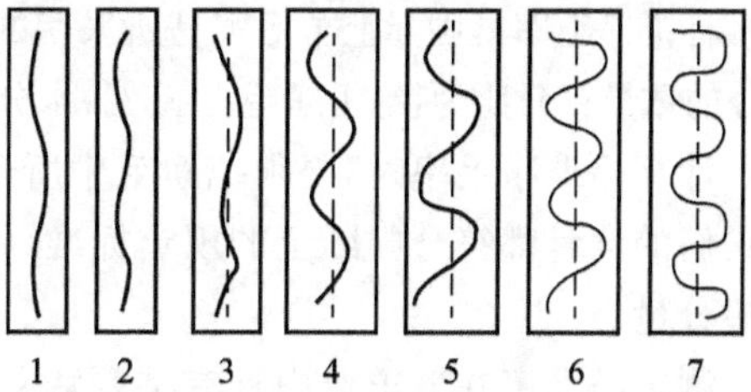

图2-4　羊毛的弯曲形状

1. 平弯曲　2. 长弯曲　3. 浅弯曲　4. 正常弯曲　5. 深弯曲　6. 高弯曲　7. 环状弯曲

纺织品。具有深弯曲的羊毛，不宜作精纺用毛，因其纺制光滑的纱线比较困难，只适于粗梳纺纱，织出表面毛绒丰满、手感好而富于弹性的织品。环状弯曲属疵点毛，不适于纺纱。

羊毛弯曲主要因羊品种不同而异。从养羊角度看，要求细毛羊和半细毛羊应具有正常弯曲或浅弯曲。尤其对细毛羊来说，浅弯曲和正常弯曲是其必须具有的弯曲。具有浅弯曲和正常弯曲的羊毛，毛丛结构好，羊毛品质高，细度、长度均匀，净毛率高。具有深弯曲和高弯曲的羊毛，一般毛丛结构不良，被毛含杂质多。环状弯曲性状的遗传性较强，通常深弯曲多出现在腹部和股部，因此，在育种工作中，选择羊只时应注意淘汰具有环状弯曲的羊只。

单位毛纤维长度内弯曲的数目也因品种不同而异，细毛羊一般每 1 cm 长度内有 6～9 个弯曲，最多的 13 个。半细毛羊每厘米长度内有 3～6 个弯曲。

6. 羊毛的净毛率

从羊体上剪下的羊毛叫污毛，亦称原毛，原毛经过洗毛后，将油汗和杂质洗去，这种羊毛为净毛。净毛重占原毛重的百分比，称为净毛率。

$$\text{净毛率}=\frac{\text{净毛重}}{\text{原毛重}}\times 100\%$$

羊毛的净毛率是评定羊毛品质和产量的重要经济指标，用它可以确定羊只的真实产毛量和收购到的羊毛真实重量。

净毛率的表示方法有两种，即普通净毛率和标准净毛率。

(1)普通净毛率　指经过洗毛后所得的净毛重量占该毛样原毛重量的百分比。

$$\text{普通净毛率}=\frac{\text{绝干净毛重量(g)}\times(100+\text{公定回潮率})}{\text{原毛重量(g)}}\times 100\%$$

普通净毛率是在羊场、羊毛收购单位、羊毛质检部门和毛纺厂普遍采用的测定指标和方法。普通净毛率中所指净毛包括以下内容：①净毛重是指经过洗毛烘干以后，所得净毛重量再乘 100 加上毛样公定回潮率(同质细毛和半细毛为 16%，异质毛为 15%)下的重量，是该毛样净毛的真正重量。②洗后所得净毛，允许含有不超过 1.5%的残留油脂。因为这种微量油脂在洗毛时很难除去。同时，这种残留油脂也是保持羊毛正常物理性质所需。③洗后净毛，允许含有不超过 1%的植物质，这些微量的植物质也是在洗毛过程中很难完全除去，必须经炭化才能除净。目前，我国测定普通净毛率常用的方法主要有烘箱法和油压法两种。

(2)标准净毛率　指标准净毛重量占原毛重量的百分比。

标准净毛率是国际上羊毛贸易所采用的指标，比较精密准确。国际上所规定的标准净毛组成成分的重量百分比为：绝干净毛占 86%；水分占 12%；油脂占 1.5%；灰分占 0.5%；植物质为 0。

计算标准净毛率时，必须把净毛中所含水分、油脂、植物质及灰分除去，再作精确测定。如果它们的含量都符合国际上的规定标准，就认为合格。如果含量超过规定，要在毛价中扣除超过的分量。

测定净毛率在养羊业中具有重要意义，可以反映每只羊的真实产毛量，在羊毛收购中亦用净毛作价，可体现优毛优价。单凭原毛的重量是无法判断其中含有多少杂质和油汗等。国家对各类羊毛的净毛率都有一定的规定，作为羊毛收购和品质评定时的依据。

在绵羊育种工作和生产上，仅知个体剪毛量和全群剪毛量或平均剪毛量是不够的，也要分别测定净毛率，尤其是种公羊必须测定净毛量，计算净毛率。澳大利亚按照净毛产量高低进行选种，很有成效。毛纺工业用的是净毛，即使原毛量高，但含杂质和油汗多，这些并不是工业上需要的。因此，力求提高净毛率和净毛的产量。平时在饲养管理上，在剪毛时，要尽量减少杂质混入羊毛中，要保持一定的油汗，减少外来杂质的黏附。要把提高净毛率和净毛产量作为一项重要措施来抓。

影响净毛率的因素很多，如品种、性别、个体特性、饲养管理条件和气候条件等。在品种方面，细毛羊的净毛率最低，一般为30%～50%，半细毛羊次之，为50%～60%，粗毛羊最高，为60%～70%。在同一品种中，公羊略小于母羊，因为公羊的油汗高于母羊。个体的被毛长度、细度、密度、油汗多少和被毛结构不同，其净毛率差别很大。被毛在相同密度下，羊毛越长，其净毛率越高；羊毛越细，净毛率越低。饲养管理条件方面如经常在贫瘠的草地上放牧或冬春舍饲和补饲，由于与尘土、干草和粪尿等接触，杂质含量多，故净毛率低。剪毛时的条件很重要。气候条件上，在风沙大的地区，净毛率亦低。

7. 羊毛的强度和伸度

(1)羊毛的强度　羊毛的强度是指拉断羊毛纤维时所用的力，即羊毛纤维的抗断能力。强度是评定羊毛纤维机械性能的首要指标，它与羊毛的工艺特性有密切的关系，直接影响到织品的耐磨性。强度也决定羊毛的用途，如果强度不够，一般不作精梳毛用，或只能用作纬纱。另外，如果羊毛纤维强度不足，则在织造过程中，由于纤维的断裂而使废弃率增加。强度小的、有疵点的羊毛，绝不会织造出高品质的织物。因此，测定羊毛强度具有重要的意义。羊毛强度表示的方法有两种：绝对强度和相对强度。

绝对强度是指拉断羊毛单根纤维或一束纤维所用的力。用克或千克表示。

相对强度是指拉断羊毛时，在单位横切面面积上所用的力，通常用纤维 1 mm^2 的横切面面积上的千克数表示。可用以下公式来计算：

$$H=\frac{P}{Q}$$

式中：H 为纤维的相对强度或单位强度，kg/mm^2；P 为纤维的断裂负荷，kg；Q 为纤维横断面面积，mm^2。

一般无髓毛纤维的细度与其绝对强度成正比，即纤维越粗，绝对强度越大。而有髓毛越粗髓质层越大，则抗断能力越差，脆而易断。

我国细毛和半细毛单根纤维强度参考指标如下：

70 S，7 g；64 S，8 g；60 S，9 g；58 S，10～11 g；56 S，13 g；50 S，15 g；48 S，17 g。

不同细度羊毛纤维的强度和伸度见表 2-5。

表 2-5　不同细度羊毛的强度和伸度

细度/μm	绝对强度/g	伸度/%
18.0	3.98～5.74	20.0～48.5
18.1～20.0	5.70～6.98	28.0～50.0
20.1～22.0	7.19～8.55	29.0～56.5
22.1～24.0	7.70～9.54	32.0～50.5

续表 2-5

细度/μm	绝对强度/g	伸度/%
24.1～26.0	9.36～11.76	35.0～57.5
26.1～30.0	13.26～16.86	36.0～65.5
30.1～37.0	16.47～22.79	37.5～62.0
37.1～45.0	29.30～33.66	40.0～67.5
45.1～60.0	39.20～48.40	32.5～65.0
60 以上	51.25～63.25	40.0～63.5

(2)羊毛的伸度　伸度是指将已经拉到伸直长度的羊毛纤维，再拉伸到断裂时所增加的长度占伸直长度的百分比，所增加的长度称伸长。

伸度也是决定羊毛纤维机械性能的主要指标之一，它是决定织品结实性的重要指标。用伸度较好的羊毛制成的织品，结实耐穿，贴身随体，所以在毛纺工业上要求具有良好伸度的羊毛，以提高织品的品质。由于羊毛纤维分子结构的特点，它比其他各种天然纤维的伸度大。一般情况下，羊毛为 20%～50%，棉花 4%～10%，麻 3%～5%，蚕丝 20%～25%。

因饲养条件和营养不均匀或不良造成羊毛纤维的上、中、下 3 段细度不一致的，单根纤维的强度和伸度较差，因此，要求单根纤维上的粗细匀度要好。

(3)影响羊毛强度和伸度的因素　羊毛的强度和伸度间有着一定的相关性，故影响羊毛强度的因素也影响羊毛的伸度。羊毛的细度与强度、伸度的关系较为密切，在其他条件相同时，羊毛(无髓毛)纤维直径与强度、伸度成正比，即纤维愈粗，绝对强度、伸度愈大。

髓质层发达的粗毛纤维，绝对强度比无髓毛或髓质较少而同等粗细的毛纤维要小。

根据研究证明，温度和湿度对羊毛的强度和伸度也有一定的影响，温度愈高，毛纤维的强度愈低，伸度愈大。这是由于当温度增加时，羊毛内分子的热振动能力加强，相应的分子间的联系减弱，致使伸度增大，强度变小。湿度的增加使羊毛膨胀，其强度和伸度也降低。

羊的饲养管理状况可影响羊毛强度和伸度。由于营养不良或不均衡，以及疾病、妊娠和哺乳等原因，可使毛纤维某一部分变细，形成“饥饿痕”，这种羊毛强度和伸度很低，脆弱易断。另外，羊毛在羊体上遭受雨淋、粪尿污染，在保存时受潮或库房闷热，以及在洗毛时溶液过浓等，都会损失毛质，降低羊毛的强度和伸度。

8. 羊毛颜色和光泽

(1)羊毛的颜色　羊毛的颜色是指毛纤维在洗净以后的天然色泽。

羊毛的颜色因羊品种而不同。在同一品种内，毛色亦因个体而异。颜色是由于毛纤维中的色素决定的，这些色素主要分布在毛纤维皮质细胞中。色素在细胞中的存在形式，有扩散状和粒状两种，而以粒状为主。这些色素有的可能存在于整根纤维上，也有的仅仅存在于纤维的某一段上。

羊毛所具有的天然颜色，可分为以下几种：

白色毛：凡羊毛不带任何颜色，并且也不夹杂单根的有色纤维的称为白色毛。白色毛可使毛纱与织物染色成各种色调，是一种最理想和最有价值的颜色。

黑色或深色毛：凡羊毛带有各种色度的黑色称为黑色毛，其中也包括深褐色。

灰色毛:凡羊毛具有黑(深)白两种纤维相混杂在一起的称为灰色毛。根据这两类纤维在羊毛中所占比例的不同以及深色毛色度的深浅,可以分为浅灰色和深灰色。

杂色毛:凡在白羊毛中,除了白色纤维之外还含有各种色度的有色纤维,包括黑色纤维在内,这种羊毛称为杂色毛。灰色毛、纯棕色毛和淡褐色毛也归属此类,但纯黑色和深褐色毛则不包括在内。

除一些羔皮羊和裘皮羊品种具有天然有色毛外,羊毛以白色最理想,因为在纺织加工中,它可以被染色各种颜色,而有色毛很难染色,即使染上也不均匀,会大大降低其利用价值和产品价格。所以在羊育种工作中,在选择羊只时选择白色个体,以提高羊毛品质。

(2)羊毛的光泽　羊毛的光泽是指洗净的羊毛对光线的反射能力。

羊毛纤维的光泽与纤维鳞片形状、数目、排列和覆盖情况有关。一般来讲,羊毛纤维上的鳞片越稀时,也就容易紧贴于毛干上,使纤维表面显得比较光滑,反光也就越强。羊毛纤维的光泽与纤维表面形状及结构也有关系,纤维越细,其表面的曲率越大,光线的反射就比较小,通过纤维内部反射和外部反射所综合形成的漫射就必然很大,因而其光泽显得特别柔和。此外,纤维的颜色、皮质层的性质、毛髓发达的程度和它的结构等,也都会影响羊毛的光泽。

任何一种羊毛均有其固有的光泽特点。生产实践中,根据羊毛对光线反射强弱,可将羊毛分为全光毛、半光毛、银光毛和无光毛。

全光毛:绵羊中的林肯羊羊毛和山羊中的安哥拉山羊毛(马海毛)、中卫山羊毛,均属这一类。特点是羊毛粗,鳞片紧贴在毛干上,因此光泽较强。

半光毛:罗姆尼羊毛、山羊毛、杂交种羊毛均属这一类,其细度在 31～40 μm,光泽比全光毛稍弱。

银光毛:美利奴羊细毛具有银光,它是银光的典型代表。其特点是毛纤维细,单位长度上鳞片数多,鳞片上部翘起的程度大,因而光泽柔和。

无光毛:一些营养很差的细毛及大部分粗毛和低代杂种羊的羊毛多属无光毛。另外,当羊毛上的鳞片被化学物质或细菌侵蚀损伤后,就会使羊毛光泽灰暗。

光泽虽不是羊毛最主要的物理特性,但它对毛织品的外观具有一定影响。强的光泽能使织品色泽鲜艳,反之,织品就会显得暗淡无光。

(二)性状之间的相关关系

羊毛纤维细度是羊毛各种特性中的最重要的,也是评定羊毛品质优劣的首要指标。

(1)细度与长度的关系　长度和细度呈正相关关系,除了个别例外,在实际观察时可以注意到,羊毛越粗,其长度越长,越细则越短。这种关系在品种内比较明显,在不同品种间虽然也存在,但不明显。

(2)细度与弯曲的关系　一般羊毛越细,在其单位长度内的弯曲数越多,反之越少。但是,这种关系必须是在饲养均衡、营养良好,并且具有正常、整齐而明显弯曲的羊毛上才具有。如果对羊的饲养不够均衡和丰富,尤其是以放牧为主而很少补饲的羊场和农户,就必然会影响到羊毛弯曲的形状和数量。所以,在对羊毛进行评定时,完全利用单位长度内的弯曲数目来评定(衡量)羊毛的细度是不准确的,也是不够科学的,它只能在一定条件下大致估计羊毛的细度支数。

(3)细度与强度的关系　对于同质毛来讲,羊毛越粗,其单根纤维的绝对强度越大,即纤维的绝对强度随着纤维直径的增加而增大(表 2-6)。但有髓毛纤维很粗时,其髓质层会随着纤维的增粗而增大，因而会降低单根纤维的强度。

表 2-6　羊毛细度与强度的关系

细度/μm	绝对强度/g	相对强度/(kg/mm^2)	细度/μm	绝对强度/g	相对强度/(kg/mm^2)
16.20	4.94	23.90	19.60	6.76	20.00
16.80	5.59	25.30	19.76	6.95	22.60
17.66	5.44	22.30	20.40	7.34	24.40
18.60	6.30	23.40	20.62	7.24	21.70

(4)羊毛细度与径比的关系　羊毛纤维横切面的形状因细度不同而异。径比是指纤维横切面长径与短径之比，羊毛越细，其横切面越接近圆形，其长径与短径之差越小，径比接近于1，反之，羊毛越粗，径比越大。

(5)细度与羊毛光泽的关系　羊毛的光泽与毛纤维表面鳞片的形状、大小和排列有关。羊毛越细，对光线的全反射越小，因而光线越柔和；羊毛越粗，纤维表面越显得较平，光泽越亮。

此外，羊毛细度与伸度、吸湿性、缩绒性、纺纱性等均有一定关系。羊毛越细伸度越小，吸湿性越高，缩绒性越强。

六、羊毛的疵点及预防

凡是在品质上有缺陷的羊毛，统称为缺陷毛，亦称疵点毛。缺陷毛的产生主要是在羊的饲养管理和剪毛、羊毛包装、储运、初步加工过程中，人为处理不当造成的。这些疵点大部分是可以克服的。

(1)饥饿痕毛　也称弱节毛。产生饥饿痕毛的原因，主要是羊只在某一段时间内，由于营养缺乏或者疾病、妊娠、产羔哺乳等，使羊只出现阶段性营养不良而导致毛纤维直径部分明显变细，形成弱节。这种变细的部分不论长短，都容易在加工时使毛纤维在此处断裂，增加短毛含量，影响梳条。

为了防止饥饿痕毛的产生，应在全年给予羊只均衡而合理地饲养，加强疾病防治，妊娠、哺乳期及冬春季做好饲养管理，保障营养供应。

(2)圈黄毛　凡被粪尿污染的羊毛，称为圈黄毛。这种毛常出现在羊腹部、后肢股部或大腿外侧。其产生原因主要是因为饲养管理不当所引起，如羊圈潮湿，垫草经久不换，以及由舍饲转为放牧时对羊失去控制等。

粪尿对羊毛有侵蚀作用，能降低羊毛的结实性和弹性。同时由于粪尿污染使羊毛变黄，洗毛时难以洗净。故圈黄毛不能制成上等织物，其工艺性能降低。

防止圈黄毛可通过正确的饲养管理措施，如勤换羊舍垫草，勤清扫圈舍，保持羊圈干燥、清洁，不喂腐败发霉草料。由舍饲转入放牧时或更改饲料时要逐渐转变，以免引起消化不良。

(3)疥癣毛　从患疥癣羊体所剪取的羊毛称疥癣毛。其特点是羊毛内混入由疥癣病引起皮肤脱落的痂块和皮屑。患有疥癣的羊，皮肤生理功能和营养受到严重破坏，导致羊毛变细变短，强度降低，羊毛干枯，品质差，工艺性能低。

疥癣毛不能制造结实的织品，同时由于疥癣毛中混入皮屑之类的杂物较多，洗毛时不易洗出，造成羊毛加工困难，染色时，颜色不匀。

防止疥癣毛产生的最有效办法是每年在剪毛后进行药浴。若发现个别羊只发病，应及时与健康羊隔离饲养，并及早治疗。

(4)毡片毛　指被毛中的一些羊毛相互紧紧结合在一起，形成毡片，称毡片毛。形成毡片毛的因素较多，由外界气候条件的影响或疾病造成大量脱毛，或羊毛的鳞片及弯曲发生交缠；羊只营养不良使羊毛缺乏油汗；或羊体某些部位与外界紧压或摩擦、雨淋、尿浸等综合因素的影响，均会产生毡片毛。毡片毛可分为活毡片毛和死毡片毛两种。活毡片毛可松开，死毡片毛很难撕开。

毡片毛很难洗涤，经过开松处理损伤较大，羊毛变短，强力下降，不能织造较好织品。

防止毡片毛的有效办法是要注意供给羊只良好均衡的饲料，改善饲养管理条件。做好羊群的防疫、防病工作。

(5)颜色污染毛(打印毛)　也叫染色毛、油漆毛和沥青毛。养羊业中为了识别羊只或羊群常采用油漆或沥青和一些有色物质在羊体上做出标记，这种因标记而染色的羊毛叫颜色污染毛。用难溶性物质(如沥青、油漆、油墨等)给绵羊、山羊标记，在工厂洗毛时不易洗掉，严重影响毛织品的质量。所以，在给绵、山羊标记时，应选用日晒度好，抗磨损和抗雨水冲刷，易被碱皂溶液洗去，且不损伤羊毛品质的中性或酸性染料做标记。标记时应选择羊毛价值低的部位(如头顶、额部)标记，以免造成不应有的损失。

(6)重剪毛　也叫二剪毛。主要是由于剪毛时，剪毛人员技术不熟练造成的。剪毛员不能一次紧贴皮肤将羊毛剪下，留茬过高，为了补救，又重剪一次，并将短毛混入而形成重剪毛。

经重剪所得的羊毛，长短不齐，并且短毛一般只有1～2 cm长，将这种羊毛混入长毛中，加工时不能全部除去，使毛纱细度不均匀，降低毛纱强度及织品坚牢度。为了避免重剪毛发生，剪毛时应严格按要求技术规程操作。一次将羊毛剪下，如有残留短毛，也不再重剪，以免造成更大的损失。

(7)草芥毛　草芥毛夹杂有大量的植物质，这些植物的来源有两个途径，一种是补饲时落入羊毛中的草屑，另一种是放牧时混入羊毛的牧草茎叶和种子。

草芥有两种：一种是活芥，即易除去的植物杂质夹杂物；另一种是死芥，即难除去的植物杂质夹杂物。

活芥包括干草碎片、茎、叶等；死芥指植物性杂物带有锯齿形芒刺，结实地钩住羊毛，如羽茅草、刺苍耳等。这类夹杂物一方面使羊毛在加工过程中添加许多麻烦，另一方面也损害羊毛品质。应有计划地清除牧地及羊通道上的有刺和有钩植物。长有针茅、刺苍耳等植物的牧地，应在开花前放牧或刈割，切不可用其干草喂羊。

(8)皮块毛　指剪下的羊毛中带有小块皮肤，称为皮块毛。造成的原因是剪毛技术不熟练或思想不集中，将羊毛和皮肤一起剪下。

皮块毛是羊毛的重大缺陷，因为不论在洗毛或以后各工序中，都不能将其清除，有时还可能造成机械损坏，严重影响染色。

加强剪毛技术训练，遵守剪毛规则，可消除皮块毛。

(9)异性纤维毛　各种疵点毛混进好毛中，统称异性纤维毛。造成异性纤维毛的原因主要是管理不严。如剪毛后不注意严格分等、收集或包装，将花毛混进白毛；四肢及腹下毛混进长毛等。这些都对羊毛品质有影响，降低了羊毛等级。

加强工作责任心，严格管理制度，完全可以消除异性纤维毛。

(10)外寄生虫病毛(虫蛀毛)　毛库湿热不通风时，羊毛容易生虫。虫蛀后的羊毛，各种性能均受到破坏,完全失去利用价值。因此,在羊毛贮存时,应该采取有效措施,如通风、驱虫、降温、干燥等,防止虫蛀羊毛。

(11)霉烂毛　在运输或贮藏时,羊毛受潮发热引起发霉,使羊毛品质受到破坏,形成霉烂毛。羊毛在运输和存放时都应注意防潮、通风,这样可防止羊毛霉烂。

七、羊毛的分类分等

所谓羊毛的分类,就是根据羊毛原料的技术要求,将其分为若干类和级的工作,使其能够得到更合理的利用,统称为羊毛分类、分等和分级。分类是按照羊毛的主要特性和物理特性,如按绵羊品种、剪毛方法和羊毛细度来区分;分等是按被毛品质来区分,以便把相同的被毛集中在一起包装;分级则根据羊毛细度、长度等综合品质来区分。

(一)羊毛分类

分类是按羊毛的特征和物理特性将其加以区分。一般按照羊毛来源、羊毛的不同纤维类型含量、剪毛季节、加工的方法、品质以及羊只年龄等来区分羊毛的方法,称为羊毛分类。通常有以下几种分类法。

(1)按羊毛产地分类　分为西宁毛、新疆毛、华北毛等。

(2)按羊品种分类　我国羊的品种繁多,为了指导牧业生产,便于商业交接和工业利用,根据产区羊种特点和羊毛的品质特征,我国目前实行的《绵羊毛》国家标准 GB/T 1523—2013《绵羊毛》,将绵羊毛按品种分为以下五类:

超细羊毛:毛纤维平均直径在 19 μm 及以下的同质毛。

细羊毛:毛纤维平均直径在 19.1～25.0 μm 的同质毛。

半细羊毛:毛纤维平均直径在 25.1～55.0 μm 的同质毛。

改良羊毛:生长在改良过程中的杂交绵羊身上的,未达到同质的毛纤维。

土种羊毛:生长在未经改良,具有原始品种特征的绵羊身上的毛纤维。

(3)按剪毛季节分类

春毛:春季剪取的羊毛。我国北方只有土种羊在春秋两季剪毛,对这种羊来说,春季剪的毛为春毛。土种羊的春毛,底绒多,毛质较好。剪下后多呈套毛。同质毛的羊仅在每年的春季剪毛,如细毛羊、半细毛羊都生长 12 个月才能剪毛,但不称为春毛。

秋毛:秋季剪取的羊毛。秋毛在羊体上只生长 4～5 个月,毛较短,毛丛中绒毛少、松散,剪下的毛为碎毛。

伏毛:是在酷夏时期所剪的毛,毛短。我国南方个别地方仍有剪伏毛的习惯。

(4)按毛纺产品用途分类

精梳毛:用于生产精梳毛纺产品的羊毛。要求同质,纤维细长,弯曲整齐,物理性能好。

粗梳毛:用于生产粗梳毛纺产品的羊毛。粗纺产品种类较多,如绒线、毛毯等,用料要求从优到次。

毛毡用毛:短而粗的异质毛,可以制毡。

(5)按剪毛方式分类　分为剪毛、割毛、抓毛。

(6)按获得毛纤维来源分类

绵羊毛:包括同质细毛、半细毛和异质混型毛。

山羊毛:包括混型山羊毛、笔料毛和同型山羊毛。

（二）绵羊毛分等

羊毛分等是在羊毛分类的基础上进行的，根据羊毛标准按套毛品质对套毛划分等级的工作，称为羊毛分等。羊毛标准 GB/T 1523—2013 将同质羊毛和改良羊毛进行分类见表 2-7 和表 2-8。

表 2-7　同质羊毛按型号、规格分类

型号	规格	考核指标						
		平均直径范围/μm	长度			粗腔毛或干死毛根数百分数/% ≤	疵点毛质量分数/% ≤	植物性杂质含量/% ≤
			毛丛平均长度/mm ≥	最短毛丛长度/mm ≥	最短毛丛个数百分数/% ≤			
YM/14.5	A	≤15.0	70	40	2.5	粗腔毛 0	0.5	1.0
	B		65					
	C		50					
YM/15.5	A	15.1～16.0	70					1.0
	B		65					1.5
	C		50					
YM/16.5	A	16.1～17.0	72					1.0
	B		65					1.5
	C		50					
YM/17.5	A	17.1～18.0	74					1.0
	B		68					1.5
	C		50					
YM/18.5	A	18.1～19.0	76					1.0
	B		68					1.5
	C		50					
YM/19.5	A	19.1～20.0	78					1.0
	B		70					1.5
	C		50					
YM/20.5	A	20.1～21.0	80					1.0
	B		72					1.5
	C		55					
YM/21.5	A	21.1～22.0	82	50	3.0		2.0	1.0
	B		74					1.5
	C		55					
YM/22.5	A	22.1～23.0	84					1.0
	B		76					1.5
	C		55					

续表 2-7

型号	规格	考核指标						
		平均直径范围/μm	长度			粗腔毛或干死毛根数百分数/% ≤	疵点毛质量分数/% ≤	植物性杂质含量/% ≤
			毛丛平均长度/mm ≥	最短毛丛长度/mm ≥	最短毛丛个数百分数/% ≤			
YM/23.5	A	23.1～24.0	86	50	3.0	粗腔毛 0	2.0	1.0
	B		78					1.5
	C		60					
YM/24.5	A	24.1～25.0	88					1.0
	B		80					1.5
	C		60					
YM/26.0	A	25.1～27.0	90	60	4.5	干死毛 0.3		1.0
	B		82					1.5
	C		70					
YM/28.0	A	27.1～29.0	92					1.0
	B		84					1.5
	C		70					
YM/31.0	A	29.1～33.0	110	70				1.0
	B		90					1.5
YM/35.0	A	33.1～37.0	110					
	B		90					1.0
YM/41.5	A	37.1～46.0	110					1.5
	B		90					
YM/50.5	A	46.1～55.0	110					1.0
	B		90					1.5
YM/55.1	A	≥55.1	60	—	—	干死毛 1.5		—
	B		40	—	—	干死毛 5.0		—

表 2-8　改良羊毛技术要求

等别	毛丛平均长度/mm	粗腔毛或干死毛根数百分数/%
改良一等	≥60	≤1.5
改良二等	≥40	≤5.0

(三)山羊毛分等分级

构成山羊被毛的各种纤维根据其形态特征与组织学构造，和绵羊一样可以分成刺毛、无髓毛、两型毛和有髓毛四个类型，各种类型纤维的特点和绵羊毛基本相似，但在鳞片的形状、排列方式以及皮质层细胞的微细构造方面，二者之间存在一定的差别。

按照被毛的工艺利用价值,可将山羊毛分成无毛种和产毛种两大类。

被毛由无纺织价值的粗短而稀疏的有髓毛组成,这种被毛终生不剪,毛纤维无明显地季节性脱换现象的山羊品种均列为无毛种。这种山羊以产奶、产肉和产皮为主,羊毛无利用价值和经济价值。大多数奶山羊品种和个别肉用山羊品种属这一类。

被毛在工业上可以加工利用,羊毛具有一定工艺价值的山羊均列属产毛种。产毛种山羊的被毛,按其组成的毛纤维类型,将它们合成同型毛和混型毛两种。

同型毛是由同一种类型毛纤维组成的毛被,各毛纤维之间的形态、细度、长度等基本相同。安哥拉山羊和原苏联毛用山羊生产的马海毛均属此类,这种羊毛完全由长而无弯曲的两型毛组成,按其细度属于半细毛。在毛用山羊业中,目前只有生产半细毛的山羊品种,而无被毛完全由无髓毛组成并生产细毛的山羊品种。

混型毛是由两种或两种以上类型毛纤维组成的毛被。由于组成它们的毛纤维类型不同,故在外观上可看到各纤维之间在形态、细度、长度和分布方面有显著差别。在山羊业中,绝大多数产毛种山羊的被毛是由两种类型的纤维,即无髓毛和有髓毛组成。前者分布在毛层下部,后者长度长,伸出被毛的外面构成外层毛。

山羊生产的羊毛,主要有马海毛、普通山羊毛和笔料毛。其分级比绵羊毛简单。

1. 马海毛

从安哥拉山羊身上剪下的毛,商业上称为马海毛(Mohair)。Mohair 在阿拉伯语中是“极为优美”的意思。马海毛的毛纤维的细度范围变化在 10～90 μm,主要是由直径 30～52 μm、平均长度 20～25 cm 的两型毛组成,正常的马海毛具有自然白色,光泽明亮、毛股长而整齐,呈螺旋或波浪形卷曲,有髓毛与草杂含量均很少。纤维鳞片紧贴毛干表面平滑属全光毛,毛纤维强度大且伸度和弹性好,洗毛后不像普通绵羊毛那样容易毡缩。马海毛多用于织制高档提花毛毯、长毛绒和顺毛大衣呢以及马海毛毛线等织物。将少量白色马海毛混入黑色羊毛织成的银枪大衣呢,银光闪闪,独具风格。马海毛也可用于高级精纺呢线。

马海毛属于基本同质毛,混有一定数量的有髓毛和死毛(Kemp,坎泊毛)。品质较好的马海毛无死毛,有髓毛不超过 1%,品质较差的常含有 20%以上的有髓毛和死毛。

马海毛毛纤维的形态结构与林肯羊羊毛基本相近,鳞片扁平,紧贴在毛干上,很少重叠,呈不规则的波形衔接,大约每毫米有 50～100 个鳞片,鳞片长度为 18～22 μm。因为鳞片大而平滑,互不重叠,对外来光线的反射极强,因而有可贵的丝光,为全光毛的典型代表。纤维横截面近似圆形和椭圆形,径比 1∶1.2。

马海毛细度范围变化大,一般在 10～90 μm。幼年羊羊毛细度 10～40 μm,成年羊细度 25～90 μm;半年剪的幼年羊毛长度一般 10～15 cm,一年剪的毛 20～30 cm,断裂伸长率约 30%,净毛率 80%。

目前,马海毛的主要产地是土耳其、美国、南非、阿根廷和莱索托等国。其中土耳其所产的马海毛品质较好。美国既是生产国也是主要消费国。

对安哥拉山羊被毛类型的划分,各国有所不同。在美国,将安哥拉山羊的被毛按其外部特征分为 3 个类型:即紧毛束型、平毛束型和松散型。

紧毛束型被毛的特点是,除颜面和四肢下部着生白色短毛以外,全身被毛呈下垂的毛辫状结构的毛束,毛束之间界限清晰,构成毛束的纤维较细,彼此排列紧密,沿整个毛束长度形成螺旋形或半圆形弯曲,额部的小辫下垂至两眼连线处,颈部的毛束垂至下颚,腹部被毛着生良好，全身被毛均匀，油汗适中，手感柔软，产毛量较高，为一般育种者所喜爱选留的类型。

平毛束型被毛其毛束由比较松散而粗的毛纤维组成，毛纤维之间排列不够紧密，毛束蓬松无弯曲或有少量半圆形弯曲，这种类型的被毛产毛量较高，品质尚可。

松散型被毛，又称“绵羊型套毛”。这种类型被毛蓬松不形成毛束结构，长度短，重量轻，而且这些特性可遗传，所以在安哥拉山羊中属淘汰型。

马海毛的分类和分级，在美国等主要生产国均有农场主亲自进行，剪毛时，把山羊的腹毛、四肢毛和毛束尖部发黄的羊毛，立即从套毛中除去，另作分级。进行分级时，特别注意毛纤维的光泽、弯曲的特点、羊毛的匀度、套毛的同质性、羊毛的细度、被毛中有无死毛（又称粗髓毛）纤维的存在，这些都是评定马海毛品质的重要因素，粗髓毛的含量超过1%时，则难以在国际市场上销售。马海毛的长度和细度，又是决定其工艺性能的重要品质指标，在毛纺业中要求周岁羊被毛的真实长度不应短于18 cm，半岁羊不短于11～12 cm，所以，在剪毛时应将一些特别粗而脆弱的长度不到15 cm的短毛被，或死毛含量过高、草刺含量多，或含有其他杂质的毛被与那些细度、长度较好的毛被分开包装。

进行马海毛分级时，还应注意把成年山羊和幼年山羊的羊毛单独分级和分开包装，因小山羊的被毛主要由直径10～40 μm的毛纤维组成，这种羔羊毛细而均匀，纺织价值最高。

马海毛独具的优良特性使它成为纺织纤维中具有较高经济价值的一种特种动物纤维，马海毛的制品外观华丽、手感滑爽、挺括而富有弹性，作为一种精美、高档的纺织品在世界许多国家流行已久。长期以来，我国毛纺工业使用的极少量马海毛原料一直靠进口，20世纪80年代，我国引进了安哥拉山羊在陕西、山西、内蒙古和甘肃等省、自治区繁育，并与地方普通山羊、中卫山羊和白绒山羊杂交生产了近20万只杂种羊，培育出了我国的安哥拉山羊，现在我国也开始用马海毛原料并开发出了提花毛毯、绒线与针织绒、羊毛衫、银枪大衣呢、板丝呢等品种。为了推动我国马海毛生产，制定了适合我国国情的马海毛纺织技术要求的马海毛标准，即GB/T 16254—2008《马海毛》和GB/T 16255.1—2008《洗净马海毛》两项国家标准。

2. 普通山羊毛

普通山羊毛是指除马海毛以外的山羊毛，是由山羊初级毛囊生长的外层粗毛。山羊毛比绵羊毛缺少弯曲，鳞片也相应减少，鳞片层紧密地贴在毛干上，鳞片之间相互覆盖度差。我国北方及西北高原的山羊每年抓绒后进行一次剪毛，毛长度在6～15 cm，纤维粗而直，这种纤维在工业上主要制造地毯、毛毯、人造皮毛、各种粗呢料、毛笔、画笔、各类毛刷及少数民族的各类日用品等。

山羊粗毛由于经济价值低廉，分级标准也很简单。我国有按毛色和毛长划分等级两种方法。长度在17.1 cm以上称为长尺山羊毛，长度不足17.1 cm者称为短尺山羊毛。短尺山羊毛的售价仅为长尺毛的55%～60%。按毛色又分为白色和花色（包括青、黑毛和杂色）两种，二者的品质比差为100∶75。

我国是山羊毛的主要生产国，我国生产的山羊粗毛70%以上供作出口，约占世界贸易量的一半。我国山羊粗毛出口时，长尺毛整理成把，称为成把山羊毛或山羊把毛，其长度按英寸分为16个等级，每级长度相差1/4英寸（即0.64 cm），最短的为2.5英寸（即6.35 cm），长者达6英寸（15.24 cm）以上；出口的短尺山羊毛，又称散山羊毛，要求净毛率不低于70%。

苏联的山羊粗毛共分四级。主要依照其中的绒毛含量而定。一级山羊毛又称粗绒毛，绒毛含量占其重量的25%～40%；二级山羊毛，又称半粗绒毛，绒毛含量占10%～25%；三级山羊毛称为发毛，绒毛含量10%以上；四级山羊毛称为碎杂毛，四个等级的羊毛品质比差分别为100%、75%、50%和20%。

3. 山羊笔料毛

长江三角洲白山羊毛是我国唯一生产高档笔料毛的山羊品种，由于其羊毛性能的独特性，故长江三角洲白山羊又有笔料毛山羊之称。其所产的高档毛(细光峰、粗光峰)每千克收购价高达人民币1.5万～2万元，畅销日本、韩国、新加坡等东南亚国家，是我国传统的出口创汇的紧俏物资之一。

(1)笔料毛结构　在笔料毛加工行业中，把笔料毛的单根纤维，分为毛峰、毛肩和毛身三个部分。

①毛峰。是指毛的尖部，在光亮处观察毛尖部尖细而透亮，在显微镜下观察为羊毛的无髓部分。不同品种的笔料毛，毛峰的长短、好坏有较大的差别。

②毛肩。也称毛蕾。是指毛峰和毛身的交接部位。在光亮处观察是毛的透亮与不透亮的交接处。用显微镜观察时，是毛的无髓部与有髓部的过渡，髓质由无髓至间断到有髓质。

③毛身。即毛的本身，是毛的有髓部分，在光亮处观察不透亮，显微镜观察时，髓质清晰。

笔料毛的品质，主要是根据有无毛峰、毛峰是否尖细而挺直等情况来决定的。

(2)笔料毛的加工分类　目前，对笔料毛的整理加工，尚无科学器械的检验，主要是根据毛身的粗细、长短、色泽和毛峰的坚挺，凭经验鉴别。通常把笔料毛分为三大类，23个品种。其中一类毛属低档，二类毛为中档，三类毛是高档。笔料毛中以三类毛里的细光毛最为名贵。

①一类毛。无峰毛或毛峰已损坏，行话叫"平头"，或者是杂色毛、皮板不好的毛。主要用于制作排笔、胡子刷或在制笔时作添芯用，有12个品种。主要特征分别为：

上爪峰：无峰秃尖，色白，毛身长2.5～4 cm；

长羊毛：为断头、焦头，毛质柔软，色黄，长7 cm以上；

提短峰：与中短峰、拣南峰相似，略有炒米色，长3～4 cm；

中短峰：平头，毛块多空身，色黄，长5～6 cm；

拣南峰：平头，毛块大且成片，毛齐，毛身比中短峰细，色白，长5～6 cm；

粗爪峰：与上爪峰相似，但毛身比上爪峰稍粗，色呈炒米黄，长3～4 cm；

羊尾毛：着生在山羊尾上，毛质硬，色泽黄色或有黄褐色，块型大小、长短不限；

羊须：着生在羊的下颌，毛质软，长度在5 cm以上；

花头肩：毛色黑白相间，呈青花色；

黑短峰：全黑毛；

杂色毛：毛色不均一，色杂；

松皮根：皮根不成块的毛。

②二类毛。有峰头，行话称"尖头"，主要用于制中、低档毛笔及仪器刷，有5个品种。主要特征分别为：

脚爪峰：有峰，毛细，毛色白或略带炒米色，毛长2.5～4 cm；

黄尖峰：有峰，无断头，带炒米色，毛长5～6 cm；

白黄尖：又叫白尖峰，峰挺，毛身细而色白，长5～6 cm；

细长峰：虽有峰但略带断头或芦花头，毛头较硬，炒米色，长7 cm以上；

短盖毛：有峰，毛色白，长 2.5～5 cm。

③三类毛。属尖头，也称“长货”，毛峰好，毛身有一定长度，供制造各类高档毛笔用，共 6 个品种。主要特征分别为：

细光毛：峰明透亮，不带断头，毛身细，柔软光亮，有银丝光，色洁白，长 6.5 cm 以上，是笔料毛中的上品；

粗光毛：毛峰次于细光毛，略带断头或扉子头，毛身稍粗，毛色略带炒米色，银丝光差，毛长 6 cm 以上；

透爪峰：毛峰挺而尖长，透明雪亮，峰齐，毛身细，长 3～4 cm；

盖光峰：与透爪峰相似，毛峰挺而直，毛身比透爪峰略粗，色白，长 5～6 cm；

长盖毛：毛峰软和，峰头松脆无光，毛色要求不严，长 7 cm；

细直峰：峰足而无光，毛色白，长 6 cm 以上。

(3)笔料毛在羊体的着生部位　山羊笔料毛着生在羊体的各个部位，可划分为 7 个采毛区，具体分别是：

一区：颈脊部，由头颈连接处起，到鬐甲后缘止；

二区：颈部，肩胛部前的整个颈部中除去颈脊部；

三区：肩胛部，两侧肩胛部上至颈脊部，下至肩关节线，前接颈部，后至中线的部分；

四区：背荐部，自鬐甲后的背腰至荐尾交接处的脊椎部分；

五区：肩胛后缘至臀部的体躯两侧，上缘与背荐部分界，下缘以肩关节至膝关节的连线为界；

六区：腹肋部，自肩关节至膝关节连线以下的整个腹部及四肢的前肋和后肋部分；

七区：头脚部，头部及前肢肩关节以下，后肢膝关节以下的部分。

各类笔料毛在羊体各部位的着生是有一定规律的。三类毛主要分布在颈脊部、颈部和背荐部，其中名贵的细光毛、粗光毛着生在颈脊部和背荐部，透爪峰着生在颈部，长盖毛在背荐部。颈部毛长，细柔，公羊生产细光峰；肩部毛略短，生产黄尖峰和白尖峰；腋部毛略短，细柔，生产盖尖峰和透爪峰；脊背部至臀部毛粗长，生产细长峰；背侧及腰部毛略短而粗，生产提短峰；腹部毛短，公羊生产上爪峰，母羊生产脚爪峰；腿部毛更短，后腿生产脚爪峰，前腿生产上爪峰；下颌生产羊须；尾生产尾毛；肩胛后缘臀部的体躯两侧，上缘与背荐部分界，下缘以肩关节至膝关节的连线分界，毛较短，生产中短峰和拣南峰；幼龄羊毛较短，生产脚爪峰和上爪峰以及长盖毛、短盖毛。

从上述总体分布情况来看，高档的三类毛在羊体上有一定的着生部位，主要分布在一区、二区、四区，其中名贵的细光峰、粗光峰着生在一区、四区，透爪峰在二区，长盖毛在四区。一、二类毛分布范围广泛，着生部位不太明显。

第二节　山　羊　绒

山羊绒是由山羊皮肤中的次级毛囊形成的无髓毛纤维。山羊绒是毛纺原料特种纤维品种之一。山羊绒细而柔软，光泽良好，保暖性强，可用于制造各种轻、柔、美、软、薄、暖的针织品和纺织品，如羊绒衫、羊绒大衣、围巾、手套、绒帽、披肩等。山羊绒制成的产品，表面光滑，弹性好，手感柔软滑润，是最细的绵羊毛也不能取代的。山羊绒的价格相当于细绵羊毛的数倍，因而称为“软黄金”，是我国传统的出口纺织原料之一，在国际市场上享有很高的声誉。

一、羊绒的形态学和组织学构造

山羊绒的形态学和组织学构造与绵羊的细毛基本相似，但也有不同之处。在形态学方面表现在山羊绒的弯曲少，而且不规则、不整齐，因而也就不能形成像细毛羊那样排列整齐的毛束和毛丛。

在组织结构方面，羊绒的鳞片长度和宽度基本相等，边缘较光滑，无明显翘起，覆盖间距比羊毛大，每毫米长度内有鳞片 60～70 个，绒纤维横切面近似圆形。皮质层是绒纤维的主要组成部分，位于绒纤维中央，皮质细胞结构中有 50%正皮质细胞和 50%副皮质细胞，正皮质细胞位于纤维中心，副皮质细胞位于正皮质外围，呈放射状形成副皮质环，这种皮质细胞的排列结构与马海毛和绵羊毛是不同的。

二、山羊绒分类

按山羊绒纤维的组成特点和外观形态，可将它们分为 3 个类型：绒毛型、中间型和普通山羊型。

（一）绒毛型

这种山羊被毛中，按纤维的数量和重量计，绒毛含量均显著大于有髓毛。绒毛一般占其被毛重量组成的 60%以上，有的品种（如波里顿）平均达 80%，少数个体高达 92%。绒毛不仅数量多而且长度大，其长度往往大于或等于有髓毛长度，被毛外观与一般山羊刚好相反，其外层是毛茸茸的长而细的绒毛，粗硬的有髓毛则被掩盖在绒毛之中，成为下层毛，只有分开毛被时才可看到。这种山羊的绒毛中除大量的无髓毛外，还有相当数量的长而细的两型毛，一般占其毛被重量的 20%～30%，也就是说，绒毛型山羊的被毛由无髓毛、两型毛和有髓毛共同组成。绒毛较粗具有形状不规则的弯曲，有髓毛粗直不弯曲，属于这一类型的品种有波里顿、吉尔吉斯、巴什基里亚、戈尔诺阿尔太（又称山地阿尔太）和乌兹别克等。

（二）中间型

这类山羊的冬季被毛中，外层为比较长而粗的有髓毛，内层则是由纤细的无髓毛组成的绒毛，即被毛由有髓毛和无髓毛组成。这种被毛的绒毛含量较高，占其重量的 40%～50%，绒毛纤细而比较长，但其长度小于有髓毛。中间型的羊按其被毛中有髓毛的形态，还可分为两个亚型，即粗短毛亚型和长细毛亚型。这两种亚型山羊的被毛形态和羊毛、羊绒品质以及产绒量方面，均有显著差别。粗短毛亚型被毛中，有髓毛粗短，长度 5 cm 左右，无弯曲，色泽近似绵羊毛中的死毛，绒毛密而长，产绒量高。长细毛亚型的被毛，有髓毛细而长，达 10 cm 以上，具有少量弯曲，光泽明亮柔和，强度好，绒毛较短，产绒量较低，我国的绒毛山羊品种多属中间型，如辽宁绒山羊、内蒙古白绒山羊、西藏山羊等，以及原苏联的奥伦堡绒山羊均属此类。

（三）普通山羊型

这种山羊的冬季被毛，由大量的有髓毛和少量短而纤细的无髓毛组成，绒毛不仅长度短，而且数量少产绒量低，有髓毛粗长而直，地处寒冷地区的普通地方山羊的冬季被毛均属此类。

三、山羊绒分级

各个产绒国家山羊绒的分级有所差异，但是一般均根据羊绒中有髓毛的含量和绒毛的色泽区分，有髓毛含量越低，也就是说绒毛含量越高。色泽越纯净的山羊绒，价值越高。

我国羊绒的分级，根据未经抓绒的山羊春毛、原羊绒（即活羊抓绒）和无毛绒（经机器加工除去有髓毛的羊绒）的不同而不同。

（1）带绒的山羊春毛　按照标准含绒量分为三路：一路绒含绒 50%～60%；二路绒，多为山羊的边肷绒，含绒量为 40%；三路绒又称低档绒，基本上是有髓毛，仅含绒 35%～38%。

（2）原羊绒的分级　按含绒量的多少分为两路，头路含绒量为 80%，二路为 50%，在出口检验的标准中规定，山羊绒的最低品质条件为，头路含绒量不低于 75%，二路不低于 45%。

（3）无毛绒的分级　由于山羊绒的畅销，为提高换汇率，我国将由以原毛绒出口为主转向以无毛绒出口为主，售价是原毛绒的 5 倍。我国的无毛绒共分三档，Ⅰ档绒的有髓毛含量不超过 1%，Ⅱ档不超过 2%，Ⅲ档不超过 5%。Ⅰ档甚少，主要是Ⅱ档和Ⅲ档。国产的无毛绒在广交会上被评为 6.5～7 级的最高级别。

（4）按毛色分级　分为白绒、青绒和紫绒三类，紫绒包括黑绒、褐绒和其他杂色绒，其中以白绒价值最高，在原毛绒中三种颜色山羊绒品质比差为 10%，即白绒 120%，青绒 110%，紫绒为 100%。

四、国内外山羊绒生产概况

山羊绒在国际市场上被称为开司米（Cashmere），是克什米尔的谐音。在 15 世纪，印度克什米尔地区斯利那加城成为英国收购山羊绒及制品的集散市场。到 18 世纪，在克什米尔羊绒商品集散地的贸易中，山羊绒及其织品被称为开司米，其后逐渐流传至今，已成为世界山羊绒的统称。

山羊绒的颜色有白绒、青绒和紫绒 3 类，其中白绒最珍贵，仅占世界羊绒产量的 30%左右，但我国山羊绒白绒的比例较高，占 40%左右，紫绒约占 55%，青绒（包括红绒）只占 5%左右。

（一）世界山羊绒生产概况

山羊绒的主要产区在亚洲的内陆，世界生产山羊绒的国家主要有中国、蒙古、伊朗、印度、阿富汗、俄罗斯、土耳其等。年总产绒量在 20 000 t 以上。山羊绒在世界市场上是最细的动物纤维，全世界年贸易量在 6 000 t 左右。表 2-9 为各国（地区）山羊绒的品质概况。从羊绒国际市场来看，山羊绒的产品一直处于供求趋旺态势，羊绒深加工正处在工艺改革时期，人们回归自然的消费需求和追求轻、柔、美、软、薄、贴体、透气、保温、保湿等服用性能越来越高，所以绒山羊的永久利用是未来相当长时间内不会改变的趋势。目前对山羊绒的消费，美国占第一位，英国第二，其次为日本、西欧及中国。

表 2-9　各国（地区）山羊绒品质概况

产地	山羊绒			有髓毛		羊毛色泽
	细度/μm	长度/cm	净毛率/%	细度/μm	长度/cm	
中国	13.5～18.0	3.0～7.0	68～82	65～75	12.0～16.0	白、青、紫
蒙古	14.5～18.0	5.0	72～84	75～85	12.0～15.0	白、青、紫
俄罗斯	16.0～18.0	5.0～10.0	72～84	75～85	5.2～7.7	白、青、紫
伊朗	17.5～19.0	5.0～10.0	66～78	65～80	5.2～7.7	白、青、紫

续表 2-9

产地	山羊绒			有髓毛		羊毛色泽
	细度/μm	长度/cm	净毛率/%	细度/μm	长度/cm	
克什米尔	12.5～15.0	2.5～9.0	66～78	65～80	12	白绒
印度	14.5～16.0	2.5～9.0	66～78	65～80	12	白绒
土耳其	16.0～17.0	2.5～9.0	66～78	65～80	12	白绒
阿富汗	16.5～17.5	2.5～9.0	66～78	65～80	12	白绒

在山羊绒生产中，以克什米尔山羊绒最细。中国、蒙古及印度等生产的克什米尔山羊绒，其细度一般为 13～16 μm。一些高产的绒山羊品种，如顿河山羊，绒毛平均细度为 18.96 μm 左右。

(二)我国山羊绒生产概况

我国约有 6 000 万只绒山羊，2012 年产绒 18 021 t，年出口量占总产量的 1/3～1/2。主要产区在内蒙古、新疆、西藏、陕西、青海、甘肃、宁夏、山西、山东、河南、河北、辽宁等省、自治区。我国山羊绒平均细度为 13～18 μm，变异系数为 18%～20%，伸直长度为 4～9 cm(多为 4.5～6.5 cm)。与世界各国生产的山羊绒相比较，中国绒与蒙古羊绒均为细而均匀的优质羊绒。

我国山羊绒产量和质量均占世界首位。出口的山羊绒品质优良，经过一定的加工处理，规格清晰，品质稳定，加工使用方便，质量优于其他国家。主要销往英、意、法、日、美等国和中国港、澳地区。目前山羊绒在我国诸多畜产品中是唯一可以左右国际市场价格的优势产品，2013 年，我国颁布了山羊绒标准 GB 18267—2013，规定了山羊绒(包括山羊原绒、洗净山羊绒和分梳山羊绒)的分类分等方法、技术指标、试验方法、检验规则及检验证书、包装、标志、储存、运输、复验的要求。

第三节　羊　　肉

一、羊肉的成分及营养价值

羊肉是人类重要的肉食品之一，尤其是牧区和少数民族，如回族的主要肉食。羊肉属于高蛋白、低脂肪、低胆固醇的营养食品，其味甘性温，益气补虚，温中暖下，强壮筋骨，厚肠胃，具有独特的保健作用，经常食用可以增强体质，使人精力充沛、延年益寿。特别是羔羊肉具有瘦肉多、肌肉纤维细嫩、脂肪少、膻味轻、味美多汁、容易消化和富有保健作用等特点，颇受消费者欢迎。

我们中华民族的祖先，在远古时代发明的远古字"羹"，意思是用肉和菜做成的汤，从字形上来看，还可以这样来解释：即用羔羊肉做的汤是最鲜美的。涮羊肉的主要原料是羔羊肉。现代涮羊肉的调制家也确认羔羊肉肥瘦相宜，色纹美观，到火锅中一涮即刻打卷，味道鲜美、肉质细嫩，为成年羊肉所不及。可见，古往今来，羔羊肉一直受到我国人民的青睐。

在国外，许多国家大羊肉和羔羊肉的产量不断变化，羔羊肉所占的比例增长较快，甚至有不少国家羔羊肉产量远远超过大羊肉。羔羊肉生产量不断增长的主要原因是：①羔羊肉的需要量大，羔羊肉生产很少超过国内外市场的需求量。②羔羊肉比大羊肉易被人体消化吸收，在国际市场上羔羊肉的价格比大羊肉高。③成本低，羔羊生产速度快，培育羔羊所需时间短，饲料消耗相对少。④羔羊利用植物性蛋白效率高，比大羊高 0.5～1 倍。因此，生产羔羊肉成本低、产品和劳动生产率也比较高，羔羊肉售价又高，因而经营有利，发展迅速。美国现在的羔羊肉产量占全部羊肉总产量的 70%，新西兰占 80%，法国占 75%，英国占 94%。

当前，除信奉伊斯兰教的民族以牛肉、羊肉为主外，许多国家的消费者也趋向于取食牛羊肉，目的是减少动物性脂肪的取食量，以避免人体摄入过多的胆固醇，减少心血管系统疾病的威胁。羊肉中的胆固醇含量在日常生活食肉的若干肉类中是比较低的。根据中国预防医学科学院营养与食品卫生研究所测定(1991)，在 100 g 可食瘦肉中，常食用的几种主要肉类的热能值、化学成分和胆固醇含量见表 2-10。

表 2-10　100 g 可食瘦肉中几种主要肉类的化学成分及产热量的比较

肉类	热/kJ	能值/kcal	水分/g	蛋白质/g	脂肪/g	碳水化合物/g	胆固醇/mg
羊肉	494	118	74.2	20.5	3.9	0.2	62
牛肉	444	106	75.2	20.2	2.3	1.2	58
猪肉	598	143	71.0	20.3	6.2	1.5	81
马肉	510	122	74.1	20.1	4.6	0.1	84
鸡肉	699	167	69.0	19.3	9.4	1.3	106
鸭肉	1 004	240	63.9	15.5	19.7	0.2	94
鹅肉	1 025	245	62.0	17.9	19.9	0.2	74
兔肉	427	102	76.2	19.7	2.2	0.9	59
鸽肉	841	201	66.6	16.5	14.2	1.7	99
鲤鱼	456	109	76.7	17.6	4.1	0.5	84

另外，据研究，在动物蛋白质中有一种能够运送脂肪酸到其氧化区域，参与调解脂肪酸氧化速率的物质——肉碱，在心脏和骨骼肌肉中，肉碱的含量特别多。2002 年，日本北海道大学学者若松纯一对羊、牛和猪肉中的肉碱含量进行检测，发现羊肉中肉碱含量最多，每 100 g 羊肉中含有 188～282 mg。肉碱还有可能防止脑老化的功效，因此，从脑科学角度看，羊肉也称得上是健康食品。

羊肉的脂肪纯白色，硬度大、熔点高，新鲜时有种风味，在空气中暴露起分解作用有一种特殊味道。羊肉有种膻味，绵羊比山羊膻味小，羯羊比公羊膻味小，这种膻味是一种挥发性脂肪酸存在的关系。羊肉的肌肉纤维细嫩、柔软、肥瘦适中，从可消化养分讲，羊肉中可消化蛋白质的含量较高。

由表 2-11 可看出，羊肉蛋白质中氨基酸以赖氨酸、精氨酸、组氨酸、丝氨酸和酪氨酸的含量都高于牛肉、猪肉、鸡肉，羊肉中所含硫胺素和核黄素也较其他肉品多，所以羊肉为品质良好的肉品之一。

表 2-11 各种肉类每 100 g 蛋白质所含各种氨基酸的成分表 g

氨基酸种类	羊肉	牛肉	猪肉	鸡肉
赖氨酸	8.7	8.0	3.7	8.4
精氨酸	7.6	7.0	6.6	6.9
组氨酸	2.4	2.2	2.2	2.3
色氨酸	1.4	1.4	1.3	1.2
亮氨酸	8.0	7.7	8.0	11.2
异亮氨酸	6.0	6.3	6.0	—
苯丙氨酸	4.5	4.9	4.0	4.6
苏氨酸	5.3	4.6	4.8	4.7
蛋氨酸	3.3	3.3	3.4	3.4
缬氨酸	5.0	5.8	6.0	—
甘氨酸	—	2.0	—	1.0
丙氨酸	—	4.0	—	2.0
丝氨酸	6.3	5.4	—	4.7
天门冬氨酸	—	4.1	—	3.2
胱氨酸	1.0	1.3	1.1	0.8
脯氨酸	—	6.0	—	—
谷氨酸	—	15.4	—	16.5
酪氨酸	4.9	4.0	4.4	3.4

二、羊肉品质评定

羊肉的品质受品种、年龄、性别、营养水平和屠宰季节诸因素的影响。对羊肉的品质要求，一般可从以下几方面进行评定。

（一）肉色

肉色是指肌肉的颜色。使肉具有特征性颜色的红色素叫肌红蛋白。肉色是由组成肌肉中的肌红蛋白和肌白蛋白的比例所决定。肌红蛋白（Mb）占 70％～80％，血红蛋白占 20％～30％，这两种蛋白质的复合物（即不同的衍生物）皆可以不同的状态存在。由于各种状态呈色不同，因此，当各种状态衍生物含量多少不同时，肉色就表现出不同的特征。

Mb 本身是紫红色，与氧结合可生成氧合肌红蛋白呈鲜红色；Mb 与亚硝酸盐反应可生成亚硝基肌红蛋白，呈亮红色，是腌肉的典型色泽；Mb 加热后蛋白质变性形成球蛋白氯化血色原，呈灰褐色，是熟肉的典型色泽。影响肉色稳定的因素主要有氧分压、细菌、pH、温度及其他因素，如光线、冷冻、盐等。肉面的氧分压越高，越易形成氧合肌红蛋白，肉色越好，反之则越差。细菌繁殖与肉色变化有关，而前者与温度关系密切，温度升高有利于细菌繁殖，从而加快 Mb 氧化，所以，温度与高铁肌红蛋的形成，即肉色变深呈正相关。

肌红蛋白含量越多，颜色就越深，也与肉羊的性别、年龄（羔羊肉含更多的肌红蛋白）、肥度、宰前状态（刚屠宰的肉色相当深）、放血完全与否、冷却、冻结等加工情况有关。除此之外，动物种类、性别、年龄、营养等因素也会在一定程度上影响到肉的颜色，成年羊的肉呈鲜红色或红色，老母羊肉呈暗红色，羔羊肉呈淡红色。在一般情况下，山羊肉的肉色较绵羊肉色红。雄性动物肉色较其他性别动物的肉色深，年龄大的动物比年龄小的动物肉色深。新鲜牛、羊肉呈深红色，猪肉的颜色则较浅，鸡肉则更淡些。日粮的组成也会对肉色产生一定的影响。

羊肉的肉色评定可用分光光度计精确测定肉的总色度，也可按肌红蛋白含量来评定。在现场多用目测法，取最后一个胸椎处背最长肌(眼肌)为代表，新鲜肉样于宰后 1～2 h，冷却肉样于宰后 24 h 在 4℃左右冰箱中存放。在室内自然光照下，用目测评定法评定肉新鲜切面，避免在阳光直射下或在室内阴暗处评定。灰白色评 1 分，微红色评 2 分，鲜红色评 3 分，微暗红色评 4 分，暗红色评 5 分。两级间允许评 0.5 分。具体评分时可用美式或日式肉色评分图对比，凡评为 3 分或 4 分者均属正常颜色。

(二)大理石纹

大理石纹指肉眼可见的肌肉横切面红色中的白色脂肪纹理结构，红色为肌肉细胞，白色为肌束间的结缔组织和脂肪细胞。白色纹理多而显著，表示其中蓄积较多脂肪，肉多汁性好，是简易衡量肉含脂量和多汁性的方法。要准确评定，需经化学分析和组织学测定。现在常用的方法是取第一腰椎部背最长肌鲜肉样，置于 0～4℃冰箱中 24 h，取出横切，以新鲜切面观察其纹理结构，并借用大理石纹评分标准图评定，只有大理石纹的痕迹评为 1 分，有微量大理石纹评为 2 分，有少量大理石纹评为 3 分，有适量大理石纹评为 4 分，若是有大量大理石纹的评为 5 分。

(三)羊肉酸碱度(pH)的测定

羊肉酸碱度是指羊被宰杀停止呼吸后，在一定条件下，经一定时间所测得的 pH。肉羊宰杀后，其羊肉发生一系列的生化变化，主要是糖原酵解和三磷酸腺苷(ATP)的水解供能变化，结果使肌肉聚集乳酸和磷酸等酸性物质，使肉 pH 降低。这种变化可改变肉的保水性能、嫩度、组织状态和颜色等性状。

用酸度计测定肉样 pH，按酸度计使用说明书在室温下进行。直接测定时，在切开的肌肉面用金属棒从切面中心刺一个孔，然后插入酸度计电极使肉紧贴电极球端后读数；捣碎测定时，将肉样加入组织捣碎机中捣 3 min 左右，取出装在小烧杯中，插入酸度计电极测定。

评定标准：鲜肉 pH 5.9～6.5；次鲜肉 pH 为 6.6～6.7；腐败肉 pH 在 6.7 以上。

(四)羊肉系水率测定

肌肉中的水分以三种状态存在：水化水(hydration water)、不易流动水(immobilized water)和自由水(free water)。其中以不易流动水为主，占总水分的 80%，存在于肌纤维、肌原纤维及肌原纤维蛋白质的网状结构中，它与肌肉蛋白网状结构的形态及蛋白质所带静电荷多少有关。系水力是当肌肉受到外力作用时，如加压、切碎、加热、冷冻、融冻、贮存、加工等保持原有水分与添加水分的能力。系水力是一项重要的肉品质指标，它直接影响肉的风味、肉的质地、营养成分、多汁性、颜色等食用品质。

系水率是指肌肉保持水分的能力，用肌肉加压后保存的水量占总含水量的百分比表示。它与失水率是一个问题的两种不同概念，系水率高，则肉的品质好。肌肉蛋白是高度带电荷的化合物，在其表面吸附着好多水分子。在动物宰杀后，随着肌肉的僵直而酸度提高，致使负电荷增加，这就中和了蛋白质中的正电荷而释放出水分子。当正负电荷相等时，就没有多余的正电荷来保持水分子了。也就是说，肉已达到等电点，此时的肉系水力最差。当 pH 为 5.3～5.5 时，就出现这种情况。

动物宰杀时，正常肌肉的 pH 为 6.4～7.0。由于死亡以后肌肉的正常生理活性还要持续一段时间，通常其 pH 将下降到 5.2～5.4。pH 下降的原因，是肌肉不能通过呼吸作用再合成 ATP，从而积累了磷酸和乳酸使酸度增加。

肌肉蛋白的系水力可影响肉制品的食用品质。为使肉在蒸煮或熏制过程中获得良好的产品分量，就应尽可能保持肌肉最高的系水力。肉的 pH 一般都高于等电点。任何增加肉品酸性或使其接近等电点的做法都会降低其系水力。

测定方法：取背最长肌肉样 50 g，按食品分析常规测定法测定肌肉加压后保存的水量占总含水量的百分数。

$$系水率=\frac{肌肉总水分重量-肉样失水量}{肌肉总水分量}\times 100\%$$

（五）羊肉失水率测定

失水率是指羊肉在一定压力条件下，经一定时间所失去的水分占失水前重的百分数。失水率越低，表示保水性能强，肉质嫩，肉质越好。

测定方法：截取第一腰椎后背最长肌 5 cm 肉样一段，平置在洁净的橡胶片上，用直径为 2.532 cm 的圆形取样器（面积约 5 cm^2），切取中心部分眼肌样品一块，其厚度为 1 cm，立即用感量为 0.001 g 的天平称重，然后放置于铺有多层吸水性好的定性中速滤纸，以水分不透出，全部吸净为度，一般为 18 层定性中速滤纸的压力计平台上，肉样上方覆盖 18 层定性中速滤纸，上、下各加一块书写用的塑料板，加压至 35 kg，保持 5 min。撤除压力后，立即称取肉样重量。肉样加压前后重量的差异即为肉样失水重。按下列公式计算失水率：

$$失水率=\frac{肉样压前重量-肉样压后重量}{肉样压前重量}\times 100\%$$

（六）熟肉率

熟肉率指肉熟后与生肉的重量比率。用腰大肌代表样本，取一侧腰大肌中段约 100 g，于宰杀后 12 h 内进行测定。剥离肌外膜所附着的脂肪后，用感量 0.1 g 的天平称重（W_1），将样品置于铝蒸锅的蒸屉上用沸水在 2 000 W 的电炉上蒸煮 45 min，取出后冷却 30～45 min 或吊挂于室内无风阴凉处，30 min 后再称重（W_2）。计算公式为：

$$熟肉率=\frac{W_2}{W_1}\times 100\%$$

（七）羊肉的嫩度

羊肉的嫩度指肉的老嫩程度，是人食肉时对肉撕裂、切断咀嚼时的难易，嚼后在口中留存肉渣的大小和多少的总体感觉。肉的嫩度是评定肉品质最重要指标之一。嫩度主要由肌肉中结缔组织、肌原纤维和肌浆蛋白这 3 种蛋白质成分含量与化学结构状态所决定。同时它决定了肉在食用时口感的老嫩，是反映肉质结构的指标。我们通常所说肉的嫩或老实质上是对肌肉各种蛋白质结构特性的总体概括，它直接与肌肉蛋白质的结构及某些因素作用下蛋白质发生变性、凝聚或分解有关。肉的嫩度总结起来包括以下四方面的含义：第一，肉对舌或颊的柔软性，即当舌头与颊接触肉时产生的触觉反应。肉的柔软性变动很大，从软乎乎的感觉到木质化的结实程度；第二，肉对牙齿压力的抵抗性，即牙齿插入肉中所需的力。有些肉硬得难以咬动，而有的柔软得几乎对牙齿无抵抗性；第三，咬断肌纤维的难易程度，指的是牙齿切断肌纤维的能力，首先要咬破肌外膜和肌束，因此这与结缔组织的含量和性质密切相关；第四，嚼碎程度，用咀嚼后肉渣剩余的多少以及咀嚼后到下咽时所需的时间来衡量。

除了品种、年龄、营养水平等宰前因素对羊肉品质有很大的影响外，宰后成熟对羊肉品质也有极大的作用，其原因是内源酶的蛋白分解作用，一般认为有三个酶系可能与宰后肉的嫩化有关，即溶酶体组织蛋白酶系、多催化蛋白酶系统、钙激活中性蛋白酶系，其中在肌肉嫩化过程中作用最大的蛋白酶系统为钙激活中性蛋白酶(calcium activated neutral protease)。对肌肉嫩度的评价多采用感官评价法，主要根据肌肉的柔软性、易碎性和可咽性来判定。Sanchez-brambila 等将硬度(hardness)定义为用臼齿第一口咬住样品所施加的力；黏聚性(cohesiveness)是用臼齿咬住样品使其变形(而不是碾碎、裂碎、破碎)的程度；弹性(springiness)是用臼齿对样品部分施力使其恢复到原来状态的程度；咀嚼性(chewiness)是咀嚼样品使其能够吞咽的工作量。

比较宰后不同时间煮肉的嫩度可以发现，屠宰后立即烹调，肉质较嫩。然而，在僵硬前的一段时间中，肉就逐渐变韧，当肉达到僵直时，韧度达最大。肉持续冷藏可使肉变嫩，在 4℃冷藏 7～10 d，肉的嫩度几乎又恢复到与刚屠宰的肉相同。无论整个胴体或部分胴体(初级切块)都如此，这是肉嫩化的普通方法。肌原纤维蛋白的状态对肉的嫩度的影响起决定性作用，但其他因素也不容忽视。如羊的品种、年龄、性别、肉的部位、肌肉的结构、成分、肉脂比例、蛋白质的种类、化学结构和亲水力、初步加工条件、保存条件和时间、熟制加工的温度、时间和技术等。结缔组织的含量(不同肌肉含量不一样，并随动物的年龄而增加)，尤其是胶原多肽链之间的连接对肉嫩度有十分重要的影响。很多研究指出，羊胴体上肌肉的嫩度与肌肉中结缔组织胶原成分的羟脯氨酸有关，羟脯氨酸越多，肌肉越难切断，肉的嫩度越小。在肉陈化期间，胶原蛋白链之间的交联随着贮存而减弱和分解。这就是为什么熟化肉中的结缔组织比未熟化肉要柔嫩，并易于水合的原因。

羊肉嫩度评定通过采用仪器评定和品尝评定两种方法。仪器评定目前通常采用肌肉嫩度计，以 kg 为单位表示：数值越小，肉越细嫩，数值越大，肉越粗老。如中国农业科学院畜牧研究所测定，无角道赛特公羊与小尾寒羊母羊杂交的第一代杂种公羔背最长肌的嫩度(剪切值)为 6 kg，股二头肌的嫩度为 6.25 kg。口感品尝法通常是取后腿或腰部肌肉 500 g 放入锅内蒸 60 min，取出切成薄片，放于盘中，佐料任意添加，凭咀嚼碎裂的程度进行评定，易碎裂则嫩，不易碎裂则表明粗老。

在新西兰，测定羊肉嫩度主要用仪器测定，先把肉样装在塑料袋中放在 80℃水中煮 20～40 min，肉中插入温度计煮到肉温 75℃时，取出后将肉样放入冰块中冷冻 30 min，然后用取样刀取 1 cm×4 cm 的肉块 8 块/每个样品，放在测嫩度的嫩度机上测定。

(八)膻味

膻味是绵、山羊所固有的一种特殊气味。致膻物质的化学成分主要存在于脂肪酸中，起关键作用的有已酸($C_6H_{12}O_2$)、辛酸($C_8H_{16}O_2$)、癸酸($C_{10}H_{20}O_2$)及 4-乙基辛-2-烯酸等低碳链游离脂肪酸，这些脂肪酸单独存在时并不产生膻味，必须按一定的比例，结合成一种较稳定的络合物，或者通过氢键相互缔合形式存在，才产生膻味。膻味的大小因羊种、品种、性别、年龄、季节、遗传、地域、去势与否等因素不同而异。我国北方广大农牧民和城乡居民，长期以来有喜食羊肉的习惯，对羊肉的膻味也就感到自然，有的甚至认为是羊肉的特有风味，江南有相当多的城乡居民特别不喜欢闻羊肉的膻味，因而不习惯吃羊肉。

鉴别羊肉的膻味，最简便的方法是煮沸品尝。取前腿肉 0.5～1 kg 放入铝锅内蒸 60 min，取出切成薄片，放入盘中，不加任何佐料（原味），凭咀嚼感觉来判断膻味的浓淡程度。

三、肉羊的屠宰与分割及产肉率测定

（一）肉羊的屠宰

屠宰加工是羊肉生产的重要环节。优质肉品的获得很大程度上取决于屠宰加工的条件与方法。在肉类工业中，把肉类畜禽经过刺杀、放血、剥皮与烫毛和开膛去内脏，最后加工成胴体等一系列处理过程，称为屠宰加工。这是深加工的前处理，因而也叫初步加工。肉羊的屠宰加工包括以下步骤：

1. 宰前检验

宰前检验是为了确保屠宰的羊来自安全的非疫区，健康无病，并取得非疫区证明和产地检疫证明。准备屠宰的肉羊，宰前必须进行健康检查，观察口、鼻、眼有无过多分泌物，呼吸、行动是否正常，离群的羊、患病的羊不可屠宰。对可疑的病羊进行隔离观察，对确定的病羊应及时送急宰间处理。将健康的羊送候宰间待宰。通过宰前检验能够发现宰后难以发现的疫病：如口蹄疫、脑炎、胃肠炎、脑包虫病等，以及某些中毒性疾病，这些病在宰后一般无特征性病变。

2. 候宰

羊在屠宰前 16～24 h，应停止放牧和补饲，宰前 2 h 停止饮水，防止胃肠内容物过多，造成去内脏困难。

3. 击昏

击昏是使羊暂时失去知觉，避免屠宰时因挣扎、痛苦等刺激造成血管收缩，放血不净而降低肉的品质。羊的击昏基本采用电麻击昏，电麻装置比较简单。电击晕时要依据羊的大小、年龄，注意掌握电流、电压和电麻时间。电压电流强度过大，时间过长，引起血压急剧增高，造成皮肤、肉和脏器出血。我国多利用低电压，通常情况下利用电压 90 V，电流 0.2 A，时间 3～6 s。击昏主要在大型屠宰厂应用。

羊的宗教宰杀和农村农户宰杀一般不采用击昏工序。

4. 刺杀与放血

羊击昏后要尽快刺杀，刺杀位置要准确，使进刀口能充分放血。羊在刺杀时，在羊的颈部纵向切开皮肤，切口 8～12 cm，然后用刀伸入切口内向右偏，挑断气管和颈动脉血管进行放血，应避免刺破食道。除肉联厂利用机械、半机械化屠宰外，目前我国广大农村牧区宰杀绵、山羊，多采用“大抹脖”和直接在颈动脉处刺破血管的方法。这种方法简单易行，但影响皮形完整，血迹容易污染毛皮，影响毛皮的品质和降低毛皮的价格。因此，放血时应把羊固定好，防止血液污染毛皮。刺杀后经 3～5 min，即可进入下一道工序。

国外发达国家已采用空心放血刀刺杀，利用真空设备收集血液，卫生条件好。

肉品放血度好坏，或者说完全与否，直接影响肉品的外观性状、滋味或气味及耐存性能，乃至等级与经济价值等。放血完全或充分的肉品特征是：肉的色泽鲜艳有光泽，肉的味道纯正，含水量少，不粘手，质地坚实，弹性强，能耐长时间保藏，能吸引消费者选购，经济效益高。放血不全的肉品外表色泽晦暗、缺乏光泽，有血腥味，含水分多，手摸有湿润感，有利于微生物生长繁殖，容易发生腐败变质，不耐久贮。这种肉通常不受消费者欢迎，将会降低其应有的经济价值。

5. 剥皮

屠宰后的羊要进行剥皮，剥皮的方法有手工剥皮和机械剥皮。

羊的手工剥皮是将羊的四肢朝上放在清洁平整的地面上，用尖刀在后肢一侧挑开小口，吹气或充气，让皮和胴体分开利于剥皮。然后用尖刀沿腹中线挑开皮层，向前沿胸部中线调至嘴角，向后经过肛门挑至尾夹，再从两前肢和两后肢内侧，垂直于腹中线向前、后肢各挑开两条线，前肢到腕关节，后肢到飞节。剥皮时，先用刀沿挑开的皮层内剥开 5～10 cm，然后用拳揣法将整个羊皮剥下，剥皮时一定要小心，防止刀伤或剥破皮，剥下的羊皮要求性状完整，不缺少任何一部分，特别是羔皮要保持全头、全耳、全腿、去掉耳骨、腿骨及尾骨，公羔的阴囊应留在羔皮上。

用机械剥皮时，羊刺杀放血后，先用手工剥皮，并割去头、蹄、尾及预剥下颌区、腹皮、大腿部和前肢部的皮层，然后用机械将整个皮革剥下。

6. 开膛解体（取内脏）

羊剥皮后应立即开膛取出内脏，最迟应不超过 30 min，否则脏器和肌肉均有不良影响。

开膛剖腹前，先将食道沿颈部抽出打结，防止胃内容物流出污染胸腹腔。然后沿腹部正中线切开腹部，接着用滑刀划开腹膜，打开腹腔，用手将胃肠、肝脏等掏出体外，然后沿肛门周围连接部剥开，再将直肠掏出，打结或用橡皮筋扎住直肠头，以免粪便流出污染胴体。然后，接着用刀划破横隔膜，并沿肋软骨连接处切开胸腔，剥离气管，取出肺和心。取出的内脏放在盘上以备检验。

7. 同步卫检

同步卫检是羊屠宰加工工艺中的重要工序，胴体与内脏要同步进行卫检，准确检查羊的内脏有无病变，确保肉质的质量。

8. 冷却（排酸）

羊胴体在屠宰后如果尽快冷却，就可以得到质量好的肉，同时也可以减少损耗。冷却间温度一般为 2～4℃，相对湿度 75％～84％，冷却后的胴体中心温度不高于 7℃，羊一般冷却 24 h。

9. 悬挂输送

悬挂输送系统是屠宰生产线中将屠体及胴体传送到各个加工工序进行流水线作业的关键装置。悬挂输送装置又分手推线和自动式两种。手推线主要用于中、小型羊屠宰生产线或宰杀放血工序以及冷却（排酸）工序，自动线主要用于大中型羊屠宰生产线。

10. 胴体修整

羊的胴体修整主要是割去生殖器、腺体、分离肾脏。胴体修整的目的是保持胴体整洁卫生，符合商品要求。

11. 检验、盖印、称重、出厂

为了确保消费者吃上“放心肉”，在整个屠宰加工过程中，要进行屠宰兽医检疫，一般分为头部、心脏、旋毛虫、胴体初检及复检等不同检验点。宰后检验分为头蹄部检验、内脏检验、胴体检验三个基本环节。

（1）头蹄部检验　视检羊的头部皮肤和触检口腔黏膜，有无痘疮或溃疡、烂斑等病变。注意是否患有羊痘或其他疫病。触诊下颌骨和舌根、舌体，观察有无放线菌种。然后与下颌平行切开内外咬肌，检查有无寄生虫。取出舌后，剖检舌后内侧淋巴结、颌下淋巴结和扁桃体，检查有无结核、化脓和放线菌肿。视检羊的蹄部有无肿胀、水疱、溃疡、烂斑等病变。

(2)内脏检验　肺脏检验时,先视检其大小、色泽、形态,并触检整个肺组织,注意有无充血、出血、化脓、坏疽、结节等病变,检查有无胸膜炎、肺炎、结核、棘球蚴等。然后切开支气管淋巴结和纵隔淋巴结,查看有无出血、充血等变化。

心脏检验时,先观察心包有无感染、出血、化脓,然后剖开心脏,观察心内膜和心外膜,注意有无点状出血、囊尾蚴等,观察心肌有无出血、坏死和囊尾蚴。

肝脏检验时,首先视检肝脏的色泽、大小、形状,然后对肝脏进行触检,注意肝脏有无脂肪变性,肝脏表面有无脓肿、毛细血管扩张、坏死、肿瘤、有无囊尾蚴等。如有必要可剖检肝门淋巴结、胆囊和肝脏,检验有无结核,肝片吸虫等病变。

胃肠检验时,先观察浆膜有无充血、出血,网胃有无异物刺出。然后剖检肠系膜淋巴结,重点检查有无结核的增生性肉芽肿和干酪样坏死。

脾脏检查时,首先观察脾脏的大小、色泽,注意脾脏有无肿大、出血、梗死、有无结核病灶。如脾脏肿大,应怀疑为炭疽病,必须立即停止生产,采样送实验室检查,按检验结果进行处理。

(3)胴体检验　首先视检胸膜、腹膜、隔膜和肌肉的状态,注意其光泽、清洁度,是否有异物和其他异常,并判断其放血是否完全。注意胸壁上有无黄豆大的增生性结节。剖检肩前淋巴结和臂三头肌,注意有无结核病变和囊尾蚴寄生。

胴体和脏器进行兽医检验后,常有四种不同的处理情况:一是品质良好,可不受限制直接食用,在肉体上加盖检验合格验讫印章,并签发《动物产品检验合格证明》,准许销售;二是患有一般传染病、轻症寄生虫病和病理损伤的胴体和脏器,根据病损性质和程度,经过无害化处理后,使传染性、毒性消失或使寄生虫全部死亡后,可以有条件地食用,加盖"高温"印章;三是患有严重传染病、寄生虫病、中毒和严重病理损伤的胴体和脏器,不能在无害化处理后食用者,应炼制工业油和肉骨粉;四是患有"肉品卫生检验规程"所列的烈性传染病的胴体和脏器,必须以焚烧、深埋、湿化(通过湿化机)等方法予以销毁,应加盖"销毁"印章。

(二)胴体分级与分割

1. 胴体分级

肉羊胴体是衡量其羊肉生产水平的一项重要指标。胴体重是指肉羊宰杀后,立即去掉头、毛皮、血、内脏和蹄后,静止 30 min 后的躯体重量。但在我国南方很多地区,以及国外一些国家和地区的山羊胴体是脱毛带皮的,消费者和市场均予认可。绵羊、山羊胴体的分级,目的在于按质论价,按类分装,便于运输、冷藏和销售。

我国制定的羊肉质量分级标准(NY/T 630—2002),包括绵羊、山羊胴体,共分三大类,每类又分为四个等级(表 2-12)。同时,对冷却肉也提出了相应的标准(NY/T 1565—2007)。

表 2-12　羊胴体等级及要求

项目	大羊肉				羔羊肉				肥羔肉			
	特等级	优等级	良好级	可用级	特等级	优等级	良好级	可用级	特等级	优等级	良好级	可用级
胴体重量/kg	>25	22～25	19～22	16～19	18	15～18	12～15	9～12	>16	13～16	10～13	7～10

续表 2-12

项目	大羊肉				羔羊肉				肥羔肉			
	特等级	优等级	良好级	可用级	特等级	优等级	良好级	可用级	特等级	优等级	良好级	可用级
肥度	背膘厚度0.8～1.2 cm，腿肩背部脂肪丰富、肌肉不显露，大理石花纹丰富	背膘厚度0.5～0.8 cm，腿肩背部覆有脂肪，腿部肌肉略显露，大理石花纹明显	背膘厚度0.3～0.5 cm，腿肩背部覆有薄层脂肪、腿肩部肌肉略显露，大理石花纹略现	背膘厚度≤0.3 cm，腿肩背部脂肪覆盖少，肌肉显露，无大理石花纹	背膘厚度0.5 cm以上，腿肩背部覆有脂肪，腿部肌肉略显露，大理石花纹明显	背膘厚度0.3～0.5 cm左右，腿肩背部覆有薄层脂肪、腿肩部肌肉略显露，大理石花纹略现	背膘厚度0.3 cm以下，腿肩背部脂肪覆盖少、肌肉显露，无大理石花纹	背膘厚度≤0.3 cm，腿肩背部脂肪覆盖少、肌肉显露，无大理石花纹	眼肌大理石花纹略显	无大理石花纹	无大理石花纹	无大理石花纹
肋肉厚/mm	≥14	9～14	4～9	0～4	≥14	9～14	4～9	0～4	≥14	9～14	4～9	0～4
肉脂硬度	脂肪和肌肉硬实	脂肪和肌肉较硬实	脂肪和肌肉略软	肌肉和脂肪软	脂肪和肌肉硬实	脂肪和肌肉较硬实	脂肪和肌肉略软	肌肉和脂肪软	脂肪和肌肉硬实	脂肪和肌肉较硬实	脂肪和肌肉略软	肌肉和脂肪软

在国外，一般将绵羊肉分为大羊肉和羔羊肉两种。大羊肉指周岁以上换过门齿的，羔羊肉指出生后不满一年、完全是乳齿的绵羊的羊肉，其中出生后4～6月龄屠宰的羔羊称肥羔。国外对绵羊、山羊胴体的分级，不同的国家和地区，标准也不一样。如新西兰，绵羊肉的分级，是将国际市场的价格浮动，消费者的需求与生产者的利益紧紧结合在一起，同时随着国际市场的变化趋势及消费者需求的转变而不断地进行修正。

2. 胴体分割

绵羊、山羊的胴体大致可分割成八大块（图2-5），这八大块可分成3个商业等级：属于第一等级的部位有肩背部和臀部；属于第二等级的有颈部、胸部和腹部；属于第三等级的有颈部切口、前腿和后小腿。

将胴体从中间切成两片，各包括前躯和后躯肉两部分。前躯肉与后躯肉的分切界限，是在第12与第13肋骨之间，即在后躯肉上保留一对肋骨。前躯肉包括肋肉、肩肉和胸肉，后躯肉包括后腿肉及腰肉。

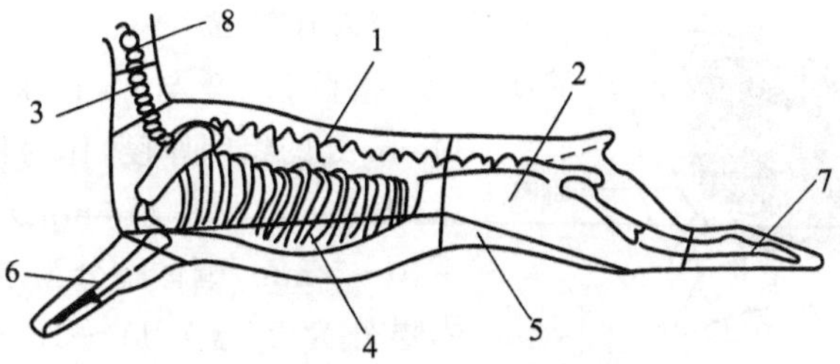

图 2-5　绵羊、山羊的胴体分割

1. 肩背部　2. 臀部　3. 颈部　4. 胸部　5. 腹部　6. 前腿　7. 后小腿　8. 颈部切口

后腿肉：从最后腰椎处横切。

腰肉：从第 12 对肋骨与第 13 对肋骨之间横切。

肋肉：从第 12 对肋骨处至第 4 与第 5 肋骨间横切。

肩肉：从第四对肋骨处起，包括肩胛部在内的整个部分。

胸肉：包括肩部及肋软骨下部和前腿肉。

腹肉：整个腹下部分的肉。

胴体上最好的肉为后腿肉和腰肉，其次为肩肉，再次为肋肉和胸肉。

（三）肉羊产肉率的测定

（1）胴体重　指屠宰放血后，剥去毛皮，除去头、内脏及前肢腕关节和后肢跗骨，趾关节以下的部分，整个躯体（包括肾脏及其周围脂肪）静止 30 min 后的重量。

（2）净肉重　指用温胴体精细剔除骨后余下的净肉重量。要求在剔肉后的骨头上附着的肉量及耗损的肉屑不能超过 300 g。

（3）屠宰率　一般指胴体重与羊屠宰前活重（宰前空腹 24 h）之比，用百分率表示。

$$\text{屠宰率}=\frac{\text{胴体重}}{\text{宰前活重}}\times 100\%$$

（4）净肉率　一般指胴体净肉重占宰前活重的百分比。若胴体净肉重占胴体重的百分比，则为胴体的净肉率。

$$\text{净肉率}=\frac{\text{净肉重}}{\text{宰前活重}}\times 100\%$$

$$\text{胴体净肉率}=\frac{\text{净肉重}}{\text{胴体重}}\times 100\%$$

（四）骨肉比

指胴体骨重与胴体净肉重之比。

（五）眼肌面积

测量倒数第 1 与第 2 肋骨之间脊椎上眼肌（背最长肌）的横切面积，因为它与产肉量呈高度正相关。

测量方法：一般用硫酸绘图纸描绘出眼肌横切面的轮廓，再用求积仪算出面积。如无求积仪，可用下面公式估测：

$$\text{眼肌面积}(cm^2)=\text{眼肌高度}(cm)\times\text{眼肌宽度}(cm)\times 0.7$$

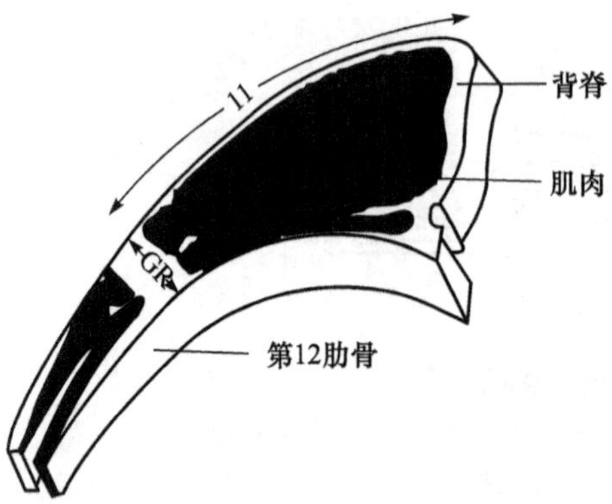

图 2-6 测定 GR 值部位示意图
（单位：mm）

（六）GR 值

指在第 12 与第 13 肋骨之间，距背脊中线 11 cm 处的组织厚度，作为代表胴体脂肪含量的标志（图 2-6）。GR 值（mm）大小与胴体膘分的关系：0～5 mm，胴体膘分为 1（很瘦）；6～10 mm，胴体膘分为 2（瘦）；11～15 mm，胴体膘分为 3（中等）；16～20 mm，胴体膘分为 4（肥）；21 mm 以上，胴体膘分为 5（极肥）。我国制定的羊肉质量分级标准（NY/T 630—2002）中，将 GR 值称为肋肉厚。

四、国内外羊肉用性状研究进展

畜禽肉品质研究有着广阔的研究领域，从广义上来说，涉及从畜牧场肉畜的生产开始到调制或最终成为食品为止的整个食物链上的各个过程和环节。其重要的组成部分是对肌肉和其他可供食用的动物组织的特有性质进行基础研究，以充分了解用做食用肉组织的基本特性，从而完善其利用性，并为消费者提供优质的肉食品。

（一）生长发育的研究进展

1. 遗传因素

不同品种与同一本地羊品种进行杂交，产肉性能存在明显差异。通过杂交优势使遗传的后代身上继承不同品种优良性状，是提高产肉性能的最有效的手段。我国引进的优良品种具有典型的肉用羊体型、生长发育快、产肉性能优越的特点。我国本地品种适应能力强、多胎的特点，适合作为经济杂交的母本，如小尾寒羊性成熟早，产羔率高达 267.25%。张兆琴（2011）等在研究优质肉用羊（道赛特、萨福克、特克塞尔和美利奴）与小尾寒羊杂交羔羊产肉性能的试验中，杂交后代羔羊的产肉性能和肉品品质均显著优于小尾寒羊羔羊。王德芹（2006）通过生长发育速度、屠宰性能和肉品品质等性状对以杜泊绵羊、特克塞尔绵羊为父本，小尾寒羊为母本（对照组）的杂交一代进行综合分析，结果表明：杜寒 F1 体重增长速度、屠宰性能及肉品品质均优于特寒 F1 和小尾寒羊。我国大量的试验表明：国外优良品种与地方品种的杂交后代羔羊同本地羔羊相比，杂交肉羊的产肉性能和肉品品质均优于地方品种。

最新版绵羊基因组 Ovis_aries_v3.1 信息表明，已注释的羊基因超过 20 000 个以上（24 443 genes，http://www.ncbi.nlm.nih.gov/genome/83，2013 年 5 月 28 日更新），已报道的羊数量性状座位（quantitative trait locus，QTL）有 789 个，其中与肉质性状相关的 QTL 有 249 个，与生长性状相关的 QTL 有 129 个（http://www.animalgenome.org/cgi-bin/QTLdb，2013 年 5 月 28 日更新）。在这些基因和 QTL 中，研究较多的是 Myostatin 基因、Callipyge 基因和 Carwell 基因。Myostatin 简称 MSTN，是一种肌肉生长抑制素，主要在骨骼肌中广泛表达和分泌，对家畜肌肉生长发育具有负调控作用，其活性的丧失或降低，会引起动物肌肉的过度发育，表现为双肌性状（double muscling）。在对 MSTN 的研究中，多名学者先后发现 MSTN 突变确实导致多种动物的肌肉过度生长和脂肪减少，除此之外，MSTN 基因与脂肪的发生也有一定的相关性。

Callipyge 基因（CLPG）是在道赛特羊上发现的影响肌肉表型性状的另一个肉用性状主效

基因，研究表明：该基因能够提高羊的胴体瘦肉率，同时可以减少脂肪的储存。CLPG 基因附近还存在另一 Carwell 基因，是澳大利亚新南威尔士的 Carwell 研究小组在无角道赛特公羊中发现的控制肋肌和眼肌面积的基因。有研究推测 CLPG 和 Carwell 互为等位基因，但 Carwell 主要对绵羊的肋肌和眼肌起作用，而对脂肪厚度、活重和后臀重无影响。

2. 环境因素

在放牧、半舍饲、舍饲三种饲养育肥方式下，以舍饲的育肥效果最好，其次是半舍饲，放牧的育肥方式最差。杨光(2002)等对羔羊在 3 种饲养方式下的育肥试验研究表明，舍饲羔羊宰前活重、日增重、屠宰率和净肉率显著高于半舍饲组和放牧组羔羊。Borton (2005)等采取精饲料舍饲和放牧的两种育肥试验组对羔羊的产肉性能和肉品品质进行研究，结果表明精饲料组羔羊产肉性能和肉品品质都优于麦草放牧组羔羊。

制定适宜的日粮水平，提高饲草料的利用率，对于提高羔羊肉的效率有着重要的影响。国内外大量试验表明：高蛋白质营养水平可以提高羔羊的活重、胴体重、粗蛋白质含量和眼肌面积，亦可以使羔羊的肌肉增多，提高生长速度。而日粮中提高能量水平会造成肌内蛋白质的沉积受阻，未被利用的能量以脂肪的形式沉积于肌内、肌间及其他脂肪组织中，从而增加胴体肥度，降低瘦肉率。因此，日粮蛋白质的含量需与羔羊的蛋白质需要量相适应才能获得最大的蛋白质沉积和最佳肉品质。一方面，如果蛋白质相对于能量来说供应不足，瘦肉生长就会受到抑制，就会有多余的能量沉积为脂肪。另一方面，如果蛋白质供应过量，那么过量的蛋白质就会被用作能量源，从而导致胴体瘦肉率降低。

(二)肉质的研究进展

随着生活水平的提高，消费者对羊肉的需求量不仅增加，而且对羊肉的品质如营养价值、风味和嫩度等要求也更高，人们更喜欢肉质细嫩、营养价值高、风味独特、多汁性好的羊肉。我国开展肉品质的科学研究工作仅有十几年历史，由于我国在此方面的起步较晚，总的研究水平还不高，而且，除猪、牛肉以外，对其他肉畜(禽)的肉质研究较少，尤其是羊肉的研究，不够广泛深入。我国肉羊品资源十分丰富，开展羊肉品质性状研究，拓宽肉质研究的领域，扩大研究对象，提高羊肉肉质水平，具有非常重大的社会意义和经济价值。

1. 嫩度

影响嫩度的因素有很多，主要有遗传、年龄、营养状况、肌肉肌纤维的组织学特性，此外，宰后的因素如糖酵解、热效应、电刺激也是重要因素。其中，肌肉肌纤维的组织学特性与肉品的质地和嫩度直接相关，Cassens 等(1984)认为，肌肉表面纹理或质地是肌束大小排列的表现，肌束内肌纤维愈细，肌纤维密度就愈大，则肌肉表面纹理呈天鹅绒状，肉品品质优良，另外，研究还证明，肌束内肌纤维数是判定肉质细腻致密很重要的因素，肌纤维愈细腻者，其肉质愈鲜嫩。另外，肉品中脂肪的含量与分布是肉质细嫩多汁而味美的物质基础。曾勇庆等对小尾寒羊肌肉结构(肌纤维、肌肉脂肪、结缔组织)的组织学研究显示证明，小尾寒羊肌肉中脂肪含量适中而分布均匀，并且肌肉中的脂肪与结缔组织呈交叉状态分布，从而减轻了结缔组织中纤维成分的物理强度，使肌束容易分离，肌肉即变得柔软细嫩，适口性强并易于咀嚼。

另外，随着分子技术的发展，国内外研究证实 CAST 基因与肉的嫩度有关。CAST(钙激活蛋白酶抑制蛋白，calpastatin)基因是钙蛋白酶水解系统成员之一。钙蛋白酶系统参与机体生长和代谢过程，例如成肌细胞和脂肪细胞的分化、肌动蛋白的重组、细胞周期、信号转导和凋亡等。CAST 基因已在多种家畜中进行了相关的分子生物学及功能研究，认为基因是影响肌肉生长和肉质性状的重要候选基因。CAST 基因对背膘厚度、眼肌面积、大理石纹有明显的影响。

2. 风味

影响羊肉风味的因素包括品种、性别、饲养因素和营养因素、年龄、屠宰前后的因素及烹调方式等。其中,饲养因素和营养因素对羊肉风味具有重要作用,很大程度上影响羊脂中的脂肪酸含量、组成及其他脂溶性成分,而这些物质与羊肉风味具有一定的关系。研究发现在放牧条件下,生长速度慢的羊的肉品风味和气味比生长速度快的要大。放牧羊的肉品腥味显著高于舍饲羊的,研究表明饲料对羊肉风味的影响主要是一些挥发性物质在起作用,高能日粮比低能日粮更能产生愉快的肉品风味,主要原因是长链饱和脂肪酸比例减少,脂肪的熔点降低。另外,高能的谷物饲料在瘤胃中产生更多的丙酸酯和丁酸酯,使得贮存在脂肪中奇数碳链和 BCFA 浓度增加。Wong 等指出与常规的黑麦草或三叶草相比,麦类饲料可使羊肉风味增强。饲料及其添加剂对肉品风味的影响比较复杂。研究发现饲料中的添加剂能抑制由脂肪氧化引起的异常风味,长期喂养甜菜根的绵羊的肉带有肥皂味,长期喂养萝卜的绵羊的肉带有强烈的臭味,其他研究认为饲喂大蒜、地椒、薰衣草、沙葱等药草可改善羊肉风味。

3. 营养价值

羊肉的营养价值较高,营养成分非常丰富,蛋白质含量较高,其中氨基酸含量丰富,且肉质细嫩,胆固醇含量低,易于消化和吸收。蛋白质中必需氨基酸的组成和含量是评定蛋白质品质的重要指标,国内外的一些学者对羊肉的蛋白质含量以及氨基酸的种类和含量进行分析,结果表明,绵、山羊肉蛋白质的氨基酸含量丰富,除此之外,羊肉还含有多种矿物质元素,如 Ca、P、K、Fe、Zn 等,及维生素 B_1、维生素 B_2 和尼克酸等维生素,具有补阳壮体的功效。

4. 其他因素

(1)pH　pH 是测定肉品质时重要的指标之一,研究证明 pH 与肉的许多质量性状都有关系,如肉的嫩度、肉的系水力、肉色等。正常屠宰后羊肉呈中性或偏弱碱性,其 pH 在 7.1～7.3。

(2)系水力　系水力是当肌肉受到外力作用时,如加压、切碎、加热、冷冻、融冻、贮存、加工等保持原有水分与添加水分的能力。系水力是一项重要的肉品质指标,它直接影响肉的风味、质地、营养成分、多汁性、颜色等食用品质。

(3)肌肉组织学性状的研究　肌肉纤维特性方面的研究最早见于肉牛方面。已经证明,肌肉纤维组织学特性受营养状况、年龄、性别、运动情况、品种等影响。一般认为,肌纤维数量从出生后,终生保持不变,出生后只是体积、直径的增加。一般雄性家畜的纤维直径最大,阉畜居中,雌性家畜最小,营养状况良好的家畜,肌纤维直径增加的幅度较大。国内关于肌肉纤维特性的研究多是重复国外的同类试验,尚无突破性进展。

五、中国羊肉生产的特点及提高中国羊肉生产的对策

中国人口众多,羊肉人均占有量低于世界平均水平。改革开放以来,养羊业特别是肉羊业发展迅速,羊肉生产量剧增,羊肉产品琳琅满目。人们的饮食观念和食品结构发生了很大变化。我国是养羊大国,绵羊、山羊存栏数及羊肉生产总量均位居世界之首。羊肉作为一种高营养的动物性食品,越来越为广大消费者所青睐。

（一）中国羊肉生产的特点

1. 羊肉生产现状

我国是农业大国，素有养羊习惯。新中国成立后，养羊业受到了党和国家的重视，先后投入了大量的人力、财力，开展了大规模的绵羊改良工作，育成了一批绵羊新品种。20 世纪 80 年代以前，我国的养羊业主要是解决羊毛生产问题，羊肉的生产尚未受到重视。随着社会经济的发展，人民经济收入增加和生活水平的提高，对蛋白质含量高、胆固醇含量低、营养丰富的羊肉需求量明显增加。同时，政府有关部门也提出了改善人民膳食结构，丰富城乡人民群众"菜篮子"的政策，羊肉生产引起了畜牧主管部门、科研院所、大专院校和养羊科技工作者的高度重视，开始进行羊肉生产的有关研究，开展育肥试验，各地相继引进国外生长发育快、产肉性能好的优良肉用羊品种与地方品种羊进行杂交，增加羊肉生产。进入 90 年代，羊毛市场疲软，羊肉需求量猛增，尤其是优质羔羊肉的需求量增加迅猛，促进了羊肉生产的快速发展。

中国羊肉生产主要有 4 个优势区：北部优势区主要布局在内蒙古和河北 2 个省区的 2 个地级市 10 个县级市；西北优势区主要布局在宁夏、甘肃、青海、新疆 4 个省区的 5 个地级市(州)15 个县级市；西南优势区主要布局在四川、重庆、云南、贵州、广西 5 个省区市的 5 个地级市 16 个县级市；中原优势区主要布局在河南、山东、江苏、安徽 4 个省的 6 个地级市 20 个县级市。30 年来，中国羊肉生产的中心逐步由传统牧区转向广大农区。特别是近 10 多年来，从各省区肉羊饲养量的变化情况来看，内蒙古、新疆、西藏、青海和甘肃五大牧区省份肉羊数量增长趋缓，而河南、山东、河北、山西、江苏和安徽等中原农区肉羊饲养量增长迅速，并逐步形成了中国最重要的羊肉生产区域，即"中原羊肉带"。

2. 羊肉的贸易销售情况

目前，中国是世界上的羊肉生产大国，但却是羊肉贸易小国，在世界羊肉贸易中所占的比例非常小。以 2010 年为例，中国羊肉出口量占国内羊肉产量的 0.3%左右，占世界羊肉出口总量不到 0.1%。1981 年羊肉出口量为 0.26 万 t，1990 年增长为 0.35 万 t，比 1981 年增长了 34.62%；1991 年羊肉出口量为 0.24 万 t，2000 年为 0.42 万 t，比 1991 年增长了 75%；2001 年羊肉出口量为 0.29 万 t，2010 年为 0.96 万 t，比 2000 年增长了 231.03%。1981—2010 年，中国羊肉出口量的年均增长率为 4.61%。1981—2010 年，中国羊肉的进口量始终呈现逐渐上升的趋势，1981 年羊肉进口量为 0.47 万 t，2000 年为 3.94 万 t，20 年间羊肉进口量增长了 8.38 倍。进入 21 世纪以来，中国羊肉进口量的增长态势更加明显，2001 年羊肉进口量为 4.71 万 t，2010 年为 9.32 万 t，年均增长率 7.9%。

中国羊肉的出口贸易过程不但量少，而且羊肉出口价格也相对较低，出口的目的地主要是中国港澳地区、俄罗斯和中东地区，每年大约有 40%的羊肉出口到中东地区。在 1981—2010 年中，除了 1981—1985 年外，其余年份的中国羊肉出口价格均低于世界羊肉出口价格，这说明中国羊肉的市场竞争力有待进一步提高。中国羊肉进口的价格也偏低，羊肉的主要进口国是新西兰和澳大利亚，每年大约有 30%的进口量来自这两个国家。

（二）中国羊肉生产存在的问题

1. 中国羊肉的品质参差不齐

羊肉品质是羊肉作为商品在流通过程中所必须具有的基本特征，也是消费者决定是否购买的重要依据。随着各国人民生活水平的提高，人们对羊肉品质的要求也越来越高，不仅要求味美肉嫩、营养价值高，而且也要求屠宰加工工艺符合规程，并要求肉质通过质检部门的检验，农药、兽药、激素、重金属等不得超过残留标准,一些致病菌也不应检出。另外,对其储存运输有明确的温度要求及严格的食品卫生安全要求。所以,现在来自无污染地区,并通过质检部门检验的无公害羊肉深受消费者的欢迎。目前,中国羊肉品质的差别很大,来自草原天然牧场的羊肉明显味鲜色美、品质优越、质量上乘,基本可以达到国际绿色标准,但是国内一些产自农区的羊肉的检验还不能完全达到发达国家的标准,活羊屠宰加工工艺流程也不规范,而且近年来这部分羊肉占中国羊肉总产量的比例逐渐增大。因此,中国羊肉很难进入发达国家的市场。

2. 肉羊良种的理念有待进一步加强

目前,通过引进国外肉羊品种与国内本地肉羊品种杂交已成为肉羊良种选育的一条途径,从 20 世纪 50 年代起中国就陆续引进了美利奴、萨福克、夏洛莱等国外肉羊品种。但与此同时也应该认识到国内也有着相当丰富的肉羊品种资源,如苏尼特羊、呼伦贝尔羊、乌珠穆沁羊、阿勒泰肉用细毛羊、南江黄羊、成都麻羊、马头山羊、板角山羊等,这些肉羊品种都是农牧民在长期生产活动中选育的优良品种,尤其是这些品种所生产的羊肉品质上乘、味道鲜美,产肉率也较高。这就要求在杂交选育良种的同时要保证国内特有肉羊品种的基因库不被破坏,注重国内肉羊良种的推广普及。

(三)提高中国羊肉生产的对策

依据中国羊肉的生产与贸易的发展态势,为了提升中国羊肉的品质和竞争力,需做好以下几个方面工作。

1. 羊肉生产方面的建议

大力发展绿色羊肉产业。绿色肉羊养殖是提供无污染的安全、优质、无公害羊肉的主要方法,但绿色肉羊养殖的理念在国内提出的时间不长,发展尚处于起步阶段,这就要求从各个方面对其进行扶持。要开发绿色羊肉市场,健全营销渠道网络。绿色羊肉的自身特殊性决定了其营销方式和普通羊肉相比有一定的差异,必须有专门的营销网络,但从全国范围看绝大多数绿色羊肉还是通过传统的流通渠道和普通羊肉一起进入市场,使绿色羊肉成为了常规羊肉的替代品。要规范市场上绿色羊肉的认证、监测制度。只有加强了对绿色羊肉的认证和对羊肉加工企业的监督管理,才能提高消费者对绿色羊肉的信赖程度,给予绿色羊肉产业发展空间。

2. 提高羊肉加工业的生产水平,制定规范的肉羊屠宰、加工环节的标准

目前国际肉羊的加工正朝着冻变鲜、大变小、生变熟、粗变精、散装变规格化的方向发展,早在 30 多年前美国、澳大利亚和欧洲的一些发达国家就开始推广冷却肉、排酸肉和保鲜肉等技术以确保羊肉营养价值高、口感新鲜和安全卫生。中国现阶段的羊肉产品主要为屠宰初级加工的胴体肉,少量分割肉,其中冷冻羊肉约占 95%,其余为少量的羊肉串、羊肉卷、羊肉干、羊肉松等羊肉制品,而且中国还没有规范的肉羊屠宰、加工、运输、贮存、包装等的标准细则,因此根据中国的实际情况,制定和完善各项生产配套标准,就显得非常重要、紧迫。

3. 着力打造国内知名羊肉品牌,注重营销策略和促销手段

肉羊品种对羊肉的风味、质量起着关键性的作用,而中国不乏优质的肉羊品种,以占有全国草原面积 1/4 的内蒙古自治区为例,有苏尼特羊、呼伦贝尔羊、乌珠穆沁羊、巴美肉羊等品种,这些肉羊所产出的羊肉脂肪覆盖均匀、肉质鲜嫩、脂肪少、胆固醇含量低、味美、无膻味、易消化,远销国内外市场。与丰富的肉羊品种资源不相称的是国内知名的羊肉品牌不多,不能很好地起到带动肉羊产业发展的作用。而且现有的羊肉品牌没有一个完整的竞争思路和全方位的营销策略,使产品缺乏市场影响力,同时也没能充分发挥品牌的广告效应,导致精品形象未

能确立。

4. 充分利用"绿箱"政策，扶持羊肉产业

由公共基金或财政开支提供如下一些项目的支持：环境项目研究和肉羊产品研究；自然灾害的预报服务、肉羊检疫和抗灾行动等；肉羊生产技术推广和咨询服务，如向羊肉生产者和加工者提供生产技术，传播信息和研究成果等；肉羊的一般性检验和出于卫生、安全、分类或标准的目的而进行的检验；市场促销服务，如提供市场信息和营销咨询及承担促销策划等；基础设施建设，如电网、道路、市场、供水、防洪、排水及环保项目的建设等。

5. 健全完善羊肉市场体系，为生产经营者提供公平竞争的良好环境

为了应对羊肉市场的波动性，发达的羊肉生产国都具有相对完善的市场体系，而中国的市场经济是在 1994 年以后才逐步发展的，与发达国家肉类产品市场体系相比还相对不完善。羊肉的市场体系还需要国家的宏观调控和当下的市场环境共同调节，逐步形成一个合理的市场体系。

第四节　羊　　皮

绵羊、山羊屠宰后剥下的鲜皮，在未经鞣制以前都称为生皮，生皮分为毛皮和板皮两类。生皮带毛鞣制而成的产品叫作毛皮，鞣制时去毛仅用皮板的生皮叫作板皮，板皮经脱毛鞣制而成的产品叫作革。

毛皮又分为羔皮、裘皮和大羊皮 3 种。羔皮与裘皮和大羊皮的界限，主要是根据羊只在屠宰时年龄而划分的。羔皮一般是供作露毛(毛向外)穿着的毛皮，用于制作翻毛大衣、皮领、皮帽、披肩等，要求花案奇特、毛卷紧密、光亮美观；裘皮主要用来制作毛面向里穿着的衣物、围巾、皮褥等，用以御寒保暖，要求结实、美观、轻便和不毡结；大羊皮毛皮主要用来制作毛领和毛面向里穿的皮大衣，用以御寒保暖，要求毛质良好、皮板结实、弹性好、坚韧。细毛羊和半细毛羊的毛皮经鞣制后剪短羊毛或不剪短用来制作皮大衣里面。如军大衣大多用细毛羊毛皮做里面，保暖性能好。

我国一般绵、山羊品种都可以生产板皮。各种的用途板皮品质要求不同。如制衣需要强度高、抗拉力、弹性好、质地均匀便于任意裁剪的皮革；优质鞋面、提包需要明显、细致的纹理，手感柔软和耐磨的皮革。

我国有些山羊品种以生产板皮而驰名中外，如宜昌白山羊、黄淮山羊、建昌黑山羊等。板皮经脱毛鞣制后，可制成皮夹克、皮鞋、皮箱、包袋、手套、票夹等各种皮革制品，因此，它与羔皮和裘皮一样，在人们日常生活和国民经济中都具有重要的意义。

一、羔皮

羔皮是指从流产或出生后 1～3 d 内宰杀的羔羊所剥取的毛皮。

(一)卡拉库尔羔皮

卡拉库尔羔皮亦称波斯羔皮，在我国又称为三北羔皮，是卡拉库尔品种羔羊出生后 3 d 内宰杀或死亡所剥取的羔皮。由于流产所剥取的皮张因时间不同可分为：

早期流胎羔皮：又称光板皮，是从胚胎 112～120 d 时流产的羔羊剥取的羔皮。刚刚形成被毛，被毛紧贴皮板，皮板小而薄。

近产流胎羔皮：又称花纹羔皮，是从胚胎 120～130 d 时流产的羔羊剥取的羔皮。被毛具

有良好的光泽和丝性，并开始形成毛卷或花纹，花纹极为美丽且皮板轻薄。

临产流胎羔皮：又称花纹毛卷羔皮，是从胚胎130～146 d时流产的羔羊剥取的羔皮，被毛形成鬣形卷和不清晰卧蚕形卷，花案美观，皮板轻薄。

卡拉库尔羔皮是制作帽子、大衣领和妇女大衣的贵重毛皮原料。此外，在羔羊出生后15～30 d剥取的为小二毛皮，在1～4月龄剥取的为大二毛皮，4月龄至第一次剪毛前所剥取的皮称为大羊皮。

1. 卡拉库尔羔皮的主要特点

(1)毛卷　卡拉库尔羔皮的主要特征是具有各种不同类型的毛卷。这些毛卷的形状、大小、色泽、丝性以及经济价值等方面都随毛卷的类型不同而异。根据毛卷的形状和结构，可将毛卷的类型分为优等毛卷(长、短卧蚕形卷、豆形卷)、次优等毛卷(松卧蚕形卷、扁卧蚕形卷、鬣形卷和肋形卷)、中等毛卷(环形、半环形)、劣等毛卷(豌豆形、杯形、螺旋形、平毛、变形卷)。

卧蚕形卷(轴形卷)是代表卡拉库尔羔皮特征的一种理想型毛卷，其卷曲的毛纤维由皮板上升，按同一方向扭转，毛尖向下向里紧扣，呈一圆筒状，形似皮板上卧着的蚕。卧蚕形卷的长度直接决定着羔皮的美观程度，分为长卧蚕形(40 mm以上)、中卧蚕形(20～40 mm)和短卧蚕形(20 mm以下)。毛卷大小根据其宽度来区分：宽度在4.5 mm以下为小花，宽度在4.5～8 mm的为中花，宽度在8 mm以上的叫大花；灰色羔皮的毛卷具有生长过度的特点，所以它的宽度在5 mm以下为小花，5～10 mm为中花，10 mm以上为大花。由于中等宽度的毛卷结构较紧实、美观，用中花羔皮制作的产品美观大方，所以它的经济价值高。根据毛卷宽度与高度的比例，分为正常卧蚕形，即毛卷高与宽接近或相等；窄卧蚕形，毛卷的高大于宽；扁卧蚕形，毛卷的宽大于高；凡被毛稍长、卷形较松的卧蚕形毛卷，称松卧蚕形卷。

肋形卷的毛纤维几乎垂直地从皮板上升，然后形成几乎与皮板平行的第一个弯曲，之后毛尖扣向皮板，形成第二个浅弯，形似俄文字母的“Г”字状，毛卷似肋骨状有规律地排列在羔皮的两侧。典型的肋形卷往往较卧蚕形卷长，宽度显著大于高度。

鬣形卷由组成毛卷的毛纤维以毛卷的中线为界，呈锐角分向两边而形成，呈马鬣状，也有少数呈喇叭状向四周生长的，按长度的不同，分为长鬣和短鬣；按宽度的不同，4 mm以下者为窄鬣，5～7 mm为中鬣，8 mm以上者为宽鬣，长而窄的鬣形卷均匀、周整、美观，能构成美丽的花案。

环形卷是指羔皮被毛的每个毛股有两个弯曲，下面一个弯曲与皮板垂直或有一定角度，上面的第二个弯曲与皮板平行。如果毛股长度不足，则形成半环形卷。螺旋形卷是毛股从皮板螺旋式上升，形似一个直立的杯子，故又称杯形卷。豌豆形卷是在毛股的顶端扭转成小结子，形如豌豆。

(2)光泽　被毛具有良好的丝性和亮而不刺眼的光泽，这是卡拉库尔羊的特征之一。被毛光泽的好坏取决于毛卷的类型、粗毛与绒毛之间的比例及毛纤维的细度和油汗的多少。卧蚕形卷具有强烈或正常的光泽，劣等毛卷的光泽常表现不足，而变形卷的光泽，则呈毛玻璃状。被毛中粗毛含量越多，则光泽越强，而绒毛含量越多，则光泽越弱。油汗越多，光泽越强，油汗不足则光泽不足。

卡拉库尔羔皮被毛的光泽分强烈光泽、正常光泽、光泽不足、碎玻璃状光泽和毛玻璃状光泽五种，以正常光泽为最佳，强烈光泽次之，其他光泽都为不理想被毛的光泽。

(3)颜色　被毛有多种颜色。黑色羔皮，又区分深黑色、黑色和褐黑色，而光泽鲜艳的深黑色是黑色卡拉库尔羔皮的理想着色。灰色羔皮，其被毛由黑色和白色纤维组成，按黑白纤维比例，又分为浅灰、中灰和深灰3种色度。在浅灰色中，白色毛纤维的平均含量为85%，中灰色为70%，深灰色为25%。而着色均匀的中灰色是珍贵的毛色，其价值比黑色羔皮高。苏尔色羔皮，又称彩色羔皮，其特点是在整个毛纤维上色素呈区域性分布，因而在同一根毛纤维上形成了基部和尖端具有不同的颜色，基部毛色深，尖端颜色则很浅，并且具有很美丽的光泽，如金色苏尔的毛纤维基部为深咖啡色，而尖端为浅黄色；而银灰色苏尔的毛纤维基部近于黑色，而尖端为银白色。另外，还有棕色羔皮、粉红色羔皮和白色羔皮等。

品质优等的卡拉库尔羔皮要求在臀、腰、背和鬐甲等部有长卧蚕形卷，到体侧有中卧蚕形卷，或排列整齐而规则的中、小花肋形卷，或鬣形卷。毛卷坚实，弹性好，花案清晰，被毛光亮、丝性正常、毛密适中，头、颈、四肢被毛卷曲良好或形成花纹。被毛颜色正常，着色明显、均匀，皮张面积大。

2. 商业分级

(1)加工要求　宰剥适当，性状完整，按标准晾晒。

(2)等级规格

一等：被毛密，颜色正常，光泽良好，毛卷花纹清晰而坚实。正身部位60%以上为卧蚕形卷或75%以上为较松的松卧蚕形卷，其他为鬣形卷或肋形卷；全皮为大、中、小花排列清晰而较规则的鬣形卷或肋形卷。

二等：被毛密度、颜色、光泽略差。正身部位30%以上为卧蚕形卷或50%以上为松卧蚕形卷；正身部位为排列不整齐的鬣形卷、肋形卷；全皮为弹性良好而清晰的环形卷或半环形卷。

三等：被毛密度、颜色、光泽均差。正身部位以环形卷、半环形卷为主(包括豆形卷)，正身部位为30%以上各种过渡类型毛卷特征。

不符合等内要求的或花皮为等外皮。

(3)等级比差　一等100%，二等80%，三等60%，等外25%以下，按质计价。

(二)湖羊羔皮

湖羊羔皮又称小湖羊毛皮，是传统的出口商品，羔皮毛色洁白、花案奇特美观、扑而不散，有“软宝石”之称，在国际裘皮市场享有盛誉。

1. 湖羊羔皮的主要特点

(1)毛色　毛色洁白，毛丝光润，炫耀夺目；毛细短而无绒，毛根发硬，富有弹力；花纹明显而奇特，如流水行云，波浪起伏，美观，甚为悦目；毛纤维紧贴皮板，扑而不散；板质轻薄而柔韧，经鞣制可染成各种颜色，制成各式翻毛的妇女长、短大衣或外衣镶边，童装或春秋时装，以及披肩、帽子、领子、围巾等，美观大方，深受国外消费者欢迎。在国际市场上享有很高的声誉，经济价值很高。

(2)花纹　湖羊羔皮的花纹类型，可以分为波浪花、片花、半环花、弯曲毛、平毛(直立)和小环形花六种类型。波浪花是代表湖羊羔皮特征的一种最美丽的花纹，片花属于次优等花纹，其他则属于次等花纹。

正常的波浪花由许多紧贴于皮板、排列整齐的“S”形弯曲的毛纤维组成一个呈自然波浪状的花纹，再由许多波浪花纹构成美丽花案。组成波浪花的毛纤维多为两个弯曲，也有一个或三个弯曲者。“S”形弯曲毛纤维的第一个弯曲一般要比第二个弯曲小。第一排排列整齐的正“S”形毛纤维的第二个弯曲与第二排排列整齐的反“S”形弯曲毛纤维的第一个弯曲相结合，而第二排反“S”形弯曲毛纤维的第二个弯曲与第三排排列整齐的“S”形弯曲毛纤维的第一个弯曲相结合，依此类推。美丽而结实的波浪花要求毛短、紧贴皮板、花纹明显、扑而不散。

片花是以毛纤维生长方向不一致，花形不规则，在羔皮上呈不规则排列为其特点，多数片花在羔皮上的排列是纵向的，其走向是自两肩向荐部。毛纤维具有1～2个弯曲，弯曲度有的明显，有的不明显；片花依其形状又分为平毛形片花、鬣形片花和规则片花三种。

湖羊羔皮花纹的美观性与毛股的长度和波浪花纹的宽度有密切的关系。根据波浪花纹的宽度可分为大花、中花和小花。按羔皮荐部毛股的长度分为大毛、中毛、小中毛和小毛。以中花、小毛、小中毛的羔皮质量最优，其他次之。小毛指毛股长度1～2 cm，因为毛短，被毛紧贴皮板，构成的花纹紧密而美观；小中毛指毛股长度为2.1～2.5 cm；中毛是指毛股长度在2.5～3 cm，形成的花纹较宽，紧密程度也差；大毛是指毛股长度在3.1～3.5 cm，由于毛股过长，形成的花纹宽大而不紧实，花纹不明显，美观性差。羔皮的花纹宽度是指波浪花纹两嵴之间的距离，花纹的宽度在一定程度上影响花案的美丽程度和羔皮的价值。根据波浪花纹的宽度分为小花、中花和大花三种，小花花纹宽度在1.5 cm以下，中花为1.6～2.5 cm，大花在2.5 cm以上。以品质而言，湖羊羔皮以小毛中花最佳，大毛大花最差。

2. 商业分级

(1)加工要求　宰杀适当，形状光整，按标准钉制晾晒。

(2)等级规格

一等：小毛或中毛，毛细、色泽光润、板质良好，波浪形花或片形花占全皮面积的50%以上。

二等：毛细、色泽光润、板质良好、毛中长，波浪形花或片形花占全皮面积的50%以上，花纹欠明显或毛略粗。

三等：毛细长，波浪形花或片形花占全皮面积的50%以上；毛短、花纹隐暗或毛粗糙，有花纹，板质尚好。

不符合等内要求的，为等外皮。

(3)等级比差　一等100%，二等80%，三等60%，等外30%以下，按质计价。

对薄弱板、死胎皮、折痕、毛空疏、刀伤皮张，酌情定等级。

(三)策勒黑羊羔皮

1. 策勒羊羔皮的主要特点

策勒黑羊的羔皮，毛卷显著，紧密，但丝性和光泽较差。随着用途的不同，对羔羊宰杀时间亦不相同，供妇女小帽妆饰用的羔皮，多在羔羊出生后2～3 d宰杀剥取，男帽及皮领用皮多在出生后10～15 d宰杀剥取，做皮大衣用的二毛皮，多在45 d左右剥取。随着羊只年龄的增长，毛卷逐渐变直，形成波浪状毛穗。成年后波浪消失，成为一般毛辫。其羔皮花型深受当地群众喜爱。

(1)花卷类型　以螺旋形花卷为主，环形及豌豆形花卷较少。由于在1959年和1973年几次引进卡拉库尔羔皮羊进行杂交，对策勒黑羊的花卷有一定影响。据统计，在126只策勒黑羊中，半环形占25.40%，豌豆形占11.9 %，螺旋形占15.08%。

(2)花卷大小　有研究对126只羔羊的品质鉴定，小花占25.40%，中花占41.27%，大花占33.33%。

(3)皮板大小　1～15 d内的生干皮板面积为1 115 cm^2，生湿皮板面积为1 153.9 cm^2。

2. 商业分级

商业分级参照湖羊羔皮标准。

（四）青山羊猾子皮

青山羊猾子皮具有青色的波浪形花纹，人工不能染制，非常美观，在国际市场上很受欢迎，是我国传统出口产品。鞣制后的猾子皮皮板轻，可制翻毛大衣、帽子、皮领、皮褥等。

1. 青猾子皮的主要特点

（1）被毛色泽　青猾子皮的颜色是由黑色、白色毛混生而形成青色。由于黑毛与白毛的比例不同，又分为正青色、铁青色和粉青色。毛被中黑毛含量在50%以上者属铁青色；黑毛含量在30%～50%者属正青色；黑毛含量在30%以下者为粉青色。被毛多呈银光和丝光，其中比较细的毛被光泽较好，粗糙的毛被光泽欠佳。

（2）花纹类型　青猾子皮的被毛是由较细的粗毛纤维组成。青猾子皮的花纹可分为波浪形花、流水形花、片花和隐暗花四种。毛直无弯曲者称为平毛。其中以波浪形花最美观。

波浪形花的被毛，由于毛的弯曲一致，且排列整齐形成像波浪状起伏的卷曲，向后或向两侧分布。组成毛被的毛纤维具有两个近似半圆形的弯曲紧贴皮板，呈卧“S”形。当毛根离开皮肤后，第一个弯曲弧面向下靠近皮肤，形成一个凹陷波，第二个弯曲弧面向上形成一个高波。如此一波连一波，形成整齐的波浪，每个波浪的宽度在1～1.5 cm，长度不等。

流水形花的被毛，毛纤维根部直，而上部有一个较大的弓形弯，由于只有一个弯曲，不能形成明显的高低波浪，因而呈现出小波慢流水一样的花形。

片花的被毛，毛的弯曲状态基本上与波浪形花相似，由于形成的花弯排列不整齐，多在脊背两侧形成不规则的一片片的波浪形花，故称为片花。

隐暗花的被毛，多在毛的上端有2～3个小的波形弯曲，由于小波形弯曲形成的花纹不明显，只在毛面上呈现出隐暗形花纹，故称为隐暗花。

2. 商业分级

（1）加工要求宰剥适当，形状完整，全头全腿，按标准钉成长方梯形晾干。

（2）等级规格

一等：毛密度适中，毛长1.33 cm，毛色呈正青色或略深、略浅，花纹清晰，波浪形花纹占全皮面积的50%以上，色泽光润，板质良好，皮面积为1 134.1 cm^2。

二等：与一等相比，毛色较深或较浅，毛略长或略粗，花纹隐暗，皮面积为1 070.3 cm^2。

三等：毛色铁青或粉青，毛略粗直而空，毛略长或略短而有花纹。

不符合等内要求的或毛过粗、过长、杂毛皮为等外皮。

（3）等级比差　一等100%，二等75%，三等50%，等外20%以下，按质计价。

二、裘皮

裘皮是指从出生后1月龄左右宰杀的羔羊所剥取的毛皮。

（一）滩羊二毛皮

滩羊二毛皮是指羔羊出生后1个月左右，毛股长达8 cm时宰杀所剥取的毛皮。简称“二毛皮”。适时宰杀羔羊对二毛皮品质密切相关，若过早宰杀，毛股较短，绒毛较少，保暖性差；超过屠宰日龄则绒毛含量增多，花穗变得松散，影响美观。

1. 滩羊二毛皮的主要特点

（1）毛股长而紧实　滩羊羔皮不论在胎儿期还是出生后，毛股的生长速度都很快，为其他绵羊品种所不及。羔羊出生时肩部平均毛股长为5.4 cm左右，臀部平均毛股长为5.3 cm左右。出生后 30 d 的毛股长达 8 cm 左右。这时,毛股长而紧实,毛纤维细而柔软,毛股的两型毛和绒毛比例最佳,用这种二毛皮制成的裘皮衣服长期穿着,毛股既不毡结又不松散,经久耐穿。所以,在羔羊出生后 30 d 左右,体侧毛股的长度达到 8 cm 左右时宰杀最佳。

(2)有波浪形花穗和良好的光泽　根据二毛皮毛股的粗细、毛股上的弯曲数、弯曲形状、弧度大小和绒毛含量以及弯曲占毛股长的比例等的不同,将二毛皮花穗类型分为串字花、小串字花、软大花、笔筒花、头顶一枝花、核桃花、粘毛旦等。其中属于优等花穗的有以下两种。

①串字花。毛股粗细为 40～60 mm,毛股上弯曲数多,一般每个毛股有 5～7 个,弯曲呈半圆形,弧度均匀,弯曲部分占毛股全长 2/3～3/4,呈波浪形整齐地排列在同一水平面上,形似“串字”,故称串字花。串字花毛股紧实清晰,根部柔软,能向四方弯倒,光泽柔和呈玉白色,花穗顶端毛纤维紧扣在一起,不易松散和毡结。有少数具有串字花的二毛皮,其毛股较细,毛股粗细在 40 mm 以下,弯曲小,弧度均匀,弯曲数较多,一般每个毛股上有 7～8 个弯曲,称为小串字花或绿豆丝。

②软大花。毛股较串字花粗大而不甚紧实,毛股粗细在 60 mm 以上;弯曲的弧度也较大,毛股上的弯曲数较串字花少,一般每个毛股上有弯曲 4～6 个,有弯曲的部分占毛股全长的 1/2～2/3。花穗顶端毛纤维紧扣在一起,扭成浅弯曲,这种花穗由于毛股下部绒毛含量较多,裘皮保暖性强,但不如串字花美观。

此外核桃花、笔筒花、钉子花、头顶一枝花、蒜瓣花等花形,由于这些花穗形状多不规则,弯曲少,弧度不均匀,毛股粗短而松散,毛股下部绒毛含量多,上部毛纤维松散,欠美观,故品质均不及前两种,属于淘汰类型。

(3)保暖性好,不易毡结　二毛皮的毛股是由有髓毛和无髓毛组成,其有髓毛平均细度 $(26.6\pm7.67)\mu m$,无髓毛平均细度 $(17.4\pm4.36)\mu m$,有髓毛与无髓毛的细度差异不大。毛股的纤维类型数量百分比:无髓毛占 54%,有髓毛占 46%。毛纤维类型和密度与羔羊日龄有关,初生时绒毛含量少,随着日龄的增长,绒毛含量随之增加,二毛皮由于毛股下部着生大量绒毛,因而保暖性良好,并且有髓毛和无髓毛组成比例适中,故不易毡结。

(4)皮板致密,轻便结实　二毛皮皮板致密结实,弹性较好,可塑性强。皮板面积因个体大小和铺皮技术差异也较大,平均每张为 2 254 cm^2。鞣制后的二毛皮缝制一件长 120 cm 长的皮大衣需皮 8～12 张,重量 2 kg 左右;缝制 70～80 cm 长的皮衣需皮 5～6 张,重量仅 1.5 kg,穿着起来,既保暖又轻便。

2. 商业分级

(1)加工要求　剥皮适当,形状完整,全头全腿,晾晒平展。

(2)等级规格

一等:毛绺花弯多,色泽光润,板质良好。

二等:毛绺花弯较少和皮质较薄弱。

三等:晚春皮、秋皮,毛股过粗,毛稍发黄。

不符合等内要求的等外皮。

(3)毛长规定　滩羊二毛皮等内皮 7.66 cm 以上。

(4)面积规定　一等 2 200 cm^2 以上,二等 1 800 cm^2 以上,三等 1 400 cm^2 以上。具有一等皮毛质、皮质,面积在 2 600 cm^2 以上为特等。

(5)等级比差　特等 120%,一等 100%,二等 80%,三等 60%,等外 40%以下,按质计价。

(6)色泽比差　纯白色100%,纯黑色130%。

(二)中卫沙毛皮

中卫沙毛皮是中卫山羊的主要产品。是指将出生后35 d左右、毛股长7～8 cm的羔羊宰杀所剥取的毛皮。

1. 中卫山羊沙毛皮的主要特点

(1)毛色　中卫沙毛皮有纯白和纯黑两种,纯白者居多,纯黑者油黑发亮,尤为可爱。

(2)有波浪形的花穗和良好的光泽　中卫沙毛皮具有优良裘皮的特性,其花穗具有保暖、结实、轻便、美观、穿用不毡结等特点,可与滩羊二毛皮相媲美。沙毛皮的毛股长7～8 cm,毛股多弯曲,而不同的弯曲形状则构成不同的花穗。弯曲的波形基本上有两种:一种正常波形,其弯曲数多,弧度均匀,形状整齐,毛稍闭合,毛股紧实,清晰,弯曲排列在同一水平面上,构成优良的花穗,如串字花和软大花;另一种是不均匀波形,其弯曲数少,弧度不均匀,形状不规则,弯曲不在一个水平面上,构成不规则的花穗,如头顶一枝花、笔筒花等。沙毛皮的毛股弯曲,一般是半圆形排列在毛股上部,约占毛股的2/3,每个毛股上有4个以上的弯曲。

(3)保暖性好,不易毡结　沙毛皮的毛股由两型毛和绒毛组成,两型毛平均细度为$(37\pm2.5)\mu m$,绒毛平均细度为$(13\pm1)\mu m$,毛纤维的类型以根数百分比计:绒毛占64%,两型毛占36%;按重量百分比计:绒毛占16%,两型毛占84%。组成毛股的毛纤维类型与羔羊日龄密切相关,初生时毛股绒毛含量少,随着日龄的增大,绒毛含量增加。沙毛皮由于毛股下部着生大量绒毛,因而保暖性较好,并且两型毛和绒毛组成比例适中,故不易毡结。更具独特的是中卫山羊毛的鳞片紧贴毛干,光泽强呈玻光。

(4)皮板致密,轻便结实　中卫沙毛皮皮板组织构造致密,轻便结实,富有弹性。皮板面积平均为2 475 cm^2(皮长55 cm×皮宽45 cm)。每张生皮平均重0.45 kg,说明皮板比较轻。鞣制后的沙毛皮缝制成120 cm长的皮大衣需皮8～10张,重约2 kg;缝制成70～80 cm长的皮衣需5～6张,重仅1.5 kg,因而穿着起来较轻便。

2. 商业分级

(1)加工要求　宰剥适当,形状完整,全头全腿,晾晒平展。

(2)等级规格

一等:毛绺花弯较多,毛长7 cm以上,色泽光润,板质良好,面积2 000 cm^2以上。

二等:具有一等皮毛质、板质或白毛带黄梢,黑色带红梢,面积1 600 cm^2以上。

三等:毛略短或略空,毛质、板质尚好,面积1 200 cm^2以上。

不符合等内要求的为等外皮。

(3)等级比差　一等100%,二等80%,三等60%以下,按质计价。

(4)色泽比差　纯一色皮无比差。

(三)中卫沙毛皮与滩羊二毛皮区别

尽管中卫沙毛皮与滩羊二毛皮花穗和其他特性极相似,但两者仍有以下区别:

其一,沙毛皮近于方形,带小尾巴;二毛皮近于长方形,带大尾巴。

其二,沙毛皮毛股密度较二毛皮稀少,易见板底,手摸毛股时比二毛皮粗糙。二毛皮毛股密度大,不易见板底,手感柔软。

其三,沙毛皮光泽悦目,与丝织品相似;二毛皮则光泽柔和呈玉白样的光泽。

其四,沙毛皮毛股上弯曲数比二毛皮少2～3个。

三、山羊和绵羊板皮

山羊和绵羊的板皮，在外观略有差异，但板皮构造实际上大同小异，尤其是板皮在解剖组织学上由表皮、真皮和皮下结缔组织三层构成。表皮的厚度一般占皮肤总厚度的1%～3%，真皮层的厚度和重量一般都占皮板的厚度和重量的90%以上。真皮层又分为乳头层和网状层，乳头层在上部。在绵羊皮中，乳头层占整个皮肤厚度的50%～70%，在山羊皮中占40%～65%。乳头层的表面部分形成很多乳头状突起，组织结实细致，是制革的主要部分，革表面的好坏，与此层的关系密切，乳头层表面的构造随动物的种类而异，在制革上这一层叫做“粒面”。乳头层的下部是网状层，构成这一层的胶原纤维束比乳头层的更粗大，组织更复杂，更紧密，是真皮中最紧密、最结实的一层，皮革制品强度是由本层决定的。真皮层的下部与肌肉连结的一层称皮下结缔组织层，是制革上的无用部分，在准备工序中被削除。但可作为制胶的原料。

（一）山羊板皮

山羊的板皮是以革的形式利用的，一般皮上的毛纤维不再利用，但有的皮板上有绒纤维的可以将毛褪后再利用，在毛纺业称为灰褪毛。

1. 各路山羊板皮的产地和特征

我国的山羊板皮，根据产地和特征分为四川路、汉口路、华北路、云贵路和济宁路五大路，其中以四川路和云贵路板皮为优。

(1)四川路板皮　主要产于川、黔两省的地方山羊，如成都麻羊、板角山羊等。在各路山羊板皮中，以四川路的品质最好，其特点是被毛短、光泽好，板皮张幅大，板质坚韧，厚薄均匀，板质胶原纤维细而结构致密，板面细致光滑，皮板为全头全腿的方圆形。

(2)云贵路板皮　主要产于滇及相邻的黔、川地区的山羊，如隆林山羊、贵州白山羊等。其特点是被毛粗短，黑、白、花色均有，以白色居多，皮板张幅中等，板质特薄，板面略粗，皮形呈弓形，其中带痘伤及烟熏板较多。

2. 山羊板皮的分等

中华人民共和国山羊板皮国家标准(GB 6460—2012)，对各路山羊板皮的质量规格有明确要求，见表2-13。另外，也规定了山羊板皮检验方法(GB/T 8132—2009)。

表2-13　山羊板皮品质分级

等级	项目				
	品质质量	四川路、汉口路、济宁路、云贵路		华北路	等级比差/%
		面积/m^2	重量/kg	面积/m^2	
特等	板质良好，在重要部分允许带0.2 cm^2(如绿豆粒大小)伤痕一处；或板质尚好，重要部位没有任何伤残或缺点，可在接近两肋的边缘部分带有小的(0.2 cm^2)伤痕一处。正季节皮，毛疏密适中，光泽好	0.44(4平方市尺)以上	0.6以上；云贵路无要求	0.5(4.5平方市尺)以上	120

续表 2-13

等级	项目				
	品质质量	四川路、汉口路、济宁路、云贵路		华北路	等级比差/%
		面积/m^2	重量/kg	面积/m^2	
一等	板质良好，在重要部分允许带 0.2 cm^2（如绿豆大小）伤痕一处；或板质尚好，重要部位没有任何伤残或缺点，可在接近两肋的边缘部分带有小的（0.2 cm^2）伤痕一处。正季节皮，毛疏密适中，光泽较好	0.23（2.1 平方市尺）以上	四川路、汉口路为 0.325 以上；济宁路 0.3 以上；云贵路无要求	0.33(3 平方市尺)以上	100
二等	板质较弱，或具有一等皮板质的轻烟熏板、轻冻板、轻疥癣板、撑板、回水板、死羊瘀血板、老公羊皮，都可带伤残不超过全皮面积的 0.3%；或具有一等皮板质，可带伤残不超过全皮面积的 1%；或有聚集型疥、痘总面积不超过全皮面积的 10%，制革价值不低于 80%	四川路、云贵路为 0.23(2.1 平方市尺)以上；汉口路、济宁路为 0.19(1.7 平方市尺)以上	0.3 以上；云贵路无要求	0.28（2.5 平方市尺）以上	80
三等	板质瘦弱，允许带集中伤残不超过全皮面积的 5%；或具有二等皮板质的冻板、陈板、疥癣板、烟熏板、回水板，都允许带集中伤残不超过全皮面积的 10%；或具有一等皮板质，允许带伤不超过全皮面积的 25%，制革价值不低于 60%	四川路、云贵路为 0.23(2.1 平方市尺)以上；汉口路、济宁路为 0.19(1.7 平方市尺)以上	0.25 以上；云贵路无要求	0.22(2 平方市尺)以上	50
等外	不具备等内皮品质				30 以下

（二）绵羊板皮

绵羊板皮在我国分布得很广，分布于全国各地的山区、半山区和草原，牧区较多，平原较少。绵羊皮主要用来制裘，不宜制裘或无制裘价值的用于制革。绵羊板皮主要来源于本种绵羊皮。比如初夏时节，刚刚剪完春毛，毛茬很短，高低不齐（俗称剪花），一般也不能制裘，而用于制革。盛夏季节所产之皮，剪口基本长平，俗称“小毛剪花皮”，制裘价值很低，一般多用于制革。

目前，我国的粗毛绵羊皮主要有蒙古羊皮、西藏羊皮、哈萨克羊皮、滩羊皮等。其中，蒙古羊皮分布范围最广，主产区在东北、华北、西北、华中、华东等地区，约占全国羊皮总量的一半以上。绵羊皮产地很广，主要有产于内蒙古自治区、辽宁省、吉林省、黑龙江省、甘肃省、陕西省、青海省和新疆维吾尔自治区的蒙古羊皮；产于青海省、四川省和西藏自治区的藏羊皮；产于新疆、甘肃省、青海省和宁夏的哈萨克羊皮。半粗毛绵羊皮主要有寒羊皮、同羊皮、和田羊皮、湖羊皮等。主产区在河南、安徽、河北东南、山东西南、江苏北部、陇海一线，其特点是张幅较大，板薄，绒毛多。

(1)加工要求　宰剥适当，皮形完整，晾晒平展。

(2)等级规格

一等：板质良好，面积 0.55 m^2 以上，可带黄豆大小伤残两处。

二等：板质较弱或经烟熏板、轻冻板、轻陈板、轻疥癣板、钉板、回水板、死羊瘀血板，可带有伤残不超过全皮面积的 0.5%；具有一等皮板质，可带伤残不超过全皮面积的 1.5%，或有疔伤、痘伤，总面积不超过全皮面积的 10%，制革价值不低于 80%，全皮面积都在 0.44 m^2 以上。

三等：板质瘦弱或冻糠板、陈板、较重疥癣板，带伤残不超过全皮面积的 15%；具有一、二等皮板质，可带伤残不超过全皮面积 25%，制革价值不低于 60%，全皮面积都在 0.33 m^2 以上。

不符合等内要求的，为等外皮。

(3)等级比差　一等 100%，二等 80%，三等 50%，等外 40%以下，按质计价。

四、影响羔皮、裘皮和板皮品质的主要因素

(一)影响羔皮、裘皮品质的主要因素

1. 遗传因素

品种是决定羔皮和裘皮品质的主要因素。卡拉库尔羔皮、湖羊羔皮、青猾子皮等优良羔皮是来自著名的羔皮用羊品种；滩羊二毛皮和中卫沙毛皮是来自著名的裘皮用羊品种。这些羔裘皮品种羊所产的羔皮和裘皮都有各自美丽的毛卷、花纹和花穗类型及特点。羔羊皮、裘皮羊专门独特的生产性能，主要是由其稳定的品种遗传性决定的。如卡拉库尔羊的羔羊毛色、毛卷类型等均与湖羊的羔皮截然不同。在同一品种内，羔皮和裘皮的品质差异也很大。如在羔皮羊湖羊中，有些种公羊后代甲级皮的比例高达 51.9%，而有些种公羊后代甲级皮仅 3%；又如，在裘皮羊滩羊中，有些羊产生的二毛皮为串字花，有些羊生产的二毛皮为软大花，用优良花穗的公、母羊进行交配，可以巩固其优点。用优良花穗公羊与花穗不规则或毛质差的母羊交配，可改进裘皮品质。例如，用串字花配串字花，软大花配软大花，可巩固各自原有的优点。用串字花公羊配不规则母羊，可提高后代毛股的弯曲数。因此，在羔皮羊和裘皮羊生产和育种工作中，主要是通过本品种选育或采取品系间杂交的途径来提高羔皮和裘皮的品质。

2. 自然生态条件

羔皮羊和裘皮羊品种都是在我国特定生态条件下，经过长期自然选择和人工选择形成的产物。“天羊合一”才形成了羔皮和裘皮独特的美丽花案。滩羊生长在气候干燥、日照强烈、夏季酷暑、冬季严寒的半荒漠草原。牧草种类多，矿物质含量丰富，蛋白质含量高，饮水中含有一定量的碳酸盐和硫酸盐成分，矿化度高，水质偏碱性。滩羊在这种环境条件中，才能保持二毛皮的美丽花穗特有品质。滩羊若离开其特定的生存环境，其二毛皮优良花穗基本消失。而湖羊羔皮花案的形成则与其长期生长在太湖流域夏季湿热、冬季湿冷及终年舍饲的条件分不开。湖羊若离开了太湖流域，尽管其他生产性能有所提高，但其羔皮品质下降，这些充分证明了自然生态条件对羔裘皮品质不容忽视的影响力。

3. 营养因素

丰富均衡的营养水平，能使皮张面积增大，皮板致密结实，弹性好，光泽良好，品质好。营

养水平对羔裘皮羊尤为重要，它对母羊的膘情、胎儿发育、羔皮品质和羔羊的生长都有着直接的影响。研究结果表明，丰富而均衡的营养，羔裘皮品质较好，其毛卷、花纹和花穗发育完全，被毛有足够的油性、良好的丝性和光泽，优等羔裘皮的比例较大。但对于羔皮羊来说，过于丰富的营养，尤其是母羊怀孕后期若营养过于丰富，则使胚胎毛卷发育过度，造成卷曲松散，皮板弹性和毛卷紧实性降低，大花增多，皮板增厚，会大大降低羔皮品质，对卡拉库尔羊羔皮品质的影响尤为明显。反之，如果营养不良，母羊营养水平缺乏时，膘情状况差，则使胎儿毛卷和花穗发育不足，丝性和光泽度差，小花增多，弯曲减少，羔皮面积变小，同时羔羊体质虚弱，生活力降低，影响羔羊生长发育和羔裘皮品质。

营养水平不同对湖羊羔皮质量的影响也有很大差异。完全利用优质粗饲料和较低精料的中等水平日粮，优等羔皮的比例高达40%以上，而精料型的较高营养水平的日粮，优等皮比例则降为22.47%～25%。湖羊妊娠后期营养水平过高，造成初生羔羊被毛生长过长，花纹紧贴性差，对羔皮品质带来不良影响。

4. 产羔季节

不同产羔季节对羔皮和裘皮质量的影响非常明显。青猾子皮的质量与产羔季节有很大关系，1～5月份产的羔皮一等青猾子皮为33.6%～38.0%，低于全年平均数，尤以2～4月份所产的羔皮品质次皮比例最高。6～12月份产的羔羊一等青猾子皮较高，为41.2%～47.2%，以7月份所产羔皮品质最好，一等青猾子皮为47.2%。主要原因是，冬春季节，天气冷，不能放牧，以舍饲喂干草为主，营养水平缺乏，造成怀孕羊营养不足，膘情状况差，致使胎儿生长发育不良，胎儿体重小，羔皮质量差。4～5月份虽然春暖花开，饲草仍然不能满足需要，羔皮质量仍很差。夏秋季节雨量充足，饲草种类多，来源广，营养水平高，母羊膘情好，所产的羔羊体重大，被毛细密光亮，板质坚韧，品质优良。

产羔季节与小湖羊羔皮的质量的关系也很密切，一般在6～10月份的夏、秋期间所产羔皮为最佳。在此期间所产的羔皮，毛短，波浪状花纹明显，皮板致密，厚度适中。4～5月份生产的羔皮，毛短，略显空疏，皮板较薄，品质差。在寒冷季节，尤其是在1～3月份所产的小湖羊皮，毛长且厚，有底绒，毛长而空疏，花纹不够清晰，皮板厚实或瘦薄，品质最差。

产羔季节对滩羊二毛皮和中卫沙毛皮的影响非常明显。滩羊产冬羔和产春羔的二毛皮的品质差异很大。冬羔毛股自然长度为4.86 cm；花穗类型串字花占75%，软大花占25%；冬羔羊毛密度较密，毛股紧实，毛股弯曲数一般比春羔多1～2个；冬羔皮洁白光润，二毛皮面积平均为2 162 cm^2，皮重量平均为0.51 kg。而春羔毛股的自然长度为4.64 cm，花穗类型串字花占64.7%，软大花占35.3%。春羔羊毛密度较稀，毛股易松散，毛股弯曲数比冬羔少。春羔皮色泽多暗淡、干燥。春羔二毛皮的平均面积为2 365 cm^2，平均皮重为0.53 kg。

春羔二毛皮面积和皮重较大，但伸张力较小，缺乏弹性；而冬羔二毛皮面积和皮重虽小一点，但皮板致密，富弹性，伸张力较大。因而可以认定，滩羊产羔季节以冬季较好，这对母羊抓膘、羔羊发育和二毛皮品质均有良好的影响。

5. 屠宰年龄

羔裘皮羊的屠宰年龄与羔裘皮的皮板面积、毛卷、花纹、花案清晰度、美观及毛纤维的长度和毛股的长度都有密切关系。如适时宰剥对青猾子皮质量也有一定的影响，青山羊羔羊初生时毛短而紧密、光润、花纹明显，品质良好。若延迟宰剥时间，则使毛过长而蓬松，光泽花纹减少，羔皮品质下降。因此，一般应掌握在3 d内宰剥最佳；对于湖羊、卡拉库尔等羔皮羊，宜在羔羊出生后 3 d 内屠宰，因为羔皮的毛卷、花纹和花案形成于胎儿的发育后期，屠宰日龄愈小，愈能保存胎儿期的美丽毛卷、花纹和花案，花案或毛卷愈清晰，光泽好，皮板也薄。若过早屠宰则会影响羔皮的皮板面积和毛纤维长度；如屠宰较晚，随着日龄的增加，毛纤维迅速增长，密度变稀，毛卷、花纹和花案逐渐松散，花纹和毛卷不清晰，造成羔皮品质下降。滩羊二毛皮和中卫沙毛皮是羔羊在出生后 1 月龄左右，其毛股长度达 8 cm 时屠宰剥取的二毛皮和沙毛皮品质最好。若过早宰杀，毛股较短，绒毛减少，保暖性差；超过屠宰日龄则绒毛含量增多，花穗变松散，影响美观。

6. 贮存、晾晒和保藏

晒制毛皮的目的是保证在鞣制前避免腐烂。由于羔裘皮富含蛋白质，具有较多的油脂，尤其是生皮，容易吸收水分而受潮霉烂，易引起虫蛀和鼠咬而被损坏，或受热焖皮而皮层脂肪被分解，皮板变干发硬等。因此，在贮存保藏中应力求放置在阴凉、干燥和通风好的地方。不同的加工、晾晒方法，对宰剥后的羔裘皮品质也有一定的影响。大多数加工方法的主要目的是脱水，包括空气干燥、盐腌和轻度冷冻。

（二）影响板皮品质的主要因素

1. 地域和品种因素

各路山羊板皮品质上的差异，既包括了地域生态差异的因素，也包括了品种不同的因素。不同地区对板皮品质的影响，概括起来讲，平原地区产的比山区的好，农区产的比牧区的好，圈养的比放牧的好。

2. 季节因素

季节对板皮品质影响主要是季节变化影响营养供应状况和毛被生长状况。北方的夏秋季和南方的秋末、初冬季节，气候适宜，牧草茂盛，开花结籽，营养丰富，羊只膘肥体壮。这时所产的板皮质量最好，被毛不长，绒毛稀短，板皮结构致密，弹性强，油性好，部分板面呈灰色。所以，秋板制革价值高。

正冬季节，气候寒冷，牧草变黄枯萎，粗纤维含量高，品质变差，营养降低。这时北方、西南山区及高原地带所产的皮具有较长的毛绒，有的皮板由腹部开始变瘦薄，黑毛皮板由豆青色变为灰黄色，白毛皮板由蜡黄色变为淡黄色，青毛皮板由灰白色变为灰黄色。同时，南方平原地区所产的皮，皮板显薄，弹性稍差，但比北方及山区所产的质量好。

春季，晚春气候渐暖，毛绒逐渐脱落，又经过一个漫长的冬季，牧草枯黄，羊只营养缺乏。这时所产的皮，皮板瘦薄，板质脆弱，弹性差，皮面干涩，无油性，呈淡黄色，质量最差。

夏季，羊只长出稀疏的夏毛。夏季牧草嫩绿，养分增加，板质逐渐好转，比春皮稍好，但仍瘦薄无光，俗称“热板子”。所以初夏的板皮刚剪过春毛不久，被毛粗短，毛茬高低不平，皮板较瘦薄，厚薄不均匀，皮板干而无油性，板面粗糙发硬，制革价值很低；夏末，毛茬逐渐长齐，皮板稍厚，皮板稍见油性，皮板粗糙稍发硬，白毛皮呈浅黄色、黑色、青色，棕色皮板呈灰青色。所以夏末的板皮，油性增大，制革价值稍高。

3. 生理因素

(1)性别　性别不同，皮张的质量也不同，一般羯羊皮品质最好，公羊皮比母羊皮板大而厚一些。经产母羊由于怀孕和哺乳羔羊要消耗大量养分，故皮板薄，不均匀，毛绒稀疏，皮板和毛纤维的弹性都较差。

(2)年龄　年龄对板皮的质量也有较大影响。幼龄羊的皮板薄弱、柔软；壮龄羊皮板结构致密，有油性，皮板弹性好，毛绒丰足，色泽光润；老龄羊皮板厚而发硬、粗糙，毛绒粗稀，板干涩，油性差，色泽暗淡。

(3)疾病 病羊皮板瘦而脆弱，无油性，被毛毡乱，光泽差，患有癣、疮、疔、痘等病的羊，对皮板都会有不同程度的损伤和缺点。

(4)屠宰、加工和保存因素 屠宰剥皮和加工不当，会造成皮板的人为伤残和皮形不整影响板皮质量。

晾晒得当，可以保持皮张原有品质；反之，也会造成许多损伤，影响皮板质量，严重的甚至失去利用价值。

在皮张保存过程中，仓库温度、湿度和通风都会影响保存效果，如若仓库漏雨、湿度过大、堆码挤压、虫蛀、鼠咬等，都会造成皮板霉变、腐烂以及咬伤等伤残缺点。

五、羊皮的防腐、贮藏和运输

羊的板皮和毛皮是皮革行业的重要原料。因此，在生产毛皮和板皮的过程中，要特别注意羔皮、裘皮和板皮的剥取、防腐、贮藏和运输等操作方法，如果方法不当，可能影响羔皮、裘皮和板皮的品质及利用价值。

(一)生皮的防腐

由于鲜羊皮中含有大量的水分和蛋白质，很容易腐败变质。因此，剥下的毛皮(或叫生皮)在冷却之后，应立即进行防腐。防腐的原理是在生皮内外造成一种不适宜细菌和酶作用的环境，即用降低温度，除去水分，利用防腐剂、消毒剂或化学药品等处理手段，消灭细菌或阻止酶对生皮的作用。从而减少对毛皮的损害。在实际生产中，常用的防腐方法有干燥法、盐腌法和化学处理法。

1. 干燥法

主要利用干燥除去鲜皮中的大量水分，从而给细菌、真菌造成生理缺水的环境，抑制其生长繁殖，从而达到防腐的目的。冬季寒冷季节宰剥的羊皮多用此法。自然风干羊皮时，应将皮张的各个部位平坦的舒展开来，但不应过分拉伸，然后将肉面(板面)向外固定在木板上晾干。也可将肉(板面)面向内固定在木板或平铺在地面上，待稍干定形后揭下或拿起来，再将肉(板)面向外放置于阴凉处风干。若采用烘干，应在低温干燥室内进行，但应注意烘干的温度不应高于 45℃。鲜皮晾干后，含水量约为 15%，面积减少(缩小)15%～20%，厚度减少 30%～40%。此法干燥后的羊皮容易返潮、腐败和遭受虫蛀，而且易折易碎，但此法简便易行，成本低。因此，干燥后的羊皮最好是尽早打捆保存。

2. 盐腌法

是利用食盐溶液的高渗透压起到脱水作用，抑制细菌生长而达到防腐的目的。此法分为撒盐法和盐水浸泡法。

撒盐法是将食盐粒直接撒在已经清理好的羊皮上，通常是将鲜皮毛面向下，平铺在水泥板或平地上，在皮板上均匀地撒上一层盐，头部、尾部由于脂肪较多，应多撒些盐。食盐用量一般为 15%～20%，然后再铺上另一张生皮，并且照前面的方法撒盐，重复此操作，直至堆积到一定高度，经 5～6 d 的堆积后，应重新翻放和撒盐，再经 5～6 d 取出晾晒。腌过的羊皮，板面对板面叠在一起，然后打捆贮存。

盐水浸泡法是将已经清理好的鲜皮浸入盛有盐水的水泥池中，盐水的浓度不应低于

25%，经过 15～24 h 的浸泡。在浸泡过程中，应将毛皮上下翻动数次，浸泡液的温度应保持在5～15℃。若温度过低，盐液渗入皮毛的速度过慢；若温度过高，则有利于微生物的生长繁殖，易于腐败。经过一定时间的浸泡后，将毛皮取出，沥水 2 h 后按照干腌法的操作逐层撒盐堆放5～6 d 后，取出晾晒。

3. 化学处理法

是用食盐、氯化铵及铝明矾组成的混合物来处理羊皮。通常采用 85%的食盐、7.5%的氯化铵、7.5%的铝明矾混合物，涂抹于皮的板面，并且轻轻揉搓后将羊皮毛面向外，折叠成方形，堆放并放置 7 d 即可。

（二）贮藏和运输

鲜皮在经防腐处理后应妥善贮藏。在贮藏期间，应特别注意防高温和防湿，若空气中湿度过大，微生物极易在羊皮上滋生。存放毛皮的房间要注意保持清洁、通风、干燥、阴凉，室内的温度不超过 25℃，相对湿度为 60%～70%。而且羊皮在堆放时应尽量不直接接触地面和墙壁，用木板将毛皮与地面和墙壁隔开，这样既可防止毛皮受潮而腐烂变质，又可防止毛皮遭虫蛀和鼠咬。由于入库保存成本较高，一般农、牧户不易做到，特别是在高湿度地区或气候炎热的时候，因此，农、牧户应将初加工处理后的羊皮及时交给收购部门贮藏。

农牧场和农牧区个体及专业户生产的羊皮，尽量不宜将羊皮存放过久，要及时或尽早出售和调运。羊皮在运输时应注意防止潮湿或雨淋，凡潮湿的毛皮，最好待皮干燥后再行发运，以免在运输中发热焖皮。在雨季运输时，要有足够的防雨塑料布。在运输过程中，应毛面向里，板面向外，用绳打捆，每捆重量约 80 kg，以便装卸方便。生皮在起运和到达目的地后，必须迅速移放在专用仓库。

第五节　羊　　奶

羊奶是养羊业的主要产品之一，是人们生活中重要的奶产品、冷饮食品、加工业主要动物性食品来源之一。全世界所产的羊奶中，绵羊奶和山羊奶各占一半左右。欧洲许多国家，如法国、意大利、保加利亚、罗马尼亚等国十分重视绵羊奶的生产。尤其是保加利亚等国，所有的绵羊都挤奶。而在有些国家和地区，山羊奶是其居民鲜奶和奶制品的主要来源，如在尼日利亚，山羊奶占全国用奶的 65%；苏丹的奶羊数占全国总山羊数的 23%。欧洲国家、许多亚洲国家、非洲国家及美国，饲养奶山羊主要为家庭供奶。早在远古，山羊就是很受欢迎的奶用动物，亚洲人旅行或远游时常常带着山羊，以保证鲜奶的供应。绵羊奶最适合加工成各种干酪，欧洲人喜欢食干酪，因而促使了欧洲绵羊奶的生产。我国无论是牧区还是农区，都没有挤绵羊奶的习惯，我国的羊奶基本上都是奶山羊所产。羊奶是世界鲜奶和奶品加工的第二来源，全世界约一半以上的人口饮用羊奶。羊奶与牛奶在化学成分上无显著差异，在一些消化生理和理化特性方面要优于牛奶。羊奶除了用于鲜食，还可用于加工干酪、酸奶、奶粉、炼乳、酸乳腐等食品。

一、羊奶的营养价值及特点

（一）羊奶营养成分

1. 几种奶营养成分的比较

羊奶的平均干物质中，蛋白质、脂肪、矿物质含量均高于人奶和牛奶，乳糖低于人奶和牛奶。见表 2-14。

表 2-14 几种奶营养成分比较 %

奶类	干物质	蛋白质	脂肪	乳糖	矿物质
人奶	12.42	2.01	3.74	6.37	0.30
牛奶	12.75	3.39	3.68	4.94	0.72
山羊奶	12.97	3.53	4.21	4.36	0.84
绵羊奶	18.40	5.70	7.20	4.60	0.90
水牛奶	18.70	4.30	8.70	4.90	0.80
马奶	11.75	2.35	1.50	7.63	0.35

据测定，每千克山羊奶和绵羊奶中能量含量分别比牛奶高 209 J 和 1 632 J。由此可知，羊奶的营养价值高于牛奶。

2. 蛋白质质量好，易消化

羊奶不仅蛋白质含量高，而且品质好，易消化。10 种必需氨基酸中除蛋氨酸和精氨酸外，其余 8 种氨基酸均高于牛奶(表 2-15)。羊奶中的游离氨基酸也高于牛奶，而游离氨基酸是很容易被消化的。

表 2-15 牛羊奶蛋白质中必需氨基酸含量比较 mg/100 mL

氨基酸种类	牛奶	山羊奶	氨基酸种类	牛奶	山羊奶
赖氨酸	190.7	224.3	缬氨酸	178.2	228.2
蛋氨酸	52.3	40.9	胱氨酸	微量	9.3
亮氨酸	202.4	323.0	组氨酸	76.5	78.2
苏氨酸	131.9	174.9	苯丙氨酸	136.8	165.4
精氨酸	81.7	38.0	异亮氨酸	139.9	152.6

羊奶中酪蛋白含量较牛奶低，而白蛋白、球蛋白含量较牛奶高(表 2-16)，其凝乳表面张力较小，食入后，乳蛋白在胃内形成絮状凝块，其结构细小松散，易于消化吸收，所以羊奶蛋白质有较高的消化率。

表 2-16 不同奶蛋白质组成的比较

奶类	酪蛋白/%	白蛋白和球蛋白/%	凝块张力/g
人奶	60	40	—
牛奶	85	15	50～60
山羊奶	74	26	20～40
绵羊奶	79	21	—
水牛奶	81	19	—

3. 乳脂肪质量好，易消化

羊奶的乳脂肪主要是由甘油三酯类组成，也有少量的磷脂类、胆固醇、脂溶性维生素类、游离脂肪酸和单酸甘油酯类，其中对人体有重要作用的磷脂含量较高。羊奶的脂肪球直径比牛奶脂肪球小得多(表 2-17),且大小均匀。由于脂肪球的总体表面面积大,可与消化液充分接触,容易被消化吸收,而且在保存过程中不易上浮结成奶皮。羊奶中富含短链脂肪酸,尤其是 C_4～C_{10} 脂肪酸的含量,羊奶中这类低级脂肪酸比牛奶高 4～6 倍,尤其乙酸含量是牛奶的 10 倍多,这也是羊奶消化率高的主要原因之一。

表 2-17　山羊奶和牛奶脂肪球直径的比较 %

奶类	2 μm 以下	2～4 μm	4～6 μm	6～8 μm	8～10 μm
山羊奶	57.0	34.0	7.0	2.0	—
黑白花牛奶	23.3	61.7	3.0	1.9	0.1
娟姗牛奶	6.8	58.6	29.3	6.2	0.7

4. 羊奶矿物质、维生素含量丰富

各种奶中矿物质含量见表 2-18。

表 2-18　各种奶的矿物质含量 mg/100 g

奶类	Ca	P	Na	K	Mg	Fe	Zn
山羊奶	134	111	50	204	14	0.05	0.3
绵羊奶	210	165	—	—	—	—	—
牛奶	119	93	49	151	13	0.05	0.38
人奶	32	14	17	51	3	0.03	0.17

羊奶中的矿物质含量远高于人奶,也高于牛奶,特别是钙和磷。奶中的钙主要以酪蛋白钙形式存在,很容易被人体吸收,是供给老人、婴儿钙的最好食品。山羊奶中的铁含量高于人奶,与牛奶相近。

羊奶中含有多种维生素(表 2-19),且羊奶中大部分维生素的含量高于牛奶和人奶。

表 2-19　各种奶的维生素含量 mg/100 g

维生素种类	山羊奶	牛奶	人奶
维生素 A	40	42	53
硫胺素	50	40	17
核黄素	120	150	40
尼克酸	200	80	170
泛酸	350	350	200
维生素 B_6	—	35	10
叶酸	0.2	0.1	0.2
生物素	1.5	2.0	0.4
维生素 B_{12}	1.0	0.5	0.08
维生素 C	20	2.0	4
合计	781.8	701.6	494.63
维生素 D/(IU/kg)	2.3	1.8	1.4
类胡萝卜素/(μg/g 脂肪)	微量	7.0	4.0

此外，羊奶中酪蛋白含量比牛奶低，乳清蛋白比例高，更接近于人奶，蛋白微粒小，更容易被人体吸收，而且羊奶中异体蛋白含量也较少，因此，对牛奶过敏和体质较弱的人群可以试选用羊奶。尤其患有过敏症、胃肠疾病、支气管炎症或身体虚弱的人群以及婴儿更适宜饮用。

(二)羊奶的优点

根据历史记载，我国很早以前就对奶汁有过科学的研究，并给予了极高的评价。《本草纲目》中记载"羊乳性甘温，能补寒冷虚乏，润心肺，治消瘦，疗虚劳，益精气，和小肠气，利大肠，医小儿惊厥，干呕反胃。""奶汁主治补五脏，命人肥白悦泽、益气、治瘦、悦皮肤、润毛发、点眼止泪。"南朝齐梁时期医学家陶宏景说："羊乳实为补肾，故北方人食之多强健。""羊乳还有润肤祛斑的功效，经常用羊乳涂搽皮肤，可以使皮肤变得光泽滋润。"可见，羊奶具有较高的食疗保健功能。

1. 山羊奶有助于胃病的治疗

山羊奶和牛奶均呈弱酸性，pH 分别为 6.72 和 6.62，而人奶则是略偏碱性，pH 为 7.0～7.5。与牛奶相比，山羊奶的 pH 更接近人奶。对于胃酸分泌过多的人及胃溃疡患者，山羊奶有一定的缓冲作用。因此，山羊奶不仅是胃病患者的理想食品，还有助于胃溃疡的治疗与恢复。

2. 羊奶具有提高智商和强化视觉的功能

山羊奶中的氨基酸、维生素、矿物质、无机盐等营养成分的含量均高于牛奶，其中较高的泛酸、维生素 C 可以帮助人体缓解压力；丰富的核酸是维护大脑记忆的主要物质，也是构成人体细胞的基本物质，在人的生命活动中占有极其重要的地位；每升羊奶中牛磺酸的含量高达 47.7 mg，是牛奶的 10 多倍；同时，每百克羊奶中含磷脂 52 mg，尤其是卵磷酸、脑磷脂和神经鞘磷脂含量丰富，这对脑神经的生长发育，提高智商和强化视觉有重要作用。

3. 羊奶可提高人体免疫力

①山羊奶中含有丰富的 ATP，可提高人体器官的活动能力，增强免疫功能，并具有维持机体组织代谢平衡的功能。另外，由于山羊奶中免疫球蛋白含量较高，在一些有效成分上，远远高于母乳，这对婴幼儿的生长发育大有益处。

②山羊奶中超氧化物歧化酶(SOD)含量非常丰富，可帮助清除体内自由基，常饮用和洗用能养颜美容，抗炎、抗衰老。老年人常喝山羊奶，可降低胆固醇，防止心脑血管疾病，预防老年老化性疾病。一般民间传统也认为羊奶具有补肾、滋肺、健胃、利肠的作用。

③羊奶含有较丰富的上皮细胞生长因子(EGF)(牛奶中不含)，是广效生长因子，可提高人体免疫力，人体大部分细胞都能受其活化，有益于修复黏膜细胞。喝羊奶或洗沐时，上皮细胞表层受刺激，可快速修补老化、坏死、磨损的上皮细胞，使之恢复正常生理功能，防止细菌入侵，还有助于皮肤弹性蛋白的形成，使皮肤美白健康。

二、羊奶品质的主要性状及影响因素

(一)山羊奶在我国奶业中的地位

随着人们生活水平的提高和消费理念的转变，开始追求更加健康、营养的饮食方式，羊奶以其特有的营养价值逐渐受到人们的青睐，羊奶市场将迎来更加广阔的发展空间，为奶羊产业带来更大的经济效益。其中，①羊奶的营养价值逐渐受到重视，其乳成分接近人奶。羊奶的营养成分较高，被营养学家称为"奶中之王"。根据国家统计局统计数据显示，我国 2011 年羊奶产量约150万t，占全国奶产量的4%，与美国、澳大利亚等国家相比，仍然有很大增长空间。②可利用资源丰富。目前，我国奶山羊的育种工作进展很快，很多地区都培育出适合当地饲养的奶羊品种，为奶羊饲养提供了丰富的品种资源。③奶山羊的养殖效益逐渐增加，奶山羊每年产奶600 kg，每只母羊所带来的经济效益800～1 000元。④奶山羊市场不断扩大，我国羊奶产量不断提高，且羊奶生产成本相对较低，具有明显的竞争优势，随着我国奶山羊市场国际化的深入，羊奶出口渠道会更加丰富，奶山羊市场会更加广阔。

（二）羊奶的物理特性

羊奶的物理特性，包括奶的颜色、气味、密度、比重、冰点、沸点、比热、表面张力、折射率、导电率等，这些特性是评定羊奶质量的重要依据。

1. 色泽和气味

新鲜的羊奶为白色不透明液体。乳的色泽是由乳的成分决定的。白色是由于脂肪球、酪蛋白酸钙、磷酸钙等对光的反射及折射所产生的；白色以外的颜色是由核黄素、乳黄素及胡萝卜素等所决定的。

羊奶含有一种特殊的气味——膻味。羊奶的膻味比羊肉的膻味要淡得多，在通常情况下是不易闻出来的，只在加热或饮食时可感觉出来，这种气味在持续保存之后则更加强烈，但膻味可通过脱膻处理加以消除。

羊奶的脂肪含量高于牛奶，其氯化物和钾的含量也高于牛奶，乳糖含量低于牛奶，所以其味道浓厚油香，没有牛奶甜。

2. 比重和密度

比重和密度是衡量奶中干物质含量多少的一个重要指标。羊奶的标准比重为15℃时奶的重量与同温度同体积纯水的重量之比。标准密度为20℃时奶的重量与同容积纯水在4℃时的质量之比。15℃时，正常鲜羊奶的比重为1.034(1.030～1.037)。

羊奶的比重随着乳成分和温度的改变而变化。乳脂肪增加时比重就降低。乳中掺水时比重也降低，每加10%的水，就降低比重0.003(即降低3度)。在10～25℃范围内，温度每变化1℃，乳的比重就相差0.000 2(即0.2度)。

3. 表面张力

测量表面张力的目的是为了鉴别奶中是否混有其他添加物。在20℃下，牛奶的表面张力为0.04～0.06 mN/m，羊奶的表面张力为0.02～0.04 mN/m。表面张力受温度、乳脂率的影响较大。表面张力小，乳块细软，容易消化。

4. 电导率

奶的电导率与其成分，特别是与氯根和乳糖含量有关，当乳中氯根含量升高或乳糖含量减少时，电导率增大。

正常山羊奶的电导率在25℃时为0.006 2 Ω(欧姆)。在5～7℃时，温度与电导率呈直线相关。电导率超出正常值，则认为可能是乳房炎乳或掺假奶。

5. 冰点

奶的冰点比较稳定，变动范围很小。羊奶的冰点平均为－0.58℃，范围在－0.646～－0.573℃；而牛奶的冰点平均为－0.55℃，范围在－0.525～－0.565℃。如果在乳中掺水，可导致冰点升高。如鲜奶掺水10%时，冰点约上升0.054℃。因此，测定冰点的主要目的是检验鲜奶中是否掺水。所以，冰点是检验鲜奶中掺水的重要标志。乳房炎乳、酸败乳的冰点降低。

(三)评价羊奶品质性状的主要指标

羊奶品质性状的主要指标主要包括乳蛋白率、乳脂率、乳糖率和膻味。

1. 乳蛋白率

乳蛋白率是指羊乳中蛋白质的含量(%)。乳蛋白是羊奶中的重要营养成分之一,随着对乳蛋白含量重视度的提高,乳蛋白含量成了衡量羊奶品质的一个重要指标,也可以作为收购羊奶时的参考指标。

乳蛋白测定的经典方法是凯氏定氮法,即先测定羊奶中的氮含量,然后根据蛋白质的含氮量计算出该羊奶的蛋白含量(%)。此法准确,但效率较低,近年来采用比色法和用全奶成分测定仪进行测定,效率明显提高。

2. 乳脂率

乳脂率是指羊奶中的脂肪含量(%),用全奶成分测定仪进行测定。

3. 乳糖率

乳糖率是指羊奶中糖分的含量(%),用全奶成分测定仪进行测定。

4. 膻味

膻味是山羊本身所固有的一种特殊气味,它是山羊的代谢产物,并且山羊的肉和奶都有膻味。据研究报道:膻味与游离脂肪酸含量有关,膻味随着游离脂肪酸含量的增加而增强;此外,羊奶中的乙酸、辛酸和癸酸的比例与膻味也有关。山羊奶的吸附性很强,特别是在刚挤出奶的奶温度下降时,它会大量吸收外界的不良气味。公羊的气味、不良的圈舍、有特殊气味饲料的存在,都会使山羊奶的气味更加多样。

(四)影响奶山羊产奶的主要因素

奶山羊的产奶是一个比较复杂的生理过程,受环境、营养和遗传等多个因子的影响。不同品种、不同个体表现出的周期性生长的差异表明,遗传因素是调控奶山羊产奶性状的最主要的因子,内分泌在其中起着重要作用,环境、营养最终都要通过体内生理状况的改变而起作用,即依赖于有关基因的表达及其产物的调控。

1. 品种对奶山羊产奶性状的影响

不同的品种,遗传性不同,产奶量也不同,奶中的营养成分也有差异。如萨能羊在世界上产奶量最高,它的世界纪录是一个泌乳期产奶量达到 3 430 kg;另一个是吐根堡羊,其世界纪录是 305 d 产奶 2 610.5 kg;再者是阿尔卑羊和努比亚羊,它们的纪录是 305 d 产奶 2 218 kg 和 2 009 kg。从乳脂率来说,以努比亚羊最高为 4.6%,吐根堡羊为 3.5%,阿尔卑羊为 3.4%,萨能羊为 3.6%。

2. 环境因素对奶山羊产奶性状的影响

奶山羊的产奶性能除受遗传因素的主因影响之外,牧场、季节、气候、胎次等环境因素对奶山羊的产奶性能均有不同程度的影响。例如,萨能奶山羊有耐寒怕热特性,气温在 4~18℃时生产性能发挥最好,而每当炎热的夏秋季节,气温 27℃以上,尤其是超过 30℃且持续时间较长时,将严重影响山羊产奶性能的正常发挥。

3. 营养因素对奶山羊产奶性状的影响

有研究显示,能量供应条件的变化会对山羊产奶量以及奶成分,如乳脂率、乳蛋白量等产生影响,饲养条件优越,奶山羊体重增加,会增加总产奶量,但单位饲料的产奶率会降低。这说明一旦奶山羊达到最大的产奶量后，过剩的营养物质只能用来供应肌肉的生长。有的养羊户为了让奶山羊多产奶或让羊只生长快，一味地给羊添加精饲料，造成羊瘤胃膨胀。有的养羊户突然改变饲料，造成羊只肠胃不适，这些都严重影响奶山羊的生产效益。许多养羊户图省事，把秸秆直接扔进羊圈让羊吃，不用铡刀切，也不添加精饲料或矿物质、添加剂等。这些营养因素都会对奶山羊的生产性状产生影响。

4. 挤奶对产奶量的影响

挤奶的方法、次数对产奶量有明显的影响。擦洗、热敷、按摩、拳握式，每分钟适宜的挤奶节拍(60 次/min 左右)和每次将奶挤净等，都可以提高产奶量。

(五)国内外羊乳用性状的研究进展

奶山羊乳用性状主要包括泌乳量、乳脂量、乳脂率、乳蛋白量、乳蛋白率、产奶寿命等性状，国内外学者对影响奶山羊泌乳性能的遗传因素和环境因素进行了系统研究。

1. 遗传因素

奶山羊泌乳性状是生产实践的重要经济性状，均由已知重要功能基因、其他物种同源基因和未知新基因控制。乳用性状为数量性状，是由微效多基因决定的，并受到环境因素的影响。在奶山羊品种改良和品系培育中，阐明泌乳性状分子机理是关键，包括已知重要功能基因、同源基因和新基因的研究。在泌乳性状的分子机理研究中，仅有零星报道。目前，涉及泌乳性状调控的重要功能基因，主要分为两类：一类是编码和调控各种乳蛋白表达的重要功能基因，即乳蛋白基因家族；另一类是对泌乳性状有重要调控作用的功能基因家族，即 PROP1-POU1F1 调控网络基因家族和 IGF 基因家族。

2. 环境因素

在营养水平上，研究表明：泌乳量与消化能呈极显著正相关，$r=0.978$；泌乳量与干物质的采食量也呈极显著正相关，$r=0.986$；说明营养水平与泌乳量的关系极为密切。另外，同窝产羔数对泌乳量也有关系，产羔数多的母羊一般产奶量较高，但多羔母羊妊娠期营养消耗多，会影响产后的泌乳。同时，大量研究表明，个体差异、初配年龄与产羔月份、气候、发情等均会影响产奶量。

第六节　羊的其他产品

一、羊肠衣

羊肠衣是指羊的大、小肠经过刮制而成的坚韧半透明的薄膜。羊肠衣用途广泛，是食品工业、医药及其他工业的重要原料。主要用作灌装香肠的外衣，还可制成肠线供制作网球拍线、弓弦、乐器弦线和外科缝合线等。我国的肠衣资源丰富，羊肠衣多产于华北、东北、西北、西南等地。

肠管壁自内向外分为黏膜、黏膜下层、肌层和浆膜四层。加工羊的盐肠衣时，仅留黏膜下层，剥取其他 3 层；加工羊干肠衣时，除黏膜下层外还保留部分黏膜。

(一)羊肠衣在我国出口贸易中的地位

我国的肠衣资源丰富，而且品质较好，是中国传统的出口物资，在整个国际市场上，欧盟是世界上肠衣的最大消费市场，我国是世界上肠衣的最大生产国，其产量约占全世界肠衣产量的

80%。我国的肠衣不仅口径大小适宜，两端粗细均匀，颜色纯洁透明，而且肠壁坚韧，富有弹性，经过高温、烟熏、蒸、煮都不会破裂，非常适于灌制各种香肠、腊肠、灌肠，用它制成的高级灌肠可以保持长时间不变质，不走味，在国际市场上深受欢迎。

（二）羊肠衣的初加工处理

初加工是指从屠体取下的原肠经过倒粪、洗涤后除去脂肪，刮去外层、中层和内层，只剩下半透明层，以便进行腌制加工成半成品。具体操作工艺如下：

(1)取肠　羊只宰杀后，从羊腹腔内取出内脏后立即剥去肠油。接着捋肠，捋肠的方法有两种，有单节头往下扯，有从中间向双头捋。无论哪种方法，都必须在肠的两端打成结，以防肠粪漏出污染其他脏器。将肠衣扯下来后，应及时将肠内粪倒净，以保证肠体新鲜。然后以 5 根挽成 1 把。

(2)除粪　肠内粪污要及时捋净。积粪较硬不易捋出时，可灌入适量温水便于粪便排出。羊肠质体薄嫩，容易破断，切忌心急图快。正常倒净粪污的肠衣，扯成把后颜色为粉红色。原肠不除净肠内粪便，轻则肠子品质变差，重则造成废品。因此，原肠品质、色泽的好坏，取决于原肠粪便倒得干净与否。

(3)灌水冲洗　原肠去粪后再灌水冲洗，即为半成品。经灌水洗净杂质的羊肠，刮制时可减少沙眼，能提高半成品质量。合格的原肠应该是品质新鲜，气味、色泽正常。

（三）半成品的加工处理

(1)浸洗　浸洗前缸内先放入清水（不含矾、硝、碱等杂质），将原肠 5 根扣成 1 把，理顺浸入缸内。数量应视缸的容量而定，一般不超过缸容量的 1/4。浸洗时间不宜过长，冬季浸泡 4～5 h，夏季只需将原肠冲洗干净即可，不需要发酵，以利于品质色泽新鲜。

(2)刮肠　刮羊肠时应使用胶制刮刀刮制，破洞、砂眼少，损耗低，效果好。刮肠时，将原肠理顺，从小头一端灌入清水 30 cm 左右，使肠壁湿润，便于排除黏膜、污物。然后，把肠管摊平，刀背稍向外倾斜，呈弯月形，轻轻地向大头刮，以免肠筋粘连而断折。刮肠板要保持清洁平滑，刮肠的黏膜层、油筋要随时清除，防止撕破肠壁而影响品质。

(3)灌水检查　刮好的半成品要逐根检验，割去破洞、残伤部分。发现遗留杂质应补刮干净。

(4)量尺码　将刮制好的肠衣，以接头量尺码的方法，每把 100 m，每节不短于 1 m，最多 13 节，量尺码后扣一结子，并将肠理顺。

(5)腌肠　用精制盐对羊肠进行腌制，切忌用粗盐或腌过肠衣的回盐。粗盐粒会损伤肠壁，产生破洞、沙眼；回盐内含有较多蛋白质和微生物，对羊肠半成品易产生盐蚀。

(6)扎把　双手持肠，来回折叠，长度 0.5 m，折叠时随手将窜出的肠头撩起。叠完后，一手抓住肠把中间，另一手用肠把打结一端，横绕 1～2 圈，穿过中孔轻轻收紧成把。

(7)下缸保管　先在缸底撒少许食盐，然后把肠把一层一层排放在缸内，中间留一空隙，逐层灌入已冷却的熟盐卤。盐卤应超过肠把 2 cm 以上，再加压竹片和石块，以防空气侵入而变质，产生盐蚀。保管时要经常检查，如发现盐卤浑浊或卤水里漂浮白色花点，应及时翻缸换卤。已使用过的盐卤不能再使用。

(8)包装运输　羊肠衣半成品要及时调运，可采用木桶或胶布袋包装。

制成的半成品应无腐败气味和其他异味，呈白色、灰白色。

(四)成品的加工处理

(1)洗涤　将半成品肠衣放入清水缸中浸泡,拆把、洗涤、反复换水。洗净杂质后,再在清水中浸洗,应注意掌握浸洗时间,夏季不超过 2 h,冬季可稍长些,做到多洗多漂,漂至肠衣无血色、洁白即可。

(2)灌水分路和配码　根据羊肠衣容易漏水的特点,灌水时,应以大头套水龙头灌水,分路后将小头搭在钵子口上。

羊肠衣的口径规格共分为 6 个路:一路 22/22 mm 以上,二路 20/22 mm 以上,三路 18/20 mm,四路 16/18 mm,五路 14/16 mm,六路 12/14 mm。

灌水分路好的肠衣,按路分开放置,以免混乱。量码时不得短于 92 m,最长不超过 95 m。分路后的成品及时配量尺码,做到当天产品,当天量完。不得积压过夜,严防变质。

羊肠衣成品色泽分为白色、青白色、灰白色、灰褐色、青褐色五种,深于上述色泽的是次色。

(3)腌肠　腌肠时将肠衣的结拆散,然后均匀上盐,要求均匀揉腌,一次腌透。腌肠时用盐要适当,腌盐过多,易失油性,走浆;用盐过少,则因缺盐而变质。特别是在炎热的夏季,配量好的成品尽快盐腌,防止腐败。

(4)绕把　梳通节头重新扣节,再将肠把理顺,抖去盐粒,从头至尾绕在"工"字形木架上,用力不能过猛,防止扯裂、拉断,绕完后脱下木架,用扣节一端在把子上绕 2～3 圈,将头穿过套眼收紧。

(5)下缸保管　不能及时装桶或零星的成品,应下缸保管。灌足冷却熟盐卤,浸没肠把,上盖白布。羊肠衣成品下缸,对保持其品质、气味、色泽以及新鲜度和肠衣的韧性都有好处。但应注意下缸后要经常检查,确保品质安全和良好。

二、羊骨

(一)羊骨的成分及营养价值

1. 羊骨的成分

骨因部位、年龄等不同,其化学组成亦有差异。其中变动最大的是水分与脂类。骨质中含有大量的无机物,其中一半以上是磷酸钙,此外又含有少量的碳酸钙、磷酸镁和微量的氟、氯、钠、钾、铁、铝等。骨的有机物有骨胶原、骨类黏蛋白、弹性硬蛋白样物质、中性脂肪、磷脂和少量的糖原等。

2. 羊骨的营养价值

骨资源是一种宝贵的营养源,应以重视和充分利用。羊骨营养丰富,蛋白质、脂肪的含量与等量的鲜肉相似,各种矿物元素的含量更是鲜肉的数倍。羊骨的蛋白是全价的可溶性蛋白质,生物学效价很高;骨髓中含有丰富的磷脂质、胆碱、磷蛋白以及有延缓衰老作用的骨胶原、酸性黏多糖、维生素等,这些营养成分非常有利于成长中的儿童和中老年人滋补的需要,尤其对高血压、骨质疏松、糖尿病、贫血等患者的治疗和康复有一定的辅助作用。

骨食品是以骨为主要原料,经加工、提取所获得的物质,或将其添加到其他食品原料中,再加工而形成食品。目前,随着酶工程技术、生物发酵技术、高真空技术、高压技术等高新技术应用于骨食品加工领域,提高了骨食品的营养功效、质地、生物学效价、保健功能及口感。在进行骨产品的加工过程中,对骨汤、骨渣等产物也要采取适当的方法加以利用。骨的利用形式有全骨利用和提取物利用两种。全骨利用就是较为全面的"整骨"利用,能较多的利用骨中的蛋白质、各种矿物元素等营养素。全骨利用的产品形式有骨泥、骨粉，可作为肉类替代品或添加到其他食品中，制成骨泥肉饼干、骨泥面条等系列食品。提取物利用就是对骨中的各种营养素采取分别利用形式，可生产出骨油、明胶、水解动物蛋白及钙磷制剂等产品。鲜骨的综合利用流程如下所示。

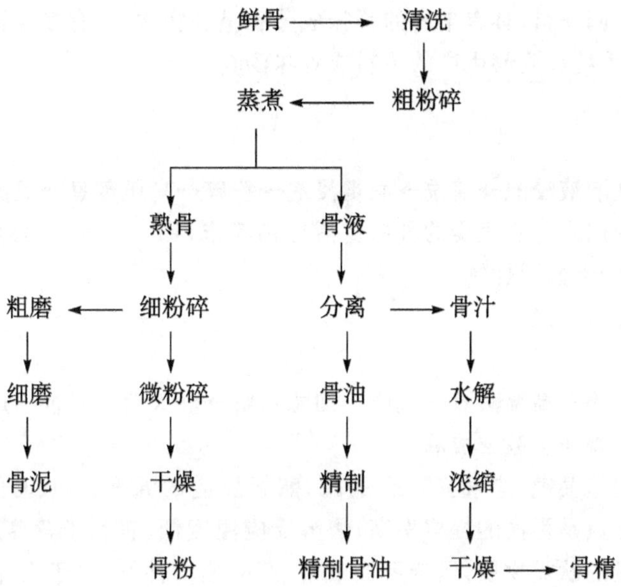

（二）鲜骨泥的加工

根据对原料骨处理过程的不同，可将鲜骨泥的加工方法分为三种：低温冷冻磨碎加工、常温磨碎加工和高温高压蒸煮后加工。低温冷冻后较常温易加工。低温冷冻加工是指将鲜骨在－25～－15℃下充分冷冻、脆化，然后切成碎块，绞碎和多次磨碎制成。

骨泥冷冻加工工艺：

鲜骨→清洗→冷冻→粉碎→粗磨→细磨→成品

骨泥热加工工艺：

鲜骨→清洗→高压蒸煮→细粉碎→粗磨→细磨→加酶水解→成品

（三）鲜骨粉的加工

骨泥含水量较高，对保质不利，骨粉经过干燥，便于贮存保管。鲜骨粉的制备方法大致有蒸煮法、高温高压法和生化法 3 种。

1. 蒸煮法工艺流程

鲜骨→高温蒸煮→去油、肌肉、骨髓，烘干→粉碎细化→成品

2. 高温高压法工艺流程

鲜骨→烫漂→预煮→高温蒸煮→微细化→干燥→成品

3. 生化法工艺流程

鲜骨→粉碎→化学水解或酶解→干燥→成品

鲜骨粉钙含量高，钙磷比例较为合理，还含有蛋白质、铁、锌、脂肪等营养物质。骨粉也含有脑组织发育不可缺乏的磷脂质、磷蛋白等以及延缓衰老的骨胶原、软骨素和促进肝功能的蛋

氨酸、维生素 A、维生素 B_{12}、维生素 B_2 等。骨粉味道鲜美，可作为钙补充强化剂添加到食品中，提高日常膳食的营养水平。

（四）骨汤的利用

工艺流程：

鲜骨→高温蒸煮→骨汤→分离→真空浓缩→干燥→骨素

骨素是一种天然调味料，具有丰富的鲜味成分和呈香物质，含有多种氨基酸、肽、核酸等风味物质，可作为肉类香精和调料生产的原料或骨味汤料。

（五）骨渣的利用

工艺流程：

鲜骨→氢氧化钠溶液浸泡→清洗→酒精浸泡→粉碎→高压蒸煮→沉淀物烘干→钙磷制剂

该法制备出的制剂为性质优良的乳白色活性钙粉末，钙含量大于 25%，磷含量大于 8%。属含钙高、营养丰富的天然活性钙。

（六）水解动物蛋白（HAP）

工艺流程：

鲜骨→清洗→破碎→高温蒸煮→脱脂→加酶水解→酶灭活→脱苦→过滤→清液浓缩→喷雾干燥或真空冷冻干燥→杀菌→成品

酶解条件的控制是关键，应选择适合的酶，酶解反应的温度、pH、时间等需要严格控制。酶法回收骨蛋白的特点是蛋白的提取率高，酶解反应温度低，有利于营养成分保存，防止污染环境。酶解产生大量的肽类物质，风味更加丰富，产品速溶性好，易于人体消化吸收。产品热稳定性、溶解性高，并且具有低黏度的优点，有利于加工工艺的实施。HAP 是高蛋白、低脂肪产品，其氨基酸种类和比例更接近人体需要，还含有丰富的多肽物质。骨中富含胶原蛋白，胶原水解成多肽后，可最大程度地发挥出胶原功能，具有保护黏膜及抗溃疡作用，可抑制血压上升，促进骨形成，预防骨质疏松，促进皮肤胶原代谢（美容功效）。因而其用途很广，可作为天然调味料，也可作为具有美容、保健功能的食品或运动型饮料的原料。

（七）明胶的制备

明胶是食品生产的重要添加剂，可作为胶凝剂、增稠剂、发泡剂等，医疗上明胶作为止血剂和胶囊的材料。高级明胶是 E 光片等的感光层中银盐乳剂的主要成分。酶法生产明胶工艺流程：

原料切碎→脱脂后洗净→蛋白酶水解→烯酸溶解→加入丙酮、硫酸钠沉淀→明胶

酶法生产明胶省去了浓缩、干燥等工艺，缩短了生产周期，简化了传统工艺。

（八）骨精口服液与骨粉胶囊的生产

1. 骨头预处理

(1)工艺流程

鲜骨→清洗→压碎→蒸煮→过滤→
- →骨渣→骨粉胶囊食品
- →油水分离→骨油
  - ↓
  - 食用油脂
- →骨滤液→骨精口服液

(2)操作要点

①料骨制备。选择料骨用加压冷水冲洗后，置于－23 ～－18℃下冻结 24 h，也可用鲜骨直接加工。

②压碎。用碎骨机压成 10 mm×30 mm 左右的骨块。

③蒸煮。压力 0.15～0.3 MPa，温度 140～160℃，蒸煮 1～2 h 后，将排出的骨料再次粉碎，第二次蒸煮 1 h 左右，使骨中有效成分最大限度的溶出。

④过滤。用离心机分离骨渣和骨液。骨渣做骨粉胶囊食品，骨液再经纱布过滤。

⑤油水分离。骨液中约有 25%的油脂，用碟片式油水分离机分离，使滤液油脂含量降至 0.1%左右，以供生产骨精口服液。所得油脂精炼后可产优质食用油。

2. 骨精口服液

(1)工艺流程

骨滤液→真空浓缩→水解→料液处理→中药处理→过滤、均质、精滤→装瓶杀菌

(2)操作要点

①真空浓缩。将过滤骨液浓缩，真空度控制在(83～100)×10^3 Pa，温度 60℃左右。

②水解。将浓缩的滤液加温到 50℃左右，调节 pH，加入 0.1%的蛋白酶，水解 4～6 h，使蛋白质分解为氨基酸。

③料液处理。将水解后的料液调节到 pH 为 6.7～8，添加活性炭于罐内进行 60 min 左右吸附，以除去浮悬物及异味。

④中药处理。按照产品要求，适当选配中草药，经过破碎后投入密闭蒸煮锅内加热 2 h，出口处加 40～60 目筛网过滤药液。将药液和骨料液及其他辅料置于配料罐内充分搅拌混合均匀，温度控制在 60℃以下。

⑤过滤、均质、精虑。料液进行澄清过滤，高压均质，除杂精滤得成品料液。

⑥装罐、杀菌。将成品料液及时装瓶后封口，杀菌，冷却，贴标，装盒即为成品。

3. 骨粉胶囊

(1)骨渣粗磨　将分离的骨渣经磨骨机粗磨成粒度为 50 目的骨泥。粗磨时将骨渣和碎冰按 2∶1 混合，防止研磨温度过高，出口温度控制在 5～15℃。

(2)精磨　将粗磨后的骨泥进行第二次研磨，使粒度达到 120～150 目，形成手感细腻的骨泥。

(3)配料　将骨泥倒入精制罐内，添加少量其他辅料，调整营养结构，搅拌均匀。

(4)干燥粉碎　配好的料泥在 140℃左右的热风条件下干燥至含水量为 3%～5%的骨粉块，粉成 100 目以下的细粉。

(5)调味包装　为了改善产品风味，应加少量的调味料，混匀后封装成型，装盒打包。

(6)产品特点　该产品富含钙、磷和骨蛋白质，是补钙的理想食品。

三、羊血

(一)羊血成分及营养价值

1. 羊血的成分

羊血的主要成分为水(约 80%)和多种蛋白质。此外，尚含有少量脂类(包括磷脂和胆甾醇)、葡萄糖及无机盐等。蛋白质主要是血红蛋白，其次是血清蛋白、血清球蛋白和少量纤维蛋白。

2. 营养价值

动物的血液是重要的蛋白质来源，因此，对于动物血液的收集及其在食品加工中利用的兴

趣也越来越浓。血液的基本营养组成十分丰富，故把血液称为"液态肉"。血是一种营养价值很高的食品，血液中含有丰富的蛋白质及8种必需氨基酸。血浆蛋白被胃酶分解后产生一种吸毒润肠的物质，与进入人体内的粉尘及有害金属微粒发生作用，被排出体外。血中所含的脂肪以磷脂居多，可抑制血液中高胆固醇的有害作用，有助于避免发生动脉粥样硬化。血中含有丰富的矿物质，尤其是铁元素含量很高，血色素易被人体吸收。由于屠宰过程中，血液极易受到污染而难以保存，羊血腥味较重，口感不好。另外，消费者对羊血的营养价值了解不够，这些在一定程度上限制了羊血产品的开发利用。

(二)羊血的主要产品种类

羊屠宰后可获得活体重3%～6%的血液，羊血是重要的蛋白质来源，其含量为16.4%，羊血是饲料工业中的重要原料，随着脱色新技术和血蛋白分解方法的进步，羊血可用来加工血粉、食品添加剂、黏合剂、复合杀虫剂等产品。

血粉可用全血生产，也可用分离后的血细胞生产。血粉是生产多种氨基酸、水解蛋白注射液和高蛋白质饲料的原料。血浆可代替蛋清，加工成各种营养食品。由于血浆具有高效乳化剂的作用，加热后能形成凝胶体，可滞留脂肪和水分。因此，添加血浆制成的各种食品营养价值高，保水性能好，更富有弹性。血浆的成本仅为鸡蛋的1/4～1/3，代替蛋清能降低营养食品的生产成本。

1. 血粉的简单制作

对于普通农户来说，加工少量羊血可采用自然干燥法和热凝结法。选择干燥向阳的地方修建一个浅水水泥池(注意设计排水道)，将羊血倒入水泥池内，其厚度约为5 cm，然后盖上芦席或竹席，将血凝块踩碎，排出水分，揭去芦席，在日光下连续晒3～5 d，每天翻晒5～8次，将晒干的血粉粉碎后过筛即为成品。

2. 工业用血粉的生产

工业用血粉呈棕红色，含蛋白质90%左右，水分10%左右。是制造三合板等的胶合剂，还可以生产血鱼网。制造血粉的关键是在50℃左右条件下迅速干燥，以保证蛋白质不变性，方法有下述三种。

(1)喷雾干燥法　血搅拌，过40目铜筛，除去血纤维，用活塞式高压泵使血浆通过喷枪喷成血雾，凭借热力和风力，使血雾立即干成血粉。

(2)蒸发干燥法　血搅拌，除去血纤维后放在50℃条件下干燥，然后磨碎，过筛即成血粉。

(3)离心脱水法　血过滤后，泵入配有慢速搅拌器的接收器中，通入蒸汽，开始搅拌。血预热到55℃左右时，泵入凝结器中。待血液中蛋白质完全凝结后，送入螺旋离心机中除去约75%的水分，剩下的干物质即为成品。

3. 饲用血粉的生产

饲用血粉的加工可用隧道式干燥器、喷雾式干燥器、平面干燥等设备除去血中的水分，然后粉碎过筛即可成为饲用血粉。

4. 利用羊血制备食用蛋白

将新鲜羊血放入锅中煮沸30 min左右，形成血块，用绞肉机绞成血泥。把血泥称量后放在水解锅中，再按血泥量加1.6倍的氢氧化钙溶液，充分搅拌均匀，然后加入血泥量0.5～0.6倍的清水，此时pH为7.5左右。取适量氯仿(100 kg血泥加250～300 mL的氯仿)，加3倍量的水，搅拌成乳浊状后加到血泥混合液中。在投料前2 h，将新鲜胰绞成胰糜，加石灰粉，调整pH至8，活化2 h后加入水解锅中，用饱和氢氧化钙调节pH至7～7.5(100 kg血泥加10 kg

胰糜)。然后改用氢氧化钠(30%)调整 pH。此时温度应保持在 40℃,反应 18 h。pH 一般在反应前 3～4 h 很容易下降,到 pH 7.8～8 以后转稳定。pH 应稳定在 8 左右,直到水解完毕。然后用 3∶10 的磷酸调 pH 为 6～7,终止酶促反应,将水解液移到搪瓷桶中,加水煮 20 min 左右。在煮沸后的中和液中,加入活性炭,再用稀磷酸调整 pH 至 6.5 左右,用离心机分出清液,移入锅中,用小火加热浓缩至粉稠状。最后在低温下真空干燥,或在石灰缸中干燥,即得成品。

5. 羊血制品在食品中的应用

(1)肉制品　在肠制品中添加血浆,其产品蛋白质含量可提高 7%,成本降低 5%～8%。

(2)糖果、糕点　血浆或全血水解后,其蛋白质含量比奶粉含量高,因此,将羊血制成的食品加入糕点、面包中效果非常好。不仅可以提高食品中的营养价值,而且血蛋白粉用作发泡剂,比鸡蛋发泡大,口味好。另外,血蛋白粉是很好的乳化剂,可代替牛奶加入面包中,使面包外观好,且不易老化。

(3)营养补剂　羊血制品可补充儿童发育所需要的必需氨基酸,如组氨酸、色氨酸,治疗和预防缺铁性贫血。

复习思考题

1. 试述绵羊的皮肤构造与羊毛品质的关系。
2. 简述羊毛的形成和生长过程。
3. 简述影响羊毛生长的因素。
4. 试述羊毛的形态学特征和组织学构造。
5. 试述羊毛纤维类型和羊毛种类。
6. 试述羊毛细度的表示方法及影响羊毛细度的因素。
7. 羊毛生产中常出现哪些疵点? 如何防止?
8. 简述羊毛的主要物理性质及其与毛纺织品的关系。
9. 简述羊毛的主要化学性质。
10. 简述国内外山羊绒生产概况。
11. 简述羊肉品质的主要评定项目。
12. 试述肉羊产肉力的测定内容和注意要点。
13. 什么是羔皮、裘皮和板皮?
14. 简述影响羔皮、裘皮和板皮品质的因素。
15. 试述生皮的防腐方法。
16. 简述羊奶的营养价值。
17. 试述羊奶的主要物理特性。
18. 简述影响山羊乳用性状的主要因素。
19. 简述国内外羊乳用性状的研究进展。
20. 试述从原肠到羊肠衣成品的加工工序。
21. 试述羊骨的几种加工方法。
22. 简述羊血的利用途径。

第三章 绵、山羊品种

第一节　品种分类

全世界现有主要绵羊品种629个，山羊品种150多个。由于品种繁多，为便于人们的研究和应用，动物学家和畜牧学家对绵、山羊品种进行了分类。

一、绵羊品种分类

绵羊品种的分类方法有很多，有动物学分类法、产羊毛类型分类法和生产方向分类法等多种方法。

（一）绵羊品种的动物学分类

绵羊品种的动物学分类是根据绵羊尾形的差异和大小的特征为基础。尾形是根据尾部脂肪沿尾椎沉积的程度以及沉积的外形来决定。根据上述原则，绵羊品种可分为以下5大类：

（1）短瘦尾羊　如西藏羊。

（2）长瘦尾羊　如澳洲美利奴、新疆细毛羊、中国美利奴等。

（3）短脂尾羊　如蒙古羊、小尾寒羊等。

（4）长脂尾羊　如同羊、大尾寒羊等。

（5）脂臀羊　如哈萨克羊、阿勒泰羊等。

绵羊品种的动物学分类不能说明绵羊的生产性能，故在生产实践中应用价值不大。

（二）根据绵羊所产羊毛类型分类

此种分类方法是由M. E. Ensminger提出的，根据所产羊毛类型的不同将绵羊品种分为6大类。这种分类方法目前主要在西方国家广泛采用。而我国和俄罗斯等国不常用。

（1）细毛型品种　主要为细毛羊品种，如澳洲美利奴、中国美利奴等。

（2）长毛型品种　这一类型绵羊体格大，羊毛粗长，如林肯羊、罗姆尼羊、边区莱斯特羊等。

（3）中毛型品种　这一类型主要用于产肉，羊毛品质居于长毛型与细毛型之间，如南丘羊、萨福克羊等。它们一般都产自英国南部的丘陵地带，故又有丘陵品种之称。

（4）地毯毛型品种　如德拉斯代羊、黑面高原羊、草地型西藏羊和细毛羊等。

（5）羔皮用型品种　如卡拉库尔羊等。

（6）裘皮用型品种　如滩羊。

（三）绵羊品种的生产方向分类

这一分类的原则是根据绵羊产品的方向和经济价值，将同一生产方向的绵羊品种归为一类。这种分类便于在生产实践中应用，但也有缺点，就是对多种用途的绵羊往往在不同国家由于使用的重点不同，归类的方法也不同，这种分类方法目前主要在中国和俄罗斯等国采用。按生产方向分类，可将中国绵羊品种划分为：细毛羊、半细毛羊、肉用羊、裘皮羊、羔皮羊、肉脂兼用羊、半粗毛羊、粗毛羊、乳用羊。

(1)细毛羊　细毛羊共同的特点是:毛纤维属同一类型,细度在 60 支以上,毛丛长度 7 cm 以上,细度和长度均匀,并具有整齐的弯曲。

细毛羊又分为毛用细毛羊、毛肉兼用细毛羊和肉毛兼用细毛羊 3 个类型。毛用细毛羊一般体格略小,除颈部皮肤有皱褶外,身体其他部位也有皱褶,单位体重产毛量高,一般每千克体重能产净毛 60～70 g,代表品种如澳洲美利奴羊、中国美利奴羊、新吉细毛羊等。毛肉兼用细毛羊体格大小中等,只颈部皮肤有 1～3 个皱褶,单位体重产毛量中等,一般每千克体重净毛产量为 40～50 g,代表品种如新疆细毛羊、东北细毛羊等。肉毛兼用细毛羊体格大,颈部皮肤皱褶少或无皱褶,单位体重产毛量低,一般每千克体重净毛产量为 30～40 g,代表品种如德国美利奴羊、南非美利奴羊等。

(2)半细毛羊　半细毛羊的共同特点是:被毛由同一纤维类型的细毛或两型毛组成。毛纤维的细度为 32～58 支,长度不一,愈粗则愈长。根据被毛的长度,有长毛种和短毛种之分。按其体型结构和产品的侧重点,又分为毛肉兼用半细毛羊和肉毛兼用半细毛羊两大类,前者的代表品种如茨盖羊,后者的代表品种如边区莱斯特、考力代羊等。

中国培育的半细毛羊品种和品种群有青海半细毛羊、凉山半细毛羊、内蒙古半细毛羊、威宁半细毛羊和云南半细毛羊等。

(3)肉用羊　肉用羊的毛被类型一般为半细毛,如萨福克羊、无角道赛特羊、夏洛莱羊等。

(4)裘皮羊　裘皮是指绵羊在 1 月龄左右时所剥取的皮。此时的裘皮,毛股紧密,毛穗非常美观,色泽光润,被毛不擀毡,皮板良好,称为二毛皮。

中国裘皮羊绵羊品种有滩羊、贵德黑裘皮羊和岷县黑裘皮羊。

(5)羔皮羊　羔皮具有美丽的毛卷或花纹,图案非常美观。中国羔皮羊绵羊品种有湖羊和卡拉库尔羊。

(6)肉脂兼用羊　肉脂羊皆为中国地方粗毛羊品种,其特点是产肉性能较好,善于贮存脂肪,具有肥大的尾部(肥大的短脂、长脂尾和臀尾)。

中国肉脂羊绵羊品种有大尾寒羊、小尾寒羊、同羊、兰州大尾羊、乌珠穆沁羊和阿勒泰羊。

(7)粗毛羊　粗毛羊毛被不同质,是由多种纤维类型的毛组成的,一般含有细毛、两型毛、粗毛和死毛,所以称为混型毛或异质毛。粗毛羊产毛量低,毛质差,只能作粗呢、地毯和擀毡之用。

中国粗毛羊在绵羊中所占比重很大,分布很广。主要品种有蒙古羊、西藏羊和哈萨克羊。

(8)乳用羊　乳用绵羊产奶性能好,如东佛里生羊。

二、山羊品种分类

中国山羊品种是按照生产方向进行分类的,品种资源十分丰富,可划分为以下几类:

(1)普通山羊　如西藏山羊、新疆山羊、太行山羊、建昌黑山羊。

(2)绒用山羊　如辽宁绒山羊、内蒙古绒山羊、河西绒山羊、陕北白绒山羊、柴达木绒山羊、罕山白绒山羊。

(3)裘皮山羊　如中卫山羊。

(4)羔皮山羊　如济宁青山羊。

(5)肉用山羊　如黄淮山羊、陕西白山羊、马头山羊、宜昌白山羊、成都麻羊、板角山羊、贵州白山羊、福清山羊、隆林山羊、雷州山羊和长江三角洲白山羊。

(6)奶用山羊　如关中奶山羊、崂山奶山羊。

(7)毛用山羊　如安哥拉山羊。

第二节　我国地方绵羊品种

一、蒙古羊

我国著名的三大粗毛羊品种之一。

(1)产地与分布　蒙古羊是我国分布最广的一个古老的粗毛、脂尾绵羊品种，原产于蒙古高原，主要分布在内蒙古自治区，广泛分布于我国的华北、华东、东北和西北等大多数省、市、自治区。

(2)外貌特征　蒙古羊由于分布地区广，各地的自然条件差异大，体型外貌有很大差别，其基本特点是体质结实、骨骼健壮、头型略显狭长、鼻梁隆起、背腰平直。被毛白色居多，头、颈、四肢、眼圈、嘴有黑、黄褐色斑块。公羊多数有螺旋角，母羊多数无角或有小角，角与毛色的整齐程度，因地区选育条件而异。耳大下垂、颈长短适中，胸深，肋骨不够开张。短脂尾，尾的形状不一，尾长一般大于尾宽，有的尾尖卷曲呈 S 形，尾部贮存脂肪秋冬肥大而春季瘦小。

(3)生产性能　总的来说，从我国东北向西南，其体格和体重由大变小。锡林郭勒盟苏尼特左旗成年羊平均体重公羊 80 kg 以上，母羊 60 kg 以上，乌兰察布盟分别为 49 kg 和 38 kg，阿拉善盟则为 47 kg 和 32 kg。蒙古羊的肉质好、出肉率高，成年羊满膘时屠宰率可达 47%～52%，净肉率 35%以上。当年羔 5～7 月龄屠宰，胴体重可达 13～18 kg，屠宰率 40%以上。

蒙古羊被毛属异质毛，被毛主要为白色，也可见到花色，一般一年剪两次毛，剪毛量成年公羊为 1.5～2.2 kg，母羊为 1.0～1.8 kg。春毛毛丛长度为 6.5～7.5 cm，羊毛具有较大的绝对强度和伸度。

蒙古羊羔皮薄而轻，毛皮保暖性强，尤其是大毛羔，皮轻暖宜人，结实耐用。蒙古羊的繁殖力不高，母羊一般一年产羔 1 次，每次产羔 1 只，产双羔者很少，3%～5%。

二、西藏羊

我国著名的 3 大粗毛羊品种之一。

(1)产地与分布　主要分布在青藏高原，由于各地生态条件差异，品种内分许多类型，如高原型、雅鲁藏布型、三江型、山谷型和欧拉型等，其中以高原型为代表。

(2)外貌特征　高原型藏羊的特点是体格大，体躯被毛以白色为主，头颈黑色，被毛异质，两型毛含量高，毛辫长，弹性大，光泽好，是织造地毯、提花毛毯的上等原料，该品种公、母羊均有角，适应性强。

(3)生产性能　体重成年公羊为 44.03～58.38 kg，成年母羊为 38.53～47.75 kg；剪毛量成年公羊为 1.18～1.62 kg，成年母羊为 0.75～1.64 kg；净毛率 70%左右。被毛纤维类型组成中，按重量百分比计算，无髓毛占 53.59%，两型毛占 30.57%，有髓毛占 15.03%，干死毛占 0.81%；羊毛细度，无髓毛为 20～22 μm，两型毛为 40～45 μm，有髓毛为 70～90 μm。体侧毛辫长度 20～30 cm。繁殖力不高，母羊每年产羔 1 次，每次产羔 1 只，双羔率极少。屠宰率为 43.0%～47.5%。

三、哈萨克羊

我国著名的3大粗毛羊品种之一。

(1)产地与分布 主要分布在新疆境内。此外,在甘肃、青海和新疆交界的地区亦有少量分布。

产区气候变化剧烈,夏季炎热,冬季严寒,年降水量为200～600 mm,在阿尔泰山和天山山区冬季积雪占全年降水量的35%,积雪期长约7个月,积雪深度超过30 cm。草场条件因地区、季节不同而差异较大,一般夏季草场条件好,春秋草场较差。哈萨克羊饲养管理极为粗放,四季轮换放牧在季节草场上,羊只随季节变换转场,最长距离达上千公里,草场积雪后必须扒雪采食牧草。由于长期在这样艰苦的生态条件下生存,形成了哈萨克羊适应性强,体格结实,四肢高,善于行走爬山,在夏秋季有迅速积聚脂肪的能力,从而保证能安全越冬度春。

(2)外貌特征 哈萨克羊体质结实,公羊具有螺旋形角,母羊少数有小角,鼻梁明显隆起,耳大下垂。背腰平直,四肢高大结实。脂肪沉积于尾根而形成肥大的椭圆形脂臀,脂臀下缘有一浅沟将其对分成两瓣。

被毛异质,腹毛稀短。毛色以全身棕褐色为主。纯白或纯黑的个体很少。除头、四肢、腹部被毛颜色终身不变外,体躯毛色随年龄的增长而变浅。

(3)生产性能 成年公、母羊春季平均体重分别为60.34 kg和44.90 kg,周岁公、母羊为42.95 kg和35.80 kg。在组成被毛的纤维类型中,按重量百分比计算,公羊春毛毛被中的无髓毛占55.37%,两型毛占19.63%,有髓毛占12.10%,干死毛占12.90%;母羊则相应为47.17%、13.93%、28.88%和21.02%。成年公、母羊剪毛量分别为2.03 kg和1.88 kg,净毛率分别为57.8%和68.9%。成年公羊春毛体侧部毛股自然长度为14.80 cm,无髓毛层高度为6.71 cm,母羊相应为13.26 cm和4.89 cm。哈萨克羊肌肉发达,后躯发育好,产肉性能高,屠宰率为47.63%。成年母羊平均产羔率为102%,双羔率很低。

四、乌珠穆沁羊

(1)产地与分布 乌珠穆沁羊产于内蒙古自治区锡林郭勒盟东部乌珠穆沁草原,故得名。主要分布在东乌珠穆沁旗和西乌珠穆沁旗,毗邻的锡林浩特市、阿巴嘎旗部分地区也有分布。

(2)外貌特征 乌珠穆沁羊属肉脂用短脂尾粗毛羊,以体大、尾大、肉脂多、羔羊生长发育快而著称。

乌珠穆沁羊体质结实,体格大。头中等大,额稍宽,头深与额宽接近相等,鼻深微拱,颈中等长。公羊有角或无角,母羊多数无角。胸宽深,肋骨开张良好,背腰宽平,后躯发育良好,十字部略高于鬐甲部。尾肥大,呈四方形,膘好的羊,尾中部有一纵沟,将尾分成左右两半。毛色以黑头羊居多,约占62%,全身白色者约占10%,体躯花色者约占11%。

(3)生产性能 乌珠穆沁羊生长发育较快,2～3月龄公、母羔羊平均体重为29.5 kg和24.9 kg;6月龄的公、母羔平均体重达39.6 kg和35.9 kg。在完全放牧不补饲的条件下,当年羔羊的体重一般能达到3.5岁羊体重的50%以上,少部分能达到60%～65%。生长高峰为2月龄,日增重可达300 g以上,个别羊可达400 g。6月龄平均日增重200～300 g。在不加任何补饲的条件下,成年羊秋季的屠宰率一般可达50%以上。据测定,成年羯羊秋季屠宰前活重为60.13 kg,胴体平均重达32.3 kg,屠宰率53.8%,净肉重22.5 kg,净肉率37.42%,脂肪(内脂肪及尾脂)重 5.87 kg。

乌珠穆沁羊为粗毛羊，每年剪毛两次，产毛量低、毛质差。成年公、母羊平均年剪毛量分别为 1.9 kg 和 1.4 kg，1 周岁公、母羊分别为 1.4 kg 和 1.0 kg。净毛率高，平均为 72.3%(60%～88%)。产羔率 100.69%，母性强、泌乳性能好。

五、阿勒泰羊

(1)产地与分布　地方品种，脂臀羊，属肉脂用的粗毛羊品种，主要分布在新疆维吾尔自治区北部阿勒泰地区的福海、富蕴、青河、布尔津、吉木、乃吉哈和巴河 7 个县。

(2)外貌特征　阿勒泰羊头中等大，耳大下垂，公羊鼻梁隆起，约 2/3 的个体有角。颈中等长，胸宽深，鬐角平宽，背平直，肌肉发达良好。四肢高而结实，股部肌肉丰满，肢势端正，蹄小而坚实，沉积在尾根附近臀部的脂肪形成方圆的臀部。

(3)生产性能　阿勒泰羊体格大，早熟，1.5 岁公羊体重 61.1 kg，母羊 52.8 kg；成年公羊 85.6 kg，成年母羊 67.4 kg。被毛异质，毛质较差，干、死毛含量较多，毛色全身棕红色，有部分头部黄褐色，体躯有花斑的个体，纯白或纯黑的个体为数不多。剪毛量成年公羊 2.04 kg，成年母羊 1.63 kg，净毛率 71.2%。肉用性能好，屠宰率 50.9%～53%。产羔率为 110%。

六、小尾寒羊

小尾寒羊是中国著名的地方优良绵羊品种之一。具有生长发育快、性成熟早、常年发情配种产羔、繁殖力高、产肉性能好、适应农区舍饲或小群放牧、羔皮也可制裘等优点。

(1)产地与分布　原产于河北南部、河南东部和东北部、山东南部及皖北、苏北一带，现全国各地都有分布。据考证，小尾寒羊起源于宋朝中期，当时我国北方少数民族迁移中原时，把蒙古羊带到黄河流域，由于气候环境和饲养方式的改变，并通过劳动人民的长期精心培育，形成该品种。

(2)外貌特征　被毛为白色，少数羊只头部、四肢有黑色斑点、斑块。公羊前胸较深，鬐甲高，背腰平直，体躯高大，侧视呈长方形，四肢粗壮。尾略呈椭圆形，下端有纵沟，尾长在飞节以上。

(3)生产性能　小尾寒羊成年公羊体重 113.3 kg，体高 99.6 cm，成年母羊体重 65.9 kg，体高 82.4 cm，周岁公羊活重 72.8 kg，胴体重 40.5 kg，屠宰率 55.6%，净肉率 42.5%。羔羊 2.5～5 月龄是日增重最快、饲料报酬最高的时期，平均日增重 194.6 g，料重比为 2.9∶1。被毛异质，由无髓毛、两型毛、有髓毛及干死毛组成，剪毛量成年公羊 2.8 kg，成年母羊 1.9 kg。小尾寒羊公、母羊性成熟早，母羊 5～6 月龄即可发情，公羊 7～8 月龄可用于配种。母羊产羔率平均 251.3%，其中初产羊产羔率 229.5%，经产羊产羔率 267.8%。

七、湖羊

(1)产地与分布　湖羊是我国特有的羔皮用绵羊品种，也是目前世界上少有的白色羔皮品种，主要分布在浙江的吴兴、嘉兴、桐乡、余杭、杭州和江苏的吴江等县及上海的部分郊区县。

(2)外貌特征　湖羊头狭长，鼻梁隆起，眼大突出，耳大下垂(部分地区湖羊耳小，甚至无突出的耳)，公、母羊均无角。颈细长，胸狭窄，背平直，四肢纤细。短脂尾，尾大呈扁圆形，尾尖上翘。全身白色，少数个体的眼圈及四肢有黑、褐色斑点。

(3)生产性能　该品种体重成年公羊(48.7±8.7)kg,成年母羊(36.5±5.3)kg。被毛异质,剪毛量成年公羊1.65 kg,成年母羊1.17 kg。屠宰率40%～50%。母羊产羔率228.9%。

湖羊以生长快,成熟早,四季发情,多胎多产,所产羔皮花纹美观而著称。其羔羊生后1～3 d宰杀所获羔皮洁白光润,皮板轻柔,花纹呈波浪形,在国际市场上享有很高的声誉,有“软宝石”之称。

八、大尾寒羊

(1)产地与分布　原产于河北、河南和山东3省交界的地区。据单乃铨考证资料,大尾寒羊来源于古代中亚、近东及阿拉伯一带的脂尾羊,通过以游牧生活为主的古代西方伊斯兰教徒,沿“丝绸之路”带入我国,由于历代社会变革和民族的迁徙活动,出现了适应当地特殊生态环境的地区性变异个体。

(2)外貌特征　大尾寒羊鼻梁隆起,耳大下垂,产于山东、河北地区的公、母羊均无角,河南的公、母羊有角。前躯发育较差,后躯比前躯高,因脂尾庞大肥硕下垂,而使尻部倾斜,臀端不明显。四肢粗壮,蹄质坚实。公、母羊的尾都超过飞节,长者可接近或拖及地面,形成明显尾沟。体躯毛被大部为白色,杂色斑点少。

(3)生产性能　该品种生长发育快,成熟早,产肉性能好,繁殖率高。平均体重成年公羊72 kg,成年母羊52 kg。每年剪毛2～3次,剪毛量成年公羊3.30 kg,成年母羊2.70 kg。净毛率45%～63%。年产2胎或2年内产3胎,平均单次产羔率为185%～196%。

九、同羊

(1)产地与分布　主要分布在陕西渭北的东部和中部。同羊又名同州羊,据考证该羊已有1200多年的历史。在当地特殊的生态环境和劳动人民的长期精心培育下,形成该品种。

(2)外貌特征　同羊有角小如栗、耳薄如茧、肋细如箸、尾大如扇、体型如酒瓶5大外貌特征。耳大而薄(形如茧壳),向下倾斜。公、母羊均无角,部分公羊有栗状角痕。颈较长,部分个体颈下有一对肉垂。胸部较宽深,肋骨细如筷箸,拱张良好。背部公羊微凹,母羊短直较宽,腹部圆大。尾大如扇,按其长度是否超过飞节,可分为长脂尾和短脂尾两大类型,90%以上为短脂尾。全身被毛洁白,中心产区59%的羊只产同质毛和基本同质毛,其他地区同质毛羊只较少。腹毛着生不良,多由刺毛覆盖。

(3)生产性能　在中心产区有50%的个体具有同质或基本同质的毛被,毛长9 cm以上,剪毛量成年公羊1.4 kg,成年母羊1.2 kg,净毛率55.4%。成年公羊体重44.0 kg,成年母羊39.2 kg。成年羯羊屠宰率57.6%。常年发情,一般2年产3胎,每胎1羔。产双羔者不多。

同羊肉肥嫩多汁,瘦肉绯红,陕西关中独特地方风味的“羊肉泡馍”、“腊羊肉”等食品皆以同羊肉为上选。该品种的羔皮颜色洁白,具有珍珠样卷曲,花案美观悦目,即所谓“珍珠皮”。

十、滩羊

(1)产地与分布　滩羊属名贵裘皮用绵羊品种,主要分布在宁夏石嘴山市的惠农、平罗、陶乐队等县及吴忠市、中宁、中卫、灵武、盐池、同心及银川市贺兰、永宁等县,相邻的甘肃景泰、靖远、陕西定边、靖边,内蒙古阿拉善左旗、右旗也有分布,其中以惠农、平罗、贺兰等县所产滩羊二毛皮品质最好。

(2)外貌特征　滩羊体格中等,结构匀称,体质结实,头清秀,鼻梁隆起。公羊有大角呈螺旋状向外伸展,母羊有小角或无角,背腰平直、狭窄,脂尾,尾根部宽,向下逐渐变小呈三角形,四肢结实。体躯毛白色,头多为黑色、褐色或黑、褐、白相间。

(3)生产性能　成年公羊体重 47.0 kg,成年母羊 35.0 kg。被毛异质,剪毛量成年公羊 1.6～2.7 kg,成年母羊 0.7～2.0 kg,净毛率 65%左右。

滩羊每年 5 月下旬至 6 月中旬剪春毛,9 月上旬剪一次秋毛。毛股自然长度 12 cm,每只平均产毛量公羊 1.6～2.0 kg,母羊 1.5～1.8 kg。净毛率 44%～51%,羊毛含脂率 7%,无干死毛,毛股呈现明显的长毛辫状。毛纤维中有髓毛占 7%,两型毛约占 15%,无髓毛占 77%;有髓毛细度为(44.9±10.2)μm,两型毛细度(34.1±8.6)μm,无髓毛(19.1±5.9)μm。毛纤维富有弹性,是织制提花毛毯的优质原料。

母羊初配年龄一般为 1.5 岁,多产单羔,双羔率 1%～2%,繁殖成活率 89%～98%。

滩羊肉质细嫩、膻味轻,是我国最好的羊肉之一,尤其是剥取二毛皮的羔羊肉肉质细嫩、味道鲜美,备受人们青睐。成年羯羊屠宰前活重(44.0±1.4)kg,胴体重(18.7±0.7)kg,屠宰率 42.5%,成年母羊平均屠宰前活重(41.9±0.5)kg,胴体重(16.04±0.3)kg,屠宰率 38.3%,1 月龄羔羊平均活重 7.1 kg,屠宰率 49%。

滩羊羔 35 日龄左右宰杀剥制的皮张称滩羊二毛皮。其特点是毛股长(8 cm)而紧实;具有美丽的波浪形弯曲,弯曲数 5～7 个,毛纤维细而柔软,两型毛占 46%,无髓毛占 54%,羊毛密度 2 312～2 480 根/cm^2,花穗不松散,不毡结,毛色洁白,光泽悦目,皮板厚而致密,重量轻而结实,鞣制后重量 0.3 kg/张。

十一、贵德黑裘皮羊

(1)产地与分布　该品种又称贵德黑紫羔羊,或称青海黑藏羊,以生产黑色二毛裘皮著称,主要分布在青海省海南藏族自治州的贵南、贵德和同德等县。1950 年西北畜牧部羊毛改进处在贵德县哇什塘(今贵南县)建立了黑裘皮选育场,使贵德黑裘皮羊得到迅速发展。该品种 2000 年被农业部列入《国家级畜禽品种资源保护名录》中。

(2)外貌特征　贵德黑裘皮羊毛色及皮肤为黑色。毛色初生时为纯黑色,随年龄增长,逐渐发生变化。成年羊的毛色,黑微红色占 18.18%,黑红色占 46.59%,灰色占 35.22%。成年羊全身覆盖辫状毛被,头颈下缘和腹部毛着生稀短。体质结实,结构匀称,体格较大,头呈长方形,鼻梁隆起,额宽,嘴尖瘦。公、母羊均有角,公羊角粗大呈扁平的螺旋形,母羊角小,扭转伸向两侧。胸部宽深,肋骨开张良好,背腰平直,骨骼粗壮结实,肌肉发育适中,四肢高长,蹄质坚实,尾短小。

(3)生产性能　体重成年公羊 56 kg,成年母羊 43 kg。剪毛量成年公羊 1.83 kg,成年母羊 1.56 kg,净毛率 70%。屠宰率 43%～46%。产羔率 101.0%。

其二毛皮特点是毛股长 4～7 cm,每 1 cm 有弯曲 1.73 个,毛黑色,光泽悦目,图案美观,皮板致密,保暖性强,干皮面积 1 765 cm^2。

十二、岷县黑裘皮羊

(1)产地与分布　该品种又称岷县黑紫羔羊,以生产黑色二毛裘皮著称,主要分布在甘肃省岷县境内洮河两岸及其毗邻县区。

(2)外貌特征　岷县黑裘皮羊体质细致,结构紧凑。头清秀,公羊有角,母羊多数无角,少数有小角。背平直,全身背毛黑色。

(3)生产性能　体重成年公羊(31.1±0.8)kg,成年母羊为(27.5±0.3)kg,平均剪毛量0.75 kg,屠宰率44.23%。母羊每年产羔1次,每胎多产单羔。

岷县黑二毛皮的典型特点是:毛长大于7 cm,毛股明显呈花穗,尖端呈环形或半环形,有3~5个弯曲,被毛全黑,光泽悦目,皮板较好。

十三、兰州大尾羊

(1)产地与分布　甘肃省兰州市及其郊区县。清朝同治年间(公元1862—1875年),从同州(今陕西省大荔县一带)引进同羊与本地绵羊(伏地羊)杂交,经过长期的选择和培育,形成了今日的兰州大尾羊。

(2)外貌特征　被毛纯白,异质。头大小中等,公、母羊均无角。脂尾肥大,方圆平展,自然下垂达飞节,尾中有沟,将尾分为左右对称两瓣,尾尖外翻,紧贴中沟,尾面着生被毛,内面光滑无毛呈淡红色。

(3)生产性能　兰州大尾羊体格大,早期生长发育快,肉用性能好。体重周岁公羊53.1 kg,周岁母羊42.6 kg;成年公羊57.89 kg,成年母羊44.35 kg。10月龄羯羔胴体重21.34 kg,净肉重15.04 kg,尾脂重2.46 kg,屠宰率58.57%,胴体净肉率78.17%,尾脂重占胴体重的11.46%;成年羯羊上述指标相应为30.52 kg、22.37 kg、4.29 kg、62.66%、83.72%和13.23%。

被毛纯白色,异质,纤维类型重量百分比中,公羊无髓毛占67.2%,两型毛占17.72%,有髓毛占4.4%,干死毛占10.7%;母羊无髓毛占65.0%,两型毛占17.5%,干死毛占17.5%。成年公羊剪毛量2.5 kg,成年母羊1.3 kg。

兰州大尾羊一年四季均可发情配种,但繁殖力不高,产羔率117.0%。

十四、巴音布鲁克羊

(1)产地与分布　巴音布鲁克羊又称茶腾羊,属肉脂用的粗毛羊品种。主要分布在新疆和静县的巴音布鲁克区。产地地处天山中部的山间盆地—尤尔都斯盆地,海拔2 500~2 700 m,气候严寒、干旱、多风、不积雪或少积雪,年平均气温-4.7℃,草场属高寒草原草场和高寒草甸草场。

(2)外貌特征　巴音布鲁克羊体格中等大小,头较窄长,耳大下垂。公羊多有螺旋形角,母羊有的有角,有的仅有角痕。毛色以头颈黑色、体躯白色者为主,被毛异质,干死毛含量较多。前躯发育一般,后躯发达,肢长而结实,体质坚硬。尾部脂肪沉积形状可分为"W"形、"U"形和倒梨形。

(3)生产性能　体重成年公羊69.5 kg,成年母羊43.2 kg,4月龄活重公羔26.8 kg,母羔26.9 kg。成年公羊剪毛量2.1 kg,成年母羊1.48 kg。平均屠宰率为43%~46%,尾脂占胴体重的9.4%~9.7%。产羔率102%~103%。

十五、多浪羊

(1)产地与分布　多浪羊是新疆的一个优良肉脂用型绵羊品种,主要分布在塔克拉玛干大沙漠的西南边缘，叶尔羌河流域的麦盖提、巴楚、乐普湖和莎车等县，因其中心产区在麦盖提县，故又称麦盖提羊。

(2)外貌特征　多浪羊头较长，鼻梁隆起，耳大下垂，眼大有神，公羊无角或有小角，母羊无角。颈窄而细长，胸宽深，肩宽，肋骨滚圆，背腰平直，躯干长，后肢肌肉发达。尾大而不下垂，尾沟深。四肢高而有力，蹄质结实。初生羔羊全身被毛多为褐色或棕黄色，也有少数为黑色或深褐色，个别为白色，第一次剪毛后体躯毛色多变为灰白色或白色，但头部、耳及四肢保持初生时毛色，一般终生不变。被毛分为粗毛型和半粗毛型两种，粗毛型毛质较粗，干死毛含量较多，半粗毛型两型毛含量多，干毛少，是较优良的地毯用毛。

(3)生产性能　多浪羊特点是生长发育快，早熟，体格硕大，肉用性能好，母羊常年发情，繁殖性能好。该品种周岁公羊体重 63.3 kg，周岁母羊体重 45.0 kg；成年公羊体重 105.9 kg，成年母羊为 58.8 kg。母羊舍饲条件下常年发情，初配年龄一般为 8 月龄，大部分两年三产，80%以上的能保持多胎特性，产羔率 200%以上，双羔率可达 50%～60%，三羔率 5%～12%，并有产四羔者。

十六、和田羊

(1)产地与分布　和田羊属短脂尾异质地毯毛羊，主要分布在新疆和田地区。产地南倚昆仑山，北接塔里木盆地，降水量稀少，蒸发强烈，干旱，温差大，日照辐射强度大，持续时间长。草场为植被稀疏、牧草种类单一的荒漠和半荒漠草原。长年在这样的生态条件下生存，和田羊具有独特的耐干旱、耐炎热和耐低营养水平的品种特点。

(2)外貌特征　和田羊头清秀，鼻梁隆起，颈细长，耳大下垂。公羊多数有螺旋形角，母羊多数无角。胸窄，肋骨开张不够。四肢长，肢势端正，蹄质结实。短脂尾，其尾形有“砍士曼”尾、“三角”尾、“萝卜”尾和“S”尾等几种类型。毛色杂，全白占 21.86%，体白而头肢杂色的占 55.54%，全黑或体躯有色的占 22.60%。

(3)生产性能　被毛富有光泽，是制造地毯的优良原料。被毛呈明显的毛辫结构，毛辫细长，具有明显的波状弯曲，上下披叠、层次分明，呈裙状垂于体侧，达腹线以下。头、四肢为短刺毛，腹毛较差。和田羊被毛中无髓毛占 47%～53%，两型毛占 31%～35%，粗毛占 6%～15%，干、死毛占 4%～6%。剪毛量成年公羊 1.62 kg，成年母羊 1.22 kg，净毛率 70%。体重成年公羊 38.95 kg，成年母羊 33.76 kg，屠宰率 37.2%～42.0%。产羔率为 102.52%。

第三节　我国培育的绵羊品种

一、新疆细毛羊

(1)产地与分布　新疆细毛羊中心产区为伊犁哈萨克自治州，主要育成于新源县境内的巩乃斯羊场，分布于新疆各地。产区属温和湿润的大陆性气候，年平均气温为 2.8～9.2℃，年降水量 200～512.5 mm，积雪平均厚度为 15 mm，积雪期 5 个月左右，无霜期为 121～178 d。境内水资源和草场资源丰富，有高山、亚高山、森林、山地干旱、半荒漠及河谷盐渍化草原等类型草地。四季牧场区分明显，这为培育耐粗饲、善游走、适应性强的新疆细毛羊提供了一个较好的生态条件。新疆细毛羊是我国培育的第一个细毛羊新品种。

(2)培育简史 新疆细毛羊的培育从 1934 年开始，以从苏联引进的高加索和泊列考斯细毛羊为父本，以当地的哈萨克羊和蒙古羊为母本进行杂交改良，在四代杂种羊的基础上经自群繁育、选种选配等育成措施，于 1954 年培育成为我国第一个毛肉兼用细毛羊新品种。

(3)外貌特征 新疆细毛羊体质结实、结构匀称、体躯深长。公羊大多数有角，鼻梁微有隆起，颈部有 1～2 个全或不全的横褶皱，皮肤宽松，胸宽深，背平直，后躯丰满，四肢结实。被毛同质白色，呈毛丛结构，头毛着生至两眼连线，后肢达飞节或飞节以下，腹毛着生良好。

(4)生产性能 成年公羊体高 75.3 cm，体长 81.7 cm，体重 93 kg；成年母羊体高为 65.9 cm，体长 72.7 cm，体重 46 kg；周岁公羊体高为 64.1 cm，体长 67.7 cm，体重 45 kg；周岁母羊体高为 62.7 cm，体长 66.1 cm，体重 37.6 kg。

新疆细毛羊每年春季剪毛一次，剪毛量成年公羊 12.2 kg，成年母羊 5.5 kg。周岁公、母羊的剪毛量分别为 5.4 kg 和 5.0 kg。羊毛长度成年公、母羊分别为 10.9 cm 和 8.8 cm，周岁公、母羊均为 8.9 cm。净毛率为 49.8%～54.0%。羊毛细度以 64 支为主，油汗以乳白色和淡黄色为主，含脂率为 12.57%。

经夏季放牧的 2.5 岁羯羊宰前重为 65.5 kg，屠宰率 49.5%，净肉率 40.8%。经夏季肥育的当年羔羊(9 月龄羯羊)宰前重为 40.9 kg，屠宰率可达 47.1%。

新疆细毛羊 8 月龄性成熟，1.5 岁公、母羊初配，季节性发情，以产冬羔和春羔为主，产羔率为 139%。

二、东北细毛羊

(1)产地与分布 主要分布在辽宁、吉林、黑龙江 3 省的西北部平原和部分丘陵地区。目前已分布到全国大部分省(区)，尤以北方各省较多。

(2)育成简史 东北细毛羊是在东北三省的辽宁小东种畜场、吉林双辽种羊场、黑龙江银浪种羊场等育种基地采取联合育种方法育成的。用斯塔夫洛波尔、苏联美利奴、高加索、阿斯卡尼等品种公羊，与东北改良羊(兰布列美利奴羊与蒙古羊杂交的杂种羊)进行复杂育种杂交，1967 年育成。1974 年起，先后导入澳洲美利奴羊、中国美利奴羊血液，使羊毛品质获得较大改进。

(3)外貌特征 东北细毛羊体质结实，结构匀称。公羊有螺旋形角，颈部有 1～2 个完全或 2 个不完全的横皱褶，母羊无角；颈部有发达的纵皱褶，体躯无皱褶。被毛白色，毛丛结构良好，呈闭合型。羊毛密度大，弯曲正常，油汗适中。羊毛覆盖头部至两眼连线，前肢达腕关节，后肢达飞节。

(4)生产性能 成年公羊体重 83.7 kg，成年母羊 45.4 kg；育成公、母羊体重为 43.0 kg 和 37.81 kg。剪毛量成年公羊 13.4 kg，成年母羊 6.1 kg，净毛率 35%～40%。成年公羊毛丛长度 9.3 cm，成年母羊 7.4 cm，羊毛细度 60～64 支。64 支的羊毛强度为 7.2 g，伸度为 36.9%；60 支的羊毛相应为 8.2 g 和 40.5%。油汗颜色，白色占 10.2%，乳白色占 23.8%，淡黄色占 55.1%，黄油汗占 10.8%。

成年公羊(1.5～5 岁)的屠宰率平均为 43.6%，净肉率为 34.0%，同龄成年母羊相应为 52.4%和 40.8%。初产母羊的产羔率为 111%，经产母羊为 125%。

三、内蒙古细毛羊

(1)产地与分布　目前已分布到全国大部分省(区),尤以北方各省(区)较多。主要分布在内蒙古自治区锡林郭勒盟正蓝旗、太仆寺旗、多化县、镶黄旗及正镶白旗等地。

(2)育成简史　内蒙古细毛羊是以蒙古羊为母本,苏联美利奴羊、高加索羊、新疆细毛羊为父本,采用育成杂交的方法培育而成的。该品种从1952年开始育种,1976年育种完成。

(3)外貌特征　内蒙古细毛羊属于毛肉兼用细毛羊。体格大,生产能力强,遗传性能稳定。体质结实,结构匀称,皮肤宽松,体躯无褶皱,公羊颈部有1～2个完全或不完全的横皱褶。公羊大部分有螺旋形角,母羊无角。颈肩结合良好,胸款而深,背腰平直,后躯丰满,四肢端正。被毛闭合性良好,头部毛着生至两眼连线。

(4)生产性能　内蒙古细毛羊被毛纯白,密度好,细度与长度均匀,弯曲正常,油汗适中,为白色或乳白色。成年公、母羊平均体重91.4 kg和45.9 kg;剪毛量分别为11.0 kg和5.5 kg。净毛率为38.0%～50.0%。成年公羊毛长度平均为10.0 cm以上,母羊为8.5 cm。羊毛细度60～70支,其中以64支、66支为主。为了提高内蒙古细毛羊的羊毛综合品质,自1983年开始引入澳洲美利奴羊优秀基因,到1991年内蒙古细毛羊原种场内蒙古五一种畜场核心群羊得到很大改善,特别是腹毛,未引入澳洲美利奴羊血液时既稀又短,公羊腹毛平均长4.5 cm,母羊4 cm;引入外血后公羊腹毛平均长7.5 cm,母羊7 cm,净毛量提高1 kg以上。

内蒙古细毛羊有较高的产肉性能。1.5岁羯羊屠宰前平均体重为50 kg,胴体重22.45 kg,屠宰率44.9%;成年羯羊屠宰前平均体重为80.87 kg,胴体重44.48 kg,屠宰率55.25%,净肉重39.78 kg,净肉率49.19%。肉质好,肉脂分布均匀适度,呈大理石状。

内蒙古细毛羊繁殖性能好,6～8月龄即可发情,18月龄参加配种,配种季节为8～11月份。产羔率120%。

四、敖汉细毛羊

(1)产地与分布　该品种羊主要分布在内蒙古自治区赤峰市的敖汉旗、翁牛特旗、宁城县及喀喇沁旗等旗县,中心产区为敖汉旗。敖汉细毛羊是在气候干旱、风沙较大、草场植被稀疏、终年放牧、冬春适量补饲条件下培育而成的,所以具有耐粗饲、耐酷暑、抗风沙、抓膘快、抗病力强等特点。对当地自然环境适应性强,既可在丘陵草场游走放牧,又能在山区登高采食。

(2)育成简史　敖汉细毛羊以苏联美利奴、高加索、斯塔夫洛波尔和萨尔等细毛羊品种为父本,当地蒙古羊及一些不明血统的低代杂种母羊为母本,进行复杂杂交改良,而后又引进波尔华斯羊和澳洲美利奴羊进行导入杂交而育成的毛肉兼用细毛羊品种。该品种从1951年开始育种,1981年正式育成。

(3)外貌特征　敖汉细毛羊体质结实,结构匀称,骨骼坚实有力,各部位结合良好,体躯宽深而长,四肢端正。公、母羊颈部均有宽松的纵皱褶,公羊还有1～2个完全或不完全的横皱褶。多数公羊有螺旋形角,母羊无角或有角基。被毛呈闭合型,长度、细度均匀,腹毛着生良好呈毛丛结构,无环状弯曲。

(4)生产性能　敖汉细毛羊体格大,毛长,产肉性能好。剪毛后成年公、母羊体重平均为91.0 kg和50.0 kg;毛丛长度分别为9.8 cm和7.5 cm;剪毛量为10.7 kg和6.9 kg。净毛率平均为36%～42%,羊毛细度以64支为主。8月龄羯羊宰前活重平均为34.2 kg,胴体重

14.16 kg，屠宰率为 41.4%；成年羯羊分别为 63.7 kg、29.3 kg 和 46%。敖汉细毛羊公、母羔性成熟为 6～7 月龄，初配年龄 18 月龄。8～9 月份配种，于翌年 1～2 月份产羔。据敖汉种羊场观察统计，经产母羊产羔率平均为 133%。

五、甘肃高山细毛羊

（1）产地与分布　甘肃高山细毛羊主要育种单位是甘肃省皇城绵羊育种试验场、肃南裕固族自治县皇城区和天祝藏族自治县的广大牧区的乡、村。对海拔 2 600 m 以上的高寒山区适应性良好。

（2）育成简史　甘肃高山细毛羊以新疆细毛羊、高加索细毛羊为父系，当地蒙古羊、西藏羊和蒙藏混血羊为母系进行杂交，采用多亲本育成杂交方法于 1980 年育成。

（3）外貌特征　甘肃高山细毛羊体格中等，体质结实，结构匀称，体躯长，胸宽深，后躯丰满。公羊有螺旋形大角，颈部有 1～2 个横皱褶；母羊无角或有小角，颈部有发达的纵垂皮。被毛闭合良好，密度中等。头毛着生至两眼眼线，前肢至腕关节，后肢至飞节。

（4）生产性能　体重成年公羊 75.0 kg，成年母羊 40.0 kg；剪毛量成年公羊 7.5 kg，成年母羊 4.3 kg；羊毛长度成年公羊 8.20 cm，成年母羊 7.58 cm。羊毛细度 60～64 支，经产母羊的产羔率为 110%。

本品种羊产肉和沉淀脂肪能力良好，肉质鲜嫩，膻味较轻。在终年放牧条件下，成年羯羊宰前活重 57.6 kg，胴体重 25.9 kg，屠宰率为 45.0%以上。

六、青海细毛羊

（1）产地与分布　主要育种场是青海省三角城种羊场。青海细毛羊对海拔 3 000 m 左右的高寒地区有良好的适应性。

（2）育成简史　以新疆细毛羊、高加索细毛羊、萨尔细毛羊为父系，西藏羊为母系，进行复杂育成杂交，1976 年育成。

（3）外貌特征　青海细毛羊体质结实，结构匀称，背腰平直，四肢端正，蹄质致密。公羊有螺旋形大角，颈部有 1～2 个完全或不完全的横皱褶，母羊多数无角，少数有小角，颈部有发达的纵垂皮。被毛纯白色，呈毛丛结构，闭合性良好，密度中等以上，细毛着生头部到两眼连线，前肢到腕关节，后肢到飞节。

（4）生产性能　剪毛前体重成年公羊 80.81 kg，成年母羊 47.98 kg；剪毛量成年公羊 8.6 kg，成年母羊 4.96 kg；净毛率 47.28%，羊毛长度成年公羊 9.62 cm，成年母羊 8.67 cm。羊毛细度 60～64 支。屠宰率 44.41%。产羔率 102%～107%。

七、鄂尔多斯细毛羊

（1）产地与分布　鄂尔多斯细毛羊主要分布于内蒙古自治区鄂尔多斯市毛乌素地区。

（2）育成简史　鄂尔多斯细毛羊是在内蒙古自治区鄂尔多斯市境内毛乌素沙地培育成的一个毛用型细毛羊品种。父本以新疆细毛羊为主，开始时个别地区引用过少量的苏联美利奴羊、茨盖羊等品种，母羊为当地的蒙古羊。在杂交过程中曾导入过波尔华斯羊的血液。1985 年内蒙古自治区政府正式命名，1986 年后又导入澳洲美利奴羊血液。

鄂尔多斯细毛羊适应性很强，抗逆性好，对毛乌素沙区风大沙多的恶劣环境有较强的适应能力，一般在五、六级大风的条件下仍可照常出牧，而且沙子极不容易渗入被毛内。同时具有耐干旱、耐粗饲、善行走采食、抓膘复壮快、抗病力强等特点。

(3)外貌特征　鄂尔多斯细毛羊体质结实，结构匀称，颈肩结合良好，胸深而宽，背腰平直，四肢坚实，姿势端正。公羊多数有螺旋形角，颈部有1～2个完整或不完整的横皱褶；母羊无角，颈部有纵皱褶或宽松的皮肤，体躯皮肤宽松。被毛闭合性良好，密度大，腹毛着生良好，呈毛丛结构。

(4)生产性能　成年公羊平均体重76 kg，母羊38 kg，12月龄公羊毛长9.5 cm，母羊8.0 cm，剪毛量成年公羊11.4 kg，母羊5.6 kg，净毛率38.0％以上。羊毛细度均匀，以66支为主，有明显的正常弯曲，油汗适中，呈白色。产羔率为105％～110％。

八、军垦细毛羊

(1)产地与分布　军垦细毛羊是新疆生产建设兵团农八师紫泥泉种羊场培育的细毛羊品种，主要分布在新疆天山以北兵团的各个农业师的农牧团场。

(2)育成简史　从1953年开始，紫泥泉种羊场开始用引进的阿尔泰细毛羊、波尔华斯细毛羊与哈萨克羊经过多元杂交育成的，该品种汇集了阿尔泰细毛羊体大、产毛量高，波尔华斯羊羊毛长、毛品质好，哈萨克羊耐粗饲、爬山抓膘性能强的特点。该品种于1973年培育完成。

(3)外貌特征　军垦细毛羊体质结实、结构匀称，体格中等大小。头平直，背腰宽平，胸宽而深，体躯有小皱褶，多数羊头毛着生至眼线，前肢毛至膝关节以下，后肢至飞节以下，被毛紧密，闭合良好。

(4)生产性能　军垦细毛羊成年公羊体重平均为126.8 kg，成年母羊体重平均为53 kg；周岁公羊平均体重为51.8 kg，周岁母羊平均体重为38.33 kg。成年公羊、母羊的平均剪毛量分别为17.9 kg、5.49 kg；周岁公羊、母羊的平均剪毛量为7.2 kg和5.89 kg。羊毛主体细度为64支。成年公羊的平均羊毛长度为8.3 cm、成年母羊为7.8 cm，成年公羊、母羊的净毛率分别为45.59％和48.44％。

九、河北细毛羊

(1)产地与分布　河北细毛羊主要分布在河北省坝上及接坝地区的张北、康保、沽源、尚义、丰宁等县。

(2)育成简史　河北细毛羊是利用河北省坝上及接坝地区的蒙古羊，经苏联美利奴羊、斯大夫细毛羊、高加索细毛羊杂交改良、自群繁育和引血提高3个阶段，培育成的外形一致、遗传性稳定、产毛产肉性能较好的细毛羊培育品种。

(3)外貌特征　河北细毛羊头大小适中，鼻梁隆起，公羊有角呈螺旋形；母羊无角或有角痕。颈粗而短。公羊有2个左右完全或不完全的横皱褶。胸深而宽，四肢粗壮强健，背腰平填，适于放牧。全身被毛白色。全闭合型，着生良好，头部绒毛生至两眼连线，额前似绒球，前肢被毛生至腕关节。后肢生至飞节，腹毛较短。

(4)生产性能　成年公羊体重76 kg，成年母羊47 kg，周岁公羊体重46 kg，周岁母羊38 kg；成年公羊剪毛量9.5 kg，成年母羊5.6 kg；羊毛细度64支。成年羊屠宰率46.7％。产羔率110％。

河北细毛羊产肉、产毛性能良好。被毛同质，弯曲正常，油汗适中，呈白色或淡黄色，富有光泽，毛丛无干死毛及两型毛，且密度大，毛质细，产量高。肉质鲜嫩，味美可口。

十、山西细毛羊

(1)产地与分布　山西细毛羊原产于晋中地区的介休羊场和寿阳县，以及晋东南地区的襄垣县，整个产区为山川交错，海拔 750～2 000 m，年降水量 500～700 mm，无霜期 140～180 d，主要分布于山西中、北和东南部各县。

(2)育成简史　山西细毛羊是用高加索细毛羊公羊、波尔华斯羊公羊和德国美利奴羊公羊与蒙古羊母羊杂交于 1983 年育成的细毛羊品种。

(3)外貌特征　山西细毛羊体质结实，结构匀称，骨骼坚实有力，头宽长，母羊鼻梁平直而公羊微拱起。公羊多数有角，颈部有 1～2 个完全或不完全的横皱褶；母羊无角，颈部有明显的纵皱褶。胸部宽深，背直而宽，腹线平直，体躯长深，四肢结实，肢势端正。被毛闭合性好，头部细毛着生于两眼连线，前肢到腕关节，后肢达飞节。

(4)生产性能　山西细毛羊剪毛后体重：介休羊场的周岁公羊为(80.25±5.30)kg，周岁母羊为(50.73±5.12)kg；成年公羊(94.7±10.36)kg，成年母羊(54.37±7.43)kg。剪毛量成年公羊 10.23 kg，成年母羊 6.64 kg；周岁公羊 9.85 kg，周岁母羊 7.15 kg。净毛率成年公羊 40.5%，成年母羊 39.2%，周岁公羊 36.0%，周岁母羊 47.2%。羊毛长度成年公羊 8.97 cm，成年母羊 8.68 cm。羊毛细度 60～64 支，以 64 支为主。产羔率 102%～103%。1.5 岁羯羊屠宰率 44.6%。

十一、中国美利奴羊

(1)产地与分布　中国美利奴羊是 1972—1985 年间，在新疆的巩乃斯种羊场、紫泥泉种羊场、内蒙古嘎达苏种畜场和吉林查干花种畜场联合育成的，是我国细毛羊中的一个高水平新品种，目前主要分布在我国北方各省(区)。

(2)育成简史　1972 年，我国从澳大利亚引进 29 只中毛型澳洲美利奴公羊，开始在 4 个育种场进行中国美利奴羊的培育工作。当时引进的公羊，剪毛后体重在 90 kg 以上，净毛产量 8 kg 以上，净毛率 50%以上，毛长 11 cm 以上，羊毛细度 60～64 支。这些种公羊在体型外貌、羊毛品质、净毛产量等各个方面均优于我国当时的种公羊，符合育种目标的要求。4 个育种场的基础母羊分别有波尔华斯羊和澳美与波尔华斯杂交羊、新疆细毛羊、军垦细毛羊。一般剪毛后平均体重 40 kg 左右，净毛量 2.5～2.7 kg，净毛率 50%左右，毛长 7.5～10 cm，羊毛细度以 64 支为主。

在育种过程中，以二代、三代中出现的理想型羊只较多，既具有澳洲美利奴羊品质好的特点，又具有原有细毛羊品种适应性强的优点。经过严格选择，各场都选择出一些优良的种公羊，并与理想型母羊进行横交固定，进一步选择和淘汰不符合要求的个体。1985 年 12 月，经国家经委和农业部组织专家鉴定，认定新品种羊的各项指标已达到预期攻关目标，培育工作取得成功，命名新品种羊为“中国美利奴羊”。

(3)外貌特征　中国美利奴羊体质结实，体型呈长方形，头毛密长，着生至眼线，外形似帽状。鬐甲宽平，胸深宽，背腰长直，宽而平，后躯丰满。四肢结实，肢势端正。公羊有螺旋形角，少量无角，母羊无角。公羊颈部有 1～2 个横皱褶或发达的纵皱褶，母羊有发达的纵皱褶。

被毛白色呈毛丛结构，闭合性良好，密度大，全身被毛有明显的大、中弯曲，油汗白色或乳白色，含量适中，分布均匀。各部位毛丛长度和细度均匀，前肢着生至腕关节，后肢着生至飞节，腹毛着生良好，呈毛丛结构。羊毛细度60～70支。

(4)生产性能　根据1985年5月鉴定时统计，4个育种场羊只总数达4.6万余只，其中基础母羊1.8万只左右。4个育种场达到攻关指标的特级母羊，平均剪毛后体重45.85 kg，剪毛量7.21 kg，体侧净毛率60.87%，净毛量4.39 kg，平均毛长10.48 cm。一级母羊平均剪毛后体重40.9 kg，剪毛量6.41 kg，体侧净毛率60.84%，净毛量3.9 kg，平均毛长10.2 cm。中国美利奴羊的产羔率为117%～128%。

十二、新吉细毛羊

(1)产地与分布　主要分布在新疆和吉林。

(2)育成简史　1992年开始，吉林省和新疆两个省区(包括新疆生产建设兵团)利用引进的细毛型美利奴羊品种，采用扩繁选育和级进杂交等育种技术，采用联合育种，于2002年培育成功的细毛型细毛羊新品种。

(3)外貌特征　新吉细毛羊体质结实，体侧呈长方形，头毛着生至两眼连线，面部光洁。胸宽深，背腰平直，尻宽而平，后躯丰满，四肢结实。公羊有螺旋形角，母羊无角。公、母羊颈部有纵褶或群褶，皮肤宽松但无明显皱褶。

(4)生产性能　新吉细毛羊主体细度66～70支，成年公羊净毛产量6.71 kg，毛长9.98 cm，羊毛细度18.49 μm，剪毛后体重80 kg；成年母羊净毛产量4.12 kg，毛长8.77 cm，羊毛细度20.25 μm，剪毛后体重47.2 kg；育成公羊净毛产量3.64 kg，毛长11.50 cm，羊毛细度19.30 μm，剪毛后体重45.6 kg；育成母羊净毛产量3.58 kg，毛长11.62 cm，羊毛细度18.73 μm，剪毛后体重42.1 kg。新吉细毛羊产羔率110%～125%。

十三、东北半细毛羊

(1)产地与分布　东北半细毛羊是吉林、辽宁、黑龙江三省联合培育的一个半细毛羊品种。主要分布在东北三省的西北部平原和部分丘陵地区。

(2)育成简史　东北半细毛羊是以纯种考力代绵羊为父本与本地绵羊及蒙古羊杂交培育而成，具有剪毛量高、肉用性能好、早熟、耐粗饲、适应性强等特点。育种时间从1960年开始，历时15年完成了该品种的选育工作。

(3)外貌特征　东北半细毛羊体质结实，结构匀称，体躯长，体躯无皱褶，后躯丰满，四肢端正。羊毛覆盖头至两眼连线，前肢达腕关节，后躯达飞节，腹毛呈毛丛结构。公羊、母羊均无角。公羊颈部有1～2个完全或不完全的横皱褶，母羊颈部有发达的纵皱褶，后躯丰满，肢势端正。

(4)生产性能　东北半细毛羊成年公羊体重63.4 kg，成年母羊43.1 kg。成年公羊产毛量为5.4 kg，毛长9.4 cm，育成公羊产毛量为4.2 kg；成年母羊产毛量为3.7 kg，毛长8.9 cm，育成母羊产毛量为2.6 kg；羊毛主体细度为56～58支。成年公羊屠宰率为42.7%。初产母羊的产羔率为111%，经产母羊为125%。

十四、青海高原半细毛羊

(1)产地与分布　主要育种单位是青海省英德尔种羊场、青海省河卡种羊场及乌兰县巴音乡、都兰县马隆乡、海晏县牧区的乡村等。对海拔 3 000 m 左右的青藏高原地区的环境适应性良好。

(2)育成简史 以新疆细毛羊、茨盖羊与西藏羊杂交，在茨新藏杂种羊的基础群中，引入罗姆尼羊的血液，海西地区引血量为 25%，海北和海南地区引血量为 50%，然后从罗茨新藏杂种羊中选择理想型公、母羊横交繁育，1987 年育成。

(3)外貌特征 因含罗姆尼羊血液不同，青海高原半细毛羊分为罗茨新藏和茨新藏两个类型：罗茨新藏型头稍宽短，体躯粗深，四肢稍矮，蹄壳多为黑色或黑白相间，公、母羊均无角；茨新藏型体型外貌近似茨盖羊，体躯较长，四肢较高，蹄壳多为乳白色或黑白相间，公羊多有螺旋形角，母羊无角或有小角。

(4)生产性能 青海高原半细毛羊成年公羊剪毛后体重 70.1 kg，成年母羊为 35.0 kg。剪毛量成年公羊 5.98 kg，成年母羊 3.10 kg。净毛率 60.8%。成年公羊羊毛长度 11.7 cm，成年母羊 10.01 cm。羊毛细度 50～56 支，以 56～58 支为主。羊毛弯曲呈明显或不明显的波状弯曲。油汗多为白色或乳黄色。公、母羊一般都在 1.5 岁时第一次配种，多产单羔。成年羯羊屠宰率 48.69%。

青海高原半细毛羊对海拔 3 000 m 左右的青藏高原严酷的生态环境适应性强，抗逆性好。

十五、内蒙古半细毛羊

(1)产地与分布 内蒙古半细毛羊主要分布在内蒙古自治区中部，中心区为达茂联合旗、四子五旗、察右中旗、察右后旗和武川县等地。

(2)育成简史 内蒙古半细毛羊是根据内蒙古自治区家畜改良方向区域规划和育种地区自然经济特点，在同质细毛羊和半细毛杂种母羊的基础上，引用茨盖羊、林肯羊、罗姆尼羊进行杂交，经过培育而形成的半细毛羊新品种。

(3)外貌特征 内蒙古半细毛羊体质结实，结构匀称，胸宽深，背平直，肋骨开张良好，尻宽平。体躯呈圆桶形，四肢端正，坚实有力。皮肤厚而紧密，无皱褶，头毛着生至两眼连线，肢毛达腕关节和飞节。公羊无角或有角，母羊无角。被毛纯白，为松散状毛丛或毛辫结构。部分羊只眼缘、鼻端、唇、耳及四肢管部下端有色斑或零星点状花斑。被毛密度中等，由无髓毛和两型毛组成，细度均匀，以 56～58 支为主，油汗呈白色或乳白色，含量适中，分布均匀，具有正常弯曲或浅弯曲，腹毛着生良好。

(4)生产性能 内蒙古毛用半细毛羊剪毛后平均体重成年公羊 62.60 kg，成年母羊 40.09 kg，育成公羊 43.36 kg，育成母羊 30.25 kg；剪毛量成年公羊 6.21 kg，成年母羊 3.3 kg，育成公羊 10.92 kg，育成母羊 2.90 kg；平均毛长 10.55 cm，育成母羊 8.93 cm，育成公羊 9.23 cm。净毛率达 50%～55%。产肉性能良好，成年羯羊屠宰率为 47.45%，育成羯羊屠宰率为 49.8%，8 月龄羯羊屠宰率为 51.3%。经产母羊产羔率为 110.89%。

十六、云南半细毛羊

(1)产地与分布 云南半细毛羊主要分布在云南省的昭通地区的永善、巧家两县。该地区属高寒山区。

(2)育成简史 自 20 世纪 60 年代后期开始，用长毛种羊(罗姆尼、林肯等)为父系，当地粗毛羊为母系，进行杂交选择并横交固定后培育而成。1996 年 5 月正式通过国家新品种委员会鉴定验收,2000 年 7 月被国家畜禽品种委员会正式命名为"云南半细毛羊"。

(3)外貌特征　云南半细毛羊体质结实,公母羊均无角,头大小适中,颈短,前胸宽深,背腰平直,尻宽发育良好,体躯呈圆桶状,四肢粗壮。羊毛覆盖头部至两眼连线,四肢过腕关节和飞节,腹毛着生良好。

(4)生产性能　云南半细毛羊成年公羊体重 65 kg,剪毛量 6.6 kg;成年母羊体重 47 kg,剪毛量 4.8 kg。毛丛长度 14～16 cm,羊毛细度 48～50 支。羊毛长度和细度均匀,弯曲呈中弯或大弯。油汗白色、乳白色或极少量呈浅黄色,含量适中,净毛率公羊 70%,母羊 66%。母羊集中在春秋两个季节发情,产羔率 114.8%。

十七、凉山半细毛羊

(1)产地与分布　凉山半细毛羊主要分布在四川省凉山彝族自治州昭觉、会东、金阳、美姑、越西和布拖等县。凉山半细毛羊是在副亚热带气候,海拔 2 000～3 000 m 中、高山生态条件下选育而成的品种,对气压较低、温差较大、夏秋季较潮湿、冬春季较寒冷的气候环境具有较强的适应性。

(2)育成简史　以四川省凉山彝族自治州的山谷型藏羊为母本,从 1956 年开始引入新疆细毛羊等细毛品种公羊与之杂交,从二代、三代中获得了一批同质或基本同质的细毛杂种羊。1968 年引入新西兰边区莱斯特品种公羊与上述杂种羊交配,80 年代初在育种区内广泛用林肯羊与边新藏杂种羊配种,获得了大批含 25%和 50%林肯羊血缘的半细毛羊杂种羊选育基础群,从 1986 年开始,育种工作纳入国家科委下达的"七五"、"八五"攻关项目,按育种指标的要求,在各育种单位分别组建育种核心群,用经过后裔测验的理想型杂种公羊进行选配,逐步统一体型外貌,稳定遗传性,经过 5～6 个世代的自群繁育,于 1997 年培育而成。

(3)外貌特征　凉山半细毛羊体质结实,体格匀称,肉用体型较明显,公、母羊均无角,鼻梁微隆,胸部宽深,背腰平直,尻部较宽平,四肢坚实。全身被毛呈辫形毛,半毛弯曲呈较大波浪形,光泽、匀度好,油汗白色或乳白色,腹毛着生良好。

(4)生产性能　成年公、羊母体重 85.3 kg 和 48.1 kg,毛长 17.3 cm 和 14.2 cm,剪毛量 6.6 kg 和 4.1 kg。公羊羊毛主体细度为 44～46 支,母羊为 48～50 支,净毛率 67.0%。育肥性能好,8 月龄肥羔胴体重平均 24.3 kg,净肉重 19.7 kg,屠宰率 51.0%。母羊适配年龄 10～18 月龄,产羔率 108.4%。

十八、陵川半细毛羊

(1)产地与分布　陵川半细毛羊产于晋东南陵川县及临近各县,平均海拔 1 050 m,年降水量 600 mm,年平均气温 7.9℃,无霜期 163 d,草地覆盖度不到 30%,产草量低。

(2)育成简史　陵川半细毛羊于 1971 年开始以细杂母羊为母本,以罗姆尼羊和考力代羊两品种为父本,采用复杂育成杂交方法,通过选种选配而育成的 55～58 支为主体支数的毛肉兼用半细毛羊。

(3)外貌特征　陵川半细毛羊体质结实,体躯宽深,背腰平直,后躯发育丰满,四肢端正有力,具有肉用型体况。头部略短,嘴唇厚而宽,嘴端与耳部有黑色斑点。公、母羊一般无角。颈短、皮肤松弛富有弹性,全身无皱褶,腹毛着生良好,被毛白色,呈毛丛结构,头部绒毛着生到两眼连线，前肢毛着生到腕关节，后肢到飞节。羊毛弯曲大，部分呈浅弯。油汗正常营养情况下适中，多为乳白色，少数呈浅黄色。

(4)生产性能　该品种平均体重成年公羊 60.1 kg，成年母羊 40.1 kg，周岁公羊 38.4 kg，周岁母羊 30.2 kg；剪毛量成年公羊 6.1 kg，成年母羊 4 kg。羊毛细度主体支数为 56～58 支，羊毛长度成年公羊为 12 cm，成年母羊 8.7 cm，净毛率 54.6%。

该品种产肉性能良好，瘦肉比例大，肌纤维细，脂肪分布均匀，味美、鲜嫩、膻味小。成年羯羊屠宰率 45.1%，净肉率 37.9%。8 月龄羊分别为 49.1%和 35.8%。陵川半细毛羊 6～8 月龄性成熟，1.5～2 岁配种，产羔率 125%。

十九、巴美肉羊

(1)产地与分布　巴美肉羊主要分布在内蒙古自治区巴彦淖尔市。

(2)育成简史　巴美肉羊是从 20 世纪 60 年代开始，用林肯、边区莱斯特、罗姆尼和强毛型澳洲美利奴公羊，对当地蒙古羊进行杂交改良，在选育的基础上，引入德国美利奴羊公羊作父本，采取级进杂交育种方法，经选择和培育，2006 年育成肉羊新品种，命名为巴美肉羊。在巴美肉羊的遗传结构中，含有蒙古羊血 6.25%，细毛羊、半细毛羊血 18.75%，德国肉用美利奴羊血 75%。

(3)外貌特征　巴美肉羊体格大，体质结实，结构匀称。无角，头部毛覆盖至两眼连线、前肢至腕关节、后肢至飞关节。胸部宽而深，背腰平直，四肢结实，肌肉丰满，肉用体型明显，呈圆桶形。巴美肉羊具有较强的抗逆性和适应性，耐粗饲。

(4)生产性能　成年公羊平均体重 101.2 kg，成年母羊 60.5 kg。被毛同质白色，闭合良好，密度适中，细度均匀，以 64 支为主，产毛量成年公羊 6.85 kg，成年母羊 4.05 kg，净毛率 48.42%。

巴美肉羊生长发育快，早熟，肉用性能突出。公羔初生重 4.7 kg，母羔 4.3 kg；育成公羊平均体重 71.2 kg；育成母羊 50.8 kg；6 月龄羔羊平均日增重 230 g 以上，胴体重 24.95 kg；屠宰率 51.13%。经产母羊可 2 年 3 胎，平均产羔率 151.7%。

二十、中国卡拉库尔羊

(1)产地与分布　主要分布在新疆的库车、沙雅、新和、尉犁、轮台、阿瓦提，以及南疆生产建设兵团的相应团场和北疆的 150 团场；内蒙古自治区的鄂托克旗、准喀尔旗、阿拉善右旗、乌拉特后旗及有关种羊场。产区主要为荒漠、半荒漠地区，自然条件十分严酷，夏季酷热，冬季严寒，降水少，草场多为荒漠、半荒漠和低地草甸草场。

(2)育成简史　以卡拉库尔羊为父系，库车羊、哈萨克羊及蒙古羊为母系。采用级进杂交方法育成，1982 年被农业部、国家标准局命名为“中国卡拉库尔羊”，为羔皮羊品种。

(3)外貌特征　中国卡拉库尔羊头稍长，耳大下垂。公羊多有螺旋形向外伸展的角，母羊多无角。胸深宽，四肢结实。尾肥厚，基部宽大，尾尖呈“S”状弯曲，下垂至飞节。毛色 99%为黑色，极少数为灰色和苏尔色。

(4)生产性能　毛卷多以平轴卷、鬣形卷为主。体重成年公羊 71.12 kg，成年母羊 45.62 kg；被毛异质，剪毛量成年公羊 3.0 kg，成年母羊 2.0 kg，净毛率 65.0%；产羔率 105%～115%，屠宰率 51.0%。

第四节　引入我国的主要绵羊品种

一、澳洲美利奴羊

(1)产地与分布　澳洲美利奴羊(Australian Merino)原产于澳大利亚，现已分布于世界各大洲许多国家。

(2)育成简史　澳洲美利奴羊是目前世界上最著名的细毛羊品种，它是在澳大利亚特定的自然气候和饲养管理条件下，从1788年开始，由英国及南非引进的西班牙美利奴羊，以及从德国引入的萨克逊美利奴羊，法国和美国引入的兰布列羊等品种进行杂交，经过100多年有计划的育种工作培育而成。

(3)外貌特征　澳洲美利奴羊体型近似长方形，腿短，体宽，背部平直，后肢肌肉丰满。公羊颈部有1～3个发育完全或不完全的横皱褶，母羊有发达的纵皱褶。每种类型又分为有角羊和无角羊两种。澳洲美利奴羊的被毛毛丛结构良好，毛密度大，细度均匀，油汗白色，弯曲弧度均匀、整齐而明显，光泽良好。羊毛覆盖头部至两眼连线，前肢达腕关节，后肢达飞节。

(4)生产性能　根据体重、羊毛长度和细度等指标的不同，澳洲美利奴羊分为超细型、细毛型、中毛型和强毛型4种类型，而在中毛型和强毛型中一般又分为有角系和无角系两种。各型主要生产性能见表3-1。

表3-1　不同类型的澳洲美利奴羊的生产性能

类型	体重/kg		产毛量/kg		细度/支	净毛率/%	毛长/cm
	公	母	公	母			
超细型	50～60	34～40	7～8	4～4.5	70支以上	65～70	7.0～8.7
细毛型	60～70	34～42	7.5～8	4.5～5	64～70	63～68	8.5
中毛型	65～90	40～44	8～12	5～6	60～64	62～65	9.0
强毛型	70～100	42～48	8～14	5～6.3	58～60	60～65	10.0

(5)利用情况　1972年以来，我国多次从澳大利亚引入该品种羊，分别饲养在黑龙江、吉林、新疆、内蒙古等省(区)。我国育成的一些细毛羊品种，很多引入了澳洲美利奴羊的血液，对于我国细毛羊羊毛品质的改善和羊毛产量的提高有积极作用。

二、波尔华斯羊

(1)产地与分布　波尔华斯羊(Polwarth)原产于澳大利亚维多利亚的西部地区，现已分布到亚洲地区。

(2)育成简史　澳大利亚自1880年起用林肯公羊和澳洲美利奴母羊交配所生的一代杂种羊进行交配所生的后代，通过理想型自群繁育，育成波尔华斯羊品种。因此，波尔华斯羊含3/4美利奴羊血液和1/4林肯羊血液。

(3)外貌特征　波尔华斯羊体质结实，结构良好，有美利奴羊的特征，但是，皮肤皱褶不发达。颈平整、无皱褶，头毛较好。公羊中有少数个体有角，母羊无角。大多数个体在鼻端、眼眶和唇部有色斑，体躯比较好，属于长毛型细毛羊。

(4)生产性能 体重成年公羊 58～77 kg,母羊 45～56 kg;剪毛量公羊 5.5～9.5 kg,母羊 3.6～5.5 kg,净毛率为 65%～70%,羊毛细度 56～64 支,长度 10～15 cm。母羊产羔率在 120%以上。

(5)利用情况 我国自 1966 年起从澳大利亚引入,目前主要饲养在东北和内蒙古、新疆等地区。据内蒙古哲里木盟嘎达苏种畜场报道,该厂引入的波尔华斯羊经过十多年来的饲养证明,波尔华斯羊对当地的自然环境条件适应性良好。剪毛量成年公羊为 7～9 kg,成年母羊为 5～6 kg,毛长 10～12 cm,细度 58～60 支。查干花种畜场饲养的波尔华斯羊与进场时相比,在剪毛量、羊毛细度、体重和繁殖成活率等方面都有不同程度的提高。黑龙江省用波尔华斯羊提高东北细毛羊的羊毛长度有显著效果,杂交一代杂种提高 11.5%。

三、斯塔夫洛波尔细毛羊

(1)产地与分布 斯塔夫洛波尔细毛羊(Ставропольска Порода)主要分布在乌克兰斯塔夫洛波尔边区。

(2)育成简史 斯塔夫洛波尔细毛羊的育种工作是自 1923 年正式开始的,最初以新高加索羊进行品种内繁育,后用美国兰布列羊与新高加索羊进行杂交。1936 年为了进一步提高羊毛的性能与改良羊毛品质,引进澳洲美利奴公羊进行导入杂交,1950 年育成。

(3)外貌特征 斯塔夫洛波尔细毛羊体格硕大,体质结实,对于干旱的草原地区具有良好的适应性。公羊有角,母羊无角。外形良好,颈部有 1～3 个皱褶或发达的垂皮,繁育率高,泌乳性好,适于草原地区繁殖。

(4)生产性能 种公羊平均体重 105～110 kg,成年母羊 50～55 kg。毛长 10～13 cm,羊毛细度为 64～70 支。净毛率为 41%～42%。产羔率 120%～135%。

(5)利用情况 斯塔夫洛波尔细毛羊 1952 年引入我国后,在各地饲养繁殖和进行杂交效果都比较好。如甘肃细毛羊用斯塔夫洛波尔羊进行导入杂交收到良好效果,含有 1/4 斯塔夫洛波尔羊血液的 1.5 岁杂种母羊比同龄的甘肃细毛羊剪毛量提高 7.19%,体重提高 4.08%,毛长提高 5.96%,羊毛的绝对强度提高 11.89%。

四、高加索细毛羊

(1)产地与分布 高加索细毛羊(Кавказская Порода)是在乌克兰斯达夫洛波里边区"布尔什维克"农场育成的。分布在北高加索干旱地区和伏尔加格勒(斯大林格勒)等地。该地区年降水量 200～400 mm,夏季干旱、炎热,草场干枯,草的质量不佳,因此高加索羊具有适应恶劣自然条件的能力。

(2)育成简史 用美国兰布列公羊与新高加索母羊杂交,在改善饲养管理的条件下,通过有目的的选种选配培育而成。

(3)外貌特征 高加索细毛羊体格较大,结构良好,公羊有角,母羊无角。颈部有 1～3 个皱褶,剪毛后在体躯上可明显看到很多小皱褶。体质结实,骨骼健壮,体躯宽大,四肢端正,蹄质致密。头、腹、四肢毛着生良好,被毛均为白色,仅上耳、口缘间有褐色小斑。

(4)生产性能 成年公羊体重 90～100 kg,母羊 55～60 kg。剪毛量公羊 10～11 kg,母羊 5.8～6.5 kg。毛长 7～8 cm,细度为 64～70 支,净毛率为 38%～42%。母羊的繁殖率为 106%～125%。

(5)利用情况　1952 年我国由苏联引入一批高加索细毛羊对本地粗毛羊进行改良，现已分布于吉林、黑龙江、河北、山西、甘肃、浙江、云南及内蒙古等地区。从杂交效果来看，高加索×藏羊的杂种在生产性能上有所提高。察北牧场 1952 年引入高加索细毛羊与一部分蒙古母羊进行杂交，根据一代杂种的体重、剪毛量以及羊毛品质等方面的测定和分析，均有显著提高。我国新疆细毛羊的育成，高加索细毛羊起了主要作用。

五、苏联美利奴羊

(1)产地与分布　苏联美利奴羊(Советский Меринос)原产于苏联，是苏联分布最广的一个毛肉兼用细毛羊品种，以后中国大量引进，主要饲养于东北、内蒙古、河北和山西等地。

(2)育成简史　苏联美利奴羊是马扎也夫羊、新高加索羊和其他几个繁育于苏联北高加索羊和乌克兰羊的细毛羊品种杂交育成的。

(3)外貌特征　苏联美利奴羊体质结实，大小适中。公羊有螺旋形大角，颈部有 1～3 个完全或不完全的褶皱；母羊多无角，颈部有纵皱褶。胸宽深，体躯较长。皮肤宽松。细毛着生头部稍过两眼中间连线，四肢至腕关节和飞节。腹毛长密呈毛丛结构。被毛闭合性良好，密度中等。

(4)生产性能　平均体重育成公、母羊为 57.9 kg 和 40.7 kg，成年公、母羊为 86.3 kg 和 53.1 kg。平均剪毛量育成公、母羊为 11.0 kg 和 8.5 kg，成年公、母羊为 16.1 kg 和 10.8 kg。平均毛长育成公、母羊为 8.0 cm 和 7.4 cm，成年公、母羊为 10.0 cm 和 9.4 cm。

(5)利用情况　我国从 20 世纪 50 年代初开始引入，主要分布在东北地区、内蒙古、河北、安徽、山东、四川、西藏、陕西等省(区)。主要用来和蒙古羊、小尾寒羊、西藏羊等品种进行杂交。是育成东北细毛羊、内蒙古细毛羊、河北细毛羊和敖汉细毛羊的主要父系品种之一。

六、罗姆尼羊

(1)产地与分布　罗姆尼羊(Romney)原产于英格兰东南部的肯特郡。该地接近英法海峡，非常潮湿，且冬季又很冷。由于气候湿润，土壤的水分充足，因而夏季牧草茂盛，有良好的放牧地。该品种在新西兰、阿根廷、澳大利亚、加拿大、美国等均有分布。

(2)育成简史　罗姆尼羊以当地羊为母本，莱斯特公羊为父本杂交，经长期的精心选择和培育而成。

(3)外貌特征　罗姆尼羊体质结实，公、母羊均无角，额颈短，体躯宽深，背部较长，前躯和胸部丰满，后躯发达。被毛白色，光泽好，羊毛中等弯曲，匀度好。蹄为黑色，鼻和唇为暗色，四肢下部皮肤有素色斑点和小黑点。罗姆尼羊具有早熟、生长发育快、放牧性强和被毛品质好的特性。

(4)生产性能　成年公羊体重 90～110 kg，成年母羊 80～90 kg。成年公羊剪毛量 4～6 kg，成年母羊 3～5 kg。净毛率 65%。毛长 11～15 cm，细度 40～48 支。产羔率 120%。成年公羊胴体重 70 kg，成年母羊 40 kg；4 月龄育肥公羔胴体重为 22.4 kg，母羔为 20.6 kg。

(5)利用情况　我国从 1966 年起，先后从英国、新西兰和澳大利亚等国引入数千只，在云南、湖北、安徽、江苏等省的繁育效果较好，而饲养在甘肃、青海、内蒙古等省、自治区的效果则比较差，说明该品种羊不太适合在海拔高、气候冷、干旱、放牧饲养条件比较差的地区饲养。罗姆尼羊是育成青海高原半细毛羊和云南半细毛羊新品种的主要父系之一。

七、考力代羊

(1)产地与分布　考力代羊(Corriedale)原产于新西兰,现主要分布在美洲、亚洲和南非。

(2)育成简史　是用林肯公羊与美利奴母羊杂交选育而成的毛肉兼用半细毛羊。

(3)外貌特征　考力代羊全身被毛白色,公、母羊均无角,颈短而宽,背宽深平直。后躯丰满。四肢结实,长度中等。

(4)生产性能　成年公羊体重 100～115 kg,剪毛量 11～12 kg,成年母羊体重 60～65 kg,剪毛量 5～6 kg。羊毛长度 12～14 cm,细度 50～56 支,净毛率 60%～65%。产羔率 125%～130%。羔羊生长发育快,4 月龄羔羊体重可达 35～40 kg。

(5)利用情况　我国 1946 年由新西兰输入考力代羊 900 多只,分别饲养在江苏、浙江、山东、河北、甘肃等地。后来又从新西兰、澳大利亚多次引入这一品种用来改良本地绵羊,引进后主要用于培育我国各地的半细毛羊品种(群),效果十分明显。考力代羊是东北半细毛羊、贵州半细毛羊新品种,以及陕西陵川半细毛羊新类群的主要父系品种之一。

八、边区莱斯特羊

(1)产地与分布　边区莱斯特羊(Border Leicester)原产于英国,现广泛地分布于北美、欧洲、澳大利亚和新西兰等国家。

(2)育成简史　该品种是 19 世纪中叶,在英国北部苏格兰,用莱斯特羊与山地雪维特品种母羊杂交培育而成,1860 年为与莱斯特羊相区别,称为“边区莱斯特羊”。

(3)外貌特征　边区莱斯特羊体质结实,体型结构良好,体躯长,背宽平。公、母羊均无角,鼻梁隆起,两耳竖立,头部及四肢无羊毛覆盖。

(4)生产性能　成年公羊体重 70～85 kg,成年母羊为 55～65 kg。成年公羊剪毛量 5～9 kg,成年母羊 3～5 kg,净毛率 65%～68%,毛长 20～25 cm,细度 44～48 支。该羊早熟性能好,4～5 月龄羔羊的胴体重 20～22 kg。母性强,产羔率 150%～180%。

(5)利用情况　从 1966 年起,我国从英国和澳大利亚引进该品种种羊,在四川、云南等省繁育效果比较好。该品种是培育凉山半细毛羊新品种的主要父系之一。

九、萨福克羊

(1)产地与分布　萨福克羊(Suffolk)原产于英国英格兰东南部的萨福克、诺福克、剑桥和艾塞克斯等地。现分布于北美、北欧、澳大利亚、新西兰、俄罗斯和中国等。

(2)育成简史　该品种羊是以南丘羊为父本,当地体型较大、瘦肉率高的黑头有角诺福克羊为母本进行杂交培育,于 1859 年育成,属大型肉羊品种。

(3)外貌特征　萨福克羊公母均无角,体躯白色,头和四肢黑色,体质结实,结构匀称,鼻梁隆起,耳大,颈长而宽厚,鬐甲宽平,胸宽,背腰宽广平直,腹大紧凑,肋骨开张良好,四肢健壮,蹄质结实,体躯肌肉丰满,呈长桶状。前、后躯发达。

(4)生产性能　成年公羊体重 113～159 kg,成年母羊 81～113 kg。剪毛量成年公羊 5～6 kg,成年母羊 2.25～3.6 kg,毛长 7～8 cm,细度 50～58 支,净毛率 50%～62%。产羔率 141.7%～157.7%。产肉性能好,经肥育的 4 月龄公羔胴体重 24.2 kg,4 月龄母羔为 19.7 kg。

(5)利用情况　我国从 20 世纪 70 年代起先后从澳大利亚、新西兰等国引进,主要分布在新疆、内蒙古、北京、宁夏、吉林、河北、山东和甘肃等省、市、自治区，适应性和杂交改良地方绵羊效果显著。

由于该品种羊头和四肢为黑色，被毛中有黑色纤维，其杂交后代被毛杂色，在细毛羊主产区不宜应用。

十、无角道赛特羊

(1)产地与分布　无角道赛特羊(Poll Dorset)原产于大洋洲的澳大利亚和新西兰。现分布于各大洲。

(2)育成简史　澳大利亚首先育成了无角道赛特羊。该品种是以雷兰羊和有角道赛特羊为母本，考力代羊为父本进行杂交，杂种羊再与有角道赛特公羊回交，然后选择所生的无角后代培育而成。新西兰在育成无角道赛特羊方面，与澳大利亚在方法上有所不同。新西兰用有角道赛特公羊与考力代母羊或雷兰母羊杂交，先导入无角基因，杂种一代母羊再用有角道赛特公羊回交，获得的有角、无角后裔各半，均含有 3/4 道赛特羊的基因，然后淘汰有角个体，用无角公羊与有角母羊交配，获得含 7/8 道赛特羊的基因，后代中淘汰有角个体，用无角公、母羊横交，历代严格淘汰有小角和角突个体，育成纯合无角道赛特品种。

(3)外貌特征　无角道赛特羊体质结实，头短而宽，公、母羊均无角，颈短粗，胸宽深，背腰平直，后躯丰满，四肢粗短，整个躯体呈圆桶状，面部、四肢被毛为白色。

(4)生产性能　无角道赛特羊体格较大，体重成年公羊 80～100 kg，成年母羊为 56～80 kg；产毛量 2～4 kg，毛长 7.5～10.0 cm，羊毛细度 27～32 μm，净毛率 60%～65%。无角道赛特羊生长发育快、早熟，能全年发情配种产羔，经过肥育的 4 月龄羔羊，胴体重公羔为 22 kg，母羊为 19.7 kg，而且胴体质量高。无角道赛特羊的产羔率为 120%～150%。

(5)利用情况　我国河北、新疆、内蒙古、北京、江苏，甘肃和山西等地已先后引入，与当地羊杂交改良效果显著。

十一、特克塞尔羊

(1)产地与分布　特克塞尔羊(Texel)原产于荷兰，现分布于北欧各国、澳大利亚、新西兰、美国、秘鲁、非洲和亚洲一些国家。

(2)育成简史　19 世纪中叶，用林肯羊、莱斯特羊与荷兰北海岸特克塞尔岛的老特克塞尔羊杂交，经长期选择培育而成。

(3)外貌特征　该品种公、母羊均无角，全身毛白色，鼻镜、唇及蹄冠褐色。体质结实，结构匀称。头清秀无长毛，鼻梁平直而宽，眼大有神，口方，耳中等大小，肩宽深，鬐甲宽平，胸拱圆，颈宽深，头、颈、肩结合良好，背腰宽广平直，肋骨开张良好，四肢健壮，蹄质结实。特克塞尔羊属于中大型的肉羊品种，具有繁殖率高、早期生长发育快、肉质好、对寒冷气候有良好的适应性、瘦肉率高等特点。特克塞尔羊对热应激反应较强，在气温 30℃以上需采取必要的防暑措施，避免高温造成损失。

(4)生产性能　周岁公羊体重 78.6 kg，周岁母羊 66.0 kg，2 岁公羊 98.0 kg，2 岁母羊 74.0 kg，成年公羊 115～130 kg，成年母羊 75～80 kg。平均产毛量公羊 5.0 kg，母羊 4.5 kg，净毛率 60%，羊毛长度 10～15 cm，羊毛细度 48～50 支。屠宰率 56%～60%。母羊产羔率 150%～160%。

(5)利用情况　20世纪60年代初法国曾赠送给我国一对特克塞尔羊，当时饲养在中国农业科学院畜牧研究所，1996年该所又引入少量该品种；1995年黑龙江大山种羊场引进特克塞尔公羊10只，母羊50只；2001年河北从澳大利亚引进该品种，公羊18只，母羊200只，饲养在河北威特公司，随后很多省、市又从澳大利亚引进。各地利用该品种与我国的湖羊、东北细毛羊和小尾寒羊等地方品种进行杂交，均取得了较好的杂交效果。

十二、夏洛莱羊

(1)产地与分布　夏洛莱羊(Charollais)产于法国中部的夏洛来丘陵和谷地，该品种在英国、德国、比利时、瑞士、西班牙、葡萄牙及东欧的一些国家都有饲养。我国从20世纪80年代末开始引入。

(2)育成简史　1820年以后，法国夏洛莱地区农户引入英国莱斯特羊与当地羊杂交，形成一个比较一致的品种类型，1963年命名为夏洛莱羊，1974年法国农业部正式承认为品种。

(3)外貌特征　夏洛莱羊头部无毛，脸部呈粉色，额宽，耳大。体躯长，胸宽深，背部平直，肌肉丰满，后躯宽大。两后肢距离大，肌肉发达，呈倒"U"字形，四肢较短。被毛同质，白色。

(4)生产性能　体重成年公羊100～150 kg，成年母羊75～95 kg；羔羊生长发育快，6月龄公羔体重48～53 kg，母羔38～43 kg；7月龄出售的种羊标准：公羔50～55 kg，母羔40～45 kg。夏洛莱羊毛长7 cm左右，细度50～60支。胴体质量好、瘦肉多、脂肪少，屠宰率在55%以上。产羔率高，经产母羊为182.37%，初产母羊为135.32%，是生产肥羔的优良品种。

(5)利用情况　我国在20世纪80年代末90年代初，由内蒙古畜牧科学院、河北、河南、辽宁、山东等地分别引入。除进行纯种繁殖外，并利用其同当地粗毛羊杂交生产羔羊。

十三、杜泊羊

(1)产地与分布　杜泊羊(Dorper)原产于南非，现分布于非洲、澳大利亚、美国和中国等地。

(2)育成简史　用从英国引入的有角道赛特品种公羊与当地的波斯黑头品种母羊杂交，经选择和培育育成的肉用绵羊品种。南非于1950年成立杜泊肉用绵羊品种协会，促使该品种得到迅速发展。

(3)外貌特征　该品种被毛呈白色，有的头部黑色，被毛由发毛和无髓毛组成，但毛稀、短，春、秋季节自动脱落，只有背部留有一片保暖，不用剪毛。杜泊羊身体结实能适应炎热、干旱、潮湿、寒冷等多种气候条件，采食性能良好。

(4)生产性能　该品种生长快，成熟早，瘦肉多，胴体质量好；母羊繁殖力强，发情季节长，母性好。成年公羊体重100～110 kg，成年母羊75～90 kg。成年母羊产羔率140%。

(5)利用情况　我国于2001年5月由山东省东营市首次引进。河南、河北、北京、辽宁、宁夏、陕西等省区近年来已有引进。用其与当地羊杂交，效果显著。

十四、德国美利奴羊

(1)产地与分布　德国美利奴羊(German Merino)原产于德国，在苏联和东欧等地分布较多。

(2)育成简史　德国美利奴羊是用泊列考斯羊和英国莱斯特公羊与德国地方美利奴羊杂交培育而成。

(3)外貌特征　德国美利奴羊属于肉毛兼用细毛羊，其特点是体格大，成熟早，胸宽深，背腰平直，肌肉丰满，后躯发育良好，公、母羊均无角。该品种耐粗饲，生长发育快，肉用性能好。

(4)生产性能　体重成年公羊 90～100 kg，成年母羊 60～65 kg。剪毛量成年公羊 10～11 kg，成年母羊 4.5～17.5 kg，毛长 7.5～9.0 cm，细度 60～64 支，净毛率 45%～52%。产羔率 140%～175%。德国美利奴羊生长发育快、早熟，6 月羔羊体重可达 40～45 kg，胴体重 19～23 kg，屠宰率 47%～51%。

(5)利用情况　我国在 20 世纪 50 年代末和 60 年代初由德意志民主共和国引入千余只，以后又多次引入，分别饲养在辽宁、内蒙古、山西、河北、山东、安徽、江苏、河南、陕西、甘肃、青海和云南等省(区)。曾参与了内蒙古细毛羊、阿勒泰肉用细毛羊及巴美肉羊等品种的育成。

十五、南非肉用美利奴羊

(1)产地与分布　南非肉用美利奴羊(South African Motton Merino)原产于南非，现分布于澳大利亚、新西兰、美洲及亚洲一些国家。

(2)育成简史　南非于 20 世纪 30 年代引入德国肉用美利奴羊，按照南非农业部选种方案育成，1971 年确认育成了独特的非洲品系，并被命名为南非肉用美利奴羊。

(3)外貌特征　该品种公母无角，体大宽深，胸部开阔，臀部宽广，腿粗壮坚实，生长速度快，产肉性能好。

(4)生产性能　100 日龄羔羊体重可达 35 kg。成年公羊体重 100～110 kg，成年母羊 70～80 kg。剪毛量成年公羊 5 kg，母羊 4 kg，羊毛细度 21 μm。母羊 9 月龄性成熟，平均产羔率 150%。

(5)利用情况　我国从 20 世纪 90 年代开始引进，主要分布在新疆、内蒙古、北京、山西、辽宁和宁夏等省、区。新疆农垦科学院利用南非肉用美利奴公羊与体格大、产肉性能相对较高的中国美利奴母羊杂交，经 2～3 代横交选育，培育出了中国美利奴羊肉用品系。

十六、波德代羊

(1)产地与分布　波德代羊(Borderdale)原产于新西兰，目前主要分布于新西兰和澳大利亚等国家。

(2)育成简史　该品种是新西兰在 20 世纪 30 年代，用边区莱斯特羊与考力代羊杂交，从一代中进行严格选择，然后横交固定至 4～5 代，培育而成的肉毛兼用绵羊品种。

(3)外貌特征　波德代羊，体质结实，结构匀称，体格大，肉毛兼用体型明显。该羊头长短适中，额宽、平，眼大有神，公、母均无角。头与颈、颈与肩结合良好，颈短、粗。胸深，肋骨开张良好，背腰平直，后躯丰满，发育良好。四肢健壮，肢势端正，蹄质坚实，步态稳健。全身白色，但眼眶、鼻端、唇和蹄均为黑色。

(4)生产性能　波德代羊耐干旱、耐粗饲、适应性强，同时早熟性好，羔羊成活率高。原产地育种场成年公羊平均体重 90 kg，母羊 60～70 kg，羊毛细度 48～52 支，毛长 10 cm 以上，剪毛量 4.5～6.0 kg，净毛率 72%。羊毛同质，被毛呈毛丛结构，羊毛密度、匀度、弯曲、光泽、油汗良好。繁殖率 140%～150%。羔羊生长发育快，所产肥羔胴体长，肉用品质好，母羔 8 月龄活重可达 45 kg。

(5)利用效果　2000 年，甘肃农业大学赵有璋教授从新西兰首先将该品种引入我国，饲养于甘肃省永昌肉用种羊场，不仅表现出良好的适应性，而且与当地土种母羊、低产细毛羊和小尾寒羊杂交，表现出良好的杂种优势，是改良西北地区当地土种绵羊的理想父本。

十七、东佛里生羊

(1)产地与分布　东佛里生羊(East Friensian Milk Sheep)原产于荷兰和德国西北部，是目前世界绵羊品种中产奶性能最好的品种。

(2)育成简史　该品种是在原产地经过长期人工选择培育而成的早熟乳肉兼用品种。

(3)外貌特征　该品种体格大，体型结构良好，公、母羊均无角。被毛白色，偶有纯黑色个体。体躯宽而长，腰部结实，肋骨拱圆，臀部略有倾斜，长瘦尾，无绒毛；乳房结构优良，宽广，乳头良好。对温带气候条件有良好的适应性。

(4)生产性能　体重成年公羊 90～120 kg，成年母羊 70～90 kg。剪毛量成年公羊 5～6 kg，成年母羊 3.5～4.5 kg。羊毛同质，毛长成年公羊 20 cm，成年母羊 16～20 cm，羊毛细度 46～56 支，净毛率 60%～70%。成年母羊 260～300 d 产奶量 550～810 kg，乳脂率 6%～6.5%，产羔率 200%～230%。该品种是目前世界绵羊品种中产奶量最高的品种。

(5)利用情况　我国辽宁、北京、内蒙古和河北等地已有引进。主要用于杂交改良本地绵羊，改良后杂种羊泌乳性能增强。

十八、卡拉库尔羊

(1)产地与分布　卡拉库尔羊原产于中亚地区，目前分布在全世界以中亚为主的几十个国家，饲养最多的是乌兹别克斯坦、塔吉克斯坦、土库曼斯坦、哈萨克斯坦、阿富汗、纳米比亚和南非等国。

(2)育成简史　卡拉库尔羊是在当地贫瘠的荒漠、半荒漠草原饲养条件下，经过人们长期的选育而育成的羔皮与乳兼用的优良品种。

(3)外貌特征　卡拉库尔羊头稍长，鼻梁隆起，颈部中等长，耳大下垂(少数为小耳)，前额两角之间有卷曲的发毛。公羊大多数有螺旋形的角，角尖稍向两旁伸出，母羊多数无角。体躯较深，臀部倾斜，四肢结实，尾的基部较宽，特别肥大，能贮积大量脂肪，尾尖呈“S”形弯曲并下垂至飞节。被毛的颜色随年龄的增长而变化，如初生时黑色的羔羊，到断奶时渐渐由黑变褐，当长到 1.0～1.5 岁时被毛开始变白，后又转成灰白色，而头、四肢及尾部的毛色不变。被毛由无髓毛、两型毛和中等细度的有髓毛组成，但也存在有死毛的个体，毛辫中等长。由于分布区域辽阔，卡拉库尔羊的生产性能指标有很大的差异。

(4)生产性能　成年公羊体重 60～90 kg，成年母羊 45～70 kg。剪毛量成年公羊 3～3.5 kg，成年母羊 2.5～3 kg。产羔率 105%～115%。成年羊屠宰率 50%左右。产羔后的母羊每日可挤乳 0.5～1.0 kg，含脂率 6%～7%。

(5)利用效果　我国从 1951 年由苏联引入，分别饲养在新疆、内蒙古、甘肃、宁夏和青海等省(区)。卡拉库尔羊在我国适应性良好，杂交改良效果显著，是育成中国卡拉库尔羊新品种的父系。

第五节　我国地方山羊品种

一、辽宁绒山羊

(1)产地与分布　辽宁绒山羊是中国最优秀的绒山羊品种。原产于辽宁省辽东半岛步云山周围各县，中心产区为盖县东部山区。1976 年以来，陕西、甘肃、新疆、内蒙古、山西和河北等 17 个省(区)曾先后引种，用以改良本地山羊，提高产绒量，收到了良好效果。

(2)外貌特征　辽宁绒山羊公、母羊均有髯，公、母羊均有角，公羊角粗大，向两侧螺旋式伸展，母羊角向后上方呈捻曲伸出。体躯结构匀称，体质结实，体格较大，被毛为全白色，外层为粗毛，内层绒毛，被毛光泽好。

(3)生产性能　据辽宁绒山羊原种场测定，成年公羊平均产绒量 1 454.5 g，成年母羊平均产绒量 671.6 g。绒毛长度成年公羊 6.8 cm，成年母羊 6.3 cm。细度在 16.5 μm 左右。净绒率达 70%以上。羔羊 5 月龄左右性成熟，一般在 1 岁左右初配，产羔率 110%～120%。

二、内蒙古绒山羊

(1)产地与分布　内蒙古绒山羊主要分布在内蒙古自治区中西部地区。分布于二狼山地区、阿尔巴斯地区和阿拉善左旗地区。内蒙古绒山羊是蒙古山羊在荒漠、半荒漠条件下，经广大牧民长期饲养、选育形成的一个优良类群。目前内蒙古绒山羊品种有阿尔巴斯、二狼山和阿拉善三个类型。

(2)外貌特征　体质结实，公、母羊均有角，公羊角粗大，向上向后外延伸，母羊角相对较小。体躯深长，背腰平直，整体似长方形。全身被毛纯白，外层为粗毛，内层为绒毛。

(3)生产性能　成年公羊体重 45～52 kg，成年母羊 30～45 kg，外层为光泽良好的粗毛，长 12～20 cm，细度 88.3～88.8 μm；内层绒毛长 5.0～6.5 cm，细度 12.1～15.1 μm。成年公羊产绒量 400～600 g，成年母羊 350～450 g，净绒率 72%。母羊产羔率 100%～105%。

三、河西绒山羊

(1)产地与分布　河西绒山羊是经本品种选育而成的地方山羊品种。主要分布在甘肃省河西走廊的酒泉、张掖和威武 3 个地区，主产区为肃北蒙古自治县和肃南裕固县自治县。主产区为典型的大陆性气候，干旱少雨，年降水 150 mm(80～200 mm)，且集中在 7～8 月份，年平均气温 8℃，无霜期 130 d，生态环境差，属荒漠、半荒漠地带。

(2)外貌特征　该品种体质结实，体格较小，公、母羊均有角，体型似正方形。被毛有白色、黑色、棕色及杂色等，其中纯白羊只约占总数的 60%。

(3)生产性能　成年公羊体重 38.51 kg，产绒 323.5 g，最高达 656 g。成年母羊体重 26.03 kg，产绒 279.9 g。绒毛长度 4～5 cm，细度 14～16 μm，净绒率 56%。河西绒山羊肉品质较好，肉质细嫩，屠宰率为 43.6%～44.3%。河西绒山羊 6 月龄左右性成熟，繁殖力较低，多产单羔。

四、济宁青山羊

(1)产地与分布　济宁青山羊产于山东省西南部，主要分布在菏泽、济宁地区。该地区为黄河下游冲积平原，地势平坦，属于半湿润温暖型气候，具有大陆性气候特点。

(2)外貌特征　济宁青山羊是一个以多胎高产和生产优质猾子皮著称于世的小型山羊品种。公母羊均有角和髯，公羊角粗长，母羊角短细。公羊颈粗短，前胸发达，前高后低；母羊颈细长，后躯较宽深。四肢结实，尾小上翘。由于黑白毛纤维混生比例不同，被毛分为正青、铁青和粉青3色，其中以正青居多。毛色与羊只年龄有关，年龄越大，毛色越深。该品种另一个较突出的特征是：被毛、嘴唇、角、蹄为青色，而前膝为黑色，被简单地描述为"四青一黑"。

(3)生产性能　成年公羊平均体重30 kg，成年母羊平均体重26 kg。济宁青山羊3～4月龄性成熟，可全年发情配种，产羔率290%。羔羊在产后1～2 d内屠宰所产的羔皮毛色光润，人工不能染制，并有美丽的波浪状花纹，在国内外市场上深受欢迎，是制造翻毛外衣、皮帽、皮领的优质原料。

五、中卫山羊

(1)产地与分布　中卫山羊又称中卫裘皮山羊或沙毛皮山羊。主产于宁夏回族自治区的中卫县，分布于宁夏同心、中宁和海原等县及毗邻的甘肃省景泰、靖远县。

(2)外貌特征　被毛纯白色(偶见黑色)，颈部丛生有弯曲的长毛，公、母羊均有角。公羊角大半呈螺旋形，母羊角小成镰刀状。头部清秀，鼻梁平直，体短而深。四肢端正，蹄质结实，背腰平直。被毛分两层，外层由粗毛和两型毛组成，内层为绒毛。其主要产品沙毛皮，花案清晰，被毛呈丝样光泽。

(3)生产性能　成年公羊体重30～40 kg，母羊体重25～35 kg。成年羯羊屠宰率44.3%。母羊7月龄左右即可配种繁殖，多为单羔，产羔率103%。

35日龄左右的中卫山羊羊羔，毛股长度7 cm左右，宰杀剥制的皮张称沙毛皮。其自然面积120 cm^2 以上，具有皮板致密结实、毛股紧实、弯曲明显、花案清晰等特点。

六、西藏山羊

(1)产地与分布　西藏山羊是青藏高原上一个古老的地方品种。主要分布于西藏自治区全境，四川省甘孜、阿坝藏族自治州，青海省玉树、果洛藏族自治州等地，其中以西藏为最多，占总数的76%；四川次之，占17%；青海大约只占6%。此外，甘肃境内、印度等地也有少量分布。

(2)外貌特征　西藏公、母山羊均有角、有髯，眼大有神，耳长而灵活，额部微突，鼻梁平直，有较长额毛。全身被毛分为两层，外层粗长而直，富有光泽，颜色较杂，黑色、青色居多，少数为白色。

(3)生产性能　成年公、母羊平均体重分别为26.6 kg和20.2 kg。成年公羊平均产原绒量224 g，成年母羊产绒量208 g，但地区及个体间差异较大。平均细度为15.24 μm 。该品种年产一胎，产羔率为110%～135%。

七、新疆山羊

(1)产地与分布　主要分布在南疆的喀什、和田，塔里木河流域，北疆的阿勒泰、昌吉和哈密地区的荒漠草原及干旱贫瘠的山地牧场。

(2)外貌特征　新疆山羊头中等大小，额平宽，耳小，半下垂，鼻梁平直或有下凹。公、母羊多有角，角形较直向上方直立，角尖端微向后弯，角基间着生的长毛下垂于额，颚下有须，背平直，前躯、乳房发育较好，尾小而上卷。被毛以背线为界分向两侧，体躯长深，四肢端正，蹄质结实。被毛以白色为主，其次为黑、棕、青色。

(3)生产性能　北疆山羊体格较大，体重成年公羊 50 kg，成年母羊 38 kg；产绒量成年公羊 310 g，成年母羊 220 g。屠宰率 41.3%。南疆山羊体格较小，体重成年公羊 32.6 kg，成年母羊 27.1 kg，产绒量 120～140 g。屠宰率 37.2%。母羊产羔率 110%～120%。

八、成都麻羊

(1)产地与分布　主要分布于成都平原及邻近的丘陵和低山地区。产区海拔 471～1 500 m，年平均气温 16℃，最高 36.8℃，最低－6.2℃，年降水量 1 000 mm 左右，无霜期 281～339 d。

(2)外貌特征　成都麻羊公、母羊大多数有角，无角羊只占 30%左右，部分羊只有肉垂。公羊前躯发达，体躯呈长方形。母羊后躯深广，乳房发育良好。不同地区的羊只体格大小有一定差异。成都麻羊全身被以棕黄色短毛。羊毛光泽好，一根纤维表现出 3 个颜色，即毛尖沙黑色，中段为棕黄色，下段为黑灰色。由于整个被毛表现为带赤麻色调的棕黄色，故称“麻羊”。该品种体躯上有两处异色毛带，形似画眉鸟的画眉。

(3)生产性能　成年公羊体重 43.0 kg，成年母羊体重 32.6 kg，成年羯羊屠宰率为 54.34%，净肉率为 37.95%。成年母羊产羔率为 210%。麻羊皮板组织致密，加工成的皮革弹性较好、强度大、质地柔软、耐磨损，为优质皮革原料。

九、长江三角洲白山羊

(1)产地与分布　长江三角洲白山羊原产于我国东海之滨的长江三角洲，是我国生产笔料毛的独特品种，主要分布于南通、苏州、扬州、镇江，浙江省的嘉兴、杭州、宁波、绍兴和上海市郊县也有分布。数量约 400 万只，其中 82%的羊只分布在江苏，浙江和上海的饲养量分别占 12%和 6%。

(2)外貌特征　该品种羊只体格中等偏小，公、母均有角、有髯，头呈三角形，面微凹。全身被毛紧密，毛色洁白，富有光泽，大多数公羊有较长的额毛。羊毛细直有峰，弹性好，是制笔的上等原料，所制湖笔笔锋尖锐整齐，丰满圆润，具有独特风格，驰名于世。山羊笔料毛的产量和质量与羊只性别、年龄、体重、阉割及屠宰季节、饲养管理条件等均有密切关系，以当年去势小公羊毛最好。

(3)生产性能　长江三角洲白山羊体重成年公羊 28.58 kg，母羊 18.43 kg，周岁羊体重为 15～16 kg。屠宰率周岁羊(带皮)49%，成年羊 52%。该羊繁殖能力强，大多两年产三胎，产羔率 230%左右。板皮质地致密柔韧，皮张呈方形，属汉口路。

十、陕南白山羊

(1)产地与分布　陕南白山羊是产于陕西省南部地区的肉用性地方山羊品种，主要分布于秦巴山区的安康、商洛、汉中三地区28个县，其中以镇巴、旬阳、紫阳、安康、白河、洛南、镇安、山阳和平利等县较为集中。按被毛状况，陕南白山羊分短毛型和长毛型两类。

(2)外貌特征　陕南白山羊体质结实，头大小适中，额微凸，鼻梁平直，两耳灵活，公、母羊均有髯，部分有肉垂。白色个体占90%以上，黑色羊只约占5%。

(3)生产性能　陕南白山羊不同类型羊体重有一定差异，有角长毛型羊体格较大，其成年体重35.8 kg，母羊33.3 kg；有角短毛型体重较小，成年公、母羊体重分别为32.9 kg和29.8 kg，但短毛型羊比长毛型羊生长发育较快，特别是周岁前的无角短毛样生长速度较为突出。成年羊屠宰率在51.78%～53.84%。其板皮质地致密、厚薄均匀、弹性好、拉力强，是制革业的优质原料。

陕南白羊性成熟早，公羔4～5月龄性成熟，但公羊的适宜初配年龄在周岁以后，母羊在8～10月龄。该品种全年发情，平均产羔率259%。

十一、贵州白山羊

(1)产地与分布　主要产于贵州省遵义、铜仁两地区二十几个县，产区高山连绵，土层瘠薄，基岩裸露面极大，平均气温13.7～17.4℃，年降水量1 000～1 200 mm，草场主要为灌木丛草地和疏林草地。

(2)外貌特征　贵州白山羊多数为白色，少数为麻色、黑色或杂色。公、母羊均有角，无角个体占8%以下，被毛较短。

(3)生产性能　体重成年公羊32.8 kg，成年母羊30.8 kg。屠宰率1岁羯羊53.3%，成年羊57.9%。板皮质地紧致、细致、拉力强，板幅较大。母羊可常年发情，春、秋两季较为集中，大多数羊只两年产三胎，产羔率273.6%。

十二、雷州山羊

(1)产地与分布　雷州山羊是以产肉和板皮而著名的地方山羊品种。原产于我国广东省大陆最南端的雷州半岛一带，其中心产区为徐闻县。该地海拔26.4 m，地势平缓，年平均温度23.2℃，最高气温38℃，最低3℃。年降水量1 400 mm，年平均相对湿度为84%。

(2)外貌特征　公、母羊均有角，被毛为黑色，角和蹄为黑褐色，亦有少数羊只被毛为麻色或褐色。麻色羊除被毛黄色外，背线、尾部及四肢前端多为黑色或黑黄色，有的羊只面部有黑白纵条纹相间或腹部与四肢后部呈白色。

(3)生产性能　成年公、母羊体重分别为49.1 kg和43.2 kg，屠宰率50%～60%。肉纤维细嫩，脂肪分布均匀，肉味鲜美，膻味小。板皮轻便，弹性好，熟制后可染成各种颜色。该品种4月龄性成熟，初配年龄一般在周岁左右，产羔率150%～200%。

雷州山羊耐湿热、耐粗饲，是热带地区较好的肉用山羊品种。

十三、黄淮山羊

(1)产地与分布　中心产区是河南省周口店地区的沈丘、淮阳、项城、郸城等县和安徽省阜阳等地。产区属暖温带季风半湿润气候，位于京广铁路以东、陇海线以南、津浦铁路以西、淮河以北的黄淮冲积平原。

(2)外貌特征　黄淮山羊有无角和有角两种类型，无角型羊颈长、腿长、身躯长；有角型羊颈短、腿短、体躯短。这两种类型的公、母羊均有髯，额宽，鼻直，面部微凹，身体各部位结构匀称，呈圆桶形。被毛以纯白色为主，约占 90%，其余为黑色、青色、棕色和花色。

(3)生产性能　成年公、母羊体重分别为 35 kg 和 26 kg。羔羊屠宰率 49.8%，净肉率 40.5%，黄淮山羊板皮质量好，以秋、冬季节宰杀皮为最好，其质地致密、韧性大、强度高、分层性能好，每张板上可分 6～7 层，是优良的制革原料。该品种繁殖力高，3～4 月龄性成熟，6 月龄后可配种，全年发情，一年可产两胎或两年产三胎，产羔率 239%。

十四、宜昌白山羊

(1)产地与分布　宜昌白山羊分布于湖北省西南部山地的宜昌、恩施两地区的 17 个县市，主产区为宜昌长阳县。宜昌白山羊属皮肉兼用型，于 1981 年正式命名，并被列入《湖北省家畜禽品种质》。产区属亚热带大陆性季风气候，兼有暖温带与冷温带气候，年平均气温 13～16℃，无霜期 230～250 d，降水量 960～1 740 mm，海拔 33.6～3 052 m。

(2)外貌特征　宜昌白山羊公、母羊均有角，背腰平直，后躯丰满，四肢强健，行动敏捷，善于攀登。被毛为白色，公羊毛较长，母羊毛短。

(3)生产性能　平均体重成年公羊 35.7 kg，母羊 27 kg。周岁羊屠宰率为 47.41%，2～3 岁成年羊屠宰率为 56.39%。肉质细嫩，味道鲜美，营养丰富。宜昌白山羊性成熟较早，繁殖性能好，可全年四季发情，平均产羔率 172.7%。板皮厚薄均匀，纤维细致，质地坚韧、柔软、弹性好、拉力强。宜昌白山羊板皮在国内外皮革市场上享有盛誉，被称为“宜昌路山羊板皮”，畅销日本、东南亚等地。

十五、马头山羊

(1)产地与分布　马头山羊产区在湖北省的十堰市、丹江口市和湖南省常德市、怀化市，以及湘西土家族苗族自治州各县。

(2)外貌特征　马头山羊体质结实，结构匀称，体躯呈长方形。头大小适中，公、母羊均无角，但有退化的角痕。两耳向前略下垂，颌下有髯，部分羊颈下有一对肉垂。成年公羊颈较短粗，母羊颈较细长。头、颈、肩结合良好，前胸发达，背腰平直，后躯发育良好，尻略斜。四肢端正，蹄质坚实。乳房发育良好。毛被以白色为主，次为黑色、麻色及杂色；毛短、有光泽，冬季生有少量绒毛；额、颈部有长粗毛。

(3)生产性能　马头山羊成年公羊平均体重为 43.81 kg，母羊为 33.70 kg，羯羊为 47.44 kg。在全年放牧情况下，12 月龄公、母羊屠宰率为 54.69%、50.01%。马头山羊性成熟早，母羔 3～5 月龄、公羔 4～6 月龄达性成熟，一般 10 月龄配种，初产母羊多为单羔，经产母羊多产双羔，一年产两胎或两年产三胎。产羔率为 191.94%～200.33%。

十六、太行山羊

(1)产地与分布　太行山羊产于太行山东、西两侧的晋、冀、豫三省接壤地区。主要分布在晋东南、晋中两地区的各县；河北省的保定、石家庄、邢台、邯郸地区山区县；河南省安阳、新乡地区山区县。

(2)外貌特征 太行山羊头大小适中,耳小向前伸。公、母羊颌下有髯,大部分有角,少数无角或有角基。颈短粗,胸宽深,背腰平直。四肢强健,蹄质坚实。被毛以黑色为主,少数为褐色、青色、灰色、白色。被毛由长粗毛和绒毛组成。

(3)生产性能 成年公羊平均体重为36.7 kg,成年母羊32.8 kg。成年公羊抓绒量275 g,成年母羊为160 g;绒纤维自然长度2.36 cm,绒纤维细度14.1~14.4 μm;成年公羊粗毛产量400 g,成年母羊350 g,毛长9.5~11.2 cm。2.5岁羯羊宰前体重39.9 kg,屠宰率52.8%,肉质细嫩,脂肪分布均匀。太行山羊公、母羊一般在6~7月龄性成熟,1.5岁配种,一年一胎,产羔率130%~143%。

十七、福清山羊

(1)产地与分布 福清山羊是福建省地方山羊品种,当地群众称之为高山羊或花生羊。主要分布于福建省东南沿海各县,中心产区为福清、平潭县。

(2)外貌特征 福清山羊被毛有深浅不同的3种颜色,即灰白色、灰褐色和深褐色。鼻梁至额部有一近似三角形的黑毛区或在眉间至颊部有两条黑色毛带。鬐甲处有黑色毛带,沿肩胛两侧向上延伸,与背线相交呈"十字形"。体格较小,结构紧凑。头小,呈三角形,公、母羊均有髯。有角个体占77%~88%,公羊角粗长,向后向下,紧贴头部;母羊角细,向后向上。部分羊只有肉垂,颈长度适中,背腰微凹,尻矮斜。四肢健壮,善攀登。

(3)生产性能 体重成年公羊30 kg,母羊26 kg。经过肥育的8月龄羯羊平均体重23 kg。屠宰率成年公羊(不剥皮)55.84%,母羊47.67%。该品种性成熟早,母羊3月龄出现初情表现,一般在6月龄以后配种,可全年发情,平均产羔率236%。

十八、建昌黑山羊

(1)产地与分布 建昌黑山羊是以四川省凉山彝族自治州会理县为中心产区的地方山羊品种,也是云贵路山羊板皮的主要来源。

(2)外貌特征 建昌黑山羊被毛黑色,富有光泽,约有一半羊只被毛内层长有稀而短的绒毛。公、母羊大多数有角、有髯,少数羊颈下有肉垂。头大小适中,呈三角形。体躯匀称紧凑,四肢强健有力,行动灵活,适应山区放牧饲养。

(3)生产性能 体重成年公羊31.1 kg,母羊28.9 kg。周岁羯羊屠宰率45.1%,净肉率32.9%。肉质细嫩,肌肉脂肪含量均匀。板皮品质较好,厚薄均匀,富有弹性。羔羊皮被毛柔软,色黑而富有光泽,部分羔羊被毛有波浪形花纹,当地群众常用于制作皮衣。但该品种繁殖力不高,平均产羔率116%。

十九、隆林山羊

(1)产地与分布 隆林山羊主要产于广西壮族自治区隆林县。该县地处云贵高原东南部边缘。海拔600~1 800 m,年平均气温19.1℃,最高35℃,最低-5℃,年降水量1 575 mm,无霜期323 d,山岭连绵,地形复杂。

(2)外貌特征 隆林山羊体格健壮,结构匀称,公、母羊均有角,呈扁形,向上向后外呈半螺旋状弯曲,少数呈螺旋状弯曲,肋骨开张良好,后躯比前躯略高,体躯近似长方形。被毛较杂,有白色、黑花色、褐色和黑色等。

(3)生产性能　成年公羊平均体重 52.5 kg(36.5～85.0 kg)，母羊 40.29 kg(21.5～67.0 kg)，个体差异较大。8 月龄公、母羊屠宰率分别为 48.64%和 46.13%，成年公、母羊为 53.3%和 46.64%。平均产羔率 195%。

二十、黎城大青山羊

(1)产地与分布　黎城大青山羊是产于山西省黎城县的地方山羊品种，与黎城县相邻的河北省涉县、武安等地也有饲养。

(2)外貌特征　黎城大青山羊，头大小适中，额宽，鼻梁稍凹。眼大微凸，耳向两侧展。公、母羊均有角，无角个体较少见。前胸宽厚，背腰平直。肋骨开张好，臀部丰满稍斜。四肢粗壮。被毛外层的粗毛长而光亮，多呈青色、雪青色，内层绒毛色紫质优。

(3)生产性能　成年公羊平均产绒量 135 g，剪毛量 250 g；成年母羊平均产绒量 115 g，剪毛量 220 g。成年公、母羊平均体重为 37.55 kg 和 30.15 kg。放牧条件下 6 月龄羯羊屠宰率 48.1%，净肉率 36.8%。成年羊屠宰率 51.5%，净肉率 42%，其肉质好，膻味小。公、母羊性成熟年龄均为 4～5 月龄，初配年龄在 1.5 岁左右，一般年产一胎，繁殖率 110%。

二十一、子午岭黑山羊

(1)产地与分布　原产于陕西省北部的榆林、延安两地区和甘肃庆阳地区，两省原分别称其为陕北黑山羊和陇东黑山羊。但两地羊只体型外貌和生产性能基本一致，1982 年中国绵羊品种杂志编辑组建议将其统一定名为子午岭黑山羊。子午岭黑山羊是我国一个历史悠久的地方山羊品种，以盛产西路黑猾子皮和紫绒而著称。

(2)外貌特征　子午岭黑山羊公、母羊均有角、有髯。体格中等，体躯结实紧凑。被毛以黑色为主，黑色个体占 77%，其余为青色、白色和杂色。被毛分内外两层，外层为粗长毛，内层为细绒毛。

(3)生产性能　子午岭黑山羊成年公羊体重(34.63±7.45)kg，母羊(24.01±5.49)kg。成年公羊平均产绒量(190±12.35)g，母羊(185±18.25)g。绒纤维伸直长度(4.77±0.28)cm，细度(14.04±0.65)μm。在全年放牧条件下，羯羊屠宰率 47.6%，净肉率 42.5%。

子午岭山羊羔皮为黑色，光泽明亮，花案美观，为传统出口产品。该品种 6 月龄性成熟，周岁左右可配种，一般一年一胎，产羔率 102%～104%。

二十二、承德无角山羊

(1)产地与分布　承德无角山羊又叫燕山无角山羊，分布于河北省承德市燕山山脉的滦平、平泉和宽城等县。

(2)外貌特征　承德无角山羊体质健壮、全身结构匀称，公、母羊均无角，但有角痕、有髯。背腰平直，四肢劲健端正，蹄质坚实致密。黑色羊占 70%以上，其余为白色或杂色。

(3)生产性能　承德无角山羊成年公羊体重 45～65 kg，成年母羊 35～45 kg。成年羯羊育肥后屠宰率为 48%～53%。板皮质量好。成年公羊产绒量为 215～245 g，成年母羊为 100～140 g。承德无角山羊 5 月龄左右性成熟，公羊初配年龄为 1.5 岁，母羊为 1 岁，一般年产一胎，产羔率 110%。

二十三、槐山羊

(1)产地与分布　槐山羊分布在河南周口、驻马店、商丘、许昌、开封、安阳、新乡等地区。因其所产板皮自“中清”以后多集中于河南省沈丘县的“槐店镇”出口，故名槐山羊。

(2)外貌特征　槐山羊体格中等，身体匀称，公羊雄健，母羊清秀，分有角(占 43.03%)、无角(占 56.97%)两个类型。有角羊体格小于无角羊，无角羊具有三长(即颈长、腿长、腰身长)的特征。槐山羊被毛短，毛色全白者居多，占 91.78%，黑色占 1.74%，青色占 2.03%，浅棕色占 2.05%，花色占 2.4%。部分羊颈下长有一对肉垂。蹄质坚硬结实，呈蜡黄色。槐山羊属于皮、肉、毛兼用品种。

(3)生产性能　成年公羊平均体重 35 kg，母羊平均体重 34 kg，周岁羯羊屠宰率 50%，净肉率 40%。槐山羊性成熟早，初配月龄 6～7 月龄，全年均可发情配种，一般一年两胎或两年三胎，产单羔母羊占 15.5%，双羔占 45.3%，三羔占 29.2%，四羔占 10.0%。槐山羊板皮质量好，拉力强而柔软，是制革的上等原料。

二十四、板角山羊

(1)产地与分布　板角山羊主产于重庆市城口、巫溪、武隆县和四川省万源市等地，是当地群众长期选育而成的皮、肉兼用地方山羊品种。

(2)外貌特征　板角山羊公、母羊均有角，公羊角粗大，角宽而扁平，向后方弯曲延伸，鼻梁平直。背腰平直，肋骨开张良好，体躯呈圆桶状，四肢粗壮。被毛以白色为主，少量为黑色和杂色。

(3)生产性能　成年公羊体重 40.55 kg，成年母羊 30.34 kg；周岁公羊 24.64 kg，周岁母羊 21.00 kg。板角山羊成年羯羊宰前活重 38.90 kg，胴体重 20.18 kg，净肉重 16.34 kg，屠宰率达 55.6%。板皮质地致密，弹性好，皮板面积大。板角山羊公、母羊 6～7 月龄达性成熟，一般两年产三胎，产羔率 184%。

二十五、圭山山羊

(1)产地与分布　圭山山羊主产于云南省路南县为中心的圭山山脉一带，主要分布于云南彝族支系撒尼族聚居的路南、宜良、弥勒、泸西、陆良、师宗等县。

(2)外貌特征　圭山山羊属于乳肉兼用地方山羊品种。该品种羊头小额宽，公、母羊均有角，颈扁浅，鬐甲高而略宽，胸宽、长，背腰平直，尻部稍斜，体驱丰满，四肢坚实。全身黑色者占 70.21%，被毛粗短并富有光泽。

(3)生产性能　成年公羊体重为 43.63 kg，母羊为 43.52 kg；周岁公羊体重为 28.28 kg，母羊为 28.42 kg，屠宰率为 40.6%～44.3%。产羔率达 155.9%。

第六节　我国培育的主要山羊品种

一、陕北白绒山羊

(1)产地与分布　陕北白绒山羊产区位于陕西省北部地区，主要分布在榆林、延安两市的榆阳、横山、靖边、神木、府谷、佳县、绥德、甘泉、宝塔、延长、安塞、子长等县区。

(2)育成简史　陕北白绒山羊是从1977年开始利用辽宁绒山羊作父本，本地黑山羊为母本，采用级进杂交的方法，在杂种中选择理想型个体横交，自群繁育，经过20余年的选育形成的一个以绒为主，绒肉兼用的山羊新品种，2002年通过国家畜禽品种审定委员会的审定，2003年被农业部批准为新品种。

(3)外貌特征　陕北白绒山羊，全身被毛白色，毛绒混生，清晰易辨。外层着生长而稀的发毛和两型毛，内层着生密集的绒毛。体格中等，结构匀称。头轻、额顶有长毛，颌下有髯。公羊角粗大，呈螺旋式向上两侧伸展。母羊角细小，向上向后外侧伸展。颈宽厚，胸深背直，四肢端正，蹄质坚实，尾短上翘。

(4)生产性能　陕北白绒山羊成年体重公羊平均为41.2 kg，母羊为28.7 kg。成年公羊产绒平均为723 g，成年母羊为430 g。周岁公羊产绒量平均为448.38 g，周岁母羊为332.4 g。成年公羊、母羊的绒纤维自然长度平均为6.1 cm、4.96 cm；周岁公羊、母羊绒纤维的自然长度分别为4.95 cm、4.7 cm；绒纤维直径13.19～14.56 μm。1.5岁羯羊屠宰率为45.6%，净肉率为31.2%。陕北白绒山羊7～8月龄达到性成熟，产羔率105.8%。

二、柴达市绒山羊

(1)产地与分布　柴达木绒山羊主要分布在青海省西北部、青藏高原北部的海西蒙古族藏族自治州境内的柴达木盆地。产区是四面环山的内陆盆地，海拔2 600～3 200 m，年平均气温3.3～4.4℃，降水量25.1～179.1 mm，无霜期88～218 d，生长的植物多属旱生、超旱生型，即以芦苇、蒿草、树柳等为优势的植物。植被稀疏，耐盐碱，草原大多属沼泽和荒漠、半荒漠草场。

(2)育成简史　引入辽宁绒山羊为父本，当地柴达木山羊为母本，进行级进杂交，从杂种二代中选择性能优良的个体进行横交固定，经过17年的不断选择和培育而成。

(3)外貌特征　柴达木绒山羊被毛纯白，体质结实，结构匀称、紧凑。面部清秀，鼻梁微凹。公母羊均有角，公羊角粗大，向两侧呈螺旋状伸展；母羊角细小，向上方呈扭曲伸展。侧视体型呈长方形，后躯稍高，四肢端正有力。被毛呈松散的毛股结构，外层有髓毛较长，光泽良好。

(4)生产性能　体重成年公羊35.86 kg，成年母羊27.16 kg；育成公羊19.23 kg，育成母羊16.24 kg。成年羊体侧绒毛自然长度在6 cm以上，净绒率在62%以上。羊绒细度成年公羊为14.16 μm，成年母羊为14.49 μm；育成公羊为13.61 μm，育成母羊为13.79 μm。产绒量成年公羊487 g，成年母羊为397 g；育成公羊为340 g，育成母羊为378 g。柴达木绒山羊具有良好的抗御高寒自然灾害的能力和放牧抓膘能力，在秋季满膘时屠宰率在44%以上，成年母羊产羔率105%左右。

三、罕山白绒山羊

(1)产地与分布　罕山白绒山羊主产区在内蒙古自治区赤峰市的巴林右旗，主要分布在大兴安岭南段罕山脚下的哲里木盟和赤峰市的6个县旗。产区内草原辽阔，主要牧草有羊草、针茅、冰草、胡枝子、冷蒿等。

(2)育成简史　赤峰市从20世纪60年代末开始有计划地通过本品种选育和适当导入辽宁绒山羊外血，于1994年末完成该品种的育种任务，1995年由内蒙古自治区人民政府进行了品种验收和命名。罕山白绒山羊有较好的耐寒、耐粗饲能力。

(3)外貌特征　该品种体质结实、结构匀称、背腰平直。面部清秀,眼大有神,两耳向两侧伸展或半垂,额前有一束长毛,有下颌须。四肢强健,蹄质坚实,善于登山远牧,姿势雄健,行动敏捷,蹄夹有长毛。公、母羊都有板角,公羊有扁螺旋形大角,向后、外、上方扭曲伸展,母羊角细长。全身绒毛纯白,分内外两层,外层为长粗毛,光泽良好,内层为细绒毛。

(4)生产性能　罕山白绒山羊成年公羊体重 60 kg,成年母羊 45 kg。成年公羊产绒量 753.7 g,成年母羊 500.4 g;育成公羊产绒量为 490.7 g,育成母羊为 447.4 g。成年公羊绒长为 6.0 cm,成年母羊为 5.5 cm;育成公羊绒长为 5.4,育成母羊为 5.2 cm。绒毛比为 54∶46,净绒率为 65%以上,羊绒细度 13～16 μm。在放牧条件下,成年羯羊屠宰率为 46%。母羊产羔率为 103%～109%。

四、乌珠穆沁白绒山羊

(1)产地与分布　乌珠穆沁白绒山羊主要分布于内蒙古自治区锡林郭勒盟的东乌珠穆沁旗、西乌珠穆沁旗、阿巴嘎旗和锡林浩特市。产区气候属典型大陆性气候,春季干旱风大,夏季短而炎热多雨,秋季气候湿润,凉爽适宜,冬季寒冷漫长,无霜期 108～118 d,年平均气温 0.3～1.3℃,年平均降水量为 250～350 mm。产区草场类型大部分为典型草原,其次为草甸草原。

(2)育成简史　乌珠穆沁白绒山羊是当地从 20 世纪 80 年代中期开始采用本品种选育的方法培育的,于 1994 年被内蒙古自治区命名为新品种,为绒、肉兼用山羊品种。

(3)外貌特征　乌珠穆沁白绒山羊体格高大,体质结实,结构匀称,胸宽而深,背腰平直,后躯稍高,体长略大于体高,近似长方形,公羊有角,母羊部分无角,被毛全白,光泽良好。

(4)生产性能　成年公羊体重 55 kg,成年母羊 45 kg;育成公羊 40 kg,育成母羊 35 kg。成年公羊产绒量 400 g,成年母羊 350 g;育成公羊 350 g,育成母羊 300 g。绒纤维直径 13～16 μm,净绒率 60%以上。母羊产羔率 114.8%。

五、南江黄羊

(1)产地与分布　南江黄羊主要分布在四川省南江县及其毗邻地区。

(2)育种简史　20 世纪 60 年代开始,以努比亚山羊、成都麻羊为父本,南江县本地山羊、金堂黑山羊为母本,采用复杂育成杂交方法培育而成的,1998 年被农业部批准为肉羊新品种。

(3)外貌特征　南江黄羊公、母羊大多数有角,头型较大,耳长大,部分羊耳微下垂,颈较粗,体格高大,背腰平直,后躯丰满,体躯近似圆筒形,四肢粗壮。被毛呈黄褐色,毛短而紧贴皮肤、富有光泽,面部多呈黑色,鼻梁两侧有一条浅黄色条纹。公羊从头顶部至尾根沿脊背有一条宽窄不等的黑色毛带。前胸、颈、肩和四肢上端着生黑而长的粗毛。

(4)生产性能　南江黄羊具有体格大、生长发育快、四季发情、繁殖率高、泌乳力好、抗病力强、耐粗放饲养、适应能力强、产肉力高及板皮质量好的特性。

成年公羊体重为 66.87 kg,成年母羊体重为 45.64 kg。6 月龄屠宰前体重可达 21.55 kg,胴体重 9.71 kg,净肉重 7.09 kg,屠宰率 47.01%;周岁羊上述指标相应为 30.78 kg、15.04 kg、11.13 kg 和 49%。南江黄羊常年发情,8 月龄可配种,能年产两胎或两年三胎,双羔率达 70%以上,群体产羔率 205.42%。该品种因含努比亚山羊的血液,而具有较好的产乳力。板皮质量优良,保存了成都麻羊板皮的品质特性。

六、关中奶山羊

(1)产地与分布　关中奶山羊原产于陕西的渭河平原(又称关中盆地),现主要分布在关中盆地的富平、蒲城、泾阳、三原、扶风、千阳、宝鸡、渭南、临潼、蓝田等县。

(2)育成简史　关中奶山羊主要是利用萨能奶山羊杂交地方山羊,经长期选育提高而育成的乳用品种。

(3)外貌特征　关中奶山羊体质结实,乳用型明显,具有头、颈、躯干、四肢长的"四长"特征。公羊头大,额宽,眼大耳长,鼻直嘴齐。颈粗,胸部宽深,背腰平直,外形雄伟,尻部宽长,腹部紧凑。母羊乳房大,多呈圆形,质地柔软,乳头大小适中。公、母羊四肢结实,肢势端正,蹄质结实,呈蜡黄色。毛短色白,皮肤粉红色,部分羊耳、鼻、唇及乳房有大小不等的黑斑。

(4)生产性能　成年公羊体重 65 kg 以上,成年母羊体重 45 kg 以上。在一般饲养条件下,优良个体平均产奶量一胎 450 kg、二胎 520 kg、三胎 600 kg、高产个体 700 kg 以上,乳脂率 3.8%。一胎产羔率平均 130%,二胎以上产羔率平均 174%。

七、崂山奶山羊

(1)产地与分布　主要分布在山东东部、胶东半岛及鲁中南等地区。

(2)育成简史　崂山奶山羊主要是利用引进的萨能山羊与青岛崂山等地的地方山羊杂交,经长期选育提高而育成的奶山羊品种。

(3)外貌特征　崂山奶山羊毛色纯白,毛细短,皮肤呈粉红色,富弹性,成年羊头部、耳及乳房皮肤多有淡黄色斑。公、母羊多无角,体质结实,头长额宽,鼻直、眼大、嘴齐、耳薄。公羊颈粗短,母羊颈薄长。胸部宽广,肋骨开张良好,背腰平直,尻略向下斜。母羊腹大而不下垂,乳房附着良好,基部宽广,上方下圆,乳头大小适中。

(4)生产性能　成年公羊体高 80～88 cm,体重 80.1 kg,成年母羊相应为 68～74 cm 和 49.6 kg。母羊平均产奶量 497 kg。当年母羔一般在 8 月龄以上、体重 30 kg 以上即参加配种,产羔率平均为 180%。

八、延边奶山羊

(1)产地与分布　延边奶山羊主要分布在吉林省延边朝鲜族自治州,位于吉林省东部山区和半山区。

(2)育成简史　延边奶山羊以本品种选育为主,建立品系,并有计划地适当引进纯种萨能奶山羊种公羊,进行导入杂交,1987 年通过品种鉴定验收。

(3)外貌特征　延边奶山羊体质健壮,结构匀称,全身白色,四肢端正。母羊外貌清秀,头、颈、躯干、四肢较长,胸部丰满,尻长而宽,乳房大,基部宽广,形状方圆形,乳头大小适中;公羊高大雄健,头较宽,耳背粗圆,胸部宽深,背腰宽大。延边奶山羊具有耐粗饲、适应性强、产奶量高、体型大的特点。

(4)生产性能　延边奶山羊成年公羊平均体重 69 kg,成年母羊平均体重 55 kg。成年母羊一个泌乳期平均产奶量为 597.85 kg,头胎母羊产奶量 418.97 kg,乳脂率为 4.3%。羯羊屠宰率为 49%,净肉率为 33%。经产母羊产羔率为 198.24%。

第七节　引入我国的山羊品种

一、波尔山羊

(1)产地与分布　波尔山羊(Boer goat)原产于南非共和国，现已分布到非洲、德国、加拿大、澳大利亚、新西兰及亚洲等国。

(2)育成简史　波尔山羊的真正起源尚不清楚，但有资料说可能来自南非洲的霍屯督人和游牧部落斑图人饲养的本地山羊，在形成过程中还可能加入了印度山羊、安哥拉山羊和欧洲奶山羊的基因。南非波尔山羊大致可分为5个类型，即普通型、长毛型、无角型、土种型和改良型。目前世界各国引进的主要是改良型波尔山羊。

(3)外貌特征　头大额宽，鼻梁隆起，嘴阔，唇厚，颌骨结合良好，眼睛棕色，目光柔和，耳宽长下垂，角坚实而向后、向上弯曲。颈粗壮，长度适中。肩肥宽，颈肩结合好。胸平阔而丰满，鬐甲高平。体长与体高比例合适，肋骨开张良好。腹圆大而紧凑，背腰平直，后躯发达，尻宽长而不斜，臀部肥厚但轮廓可见。整个体躯呈圆桶状。四肢粗壮，长度适中。全身被毛短而有光泽，头部为浅褐色或深褐色。两耳毛色与头部一致，颈部以后的躯干和四肢均为白色。全身皮肤松软，弹性好，胸部和颈部有皱褶，公羊皱褶较多。

(4)生产性能　羔羊初生重3～4 kg，断奶前日增重可达200g以上，6月龄体重可达30 kg。成年公羊体重90～130 kg；成年母羊体重60～90 kg。波尔山羊的屠宰率8～10月龄时为48%，周岁、2岁、3岁时分别为50%、52%和54%。公、母羔5～6月龄时性成熟，但公羊应在周岁后正式用于配种，母羊的初配时间应为8～10月龄，母羊平均产羔率为160%～200%。

(5)利用情况　该品种已被世界上许多国家引进，通过改良当地山羊提高其产肉性能，各杂交组合均表明出明显的改良效果。因此，该品种被推荐为杂种肉山羊的终端父系品种。我国波尔山羊自1995年首次引进以来，发展迅速，已遍及全国各地，对国内肉山羊业的发展起到了积极的推动作用。

二、萨能奶山羊

(1)产地与分布　萨能奶山羊(Saanen dairy goat)是世界著名的奶山羊品种，原产于瑞士泊尔尼州西南部的萨能地区，中国从1904年开始在青岛的崂山及胶东等地先后从德国、英国及苏联引入，用于奶山羊品种的培育。

(2)外貌特征　萨能奶山羊公、母羊多无角，大多有须，有些颈部有肉垂，耳长直立，被毛白色或淡黄色。公羊颈粗壮，母羊颈细长。胸部宽深，背腰长而平直，后躯发育好，四肢结实，呈明显楔状体型，母羊乳房发育良好。

(3)生产性能　成年公羊体重75～100 kg，成年母羊50～65 kg。母羊泌乳期8～10个月，年平均产奶量600～1 200 kg，乳脂率3.2%～3.8%，母羊产羔率160%～220%。

(4)利用情况　许多国家都用它来改良当地山羊品种，并培育出了不少的奶山羊新品种。我国1904年前后在山东省青岛市由外国传教士引入。20世纪30年代，山东、河南、河北、陕西等省饲养量不断增多。20世纪80年代，陕西、四川、甘肃、辽宁、福建、安徽和黑龙江等省又从国外引入了大量的萨能山羊。萨能奶山羊参与了关中奶山羊、崂山奶山羊等新品种的育成，对我国奶山羊产业的发展起了很大作用。

三、努比亚山羊

(1)产地与分布　努比亚山羊(Nubia goat)原产于非洲东北部的努比亚地区及埃及、埃塞俄比亚、阿尔及利亚等，在英国、美国、印度、东欧及南非等国都有分布。我国 1939 年曾引入，饲养在四川省成都等地。

(2)外貌特征　该品种羊头较短小，鼻梁隆起，两耳宽大下垂，颈长，躯干短，尻短而斜，四肢细长。公、母羊多无须无角，个别公羊有螺旋形角。被毛细短有光泽，色杂，有暗红色、棕色、乳白色、灰色、黑色及各种杂色。母羊乳房发达，多呈球形，基部宽广，乳头稍偏两侧。

(3)生产性能　成年公羊体重 70～80 kg，成年母羊体重 40～50 kg，泌乳期较短，仅有 5～6 个月，盛产期日产奶 2～3 kg，高产者可达 4 kg 以上。乳脂含量高，为 4%～7%，鲜奶风味好。母羊繁殖力强，一年可产 2 胎，每胎 2～3 羔。

(4)利用情况　20 世纪 80 年代以来，广西壮族自治区、四川省简阳市、湖北省房县等先后数批从英国和澳大利亚等国引入饲养繁育和利用，用于改良当地山羊，改良效果较好。

四、安哥拉山羊

(1)产地与分布　安哥拉山羊(Angora goat)起源于土耳其安纳托利亚高原中部和东南部地区，并以中部地区安哥拉为中心，是生产优质马海毛的古老培育品种。现主要分布在土耳其、美国、南非、阿根廷、俄罗斯、澳大利亚、亚洲等国。

(2)外貌特征　安哥拉山羊公、母羊均有角，全身白色，体格中等。毛被由波浪形或螺旋状的毛辫组成。安哥拉山羊毛叫马海毛，羊毛有丝样光泽，手感滑爽柔软。

(3)生产性能　安哥拉山羊成年公羊平均体重 50.83 kg，成年母羊 32.88 kg。羊毛长度 19.55 cm。剪毛量 3.6 kg，母羊产羔率 100%～110%。

(4)利用情况　美国、南非、法国、俄罗斯、新西兰、苏联、澳大利亚等国均引入了该品种并成功饲养。我国于 1984 年开始引进，目前主要饲养在陕西、内蒙古、山西、甘肃等省(区)。

复习思考题

1. 简述绵、山羊品种分类方法。
2. 试述我国主要地方优良绵羊品种及其特征特性。
3. 试述我国主要地方优良山羊品种及其特征特性。
4. 简述澳洲美利奴羊特点及其在我国养羊业的应用。
5. 简述近几年来我国引进的主要肉用绵羊品种及其特点。
6. 简述波尔山羊品种特点及其在我国的应用效果。
7. 简述萨能奶山羊品种特点及其在我国养羊业的应用。

第四章 羊的遗传育种

第一节 羊的主要性状遗传特点

一、性状的分类

从育种学的角度可将羊的性状划分为生物学性状和经济性状。羊的生物学性状，是使羊群或个体能生产一种或数种可供人们利用的产品的性状；经济性状是指包含羊产品在内具备经济价值的性状，例如产毛量、产绒量、产肉量、产奶量和产羔数等，经济性状与养羊业生产的经济效益关系最为密切。

从遗传学的角度可将羊的性状分为质量性状和数量性状。羊的性状如毛被的黑与白、角有与无等称质量性状。质量性状比较稳定，不易受环境条件的影响，它们在群体内的分布是不连续的，杂交后代的个体可以明确地分组，因而可以计算杂交子代各组个体数目的比率，分析基因分离、基因重组以及基因连锁等遗传行为。

数量性状是指在一个群体内的各个体间表现为连续变异的性状，如毛长度、产毛量、产绒量、初生重、断奶重、日增重、屠宰率等。

二、质量性状的遗传

在遗传上，质量性状受一对或几对基因控制，从表现型就可明显地区别出它们的基因型。因此，了解和掌握质量性状的特征特性及遗传规律，在羊的选种、选配、制定育种方案等方面，具有十分重要的意义。

(一)毛色的遗传特点

绵、山羊的毛色与它们的经济价值有直接关系，绵羊毛、山羊绒、羔皮、裘皮等的颜色是育种中要考虑的重要性状。在羊的育种过程中，对毛色的选择主要是为了保留有经济意义的毛色，或消除影响毛产品经济价值的毛色。

1. 绵羊毛色遗传特点

绵羊毛色的表现型主要有 3 种：白色、黑色和褐色。从遗传学角度讲，Roberts 和 White 认为，绵羊存在有 6 种毛色类型：黑色(亚洲品种、威尔士山地品种)、显性褐色(亚洲品种)、白色(显性白色——英国长毛种、美利奴等)、隐性白色(具有隐性毛色基因的双亲间杂交而产生的个体)、隐性黑色(多数欧洲绵羊品种)、隐性褐色(挪威古老的“红色绵羊”)。Rea 指出，由于人们往往把白色看作是标准毛色，因此，对“显性”、“隐性”的理解，则取决于同白色绵羊杂交时所生的杂合体的毛色表现。

绵羊有 5 个主要的基因座(A、B、C、E 和 S)控制色素的形成。基因座 A 上有 6 个等位基因系列，在这个系列中存在着下列顺序的显性系列关系：$A_1=A^{wh}$(白色)、$A_2=A^{g}$(灰色)、$A_3=A^{b}$(黑色獾脸)、$A_4=A^{w}$(摩弗仑型)、$A_5=a$(单一色型)、$A_6=A^{gw}$(灰色摩弗仑型)。最高位的显性基因(A^{wh})产生全白毛色，它抑制所有深褐色素的产生，而处于低下位的隐性基因(a)产生单一色，允许深褐色素充分产生，可能与全黑毛色表型有关。A^{gw} 基因则是 A^{g} 和 A^{w} 两个基因影响的总和。A^{g}、A^{b}、A^{w}、A^{gw} 为 4 个处于中间位置的等位基因，控制黑色和灰色，并抑制"獾脸"型毛色出现。Adalsteinsson(1970)将 A 基因座上等位基因的关系概括为表 4-1。

表 4-1　A 位点等位基因的表现型和支配关系

等位基因[1]	产生的毛色类型	主要作用	对其他基因的显性关系	对其他基因的隐性关系
$A^{wh}(A_1)$	白色	抑制所有深色素形成，允许产生黄色	全部	没有
$A^{gw}(A_6)$	灰色摩弗仑	抑制底层毛和腹毛的深色素形成	A^{g}、A^{w}	A^{wh}
$A^{g}(A_2)$	灰色	抑制底层毛深色素形成	a	A^{wh}、A^{gw}
$A^{w}(A_4)$	摩弗仑型	抑制腹毛深色素形成	a	A^{wh}、A^{gw}
$A^{b}(A_3)$	獾型	抑制体上部深色素形成	a	A^{wh}
A^{re}[2]	红眼圈	眼睛周围产生红斑块	a	A^{wh}、A^{b}
$a(A_5)$	单一毛色	不抑制深褐色素、不产生黄褐色素	没有	全部

注：(1)括号内字目 Adalsteinsson(1970)用的名称。
(2)还未进行繁殖试验。

Adalsteinsson(1960，1970)还指出，A 系列基因对于另一条染色体上的黑色(B)和褐色(b)基因是上位作用，并且黑色优势于褐色。E 基因座上有两个等位基因，较广泛地分布在培育品种中，其中 E^{d}—显性黑色，E—隐性黑色。在 E^{d} 基因存在下，产生 BB 和 Bb 显性黑色，并抑制了 A 位点上所有基因的影响；等位基因 E 是隐性的，它可允许 A 位点上的基因充分表现。S 基因座上同样有两个等位基因，S—显性，控制个体被毛的整体着色，产生全色绵羊；s—隐性，产生斑点毛色，即当 S 基因在纯合状态时，便产生白色斑块毛被，但其表现程度因受修饰基因的影响而变化很大。

现代绵羊育种工作中，人们可以利用毛色遗传的规律，培育和生产毛色符合理想要求的品种或个体。例如，Adalsteinsson 在罗曼诺夫羊的毛色遗传研究中发现，$A^{g}A^{g}$ 纯合体绵羊是淡灰色，其毛皮质量没有具深灰色毛皮的 A^{g}a 绵羊价值高，因此他提出下列繁殖 $A^{g}a$ 基因型绵羊的方法。

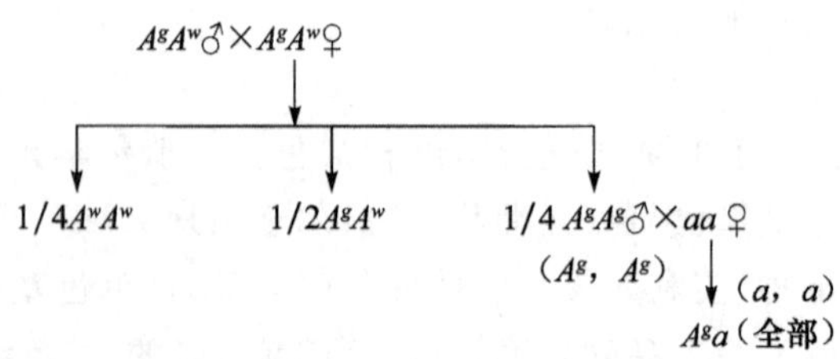

决肯·阿尼瓦什等对巴什拜羊的毛色进行了遗传研究。巴什拜羊主要有黑、红褐、白 3 种颜色。其中，红褐色毛较为普遍，其次为黑色，最少见的是白色毛。黑色对红褐色和白色均为显性，红褐色对白色为显性，白色属隐性，巴什拜羊的毛色由 3 对复等位基因所决定，而且这 3 对复等位基因之间存在着显性等级现象。

澳洲美利奴羊白色基因 W 为显性，黑色基因 w 为隐性，全白个体的基因型为 WW 或

Ww，黑色个体为 ww。若要使羊群为纯白色，必须淘汰黑色个体，并通过测交方法选择纯基因型 WW 的白色公羊作为种用。

作为羔皮用的卡拉库尔羊，羔皮图案不仅美观，而且具有各种天然毛色。它的毛色主要由 3 个等位基因控制，黑色对褐色和白色都是显性，褐色对白色是显性。在羔羊时期，主要表现为黑色和褐色，长大后毛色都转为灰白色。为了生产黑色卡拉库尔羔皮，必须选择基因型纯黑公羊。基因型纯黑公羊（HH）和杂黑公羊（Hh）在外表上是区分不出来的，可以通过测交来鉴别。测交的方法是用褐色母羊（hh）与不知基因型的黑色公羊交配，如果所产生 5～7 个后代子女无一褐色，则说明被测公羊是纯黑的。其图解如下。

$HH \times hh$	$Hh \times hh$
纯黑×褐色	杂黑×褐色
↓	↓
Hh	Hh　hh
黑色	黑色　褐色
	1∶1

由上图可见，纯黑公羊（HH）的后代，虽然基因型（Hh）是杂合的，但表现型都是黑色的；而杂黑公羊（Hh）的后代表现型为黑色（Hh）或褐色（hh）的概率各为 1/2。由此推算，被测公羊若是杂黑的话，它生 1 个子女是黑色羔，其概率是 1/2，生 2 个子女都是黑羔，其概率为 $1/2 \times 1/2 = 1/4 = (1/2)^2$，生 5 个子女全是黑羔，其概率为 $(1/2)^5 = 0.031 < 5\%$。所以，当我们对不知基因型的黑公羊与褐色母羊进行测交时，若生的 5 个子女全是黑色的，就认为这只公羊只有 5%的可能是杂合的，有 95%以上的可能是纯基因型黑公羊。

在用细毛羊杂交改良蒙古羊的实践中，为了获得全白的改良羊，必须选择纯白的细毛公羊，蒙古羊也应选用全白的母羊，这样经过 3～4 代的级进杂交和选择，可以得到几乎全白的改良羊。

2. 山羊毛色遗传特点

山羊毛色的表现型主要有白色、黑色、灰色、褐色、棕色、棕褐色，且有黑色或暗色的背线。山羊主要的毛色变异是由少数基因座控制的孟德尔性状。

（1）制约毛色遗传的主要基因座　以欧洲、西亚和东南亚山羊群体为对象进行的研究，主要揭示了以下 4 个基因座。

①野生型座位 A。此座位即 agoutiv locus。这个座位上现已证实两个显隐性关系完全的等位基因。显性基因 A 决定山羊的野生型毛色，基础毛色为浅黄、褐、深红褐，颜面、背线、腹底、四肢、肩侧有黑章。这种毛色被认为是山羊的原始类型，国外通称 Bezoar（野生型）毛色。其等位的隐性基因决定单黑色，其纯合子表现为非野生型的黑色被毛。

②稀释毛色因子座位 D。此座位即 locus of color dilution factor，这个座位上只有一对等位基因。显性基因 D 决定深色，如黄、褐、红、黑等。其隐性基因 d 使毛色淡化，其纯合化会使在 A 座位的一对等位基因为 AA 或 Aa 的个体的基础毛色成为银色（仍然有黑色的颜面、背线、腹底、四肢和肩侧），以致成为"银色 Bezoar"山羊；d 还使黑色淡化为青色（灰色）。因此 A，D 两座位基因间互作形成的毛色类别如下：

$A\_D\_$：典型野生型，即一般 Bezoar 毛色；　$aaD\_$：黑色；

A_dd：银色野生型，即 silver Bezoar 毛色；　$aadd$：青色。

③“上位白”座位 I。此座位即 locus of the “interaction white”。这个座位上有 I 和 i 一对等位基因。I 决定纯白色、淡奶油色；i 决定有色。I 对 i 为近乎完全的不完全显性，同时又是其他所有现知主基因座上各个等位基因的上位基因。所以，只要个体在这个座位上有一个显性的 I 基因，就表现为纯白色、淡奶油色或非常接近纯白色，基本上可以满足生产性羊群对白色绒毛、羔皮和裘皮的需要；但杂合子 Ii 和纯合子 II 的毛色表现基因 A 座位的基因组成情况往往稍有不同。即当个体在 A 座位为隐性基因纯合态 aa（也就是就这两个座位而言基因型为 $Iiaa$）时，表现为稍有淡蓝色感的纯白色，眼睑、鼻、唇、乳房等部位裸露的皮肤颜色深暗，蹄角为黑褐色。白色羊有多种可能的基因型，在同色配种的情况下有产生各种毛色子代的可能。

④白斑座位 S。在畜牧学上称为 Whitespot- locus。在 S 座位现已发现三种基因的复等位系列。基因 S^t，决定吐根堡山羊式的白斑：在有色毛的基础上，颜面两侧有白色纵纹（即我国北方俗称的“四眉”），腹底和四肢为白色，类似于海福特牛的白斑图案。基因 S^d 决定躯干的纵向白带，俗称“荷兰带”，类似于汉普夏猪品种的白斑图案。第三个基因是决定全色（即没有白斑）的基因 s。S^t 和 S^d 基因对于 s 基因都具有完全的显性，目前尚未查清 S^t 基因和 S^d 基因之间的显隐性关系。有的学者认为，山羊、牛和其他许多哺乳动物种中都有功能范围和变异类型都很相似的 S 基因座。他们估计不同种的 S 基因座位在系统进化上是同源的。

白斑、黑章面积以及野生型（Bezoar）山羊毛色深浅的变异分别由不同的修饰基因系列决定，属微效多基因遗传。

（2）典型毛色的基因型　几种典型毛色的基因型可归纳如下：

纯白色、淡奶油色：II 或 $IiA\_$（无论其他座位如何）；野生型：iiA_D_ss；

略有淡蓝色感的纯白色：$Iiaa$（无论其他座位如何）；银色野生型：iiA_ddss；

兼有“吐根堡白斑”的野生型：$iiA\_D\_S\_$；黑羊：$iiaaD\_ss$；

兼有“荷兰带”的野生型：$iiA\_D\_S^d\_$；有“吐根堡白斑”的青羊：$iiaaddS^t\_$；

兼有“吐根堡白斑”的银色野生型 $iiA\_ddS^t\_$。

（3）尚未解决的毛色遗传问题

①南亚和北非的“努比亚型”山羊中常见的花斑（褐色或黑色基础毛色上散布着星状白斑）的遗传基础如何，这种基因型作为尚未利用的遗传资源，具有开发新型花纹羔皮的潜在可能性。

②从西亚到中国北方的“平原型”山羊中存在的头部、四肢部的短毛为黑色，躯干部长毛为白色的变异类型，其遗传基础是否是“荷兰带”还需进一步研究。

③黑山羊生产的紫绒色调的深浅（不同个体、不同部位、不同年度有很大变异）存在何等程度的遗传制约性，有无可能通过选种和饲养管理规范化，创造出色调均匀、可以免除脱染色工艺的紫绒品种。

（4）绒山羊毛色遗传特点　李远超等对新疆阿克苏绒山羊 2 100 只羔羊的毛色遗传进行分析发现：①该群体中白、黄、黑 3 种毛色由 3 个复等位基因 W、Wy、Wb 组成的 6 种基因型 WW、WWy、WWb、$WyWy$、$WyWb$、$WbWb$ 所支配。②3 个复等位基因的关系为白色基因 W 对黄色基因 Wy 和黑色基因 Wb 为显性；Wy 对 Wb 为显性，对 W 为隐性；Wb 为绝对隐性。③群体中 W、Wy、Wb 的基因频率分别为 0.523 5、0.259 5 和 0.217 0。

（二）角的遗传特点

角的有无是羊品种特征之一。不同品种和性别的羊，其角的大小、长短、宽窄、扭曲方向、形态、角纹等存在差别。细毛羊一般公羊有角，母羊无角；湖羊公母羊都无角。

绵羊角的遗传是由3个复等位基因控制的，即无角基因 P、有角基因 P' 和在雄性激素作用下才起作用的有角基因 p。P 对 P' 和 p 都呈显性，P' 对 p 呈不完全显性，因此，杂种羊有时表现为小角、姜角、角蕾和角根。因为绵羊角有从性遗传的特点，所以，在养羊生产中，我们一般看到的公羊多表现为有角，母羊则多表现为无角。根据遗传显性原则，有角和无角绵羊的基因型如下：

基因型 PP、PP'、Pp 的公、母羊都表现无角；

基因型 $P'P'$、$P'p$ 的公、母羊都表现有角；

基因型 pp 公羊有角、母羊无角。

因此，具有纯合基因型 PP 的无角公羊与任何基因型的有角或无角母羊交配，其子代均无角；若杂合基因型（PP' 或 Pp）的无角公羊与有角（$P'P'$ 或 $P'p$）母羊交配可产生有角和无角的后代，其概率各为50%。

山羊角的遗传受一对等位基因控制，P 为无角基因，p 为有角基因，而且 P 对 p 为显性。山羊的基因型有三种，即 PP、Pp 和 pp，PP 为无角纯合体，Pp 为无角杂合体，pp 为有角纯合体，所以表现型只有两种，即 PP、Pp 为无角山羊，pp 为有角山羊。用手触摸表型无角山羊的角基（也叫角痕），凡是圆形角基的为纯合体无角山羊（PP），凡是椭圆形角基的为杂合体无角山羊（Pp）。因此，从表型就可选择纯无角公山羊，不必进行测交，可省时、省力。在此要强调一点：纯合体无角母山羊（PP）均为间性，不能生育；纯合体无角公山羊中也有部分羊生殖器官异常，不能生育，称为超雄性。这是由于间性基因与无角基因 P 相连锁在同一条染色体上，当无角基因 P 纯合时（PP），间性基因也同时纯合，于是就发生间性和超雄性现象。为了减少间性羊的产生，必须降低 P 基因的纯合，一般多用无角公羊配有角母羊或用有角公羊配无角母羊，少用无角公羊配无角母羊。在不同交配组合中，可见到如下结果：

用有角公山羊配有角母山羊，其后代全部为有角山羊。

用有角公山羊配杂合体无角母山羊，其后代中50%为有角羊，50%为杂合体无角羊。

用杂合体无角公羊配有角母羊，其后代中50%为有角羊，50%为杂合体无角羊。

用杂合体无角公羊配杂合体无角母羊，其后代中有25%为纯合体无角山羊，25%为有角山羊，50%为无角杂合体山羊。出现12.5%间性羊，性比也会失调。

用纯合体无角公羊配有角母羊，其后代全部为无角杂合体羊。

用纯合体无角公山羊配杂合体无角母羊，其后代中有50%为纯合体无角山羊，50%杂合体无角山羊。出现25%间性羊，性比严重失调。

在无角山羊群体中，出现间性羊的比例，一般为3%～7%。

（三）畸形的遗传特点

畸形产生的原因是多方面的，如营养、胚胎发育中意外致畸和遗传性畸形等。营养性畸形往往限于某一年度、季节、某一地区或饲料、环境条件的改变，一旦条件变好，畸形就停止发生；而遗传性畸形指隐睾、上短颌或下短颌、无毛羔、短耳、短腿、侏儒症、无尾、副乳头等。其表现是在同一羊群中连续几年或几代都出现同一种畸形，某一家系发生的频率高于一般羊群，近亲交配时发生较多。遗传畸形多数为隐性基因所控制，表现正常的种羊也可能携带这种有害基因，因此当羊群中发生畸形或致死现象时，应对种公羊的系谱和后代进行审查，一旦发现属于隐性遗传畸形，则说明父母都带有有害基因，都应立即淘汰携带有害基因的公母羊。

三、数量性状的遗传

绵、山羊数量性状的遗传比质量性状的遗传要复杂得多。数量性状的遗传通常受许多对基因控制，而且在这些基因中除主要以加性方式表现自己外，有些还可能以非加性方式，或加性与非加性二者兼备的方式影响数量性状的表现。例如，胴体品质和重量主要受基因加性作用的影响，繁殖率和存活率则主要受基因的非加性作用影响，断奶重等则受加性和非加性基因的共同影响。几乎所有的受许多对基因控制的数量性状都可能在某种程度上兼受加性和非加性基因共同作用的影响，只是在某一具体数量性状上其表现程度不同而已。

在近代绵、山羊的改良与育种工作中，为了能够正确地掌握绵、山羊数量性状的遗传规律，加快羊群品质改良的遗传进展，常应用以下遗传参数：

1. 遗传力

是指亲代将其经济性状传递给后代的能力。它既反映了子代与亲代的相似程度，又反映了表型值和育种值之间的一致程度。绵、山羊数量性状表型值是受遗传因素与环境因素的共同制约，同时遗传因素中由基因显性效应和互作效应所引起的表型变量值在传给后代时，由于基因的分离和重组而很难固定，能够固定的只有基因加性效应所造成的那部分变量，因此，我们把这部分变量叫育种值变量。在养羊业育种实践中，把育种值变量(*VA*)与表型值变量(*VP*)的比率(*VA*/ *VP*)定为遗传力。由于育种值变量不是直接变量，所以常用亲属间性状表型值的相似程度来间接地估计遗传力。表 4-2 列出了羊主要经济性状遗传力参数。

表 4-2　羊主要经济性状遗传力

类别	性状	遗传力	性状	遗传力
肉用性状	每胎产羔数	0.10～0.15	增重效率	0.20～0.25
	初生重	0.30～0.35	体型	0.20～0.25
	断奶重	0.30～0.35	体况评分	0.10～0.15
	周岁体重	0.40～0.45	屠宰等级	0.20～0.25
	断奶后日增重	0.40～0.45		
胴体性状	腰部脂肪厚度	0.20～0.25	胴体含脂率	0.35～0.40
	腰部眼肌面积	0.40～0.45	胴体瘦肉率	0.30～0.35
	肌肉大理石状	0.20～0.25	胴体等级	0.15～0.20
	肌肉嫩度	0.30～0.35		
细毛羊羊毛性状	面部盖毛	0.40～0.45	污毛量	0.45～0.50
	颈部皱褶	0.25～0.30	毛丛长度	0.40～0.45
	体躯皱褶	0.35～0.40	毛纤维直径	0.50～0.55
	净毛量	0.45～0.50	约 3.3 cm 弯曲数	0.40～0.45

续表 4-2

类别	性状	遗传力	性状	遗传力
绒山羊性状	初生重	0.18	毛长	0.27
	断奶重	0.30	绒细度	0.20
	周岁重	0.35	绒密度	0.24
	产绒量	0.40	毛密度	0.09
	绒长	0.58		

2. 重复力

是指同一个体的同一性状在其一生的不同时期所表现的相似程度。重复力高的性状，可用一次度量值进行早期选择。绵、山羊的数量性状，在其一生中往往要进行多次度量，衡量某一性状各次度量值之间的相关程度就要用重复力值。它可以作为判断遗传力值是否正确的参考，重复力是遗传力的上限，遗传力最高等于重复力，若大于重复力，则表明遗传力估计有误。

绵、山羊性状重复力值受性状的遗传特性、群体遗传结构及环境等因素的影响而变化，所以所测定的重复力值只能代表被测羊群在其特定条件下的重复力。0.6 以上是高重复力；0.3～0.6 为中等重复力；0.3 以下为低重复力。绵羊主要经济性状重复力值见表 4-3。

表 4-3　绵羊主要经济性状的重复力

性　状	重复力	性　状	重复力
产羔率	0.05～0.10	面部盖毛	0.70～0.75
一胎产羔数	0.10～0.15	体躯皱褶	0.65～0.70
初生重	0.30～0.35	颈部皱褶	0.50～0.55
断奶重	0.20～0.25	净毛量	0.60～0.65
体型	0.30～0.35	原毛量	0.40～0.45
体况评分	0.25～0.30	毛丛长度	0.60～0.65
抗蠕虫感染力	0.20～0.25		

3. 遗传相关

绵、山羊的许多性状之间，相互是有联系的，即具有一定的相关性。如细毛羊品种内，同一个体的两个不同性状之间的相关性表现为：羊毛越细，则羊毛越短；体重大，则产毛量高；皱褶多的羊，羊毛长度差，净毛量低，产羔率低等，这种关系称为表型相关。表型相关是由遗传相关和环境相关二者组成。当性状遗传力高时，表型相关主要决定于遗传相关，反之，则决定于环境相关。在绵、山羊遗传改良的育种工作中，主要掌握遗传相关，它是选择公羊时的一项重要依据。

遗传相关是指两个性状间的育种值的相关，也就是亲代某一性状的基因型与子代另一性状基因型的相关。例如，净毛量与原毛重是正遗传相关，按净毛量高选择亲代，就可提高后代的净毛量；皮肤皱褶多少与产羔数量呈负遗传相关，选择皮肤皱褶少的亲代，就可提高后代产羔数。所以，遗传相关用于间接选择，并可以间接估计选择效果。特别是只能在一个性别上度量的经济性状，如母羊的产奶量、产羔数等，在选择公羊时，就要通过公羊亲代与这些性状的遗传相关的计算结果进行。表 4-4 和表 4-5 列举了中国美利奴羊和罗姆尼羊性状表型相关和遗传相关。

表 4-4　中国美利奴羊性状表型相关和遗传相关

性状相关	表型相关	遗传相关	性状相关	表型相关	遗传相关
污毛量—			体重—		
毛长	0.11	0.02	头毛	−0.07	−0.15
体重	0.35	0.15	细度	−0.001	0.34
头毛	0.07	0.12	净毛率	−0.11	−0.08
细度	−0.05	−0.35	产羔数	0.04	0.09
净毛率	−0.01	−0.09	头毛—		
产羔数	−0.03	0.02	细度	−0.04	0.05
毛长—			净毛率	0.06	0.45
体重	0.12	0.10	产羔数	−0.04	0.04
头毛	−0.07	−0.01	细度—		
细度	0.17	0.15	净毛率	0.04	0.12
净毛率	0.20	0.38	产羔数	0.005	0.10
产羔数	0.03	0.19			

表 4-5　罗姆尼羊性状的表型相关和遗传相关

相关性状	表型相关	遗传相关
体重(kg)与净毛剪毛量(kg)	0.23	0.24
净毛剪毛量(kg)与污毛剪毛量(kg)	0.92	0.89
净毛剪毛量(kg)与净毛率(kg)	0.60	0.31
净毛剪毛量(kg)与羊毛长度(cm)	0.55	0.51
净毛剪毛量(kg)与羊毛细度(支)	−0.53	−0.51

第二节　绵、山羊的选种技术

一、选种的意义

选种是羊育种工作中的一个重要环节。选种，就是通过对绵羊或山羊的综合选择，从羊群中选择出符合人们要求的优良的个体作为种用。选种可使优秀个体得到更多的繁殖机会，产生更多的优良羔羊。结果使羊群群体的遗传结构发生定向变化，即有利基因的频率增加，不利基因的频率减少，最终使有利基因纯合个体的比例逐代增多，以达到不断改善和提高羊群整体品质的目的。

任何动物的育种都需要选种，没有选种，也就没有畜群改良。当今世界上所有的动物良种，无一不是人类长期选择和培育的结果，选种具有很大的创造性作用。

二、质量性状的选择

一般认为，质量性状的遗传是由一对或几对基因控制的，其表型受环境影响不大。其遗传方式符合孟德尔法则，即有显隐性、有分离、自由组合、连锁。其表现型与基因型间存在着完全对应关系。我们在育种中可以利用这种对应关系，加快对质量性状的选择进展。

三、数量性状的选择

多数有经济价值的性状都是数量性状，数量性状进行选择时受环境条件影响较大。因此，数量性状的选种必须应用生物统计学和数量遗传学的原理，从性状的表型值中排除环境的影响，并根据多种基因的加性效应，即育种值来进行选择。

（一）影响数量性状选择效果的因素

1. 遗传力

是指在整个表型变异中可遗传的变异所占的百分数，一般用符号 h^2 来表示。一般将遗传力值在 0.4 以上的性状认为是高遗传力，0.2～0.4 为中遗传力，0.2 以下为低遗传力。遗传力一方面直接影响选择反应，如高遗传力性状的选择反应就要比低遗传力的性状大很多。另一方面也影响选择的准确性，如遗传力高的性状，表型选择的准确性也就愈大。

2. 选择差与选择强度

选择差指所选某一性状的表型平均数与羊群该性状的表型平均数之差。从公式 $\Delta G = h^2 \times S$ 可以看出，ΔG（选择反应）值既受遗传力直接影响，也与 S（选择差）值的大小密切相关。必须指出，在影响选择反应的两个因素中，只有选择差是可以由人来调节和控制的。选择差的大小决定于羊群的留种比率和变异程度。留种率越小，性状在羊群中的变异程度越大，则选择差越大，选择的收效也就越大。为了便于比较分析，可将选择差标准化，即除以该性状表型值的标准差（以 σ 代表），所得结果为选择强度（以 i 代表）。用公式表示：$i = S/\sigma$；$\Delta G = i\sigma h^2$。在育种工作中，根据所选性状的遗传力和标准差，结合小样本中选择时的选择强度表（表 4-6），找出与留种比率相应的选择强度，即可预测选择反应。

表 4-6　选择强度 i 查出表

P	i	P	i	P	i	P	i	P	i	P	i	P	i
1	2.665	12	1.667	23	1.320	34	1.078	45	0.880	56	0.704	67	0.541
2	2.421	13	1.627	24	1.295	35	1.058	46	0.863	57	0.689	68	0.526
3	2.268	14	1.590	25	1.271	36	1.039	47	0.848	58	0.674	69	0.511
4	2.154	15	1.554	26	1.248	37	1.021	48	0.830	59	0.659	70	0.497
5	2.063	16	1.521	27	1.225	38	1.002	49	0.814	60	0.644	71	0.482
6	1.985	17	1.488	28	1.202	39	0.984	50	0.798	61	0.629	72	0.468
7	1.918	18	1.458	29	1.180	40	0.966	51	0.782	62	0.614	73	0.453
8	1.858	19	1.428	30	1.158	41	0.948	52	0.766	63	0.599	74	0.438
9	1.804	20	1.400	31	1.138	42	0.931	53	0.751	64	0.586	75	0.424
10	1.755	21	1.372	32	1.118	43	0.914	54	0.735	65	0.570	76	0.409
11	1.710	22	1.346	33	1.097	44	0.896	55	0.720	66	0.555	77	0.394

续表 4-6

P	i	P	i	P	i	P	i	P	i	P	i	P	i
78	0.380	83	0.305	88	0.227	93	0.144	98	0.049				
79	0.365	84	0.290	89	0.211	94	0.127	99	0.027				
80	0.350	85	0.274	90	0.195	95	0.109	100	0				
81	0.335	86	0.259	91	0.179	96	0.090						
82	0.320	87	0.243	92	0.162	97	0.070						

注：P 为留种率(%)。

例如，某羊场羊群平均净毛量为(2.85±0.48)kg，净毛量的遗传力为 0.35，拟淘汰 30%，问经淘汰后，羊群的平均净毛量为多少？选择进展为多少？

已知 $P=70\%$，$i=0.498$，$h^2=0.35$，$S=i\sigma=0.498\times0.48=0.239$。则经选择后羊群平均净毛量为 2.85+0.239=3.089(kg)。羊群选择反应量(选择进展)$\Delta G=h^2\times S=0.35\times0.239=0.084$(kg)。下一代平均净毛量的选择反应可达 2.85+0.084=2.934(kg)。

作为选择的羊群要大些，这样才能减小留种率，加大选择强度，严格选择标准，提高选择进展。在选择生产性能的同时，也要注意种羊的体质。体质是指家畜有机体在遗传因素和外界环境条件相互作用下，所形成的内部和外部、部分和整体、形态和机能在整个生命活动过程中的统一，它体现了有机体在结构和机能上的协调性、有机体对于生活条件的适应性以及其生产性能等特点。结实的体质是保证羊只健康，充分发挥绵、山羊品种所固有的生产性能和抵抗不良环境条件的基础；片面追求生产性能或某些性状指标而忽视了绵、山羊的体质，就有可能导致不良的后果，如引起羊群体质纤弱、外形不良、发病率高、死亡率大等。在绵、山羊杂交育种过程中，随着杂交代数的增加，如果不注意选种选配和相应地改善饲养管理条件，再加上不适当的亲缘繁殖，就可能造成杂种后代的体质纤弱，生活力下降，生产性能低和适应性差。因此，在选择绵、山羊时应当注意选择体质结实的羊。

3. 世代间隔

它以双亲产生种用子女时的平均年龄来计算，即指从这一代到下一代所需的平均年数。如让公、母羊都在 7 月龄时配种，并在头胎羔羊中留种，则种用羔羊出生时的公、母羊双亲年龄都是 7+5=12(月)。世代间隔(GI)=(1+1)/2=1(年)。如从第 3 胎开始留种，以产后 3 个月配种计算，则 GI 延长为 2 年 4 个月。假如连续选择 4 年，则前者可得四代种用羔羊，而后者不足二代；当每个世代的遗传改进量相同时，4 年内选四代的改良速度要比只选二代的快 1 倍多。由于育种需要若干个世代，并且不同品种羊群的成熟和种用年限不同，所以需要根据平均世代间隔来计算每年改进量。公式是：年改进量$=R/GI$。为了缩短世代间隔，可考虑采取提早配种、头胎留种和减少老羊在羊群中的比例等措施。

4. 性状间相关

表型相关反映同一只羊两个性状之间的相互联系，可根据观测到的表型值作出估计。遗传相关表示一只羊的这一性状与其后代的另一性状之间的相互联系，需要进行一代或数代选择才能做出估计。这两种相关的系数值都在－1 和＋1 之间。数值前面冠以“正”、“负”、“无”表示相关的性质，而以“强”、“中”、“弱”表示相关程度。选择中最重要的是遗传相关，因为只有这一部分才是可以遗传的。

羊本身是一个有机整体，机体的各部分与不同性状间存在一定的相关性，例如，体重大的羊剪毛量多，胸围、体长大的羊体重也大。这种相关表现在群体内同一个体的两个不同性状的相互关系上，称为表型相关。表型相关是由遗传与环境两种因素共同构成的。在育种工作中最重要的是基因型相关，即遗传相关。遗传相关是指亲代某一个性状的基因型与子代另一个性状基因型间的关系，如对亲代按污毛量进行选择，则后代净毛量也随之而增加，那么污毛量和净毛量之间的关系则为正的遗传相关。皱褶的遗传力较高(0.35)，选择皱褶少的公羊，可使后代净毛量有较大提高，那么皱褶与净毛量间则为负的遗传相关。

羊主要经济性状间的相关对选种工作有很大意义。例如，在细毛羊选种中，利用性状间相关关系，对剪毛量直接进行选择，在提高剪毛量的同时，毛长与羊毛密度也有所提高。由于污毛量与净毛量之间有高度的相关，而与净毛率几乎无相关，但净毛量与净毛率间有正的相关，所以对净毛率低的品种，不应按污毛量进行选择，而应根据净毛量进行选择。

在选种工作中，我们应根据性状间相关关系，去抓住与一系列性状有着正相关的主要性状，如净毛量与污毛量、净毛率、羊毛密度、羊毛长度以及饲料转化效率等重要性状都有较高的正遗传相关，把净毛量作为主选指标，则其他与之相关的一系列性状就都会得到提高。

如果两性状的遗传力都很低，表型相关值主要决定于环境相关，如果遗传力较高，则表型相关主要决定于遗传相关。因此，在羊的育种工作中，要使群体全面提高，只依靠优良的饲养条件不能达到目的，特别对于遗传力高的性状，关键还在育种。如断乳体重和15月龄体重的遗传相关是高的正相关，选择其中一个性状将会提高另一性状。15月龄体重的遗传力为0.6，比断乳体重的遗传力0.28高很多。若育种工作要求提高断乳重，那么间接选择15月龄体重比直接选择断乳重更为有效。

在育种工作中，正是由于性状之间的相关性，使我们可以通过对另一性状的选择，间接地选择了我们要改良的某个性状，特别是当要改良的某个性状遗传力低，或难以度量，或某个性状在性别上没有表现时(如产奶量)，都可以考虑用间接选择。

5. 选择性状的数目

现以选择单一性状的反应为1，则同时选择几个性状时，每个性状的反应只有 $1/n^{1/2}$。如果同时选择4个性状，则每个性状的进展只相当于单项选择时 $1/4^{1/2}=0.5$。所以选择时一定要突出重点，不要什么性状都同时一起抓。

(二)选种的方法

对于种羊首先要求本身生产性能高、体质外形好、发育正常，其次还要求繁殖性能好、合乎品种标准、种用价值高，这6方面缺一不可。也就是要求种羊不仅要本身的表型好，而且还要有优良的遗传型。

种羊的表型鉴定可根据其本身的生产性能和外貌表现，而鉴定其遗传型，则需根据其亲属的各种遗传信息。种畜的亲属包括祖先、后代和兄弟姐妹等。

绵羊、山羊的选择，一般从以下4个方面进行：

1. 个体选择

根据个体的生长发育、体质、外形及生产力的实际表现来推断其遗传型的优劣。具体方法是，与其所在羊群的其他个体相比，或与所在羊群的平均水平相比，也可与鉴定标准相比。一般都要经历一个从小到大多次选留、逐步淘汰的过程。个体选择对后代遗传改进的影响，取决于所选个体表现型与基因型的相关程度、选择什么性状、选择强度的大小、同时选多少性状以及怎样选法。一般选择遗传力高的性状效果最可靠,进展也最大,而选择遗传力低的性状则可靠性最差。

(1)个体选择方法　个体选择中,当所选性状不止一个时,可采用以下不同方法:

①顺序选择法。指同一时期只选一个性状,当这个性状得到满意的改良后,再致力于选择第二个性状,然后再选择第三个性状,如此顺序递选。此法的效率主要取决于所选性状间的遗传相关。如果性状间呈正遗传相关时,此法可能相当有效;如果呈负遗传相关时,此法则费时费力,效率低。

②独立淘汰法。指同时选择两个以上性状,并对每个性状分别规定出应达到的最低标准,凡全面达到标准者被选留。若有一项未达到标准,即使其他方面都很突出也将被淘汰。此法虽简单易行,但被选留下来的个体,总的表现可能很平常,因而对后代的遗传改进不会很大。

③选择指数法。指根据育种要求,对所选择的每一性状按其遗传力及经济重要性的不同,分别给以不同的加权系数,组成一个综合选择指数,然后按指数高低选种。此法的特点是对所选几个性状有主次之分的综合在一个指数公式中进行同时选择,效果最好。选择指数的计算公式为:

$$I=\sum_{i=1}^{n}W_i h_i^2(P_i/\bar{P}_i)$$

其中:W 为性状的加权值,h^2 为性状的遗传力,P 为个体表型值,$\bar{P}$ 为畜禽群体平均值。

(2)个体品质鉴定的内容　绵、山羊个体品质鉴定的内容和项目,随品种而异。基本原则是以被选择个体品种的代表性产品的重要经济性状为主要依据进行鉴定。具体地讲,细毛羊以毛用性状为主,肉用羊以肉用性状为主,羔裘皮羊以羔裘皮品质为主,奶用羊以产奶性状为主,毛绒山羊则以毛绒产量和质量为主。鉴定时应按各自的品种鉴定分级标准组织实施。

(3)个体品质鉴定的年龄和时间　个体品质鉴定的年龄和时间的确定是以代表品种主要产品的性状已经充分表现,而有可能给予正确的客观的评定结果为准。细毛羊及其杂种羊通常是在1～1.5岁春季剪毛前进行;肉用羊一般在断奶、6～8月龄、周岁和2.5岁时进行;卡拉库尔羊、湖羊、济宁青山羊等羔皮品种是在羔羊出生后2d内进行;滩羊、中卫沙毛山羊等裘皮品种则应在生后1月龄左右,当毛股自然长度达7～7.5 cm时进行;绒毛山羊品种是在1～1.5岁春季抓绒前进行。

(4)个体品质鉴定的鉴定方法和技术　根据育种工作的需要,绵、山羊个体品质鉴定可分为个体鉴定和等级鉴定两种方式。两者都是根据鉴定项目逐头进行,只是等级鉴定不作个体记录,依鉴定结果综合评定等级,作出等级标记分别归入特级、一级、二级、三级和四级,而个体鉴定要进行个体记录,并可根据育种工作的需要增减某些项目,作为选择种羊的依据之一。个体鉴定的羊只包括种公羊、特级、一级母羊及其所生育成羊,以及后裔测验的母羊及其羔羊,因为这些羊只是羊群中的优秀个体,羊群质量的提高必须以这些羊只为基础。

绵、山羊个体品质鉴定前要准备好鉴定圈,圈内最好装备可活动的围栏,以便能够根据羊群头数的多少随意调整圈羊场地的面积,便于捕捉羊。圈的出口处应设鉴定台,台高60 cm,长100～120 cm,宽50 cm,或者在圈出口的通道两侧挖坑,坑深60 cm,长100～120 cm,宽50 cm。鉴定人员和保定羊的人员站在坑内,目光正好平视被鉴定羊只的背部。坑前最好铺一块与地面相平的木板,让羊只站在木板上。鉴定场地里还应分设几个小圈,以分别圈放鉴定后各等级羊只，待整群羊只鉴定完毕后，鉴定人员对各级羊只进行总体复查，以随时纠正可能发生的差错。鉴定开始前，鉴定人员要熟悉和掌握品种标准，并对要鉴定羊群的情况有一个全面了解，包括羊群来源和现状、饲养管理情况、选种选配情况、以往羊群鉴定等级比例和育种工作中存在的问题等，以便在鉴定中有针对性地考察一些问题。鉴定开始时，要先看羊只整体结构是否匀称，外形有无严重缺陷，被毛毛色是否符合品种或育种工作要求，行动是否正常，待羊接近后，再看公羊是否单睾、隐睾，母羊乳房是否正常等，以确定该羊有无进行个体鉴定的价值。凡应进行个体鉴定的羊都应按规定的鉴定项目和顺序严格进行。为了便于现场记录和资料统计，每个鉴定项目以其汉语拼音第一个字母作为记载符号，对有关鉴定项目附以"＋"、"－"表示多和少、强和弱，有的项目上还附以其他特殊符号，如"∧""×"等都有其不同含义。

现以周岁以上的细毛羊个体鉴定为例，具体说明个体鉴定技术和方法。

①品种。用被鉴定羊只品种名称第一个字表示。如新疆细毛羊以"新"表示，中国美利奴羊以"中"表示。

②类型。指生产性能的倾向，即指被鉴定个体在品种内是倾向毛用型还是肉用型。具体鉴定时，可从以下方面进行观察和判断：

A. 颈部及体躯的皮肤皱褶。在一般情况下，肉用羊及肉毛兼用羊全身不宜有皱褶；毛用羊颈部有 2～3 个发育完整的横皱褶，体躯上也有较小的皮肤皱纹；毛肉兼用羊颈部有 1～3 个发育完整或不完整的横皱褶，躯干上没有皮肤皱纹。体表无皱褶的绵羊剪毛容易，刀伤少，较少受蚊蝇侵袭。

B. 被毛覆盖。理想型的毛肉兼用细毛羊，其头部覆盖毛着生至两眼连线，并有一定长度，呈毛丛结构，似帽状；四肢盖毛的着生，前肢到腕关节，后肢达飞节。超过上述界限者倾向于毛用型，达不到者倾向于肉用型。这里需要强调指出的是，现代细毛羊育种的趋势是要求绵羊面部为"光脸"(open-faced)。面部盖毛着生多，容易形成"毛盲"(wool-blind)，这不仅增加修剪面部盖毛所需要的劳动力，提高管理成本，也极不利于绵羊本身的放牧采食、自我保护等生活能力。

C. 体型特点。肉用羊一般头短而宽，颈短而粗，鬐甲低平，胸部宽圆，肋骨开张良好，背腰平直，肌肉丰满，后躯发育良好，四肢较短，整个体型呈长方形；毛用羊的头一般较长，颈较长，鬐甲稍高，胸长而深，背腰平直强健但不如肉用羊宽，中躯容积大，后躯发育不如肉用羊好，四肢相对较长；毛肉兼用羊则介于二者之间。

表示方法与记录符号：

L：表示符合品种理想型，颈部横皱褶数可标记为 L2.0、L2.5 等。

L^{+}：表示倾向于毛用型。

L^{-}：表示倾向于肉用型。

③羊毛密度。指单位皮肤面积上着生的羊毛纤维根数，是决定羊毛产量的主要因素之一。羊毛密度的鉴定可从以下方面判断。

A. 用手抓捏和触摸羊体主要部位被毛，以手感被毛的密厚和丰满程度来判定。一般手感较硬而厚实者则密度大。但在鉴定时要考虑到羊毛长度、细度、油汗及外来夹杂物等因素的影响，以免造成错觉。一般来说，羊毛较长，油汗较少，羊毛较细及外来夹杂物少者，手感松软，易被错认为密度小，因此，需要反复实践，反复比较，才能逐步掌握。

B. 用手分开毛丛，观察皮肤缝隙的宽度和内毛丛的结构，皮肤缝隙窄，内毛丛结构紧密者，往往羊毛密度大。

C. 观察毛被的外毛丛结构。外毛丛呈平顶形毛丛的被毛较辫形毛丛被毛密度大。

表示方法与记录符号：

M：表示密度中等，符合品种的理想型要求；

M^{+}：表示密度较大；

MM：表示密度很大；

M^{-}：表示密度较差；

$M^{=}$：表示密度很差。

④羊毛长度。是指被毛中毛丛的自然长度。测定时，应轻轻将毛丛分开，保持羊毛的原自然状态，用有毫米刻度单位的钢直尺沿毛丛的生长方向测量其自然长度，精确度为 0.5 cm，并直接用阿拉伯数字表示，如记录为 6.5、7.0、7.5、8.0 等。鉴定母羊时只测量体侧部位，即在肩胛骨后缘一掌处与体侧中线交点处测定；鉴定种公羊时，除体侧外，还应测量肩部（肩胛部中心）、股部（髋结节与飞节连线的中点）、背部（背部中点）和腹部（腹中部偏左处）等部位，记录时按肩部、体侧、股部、背部、腹部顺序排列。对育成羊应扣除毛嘴部分长度。当羊毛实际生长期超过或不足 12 个月时，可按下式换算成 12 个月的毛长：

$$12\text{个月毛长(cm)}=\frac{\text{鉴定时羊毛的实际长度}}{\text{羊毛生长的实际月份数}}\times 12$$

⑤羊毛弯曲。鉴定羊毛弯曲状况，应在被毛主要部位（体侧）将毛丛分开观察判断。

表示方法与记录符号：

W：表示弯曲明显，呈浅波状或近似半圆形，符合理想要求；

W^{-}：表示弯曲不明显，呈平波状；

W^{+}：表示弯曲的底小弧度深，呈高弯曲；

W^{0}：表示体躯主要部位有环状弯曲。

⑥羊毛细度。现场鉴定羊毛细度是在羊只体侧取一毛束，用肉眼凭经验观察，初学者应用羊毛细度标样对照来确定。观察羊毛细度时应注意光线强弱和阳光照射的角度以及羊毛油汗颜色等因素，以免造成错觉。羊毛细度的鉴定结果直接以品质支数表示，如 70、66、64、60、58 等。

⑦羊毛细度的匀度。羊毛细度的匀度包括单根纤维上、中、下段的均匀程度，不同体躯部位间被毛细度的差异程度，以及同一部位被毛毛丛内毛纤维间细度的差异程度。在我国，现阶段在鉴定羊毛匀度时，主要根据体侧与股部羊毛细度的品质支数差异和毛丛内羊毛纤维间匀度差异来评定。

表示方法与记录符号：

Y：表示匀度良好，体侧与股部羊毛细度的差异不超过品质支数一级；

Y^{-}：表示匀度较差，体侧与股部羊毛细度品质支数相差二级；

$Y^{=}$：表示细度不匀，体侧与股部羊毛细度品质支数相差在二级以上；

$\hat{Y}$：表示匀度很差，在主要部位有浮现的粗长毛纤维；

$Y^{\times}$：表示被毛中有死毛或干毛纤维。

⑧羊毛油汗。主要观察体侧部位。表示方法与记录符号：

H：表示油汗含量适中，分布均匀，油汗覆盖毛丛长度 1/2 以上；

H^+：表示油汗过多，毛丛内有明显可见的颗粒状油粒；

H^-：表示油汗过少，油汗覆盖毛丛长度不到 1/3，羊毛纤维显得干燥，尘沙杂质往往侵入毛丛基部。

现代绵羊育种中，对羊毛油汗的颜色也极为重视，因为油汗颜色不仅关系到油汗本身的质量，同时与保护羊毛品质也有密切关系。其中以白色和乳白色油汗为最好，是绵羊育种家追求的理想油汗。为此，为了在育种工作中能够选择油汗，在绵羊鉴定时对油汗颜色可附加一些符号，如以 $\mathring{H}$ 表示白色油汗，$\check{H}$ 表示乳白色油汗，$\hat{H}$ 表示黄色油汗，$\hat{\hat{H}}$ 表示深黄色油汗等。

⑨体格大小。根据鉴定时羊只体格大小和一般发育状况评定。以 5 分制登记。表示方法与记录符号：

5：表示发育良好，体格大，体重显著超过理想型最低指标要求；

4：表示发育正常，体格较大，体重达到理想型最低指标要求；

3：表示发育一般，体格中等，体重接近理想型最低要求；

2：表示发育较差，体格较小。

⑩外貌。用长方形代表羊只身体，各部位表现突出的优缺点，可用下列符号表示：

身体部位	符号	身体部位	符号
胸宽		背腰长	
胸狭		凹背	
后躯丰满		x 形腿（前肢或后肢）	 x
后躯发育不良			

⑪腹毛和四肢毛着生状况。绵羊腹部面积占整个体表面积 14%左右，腹毛优劣直接关系到产毛量。表示方法可在总评圈下标记，以中间的圈代表腹毛，前面的圈代表前肢毛，最后的圈代表后肢毛。

○：表示腹毛和四肢毛着生基本符合理想型；

$\underline{\bigcirc}$：表示腹毛着生良好；

$\underset{\wedge}{\bigcirc}$：表示腹毛稀、短，不呈毛丛结构；

$\underset{\times}{\bigcirc}$：表示腹毛有环状弯曲。

⑫总评。根据上面鉴定结果给予综合评定，按 5 分制评定，用圆圈数表示。

○○○○○：表示综合品质很好，可列入特等；

○○○○：表示综合品质符合理想型要求；

○○○：表示生产性能及外貌属中等；

○○：表示综合品质不良。

定级：符合以上鉴定结果可给鉴定羊只初步评为特级，但最后的定级还要用剪毛量和剪毛后体重来校正。

2. 系谱选择

根据系谱，按个体祖先的表型值进行选种的方法叫系谱选择。一个完整的系谱应包括 2～3 代祖先的名号、生长发育及生产性能等有关资料。因为后代的品质在很大程度上取决于亲代的遗传品质及其遗传的稳定性，所以系谱选择一般采取分析和对比法，即先逐个分析各个体的系谱，审查祖先特别是亲代和祖代的血统是否为纯种、生产性能高低及是否稳定；然后对各个体的系谱进行比较，从中选出其祖先性能高而且稳定又没有遗传疾患的个体作种用。但根据系谱选种只能预见个体的遗传可能性，因此，此法多用于对羔羊的选留和引种上。

3. 后裔选择

后裔选择是根据后代的平均表型值进行选择的方法。因为后代品质的好坏是对亲本遗传性能及种用价值最确切的见证。这种方法尤其是对遗传力低的性状是较好的选种法。因此，许多国家都采用，并设立测定站专门承担这项工作。但它又是需要时间长、投资高的工作，所以此法一般只用于种公羊的选留。后裔测验的方法有：

(1)母女对比法　将女儿与其母亲的生产成绩相比，如女儿成绩显著高于母亲，则证明其父亲是一个“改良者”，反之则为“恶化者”，成绩相近则为“中庸者”。此法简便易行，但母女年代不同，生活条件难于取得一致。

(2)同龄女儿比较法　是将被测的几头公羊的同龄女儿进行同伴生产力间比较。由于它们的年龄、饲养管理条件较一致，故结果也较准确。

(3)半同胞比较法　是以同父异母的半同胞后裔的成绩进行比较的方法。此法优点是能最大限度地消除母亲间和季节间的差异。

(4)公羊指数法　是将公羊女儿的成绩与其母亲的成绩按公式计算成公羊指数后进行比较的方法。公式是：$F=2D-M$。式中：F 为父亲的性状遗传潜力，即公羊指数；D 为女儿的平均生产水平；M 为母亲的平均生产水平。

后裔选择应注意的事项：①选配的母羊应在品种、类型、年龄、等级上尽可能相同，最好是一级母羊或准备以后配种的母羊，年龄 2～4 岁；②后裔之间，后裔与亲代之间应在饲养管理上尽可能相同；③后裔的出生时间应尽可能安排在同一季节；④后裔的数量要足够大。每只被测公羊与配种母羊数比例要适当，细毛羊、肉用羊、绒山羊母羊要求为 60～70 只，所产后代到周岁鉴定时以不少于 30 只母羊为宜；羔裘皮羊要求母羊数 30～50 只即可；配种时间尽可能一致，相对集中为好。一般要有 20～30 只有生产能力的后代，即可对种羊的种用价值做出大致肯定；⑤评定指标要全面。既要重视后裔的生产力，还要注意其生长发育、体质外形、适应性及有无遗传疾患等。

4. 同胞选择

同胞选择是指以旁系亲属(有全同胞与半同胞兄妹等)的表现为基础的选择方法。一般只根据全同胞或半同胞兄妹的平均表型值来选留种畜。统计资料时，被选留个体本身是不参加同胞的平均值的。同胞测验，因其双亲相同，其基因型一致，所以根据同胞资料能对该个体遗传基因型做出可靠判断，同时也是一个亲本(半同胞时)或双亲(全同胞时)的后裔测验，而且比后裔选择需时较短，能提早作出答案；同时对限性性状、活体不能度量的性状及低遗传力性状的选择都有重要意义。

上述几种选种法虽已被广泛应用，但都存在不足，即不能用数字来准确表示种畜的种用价值，而且评定结果不能相互比较。为克服这些缺点，可采用较复杂的“估计个体育种值”的方法来评定种用价值。

5. 标记辅助选择

目前对主要经济性状进行遗传标记的分子育种技术，已成为发达国家养羊业的应用研究热点。以多羔基因(FecB 等)和肉用基因(callipyge 基因等)利用较多。

目前已知突变的多羔主效基因有：BMPR-IB 突变、BMP15 突变、GDF9 突变。其中以

BMPR-IB 突变(即 Booroola)的研究与应用较深入。Gootwine 等(1998)利用微卫星标记 OarAE101 和 BM1329 对 FecB 携带者(即布鲁拉阿华西杂种羊)进行了标记辅助选择,通过回交三代群体内的杂合子互交,已鉴别出 OarAE101 和 BM1329 两个标记纯合进而 FecB 等位基因纯合的公羊和母羊,这些公羊和母羊被包括在名为"Afec"的一个高繁殖力的绵羊育种核心群内,这是利用 Booroola FecB 基因培育高繁殖力绵羊的一个重要成果。

Callipyge 基因对瘦肉率、生长性状、屠宰率和胴体都有显著影响,可以将专门化的 Callipyge 基因型用于交配,以大幅度提高绵羊的屠宰率、瘦肉生长率、改良肌肉形状和胴体组成。

抗逆基因研究比较清楚的是畜禽的主要组织相容性复合体(major histocompatibility complex,MHC)。在家畜等动物中,MHC 与牛乳房炎、口蹄疫,绵羊的锥虫病、线虫病等疾病的抗性和易感性相关。

目前,羊的标记辅助选择还处于试验研究阶段,距实际应用还有相当的距离。随着绵、山羊功能基因组和分子标记的研究深入,相信在不久的将来,绵、山羊的多胎基因以及许多有益经济性状基因标记等辅助选择将会在养羊业生产和育种中应用。

第三节　绵、山羊的选配方法

一、选配的意义和作用

所谓选配,就是在选种的基础上,选择适当的公羊与母羊配种,以期获得理想的后代。在养羊生产中,优秀的种羊并不一定产生优良的后代,因为后代的优劣不仅决定于双亲本身的品质,而且决定于其配对是否合适。欲获得高质量羊群,除做好选种工作外,还必须注意其种羊的选配。因此,选配是选种工作的继续。在规模化的绵、山羊育种工作中,它们是两个相互联系、不可分割的重要环节,是改良和提高羊群品质最基础的方法。

选配的作用在于巩固选种效果。通过正确的选配,使亲代的固有优良性状稳定地传给下一代;把分散在双亲个体上的不同优良性状结合起来传给下一代;把细微的不甚明显的优良性状累积起来传给下一代;对不良性状、缺陷性状给予削弱或淘汰。

二、选配的类型

选配可分为表型选配和亲缘选配两种类型。表型选配是以配种公、母羊个体本身的表型特征作为选配的依据,亲缘选配则是根据双方的血缘关系进行选配。这两类选配都可以分为同质选配和异质选配,其中亲缘选配的同质选配和异质选配即指近交和远交。

(一)表型选配

表型选配即品质选配,该选配方法考虑双方的品质对比,并根据品质的异同分为同质选配和异质选配。

1. 同质选配

就是选用具有相同优良性状的优秀公、母种羊配种,以期获得相似的优秀后代。选配双方优点愈相似,愈有可能将共同的优秀品质遗传给后代,巩固和发展这一优良特性,获得稳定遗传类型。例如,体大毛长的母羊选用体大毛长的公羊相配,以便使后代在体格大和羊毛长度上得到继承和发展。这就是同质选配的"以优配优"的选配原则。在选育过程中利用同质选配,能使羊群中特、一级羊的比例大大增加。缺点是在发展某一性状的同时，长期使用会阻止或削弱其他性状的出现和发展，造成体质衰弱和生活力降低。同质选配过程中，注意避免片面选种选配而导致的品种退化。

2. 异质选配

就是选择在主要经济性状上有不同特点的公母羊交配，目的在于使后代能将不同的优良特性结合在一起，创造新的类型，而获得理想型后代；或者以一方的优点纠正另一方的缺点或不足，以期后代在主要品质上达到或接近理想型。例如，选择体大、毛长、毛密的特、一级公羊与体小、毛短、毛密的二级母羊相配，使其后代体格增大，羊毛增长，同时羊毛密度得到继续巩固提高。又如用生长发育快、肉用体型好、产肉性能高的肉用型品种公羊与体格小、肉用性能差的土种母羊相配，其后代在体格大小、生长发育速度和肉用性能方面都显著超过母本。异质选配可以增强后代的遗传性，提高后代的生活力，但容易破坏品种的结构和稳定性，而且异质选配的效果是不一致的，有时由于基因间的连锁和性状间的负相关等原因，双亲的优良性状不一定能很好地结合到一起。因而为保持异质选配的良好效果，必须坚持严格的选种制度，并考虑性状的遗传规律和遗传参数。

综上所述，虽然按照选配的性质，可将选配方法分为同质选配和异质选配两种，但在绵、山羊育种实践中，同质和异质往往是相对的，并非绝对的。比如，上面列举的特级公羊与二级母羊的选配来说，按毛长和体大是异质的，但对于羊毛密度则又是同质的。所以，实践中并不能把它们截然分开，而应根据改良育种工作的需要，分清主次，巧妙结合应用。一般在培育新品种的初期阶段多采用异质选配，以综合或者集中亲本的优良性状；当获得理想型，进入横交固定阶段以后，则多采用亲缘的同质选配，以固定优良性状，纯合基因型，稳定遗传性；在纯种选育中，两种选配方法可交替使用，以求品种质量的不断提高。

（二）亲缘选配

亲缘选配就是考虑公、母羊双方亲缘关系远近的选配。双方亲缘关系较近叫作近亲交配，简称近交；反之叫非亲缘交配，或远亲交配，简称远交。在羊育种中，一般认为共同祖先到交配双方的代数总和不超过6，或所生子代的近交系数大于0.78%者，即是亲缘选配，否则即为非亲缘选配。亲缘选配既是一种交配制度，又是一种繁育方法，从遗传学角度来看，亲缘选配有使纯合体增加的倾向。纯合体越多，则杂合体即有被消灭的可能，从而使纯合型应运而生。由于增加了纯合型基因频率，提高了遗传纯合度，而基因纯合的结果，既能造成显性有利基因的纯合，也能造成有害基因的纯合，所以亲缘交配反而能引起群体分化，但对育种者来说，亲缘交配则是获取那些控制各种经济性状优良基因的纯合型等位基因的有效育种方法。

在羊育种工作中，常常会在某一个阶段出现相当优秀的种公羊，这说明，在这一阶段羊群基因型处在最佳的结合状态。对出现的优秀种公羊，就要及时采用品系繁育的手段，进行恰当的亲缘选配，以巩固这些优良的基因组合。但是如果亲缘交配使用不当，也可造成后代生活力减退，生长发育缓慢，繁殖力下降，空怀率增加，发病率增高，死亡率加大，甚至出现畸形。所以，在养羊业生产中，采用近交时要慎重掌握和应用。

1. 近交的用途

（1）固定优良性状　近交可使优良性状的基因型纯化，能使优良性状确实地遗传给后代，很少发生分化。同质选配虽也有纯化和固定遗传性的类似作用，但不如近交的速度快而且全面。因此，在培育新品种、建立新品系过程中，当羊群出现符合理想的优良性状以及特别优秀的个体后，必然要采用同质选配加近交的办法，用以纯合和固定这些优良性状，增加纯合个体的比例，这正是优良家系（品系）的形成过程。需要指出的是，数量性状受多对基因控制，其近交纯合速度不如受一对或几对基因控制的质量性状快。

（2）揭露有害基因　由于近交使基因型趋于纯合，有害基因暴露机会增多，因而也就能够早期将有害性状的个体淘汰。在一般情况下，有害的隐性基因常为有益的显性等位基因所掩盖而很少暴露，多呈杂合体状态而存在，单从个体表型特征上是很难发现的。通过近交就可以分离杂合体基因型中的隐性基因并且形成隐性基因纯合体，即出现有遗传缺陷的个体，而得以及早淘汰。这样便使群体遗传结构中隐性有害基因频率大大降低。因此，正确地应用近交可以提高羊群的整体遗传素质。

（3）提高畜群的同质性　近交使基因纯合的另一结果是造成畜群分化，但经过选择，却可达到畜群提纯的目的。

2. 近交衰退的防止

由于近交而表现的繁殖力减退、死胎和畸形增多、生活力下降、适应性变差、体质变弱、生长较慢、生产力降低等叫近交衰退。为防止近交衰退出现，除正确运用近交、严格掌握近交程度和时间外，还应采用以下措施：

（1）严格淘汰　坚决把那些不符合理想要求、生产力低、体质弱、繁殖力差等有衰退迹象的个体淘汰掉。

（2）加强饲养管理　给予较其他羊群更丰富的、品质良好的饲草饲料和精细的管理条件。如果能满足近交后代对饲养管理条件要求高的需要，衰退现象则可缓解。

（3）血缘更新　近交一二代后，为防止不良影响过多积累，可从外单位引进一些同类型，用无亲缘关系的种公羊或冷冻精液，进行血缘更新。

（4）做好选配工作　适当多留种公羊，使每代近交系数的增量维持在3%～4%，就不会造成显著的有害后果。

表4-7列出了当共同祖先近交系数为0时，各类型近交所生子女的近交系数。用罗马数字标出父母系双方共同祖先出现的代数，反映近交的程度。父系方面的代数写在右边，母系方面的代数写在左边，中间用短线连接。这种方法将亲缘交配分为嫡亲、近亲、中亲和远亲四种类型。

表4-7　不同亲缘关系与近交系数

近交程度	近交类型	罗马字标记法	近交系数/%
嫡亲	亲子	Ⅰ－Ⅱ	25.0
	全同胞	ⅡⅡ－ⅡⅡ	25.0
	半同胞	Ⅱ－Ⅱ	12.5
	祖孙	Ⅰ－Ⅲ	12.5
	叔侄	ⅡⅡ－ⅢⅢ	12.5
近亲	堂兄妹	ⅢⅢ－ⅢⅢ	6.25
	半叔侄	Ⅱ－Ⅲ	6.25
	曾祖孙	Ⅰ－Ⅳ	6.25
	半堂兄妹	Ⅲ－Ⅲ	3.125
	半堂祖孙	Ⅱ－Ⅳ	3.125

续表 4-7

近交程度	近交类型	罗马字标记法	近交系数/%
中亲	半堂叔侄	Ⅲ－Ⅳ	1.562
	半堂曾祖孙	Ⅲ－Ⅴ	1.562
远亲	远堂兄妹	Ⅳ－Ⅳ	0.781
		Ⅲ－Ⅴ	0.781
	其他	Ⅱ－Ⅵ	0.781

三、选配的原则

表型选配在养羊业中的具体应用，可分为个体选配和等级选配。个体选配就是为每只母羊考虑选配合适的公羊。主要用于特级母羊，如果一级母羊为数不多时，也可以用这种选配方式。因为特级、一级母羊是品种的精华，羊群的核心，对品种的进一步提高影响极大；同时，又由于这些母羊达到了较高的生产水平，一般继续提高比较困难，所以必须根据每只母羊的特点为其仔细的选配公羊。另外，为了育种工作的需要，对具有某些特殊性状的个体，也可为其进行个体选配。一般情况选配应按等级选配，二级以下的母羊具有各种不同的优缺点，应根据每一个等级的综合特征为其选配适合的公羊，以求等级的共同优点得以巩固，共同缺点得以改进，称之为等级选配。

（一）等级选配原则

以优配优，以优配中，以中配中，以中配差，不可采取“拉平”的办法。一般而言，公羊的综合评分等级或育种值应高于母羊，不允许等级高的母羊与等级低的公羊交配。

（二）个体选配原则

①选配必须根据既定的育种目标进行，注意如何加强其优良品质和克服其缺点。首先，对于符合品种理想型要求并具有某些突出优点的母羊，如生长发育快、早熟、肉用性能好、产羔率高等性状良好的母羊，应为其选配具有相同特点的特级、一级公羊，以期获得具有这些突出优点的后代；其次，对于具有某些突出优点但同时又有某些性状不甚理想的母羊，如体格特大，羊毛很长，但羊毛密度欠佳的母羊，则要选择在羊毛密度上突出，体格、毛长性状上也属优良的特级公羊与之交配，以期获得既能保持其优良性状又能纠正其不足的后代。

②选配时，尽量选择亲和力好的羊只相配。

③公羊的等级一定要高于母羊。

④有相同缺点或相反缺点者不能配。为具有某些方面缺点和不足的母羊选配公羊时，必须选择在这方面有突出优点的公羊与之配种，才能纠正其缺点。

⑤搞好品质选配，对优秀的公母羊，应进行同质选配。

（三）按年龄选配原则

由于公羊的年龄对后代影响很大，所以选配时要适当考虑交配双方的年龄。一般来说，幼龄羊所生后代具有晚熟、生活力弱、生产性能低及遗传不稳定等特点；壮年羊后代具有机体机能活动旺盛、遗传性比较保守和相对稳定、生活力强、生产性能高和长寿等特点；老龄羊后代具有高度的早熟型，但生产停止也较早，主要器官发育不全，因而早期衰老，生活力差，遗传性也不稳定。因此，为了获得好的后代，在选配时，公、母羊的年龄最好按如下原则选择：

①青年公羊与成年母羊交配；

②成年公羊与青年母羊交配；

③成年公羊与成年母羊交配；

④成年公羊与老龄母羊交配；

⑤避免年幼公、母羊间的交配和年老公、母羊间的交配。

第四节 绵、山羊的纯种繁育

纯种繁育是指在品种内的公、母羊之间的繁殖和选育过程。其目的是获得遗传品质好和生产性能高的纯种。当品种经长期选育，已具有优良特性，并已符合国民经济需要时，即应采用纯种繁育的办法。此法既可以增加品种的羊只数量，又能继续提高品种质量。在实施纯种繁育的过程中，为了进一步提高品种的生产性能，可以在保持品种固有特性、不改变品种生产方向的前提下，根据需要和可能，采用品系繁育、血液更新和本品种选育等方法进行纯种繁育。

一、品系繁育法

品系是品种内具有共同特点、彼此有亲缘关系的个体所组成的遗传性稳定的群体。品系繁育是充分利用卓越公羊及其优秀后代，建立高产和遗传性稳定的羊群的繁育方法。作为一个品系，应当具有相对的稳定性和独立的经济特点，就总体品质而言，品系的生产水平应高于品种的中等水平，但在个别性状上，则必须是品种的上等水平，如果品系不具备这两个特点，品系的存在和品系繁育也就失去了意义。

在实践中，一个绵、山羊品种常有几个性状需要提高，如肉用品种的生长发育、早熟性、多羔性、肉用性能等性状。若在选育中考虑的性状越多，各性状的遗传改进就越慢，如果能建立几个不同性状的品系，然后通过品系间杂交，再把几个性状结合起来，提高整个品种性能，效果就更好。通过品系繁育，丰富品种的遗传结构，有意识地控制品种内部的差异，以此来促进整个品种的发展。因此，在现代绵、山羊育种中常常都要采用品系繁育这一育种手段。

品系繁育过程，一般包括以下几个步骤和措施：

(一)选择优秀的种公羊作为系祖

品系建立的第一步就是选择和培育系祖。系祖必须具备独到的优良特性，在其他方面虽然不突出，但也需具备品种一般特性。此外，系祖还需将这些特性稳定地遗传给后代。如无优良公羊作系祖，还可通过培育来获得。一般理想型系祖的产生最主要是通过有计划有意识的选种选配，加强定向培育等产生。具体做法是从核心群中选出接近品系特性的母羊与优良公羊配种所生后代再经后裔测定以培育系祖。但为了提高遗传稳定性，系祖公羊含有一定近交系数，一般系祖公羊近交系数应在12.5%以下。

凡准备选作系祖的公羊，都必须通过综合评定，即本身性能、系谱审查和后裔测验，证明能将本身优良特性遗传给后代的种公羊，才能作为系祖使用。系祖选择好就可与同质母羊选配，同质母羊既要符合品系要求，又要有一定数量。

(二)品系基础群的组建

根据羊群的现状特点和育种工作的需要，确定要建立哪些品系，如在肉用羊的育种中可考虑建立早熟体大系、肉质特优系、肉毛高产系、高繁殖力系等。然后根据要组建的品系来组建基础群。通常采用两种方式组建品系基础群：

(1)按血缘关系组群　先将羊群进行系谱分析，查清公羊及其后裔特点，选留优秀公羊后裔建立基础群，但其后裔中不具备该品系特点的不应留在基础群。为使系祖的优良品质在群体中得到保持和发展，应把那些具有与系祖相同特点、又与系祖公羊有一定血缘关系的母羊选进基础群，并适时组织配种，以加速羊群的同质性。这种组群方法多在遗传力低的性状上采用，如产羔数、体况评分、肉品质等，按血缘关系组群效果好。当公羊配种数量大，其亲缘后代数量多时采用此法效果较好。

(2)按表型特征组群　按性状分群，是根据性状表现来建立基础群。将具有拟建品系所要求的相同表型特征的羊只挑选出来组建为基础群。这种方法不管血缘而按个体表型组群。按性状组群在羊群的遗传力高时采用。当经济性状的遗传力较高，加之按血缘关系组群往往受到后代数量的限制时，常常根据表型特征组建基础群。

(三)闭锁繁育阶段

在闭锁繁育阶段，不能再从群外引入公羊，而只能进行群内公母羊的"自我繁殖"，即将基础群"封闭"起来进行繁育，直至育成符合品系标准、遗传性能稳定的群体。目的是通过这一阶段的繁育，使品系基础群所具备的品系特点得到进一步的巩固和发展，从而达到品系的逐步完善和成熟。由于品系基础群内的个体基本是同质的，因此，可采用群体选配方法，不必用个体选配，但最优秀的公羊应该多配一些母羊。

在闭锁繁育阶段要尽量扩大羊群内品系性状特点突出并证明其遗传性稳定的优秀公羊系祖的利用率，并从该公羊的后代中注意选择和培育系祖的继承者。但要坚持不断地进行选择和淘汰，特别是要将不符合品系要求的个体坚决地从品系群中淘汰出去。有时为了巩固品系优良特性，使基因纯合，可采用近亲繁殖，但要实行有目的、有计划的控制。开始时可采用嫡亲交配，以后逐代疏远；或者连续采用三四代近亲或中亲交配，最后控制近交系数不超过20%为宜。如果限于人力和条件，闭锁繁育阶段是采用随机交配的办法，则应利用控制公羊数来掌握近交程度。其计算公式是利用微分原理推导出的一个近似公式，称之为"逐代增量估计法"：

$$\Delta F=1/8\ N$$

式中：ΔF 为每代近交系数的增量；N 为群内配种公羊数。

上式得出的是每代近交系数的增量，再乘以繁殖世代数就可以获得该群羊的近交系数。

例如，一个封闭的羊群连续5代没有从外面引入公羊，并始终保持4头配种公羊，假设该羊群开始时近交系数为零，那么该群羊现在的近交系数是：

$$5\times\Delta F=5\times\frac{1}{8\times 4}=15.625\%$$

(四)品系间杂交

当品系完善成熟以后，可按育种需要组织品系间的杂交，目的在于结合不同品系的优点，使品种整体质量得以提高。由于这时的品系都是经过较长期同质选配或近交，遗传性比较稳定，所以品系间杂交的目的一般容易达到。例如，A品系早熟体大，B品系繁殖力高，二者杂交其后代就会结合它们的优点于一身。在进行品系间杂交后，应根据杂交后羊群的新特点和育种工作的需要再着手创建新的品系，周而复始，以期不断提高品种水平。

虽然品系具有系祖的良好遗传基因，但优良性状基因能否很好表达，还要看是否具备使这种可能性实现的外界环境条件，因此，要尽量提供可满足该品系优良性状和特征发育所需的饲养管理条件，这是品系繁育能否成功的重要因素。

二、血液更新法

引进与所配母羊无血缘关系的同一品种公羊以改进羊群品质的方法称为血液更新。一般在下列情况下使用：

①由于羊群比较小，长期的封闭育种，使羊群中的个体都和某一头公羊有亲缘关系，并且已经发现由于近亲繁殖而产生不良影响时可进行血液更新。

②一个品种引入到一个新的自然环境，在生产性能表现某些退化时，可再引入该品种生产性能高的公羊更新血液。

③一个品种羊群，其生产性能达到一定水平以后，呈停滞状态不能再提高时，可引入其他羊场生产性能较高的同一品种公羊进行血液更新。

三、本品种选育法

本品种选育指在本品种内部选种选配，品系繁育，通过改善培养条件等措施，保持和发展本品种的优良特性，克服某些缺点，并保持品种纯度的一种育种方法。本品种选育属于纯种繁育方法的范畴，但我国在现阶段主要用于地方优良品种的选育，它是通过品种内的选择、淘汰，通过合理的选配和科学的饲养管理等手段，达到提高整个品种质量的目的。

凡属地方优良品种都具有某一特别突出的优良生产性能，并且往往没有合适的品种与之杂交改良，如小尾寒羊、滩羊、湖羊、高原型藏羊、中卫山羊、辽宁绒山羊、济宁青山羊等，这些品种不能通过杂交方式来提高其产品质量；与此同时，地方良种的另一特点是，品种内个体间、地区间的性状表型差异较大，品种类型也往往不如培育品种那样整齐一致，因此选择提高的潜力较大，只要不间断地进行本品种选育，品种质量就会不断地得到提高和完善。

第五节　绵、山羊的杂交改良

我国本地绵、山羊分布广，数量多，普遍存在适应性强、生产性能低、饲养经济效益不高的特点。杂交改良的目的就是提高羊的生产能力和养殖的经济效益。在养羊业生产实践中，人们为了改造绵、山羊品种，并创造新的品种或新的类型，以及为了利用杂种优势，生产更多更好的养羊业产品，常常采用杂交的方法。因为通过杂交，能够将不同品种的特性结合在一起，创造出亲本原来不具备的特性，并能提高后代的生活力。如外来肉用品种羊个体大，生长速度快，胴体品质好，屠宰率高；本地羊能更好地适应当地的气候条件，耐粗饲，肉质也好，因此合理地利用我国现有的引入肉羊和本地绵、山羊，用杂交改良的方法，提高养羊业经济效益。

为了使杂交获得较为理想的效果，应根据杂交的目的选择相应的杂交方法。同时，在具体进行杂交时，必须注意选择参与杂交的品种，研究杂交组合效果，为杂种后代创造良好的饲养管理条件。在我国养羊业中常用的杂交方法有以下几种：

一、级进杂交

级进杂交是通过高产品种改造低产品种最常用的方法。当一个品种生产性能很低，又无特殊经济价值,需要从根本上改造时,可应用另一优良品种与其进行级进杂交。例如,将粗毛羊改变为专门化肉用羊,应用级进杂交是比较有效的方法。

在级进杂交的基础上,若杂交后代中表现的性状符合理想时,可选择其中的理想型的杂种公、母羊进行横交固定,来培育新品种。

级进杂交是两个品种杂交,即以优良品种公羊连续同被改良品种母羊及各代杂种母羊交配。一般来说,杂交进行到第3~4代时,杂种羊才接近或达到改良品种的特点和特性,与改良品种基本相似,但这并不意味着级进杂交就是将被改良品种完全变成改良品种的复制品。在进行级进杂交时,仍需要创造性地应用被改良品种的一些特性,应在杂种后代中得以保留,例如,对当地生态环境的适应能力,某些品种繁殖力强等特点。因此,级进杂交并不意味着级进代数越高越好。随着级进代数的增加,杂种优势逐代减弱,以后优势水平趋于回归。如果饲料条件差,级进杂交代数过高,保留本地羊基因型较少,则杂种羊适应能力差,生产性能有所下降。应根据杂交后代的具体表现和杂交效果,并考虑到当地生态环境和生产技术条件,当基本上达到预期目的时,这种杂交就应停止。进一步提高生产性能的工作则应通过其他育种手段去解决。

在组织级进杂交时,要特别注意选择改良品种。当引入的改良品种对当地生态条件能很好适应,并且对饲养管理条件的要求不高,或者是经过努力,能够基本满足改良品种的要求时,则往往容易达到级进杂交的预期目的。否则,应考虑更换改良品种。其次,在级进杂交过程中,特别是级进到二代以后,要认真观察、研究杂种羊的性能和表现,如果杂种羊接近或达到杂交的目的要求时,则应停止级进杂交的方法,转而改用其他繁育手段。

波尔山羊与太行山羊级进杂交后代母羊体重变化(张英杰等,2002)见表4-8。

表4-8 波尔山羊与太行山羊杂种母羊体重变化统计 kg

羊别	n	初生重	3月龄重	6月龄重	12月龄重
波×太 F1	80	2.89±0.82	15.11±3.10	24.25±3.36	36.15±4.31
波×太 F2	75	3.28±1.12	16.87±3.19	26.78±3.10	41.54±3.56
波×太 F3	65	3.26±0.96	16.57±3.14	26.75±4.05	39.67±4.17
波尔山羊	60	3.34±0.65	16.86±3.05	26.68±2.89	40.15±4.06
太行山羊	60	2.54±0.51	11.06±2.77	19.29±2.74	28.16±3.18

用波尔山羊改良太行山羊,随着级进代数的增加,各阶段体重不断提高,但从级进到三代开始,各阶段体重逐渐下降;在体型外貌上,杂种二代的毛色和体型结构已接近波尔山羊,到了三代则已与波尔山羊十分接近,甚至已真假难辨。但在抗病力方面,杂交羊不如本地山羊抗病力强。因此,用波尔山羊级进杂交地方山羊,级进到几代合适,应根据杂交育种的目标要求及当地的生态经济和技术条件决定,绝不是级进代数愈高愈好。

二、育成杂交

当原品种不能满足需要时,可以利用两个或两个以上的品种进行杂交,最终育成一个新品种。用两个品种杂交育成新品种称为简单育成杂交;用3个或3个以上品种杂交育成新品种称为复杂育成杂交。在复杂育成杂交中,各品种在育成新品种时起的作用和影响的大小存在主次之分,这要根据育种目标和在杂交过程中杂种后代的具体表现而定。育成杂交的基本出发点,就是要把参与杂交品种的优良特性集中在杂种后代身上,缺点得以克服,从而创造出新品种。如澳洲美利奴羊、萨福克羊、特克塞尔羊、南江黄羊、新疆细毛羊等品种均是用育成杂交的方法培育而成的。

利用育成杂交育成一个羊的新品种，需要相当长的时间，大致要经过以下三个阶段：杂交改良阶段、横交固定阶段（自群繁育）和发展提高阶段。当然这三个阶段有时是交错进行的，很难截然分开。当杂交改良进行到一定阶段时，便会出现理想型的杂种个体，这样就有可能开始进入第二阶段即横交固定阶段，但第一阶段的杂交改良仍在继续。应当做到杂种理想型个体出现一批，横交固定一批。所以，在实施育成杂交过程中，当进行前一阶段的工作时，就要为下一阶段工作准备条件。这样可以加快育种进程，提高育种工作效率。

（一）杂交改良阶段

在这个阶段中，一方面要利用杂交方法，大量繁殖杂交羊，为进行严格的选种选配创造条件。因此，组织参加杂交改良的基础母羊数不能过少，以有利于对杂种羊进行选择，对杂种羊的体型外貌、生产性能和生活力进行详细的观察和认真的测定，然后从杂交效果的分析中，找出最理想的杂交组合。另一方面要加强羔羊培育，改善饲养管理，使杂交后代朝着人们希望的方向发展。此阶段可在级进或轮回杂交的基础上进行。不应采用亲缘交配，因为本阶段主要是为了动摇而不是巩固群体的遗传性，否则，会给下阶段使用亲缘交配带来不利影响。

这一阶段的主要任务是改变原有品种的遗传性，吸收改良品种的优点，创造新类型。为了做好杂交育种工作，必须对本地绵、山羊的现状，优缺点进行比较全面的调查和分析。同时对当地自然条件和饲养管理水平，以及养羊业基本生产技术条件等进行详细的了解和正确的估计，然后在此基础上，根据国内外市场的发展需要和当地的生态经济条件，确定培育新品种的育种方向和育种目标，拟订详细的育种计划。

（二）横交固定阶段

横交固定阶段也就是自群繁育阶段。当杂种羊已有相当数量，并出现了理想型的羊只时，应及时进行自群繁育横交固定的试验工作。进行横交固定时必须要有好的理想型公羊，因此应及早注意对理想型公羊的选择和培育工作。过去，我国有一些进行绵、山羊杂交育种的单位，由于不重视理想公羊的选择和培育，而使一些已经具备横交条件的母羊继续杂交下去，从而影响了杂交育种工作的进程，这一点必须引以为戒。

自群繁育阶段的任务是通过杂种互相交配来保持和发展获得“理想型”，建立较强的遗传稳定性。首先是用理想型杂种公羊与理想型杂种母羊进行交配，一方面是为了迅速固定已经获得的优良性状，另一方面是为了扩大理想型羊数。其次，对非理想型母羊，可再用纯种公羊杂交，也可用理想型公羊与之交配。但要特别注意选择符合育种目标要求的优秀横交公羊，有理想的公羊时，可采用包括亲缘选配在内的选配方法，并采用人工授精技术加以扩大利用。

在横交固定工作中，横交所产生的后代会出现一定的变异现象，因此要注意观察、测定和分析，对某些不明显的、微小的有益变异要充分利用，并通过选种选配，使之逐渐积累起来。对羊群中出现的一些有害性状，应追溯其产生的原因，并采取有效措施及时加以根除。

（三）发展提高阶段

杂种羊经过横交固定阶段以后，已具有独特的类型和比较稳定的遗传性。这一阶段的主要任务是建立品种的完整结构，增加品种个体的数量，扩大品种的分布地区，并采用纯种繁育的方法，不断地改进和提高品种。

在这个阶段，应该着手进行建立品系的工作。绵、山羊品系的建立，是在选择了优秀的种公羊作为系祖以后，通过严格的选种选配、良好的饲养管理条件、精心的定向培育以及巧妙的运用亲缘繁育等方法逐步建立的。品系形成以后，通过品系繁育，把最优秀种公羊的有益经济性状在后代中加以积累、保持和发展，造成品种内部高生产水平下的差异，增加品种内部的异质性，然后通过品系间的杂交，达到结合品系的优点，创造新的品系和进一步改进品种的目的。

在这个阶段，除品系羊群以外，在选配上一般应尽量采用非亲缘选配，以提高生活力。

但是，上述三个阶段并不是截然分开的，常常交叉进行，即使新品种育成以后，育种工作也并没有结束，而是在新的水平上又开始了新的育种工作。

具备什么条件，才能成为一个新品种？在我国现阶段，经过理想型杂种羊自群繁育以后，作为一个培育的绵、山羊新品种应满足以下条件：

①体型外貌一致；

②生产性能指标和主要产品品质达到该品种育种计划所规定的要求；

③遗传性能稳定，用本品种特、一级公羊与特、一级母羊配种，其所生后代必须有 2/3 为特、一级；

④关于品种形成时的数量。群体数量在 15 000 只以上，其中 2～5 岁的繁殖母羊 10 000 只，特、一级羊占繁殖母羊的 70%以上。

关于绵、山羊新品种批准的权限及手续问题，各省（区）培育的新品种，确已具备形成新品种的条件，应当由育种主持单位向所在省、区业务主管部门或农业部提出申请，然后由省（区）业务部门或农业部派出验收鉴定工作组进行认真验收和鉴定，并提出验收鉴定报告，再经过省（区）或国家品种审定委员会审定通过，最后经省（区）人民政府或农业部批准，方能成为新品种。

三、导入杂交

当一个品种已具备多方面的优良性状，其性能基本符合育种要求，只是在某一方面还存在个别缺点，并且用本品种选育又不能使其缺点得以纠正时，就可利用具有这方面优点的同一生产方向的公羊与之交配，以纠正其缺点，使品种特性更加完善，这就是导入杂交。如我国某些绵、山羊有尖斜尻及后躯发育差的缺点，就可采用导入杂交的方法，使其迅速纠正，从而提高产肉性能。

导入杂交的模式是利用所选择的导入品种的公羊配原品种母羊，所产杂种一代母羊与原品种公羊交配，一代公羊中的优秀者也可配原品种母羊，所得含有 1/4 导入品种血统的第二代，如经过测定符合育种计划要求时，就可进行横交固定；或者用第二代的公、母羊与原品种继续交配，获得含导入品种血 1/8 的杂种后代，若达到理想标准，再进行横交固定。因此，导入杂交的结果在原品种中导入品种血含量一般为 1/4、1/8 为宜，并从含外血后代中选择理想型个体自群繁育。引血量以达到引血目的而又不改变原来品种的主要生产性能和体质类型，后代在自群繁育过程中又不出现性状分离为宜。

国内外许多绵、山羊品种的选育提高过程中都曾采用引入外血的方法，并且取得了很好的效果，积累了宝贵的经验。当然，繁殖含一定外血量的个体的方法可根据不同的选育计划而异。引血的同时，应注意改善引血羊的饲养管理，否则将难以发挥其生产性能。

四、经济杂交

经济杂交是指采用遗传上有差异的不同品种或培育的不同专门化品系相互之间进行杂交，使之产生具有杂种优势的杂种羊的方法。杂交的目的是生产出比原有品种、品系更能适应当地环境条件和高产的杂种，有效地提高养羊经济效益。

经济杂交在绵、山羊生产实践中得到了广泛应用，目的在于生产更多更好的肉、毛、奶等养羊业产品，而不是为了生产种羊。因此，一般是采用两个品种进行杂交，以获得一代杂种。一代杂种具有杂种优势，其生产力和生活力都比较高，而且生长快、成熟早、饲料报酬较高。因此，在养羊商品化生产中被普遍采用，尤其是在肉用养羊业中。但是，这种杂种优势并不总是存在的，所以，经济杂交效果的好坏也要通过不同品种杂交组合试验来确定，以发现最佳组合，不能认为任何两个品种杂交都会获得满意结果。

经济杂交可根据地区的饲养水平、经济能力和市场情况选用所需要的组合。在经济杂交中，并不是任何品种随机杂交都能取得明显的优势，必须进行杂交试验，找出适当的杂交组合。美国马里兰州兹维尔农业研究中心在1952—1972年间，使用了哥伦比亚、南丘、有角道赛特、汉普夏、美国美利奴、施罗普夏、萨福克、塔基8个绵羊品种进行试验研究，结果表明：两个品种杂交的羔羊，其总产肉量比纯种亲本提高12%，到4个品种为止，在杂交中每增加一个品种，产肉量提高8%～12%。因此认为，在生产肥羔过程中，用3个品种和4个品种杂交，比用两个品种杂交效果显著，因而主张在生产实践中，实行3个或4个品种的轮回杂交，或至少用3～4个父本品种进行连续杂交。

在澳大利亚，生产肥羔的大多数生产者采用澳洲美利奴羊为母本，边区莱斯特羊为父本，杂交一代母羊再用无角和有角道赛特公羊或南丘品种公羊杂交，其杂种供作肥羔，效果很好。但是，由于该国地域辽阔，各地生态经济条件差异较大，因此，在选择供杂交用的公羊品种上亦不一样：在气候条件比较炎热的干旱地区，主要选用边区莱斯特羊；在气候较潮湿的地区，则选用罗姆尼羊；在气候条件适宜、饲草条件比较丰富的地区，选用无角或有角道赛特羊，或选用南丘品种公羊；萨福克羊在南澳和维多利亚州应用比较普遍，生产的肥羔效果也比较好。

经济杂交过程中应注意以下几个问题：

(1)杂交亲本的选择　亲本的选择对开展商品羊的杂交利用十分重要，因为亲本的品质直接影响杂种优势的显现。母本品种应选择本地区数量最多，适应性强，繁殖力高，母性好，泌乳力强，体格大小适中的本地品种；父本品种应选择生长速度快，饲料利用率高，胴体品质好的引入品种。

(2)杂交方式的选择　杂交方式应根据当地的品种、经济类型和饲料条件等实际情况进行选择。一般来说，农户养羊以采用两品种简单杂交为宜，其方法简单，易于推广。此法以当地母羊作母本，引入父本品种就可以进行杂交，在具有一定规模的商品羊场，可采用复杂的生产杂交，如三品种或四品种杂交，以充分利用杂交优势。

(3)配合力测定及杂交组合的确定　配合力就是两个品种(品系)通过杂交能获得的杂种优势程度，通过杂交试验进行配合力测定是选择最优杂交组合的必要方法。

配合力分为一般配合力和特殊配合力两种。一般配合力是指某一品种(品系)与许多其他品种(品系)杂交所获得的平均效果，如无角道赛特羊与我国许多地方羊品种杂交效果都不错，这就表明它的一般配合力好。特殊配合力是指两个特定品种(品系)间杂交，其杂交品种主要性状平均值能超过其一般配合力的平均值,配合力测定主要是测定特殊配合力。

杂交组合是根据经济杂交的目的和特殊配合力的测定结果来确定的。如根据生长速度快、饲料利用率高、繁殖力强等性状和高的杂种优势率来确定杂交组合。

(4)加强杂种羊的饲养管理　确定理想的杂交组合后,还应创造良好的饲养管理条件,尤其是营养条件。如果饲养管理条件差,饲料营养不能满足杂种羊生长发育的要求,即使是理想的杂交组合也不能表现出高的杂种优势率。因此,应给杂种羊创造相应的饲养管理条件,使其充分发挥自己的遗传潜力。

五、远缘杂交

远缘杂交是不同种间、属间甚至亲缘关系更远的物种之间的杂交。可以把不同种、属的特征、特性结合起来,突破种属界限,扩大遗传变异,从而创造新的变异类型或新物种。由于远缘杂交往往重演物种进化的历程,故也是研究生物进化的重要实验手段。远缘杂交由于交配双方在遗传上、生理上和生殖系统构造上的巨大差异,一般不易杂交成功,即使成功,杂种也通常不育或夭亡,杂种后代分离幅度大。由于种、属间差别较品种大,其杂交后代通常表现出有较强的生活力。这种动物如果具有正常的繁殖能力,也可创造出新品种。远缘杂交在育种上的意义主要是:创造新物种、改良旧物种、创造和利用杂种优势。

远缘杂交在养羊业中的运用有很多成功的例子:

苏联、哈萨克斯坦、布塔林等在1936—1950年间,用野生阿尔哈尔公羊与美利奴羊进行种间杂交,育成了哈萨克阿哈尔美利奴羊新品种。该品种在育种过程中,克服了很大困难才获得一代杂种公羊。由于一代杂种公羊羊毛品质不好,又用它与美利奴母羊回交,经过系统的回交和精心的选种选配,到杂交第三代(7/8美利奴羊血缘、1/8阿尔哈尔羊血缘)才达到育种工作要求,然后转而进行自群繁育。哈萨克阿哈尔美利奴羊生活力强,对高山地区的自然生态环境适应性好。成年公羊体重99.3 kg($n=9$),成年母羊60.8 kg($n=1\ 283$),周岁母羊44.8 kg($n=353$);羊毛净毛产量成年公羊4.08 kg,成年母羊1.8 kg,周岁母羊1.48 kg;生长12个月毛长7.5 cm,羊毛主体细度64支。

我国新疆山羊产绒量较低(137 g),绒毛短(5.0 cm),但绒纤维直径较细(12.7~14.4 μm)。1983年叶尔夏提·马力克等用乌鲁木齐动物园中的野山羊(该羊属亚洲原羊,体大,体躯被毛为褐色或棕褐色,粗毛长3~5 cm,绒毛呈灰白色,绒毛长度公羊5.25 cm,母羊5.88 cm,绒毛纤维直径公羊13.2 μm,母羊12.7 μm,产绒量公羊280~380 g,母羊170~240 g,净绒率90%)公羊分别与30只新疆山羊和辽×新杂种母山羊杂交,产羔23只,成活7只;1985年在配种季节,将20只新疆母山羊置野山羊出没的高山地带放牧约1个月,使其在野外与野山羊公羊自然交配,1986年产羔11只,成活4只。1984年和1985年,利用野山羊×新疆山羊杂种一代公山羊与辽宁绒山羊以及辽宁绒山羊×新疆杂种母山羊配种,分别产羔5只和17只,全部成活。1986年用含有25%野山羊血的公山羊分别与辽×新各代杂种羊进行杂交。到1989年,在乌鲁木齐地区有含野山羊血的杂种羊2 700多只,其中培育出优秀种公羊70多只,如87-62号公羊,含野山羊血25%,周岁产绒量800 g,2岁产绒量1 120 g,绒纤维直径14.42 μm。经过不断的杂交、选择和培育,到1994年,16月龄以上含野山羊血液母羊达5 165只,断奶母羔达2 185只,成年公羊达368只,成为新育成的新疆白绒山羊新品种(北疆型)中两个类型之一——含野血类型。该类型羊羊绒品质、羊绒产量和体重见表4-9和表4-10。

表 4-9　新疆白绒山羊新品种(北疆型)含野血类型羊羊绒质量统计

年龄	性别	绒长/cm		绒细/μm		净绒率/%	
		n	*X*±*S*	*n*	*X*±*S*	*n*	*X*±*S*
周岁	公	21	5.88±1.02	25	12.7±0.38	10	67.66±21.76
	母	5	6.34±0.81	5	12.4±0.35	13	66.80±10.52
成年	公	26	7.49±1.30	26	13.6±0.31	27	72.35±14.16
	母	10	6.21±0.67	12	12.91±0.38	32	70.86±9.82

表 4-10　新疆白绒山羊新品种(北疆型)含野血类型羊生产性能统计

年龄	生产性能	1988 年		1993 年	
		n	*X*±*S*	*n*	*X*±*S*
周岁	产绒量	410	375.3±97.87	147	364.6±96.6
	体重	437	21.3±3.82	43	22.58±2.32
育成	产绒量	353	407.13±107.8	483	418.0±127.6
	体重	135	30.5±93.6	137	28.86±8.7

第六节　良种羊引种

在畜牧业商品化程度发达的今天，良种的作用更加突显。良种是高产的基础，是高产的内因，而饲养管理及其他条件则是家畜高产的外部条件。可以说，没有良好的遗传基础，采取任何饲养技术都是徒劳的。为了解决优良种羊不足问题，新中国成立60年来，国家和各省、区先后从苏联、德国、英国、新西兰、澳大利亚、法国、南非等国引入了苏联美利奴、高加索、斯塔夫洛波尔、阿斯卡尼、阿尔泰、萨尔、德国美利奴、茨盖、澳洲美利奴、考力代、波尔华斯、边区莱斯特、罗姆尼-马尔士、林肯、卡拉库尔、考摩、康拜克、萨福克、无角道赛特、夏洛来、特克塞尔、杜泊、南非肉用美利奴、波德代、东佛里生乳用羊、吐根堡山羊、努比山羊、萨能山羊、安哥拉山羊和波尔山羊等品种，种羊数高达十万只。在国内不同地区、不同羊场间的引种数量更为庞大。大量的引种既有成功的经验，也有失败的教训，应引起人们深思总结。

一、羊引种与风土驯化

(一)羊引种与风土驯化概念

引种系指从国外或外地引入优良品种、品系或类型群的种羊(含冻精或冷冻胚胎)，用来直接推广或改良当地及本场品种或类型羊群；风土驯化则是指引入的羊种适应新环境条件的变化过程。引种和风土驯化成功的主要标准是：种羊被引到新的地方，在新的环境条件下不但能生存、繁殖、正常的生长发育，而且保持其原有的基本特征和遗传特征，甚至产生了某些有益的变异。如辽宁绒山羊先后被引入内蒙古、吉林、河北、陕西、山西等省(自治区)，其适应性、耐粗饲等主要优良特征表现突出，后来不仅在产绒量及绒纤维品质方面大部分接近原产地水平，有的甚至超过原产地水平。

为了确保引种成功，要根据引种的目的、当地的自然条件、气象因素、饲料和饲养管理条件、引入种羊的适应程度和疫情，正确选择引入的羊品种（包括精液），应选择健康、无亲缘关系、无生殖生理缺陷、符合种羊标准的优秀种羊或其后裔。

风土驯化是指引入羊品种适应新环境条件的复杂过程。可以认为风土驯化是人类根据自身的需要，把本地没有的动物品种驯养成适宜本地饲养动物的过程，因此风土驯化又称引种驯化。如某地区有某品种羊生存的可能，但实际上该地区并没有该品种的存在，为了丰富该地区的需要，人为的由另一地区引入该地区放养。引入后，必须提供必要的环境条件，通过驯养和不断地人工选择，促使其向人类所需方向变异。作为引种驯化的一般原则，必须把生产需要、引入动物的生物学特性和预引入地区的生态条件三者结合起来，统一考虑。

对于引入的种羊要进行检疫，隔离一段时间，并加强饲养管理，进行适应性驯化，以尽快达到风土驯化的目的。

动物引入新生态环境后对新环境的适应有两个途径。第一是直接适应，如果新生态环境不超出引入品种的反应规范，引入个体就可直接开始适应，然后经过每代在个体发育过程中逐代调整其体质，逐渐适应新生态环境；第二是定向改变遗传基础，当新生态环境超出引入品种的反应规范时，则引入个体不能适应，这时要通过选种、选配尤其是培育，逐代选择那些适应较好的个体留种，逐代改变引入群体的基因组成和基因型频率，使引入品种在基本保持原有性能的前提下，定向改变其遗传基础。

上述两个途径不是互不相关的，通常二者同时起作用。一方面直接适应，逐渐调整其体质；另一方面在选种作用下逐渐改变遗传基础，实现引入品种的风土驯化。

（二）羊引种与风土驯化的意义

为满足当地养羊生产所需，常从外地引入良种，有时还需引入一些本地原来没有的品种。引入品种在本地环境中能否正常地生长、发育、繁衍后代，并保持原有的基本特征、特性和生产性能，是关系到引种能否成功的大问题。

随着国民经济的发展，为了迅速改善当地原有的畜群结构或改良品种性能，满足本地生产和市场对一些特殊遗传资源或基因的需要，以满足人们日益增长的多样化需要，采用引种的方式是一个快速高效的育种方法。国内外养殖业中的不断引种，对推动养殖业发展起了重要作用。如我国细毛羊、奶山羊及肉羊品种的从无到有，无一例外采取了引种的技术手段。引入品种，必须要经过风土驯化才能稳定地保持其原有的特征、特性。因此，引种是随社会经济条件的发展而产生的行为，风土驯化是引种的后续工作。

二、羊引种的基本原则

（一）生态条件相似性原则

羊的引种工作除注意引入个体本身的生产力、遗传性、健康状况、适应性外，对引出和引入地的生态气候条件的分析，同样具有相当重要的意义。两地生态气候条件基本相同或相似，引种容易成功，在引进和改良本地羊群时要根据畜种的适应性和牧业气候相似理论进行，凡是按此理论引进的许多优良品种都获得了成功。反之，会给引种工作带来许多困难甚至失败。

高寒牧区随着海拔高度的升高，空气稀薄，氧分压降低，在海拔 4 500 m 的地区，空气中氧的含量仅及北京地区的 58%。通过多年来大量的高原地区和平原地区的相互引种试验，平原地区的羊品种，引入高原地区的海拔高度不超过 3 000 m，而 3 000 m 以上高原地区的羊品种一般不宜引入平原地区，若要进行引种工作，可采取不同海拔高度的逐级风土驯化方法。

气温和湿度的不同，直接影响着羊的适应性和地区分布，可以选用最热月和最冷月气温作为家畜对温度条件适应的上下范围。经过多年的引种实践证明，外来优良羊种在高寒草原的生存能力是较差的，若不顾当地气候生态的差异，硬把适应于低海拔地区的家畜引种到高海拔地区，把喜温耐干旱的羊引至炎热湿润地区，把喜温热的羊引到寒冷地区都会造成不适应或遭到失败。因此，根据当地自然生态条件，特别是牧业气候相似理论有选择地引进国外或外地种羊，是养羊生产引种必须遵循的原则。

(二)社会、经济发展需要原则

任何畜禽的引种都是为了满足当地畜禽生产的需要，以提高经济效益为最终目的，不顾社会经济发展的需要，盲目引种势必造成引入品种无立足之地，难以推广。如在农区兴建超细毛羊种羊场，因不符合当地农区以发展肉羊为主的经济发展主题，使得种羊推广举步维艰。

三、羊引种的技术措施

(一)引种前的准备工作

1. 制定引种计划

首先要认真研究引种的必要性，明确引种目的。然后，抽派业务骨干组成引种小组，分配任务，各负其责，使选种、运输、接应等一系列引种环节落实到人。要确定引进品种、数量及公母比例，国外引入品种及育成品种应从大型牧场或良种繁殖场引进，地方良种应从中心产区引进。

2. 修建羊舍

引种前应修建羊舍，确保种羊引进后有饲养、观察场地。圈舍应具备便于圈内采光、排水、通风透气、干燥卫生等条件。羊舍建成后要进行消毒，可选用生石灰、新洁尔灭、烧碱等。

3. 落实引种计划

确定从某地引种后，于引种日的前几天派引种小组人员到该地，对所引品种的种质特性、繁殖、饲养管理方式、饲料供应、疫病防治等情况作全面了解，调查当地种羊价格，按计划保质保量选购种羊，并寻找场地集中饲养等待接运，以便接运车辆随到随运。

4. 种羊选择

要根据外形外貌来选择种羊，有条件的要查阅系谱，繁殖种羊应健康无病，个体外形特征要符合品种要求。

(1)看羊群的体型、肥瘦和外貌等状况　以此来判断品种的纯度和健康与否。种羊的毛色、头型、角和体型等要符合品种标准，可请畜牧技术人员帮助鉴定。种羊的体型、体况和体质应结实，前胸要宽深，四肢粗壮，肌肉组织发达。公羊要头大雄壮、眼大有神、睾丸发育匀称、性欲旺盛，特别要注意是否单睾或隐睾；母羊要腰长腿高、乳房发育良好。胸部狭窄、尻部倾斜、垂腹凹背、前后肢呈“X”状的母羊，不宜作种用。

(2)看年龄　主要依靠牙齿来判断。

(3)判断羊的健康状况　健康羊活泼好动，两眼明亮有神，毛有光泽，食欲旺盛，呼吸、体温正常，四肢强壮有力；病羊则毛散乱、粗糙无光泽，眼大无神，呆立，食欲不振，呼吸急促，体温升高，或者体表和四肢有病等。

(4)随带系谱和检疫证　一般种羊场都有系谱档案，出场种羊应随带系谱卡，以便掌握种羊的血缘关系及父母、祖父母的生产性能，估测种羊本身的性能。从外地引种时，应向引种单位取得检疫证，一是可以了解疫病发生情况，以免引入病羊；二是运输途中检查时，手续完备的畜禽品种才可通行。

其他注意事项：第一，不宜到集市上选购种羊。这是因为，一方面不易选购到合格种羊，羊只也容易传播疾病；另一方面，有些不法羊贩及羊主为牟取利益，羊只上市交易前饲喂浓盐水或让羊只采食含盐物，羊只大量饮水后体重增加。致使一些种羊引进后突然死亡，造成经济损失。第二，可适当引进一些相对成年羊更容易适应异地自然环境条件的羔羊。

（二）正确选择引入品种

当地品种不能满足生产需要时，可以考虑引种。选择引入品种的主要依据有二，一是该品种应具备良好的经济价值和种用价值；二是应具备良好的适应性。高产是引种的必要性，适应是引种的可能性。

一般认为，历史长、分布广的品种常有好的适应性。引入地生态环境与原产地差异小时引种易成功。不过为了确保成功，应做引种试验。就是说先少量引种，研究观测引入个体对本地生态环境的反应，制定对策，然后再大量引种。经验表明，当原产地与引入地生态环境差异较大时，自热带引入温带地区易成功，反之则难成功。这是因为家畜生理上适应低温的能力强，人工防寒设备比防高温设备简单、经济；一般热带饲养管理较粗放。

（三）慎重选择引入个体

优秀品种内常有很大变异，引种时要认真选择引入个体。要注意引入个体的体质外形、生长发育状况、生产力高低，尤其是要查系谱，防止引入遗传缺陷病。

引入个体间一般不应有亲缘关系，公畜最好来自不同品系，这样可使引入种群的遗传基础广些，有利于今后选育。此外，幼年个体对新环境的适应能力强，所以引种时幼年强健者易成功，有时也可以引进胚胎。

（四）合理选择调运季节

为使引入个体在生活环境上的变化不太突然，使个体有个逐步适应的过程，在调运家畜时应注意原产地与引入地的季节差异。影响品种的自然因素较多，其中气温对品种的影响最大，因此一定要选择好引种季节，尽量避免在炎热的夏季引种。同时，要考虑到有利于引种后风土驯化，使引种羊尽快适应当地环境，从低海拔向高海拔地区引种，应安排在冬末春初季节；从高海拔向低海拔地区引种，应安排在秋末冬初季节。在此时间内两地的气候条件差异小，气温接近，过渡气温时间长，特别在秋末冬初引种还有一个更大的优点，即此时羊只膘肥体壮，引进后在越冬前还能够放牧，只要适当补充草料，种羊就能够安全越冬。

（五）严格检疫

我国通过引种曾引入很多新疫病，给生产带来了巨大损失。为了不引进疫病，在引种时必须严格检疫，按进出口动物检疫法程序进行。在我国境内引种也要严格执行检疫隔离制度，确保安全后方可正常混群饲养。一般境外引种需在隔离场隔离观察 60 d，境内引种需隔离观察 30 d，确保引种安全，防止外疫传入。

（六）种羊的运输

1. 运输前的准备

（1）运输方式　短距离（如省内、邻省等）运输以汽车运输较好，因为汽车运输比其他方式更灵活更方便，便于在运输途中观察和护理羊只。汽车运输要求车况良好，以免运输途中发生机械故障而耽误时间，同时要配备篷布，防止日晒雨淋；检查车厢内有无突出尖锐物（如钢钉等),以免刺伤羊只。此外,货箱门要牢固,采用双层运输时支架及上层货架一定要固定好,以免运输途中因支架折断后上层货架塌落压伤压死羊只。车厢也要消毒,运输前可选用10%的生石灰水或3%～5%的烧碱水溶液喷洒。

(2)驾驶员和押运员 驾驶员应选择技术精湛、经验丰富、应变力强的人,要带齐各类行车证件。押运员必须是业务骨干,而且责任心强,能吃苦耐劳,年轻力壮。要办好各种过境证明(如种畜运输证明、检疫证明等),防止运输途中遇检查时因手续不齐全而受阻,延长时间。

(3)器械准备 要备好提水桶、兽用药械(如注射器等)、应急抢救药物(如镇静、消毒、强心等药物)、手电筒等。

(4)备足草料 要根据羊只运输数量、行程的远近来备足运输途中种羊所需的草料。

(5)妥善安排接车工作 调运前要安排专人在引种到达地点负责接车验收,保证引进种羊有专人专管。

2. 运输

运输途中羊只难免会遇到各种应激反应,但只要选好适宜的运输方式,采取科学的护理方法,就可以减少不必要的损失,使种羊顺利运到引种目的地。

(1)要根据车厢大小确定运输数量,装运应以羊只不拥挤为宜,起运前要给羊只喂足草料及饮水。

(2)运输途中要求中速行车,尽量减少车体剧烈颠簸,防止羊只因突然惯性而拥挤、踩压,造成伤亡。

(七)加强引入种群的选育

不同品种对引入地生态环境的适应性不同,同一品种内个体间也存在差异。引种后应加强选种、选配和培育,使引入种群从遗传上适应新的生态环境。

若引入地生态环境与原产地相差很大,不能直接引种,则可考虑改良杂交,使引入品种的遗传成分逐代增加,使之在选育作用下逐代适应。也可用引入品种与本地品种杂交,搞杂交育种。

对引入品种选育的同时,还要逐代扩群,选育到一定程度就可开展品系繁育,建立符合我国生态环境和生产—市场系统的新品系,并扩大生产,在本地养殖业中大量使用。

(八)加强引入羊的饲养管理

加强引入羊的饲养管理和适应性锻炼。引入第一年很关键。要尽量创造条件使饲养管理与原产地接近,然后逐渐过渡到引入地的饲养管理条件。为防水土不服,还可带原产地饲料,供途中和初到引入地时饲喂。另外还应尽量创造与原产地相同的小环境。

加强适应性锻炼和改善饲养管理条件同样重要。应加强引入个体的锻炼,使之逐渐适应引入地的生活环境。

(九)引种的注意事项

近年来,养羊业的兴起,广泛地带动了地方百姓的养殖积极性。为配合养殖发展的需要,部分单位纷纷引进新的羊品种,如波尔山羊、美利奴、萨福克、夏洛来、杜泊等。这对地方羊的品种改良和新品种的培育无疑起到了很好的促进作用。但引种常要花很多钱,由于自然条件对品种特性有广泛而又持久的影响,所以引种时要非常慎重。既要考虑引种的必要性,又要研究引种的可能性,订出周密的引种方案。引种时应注意以下几个问题:

(1)引种要避免盲目性 随着经济的发展,羊产品的需求越来越大。但由于市场调节,羊产品有时在市场上起落无常，所以引种前要搞好市场调查，搞清所引进品种的市场潜力，有发展前途则可以引进，无则不能引进，盲目引种只能导致养殖失败。

(2)引种要讲方法　无论从国外还是从国内引种，一般有 3 种方法。一是直接引进纯种个体；二是引进胚胎，进行胚胎移植；三是通过引进冻精进行人工授精。3 种方法各有利弊。胚胎和精液(冻精)便于携带和运输，但所需繁殖时间要长；直接引进纯种，虽然运输较困难，但可省去妊娠和部分生长期时间，这样引进的纯种利用时间大为提前；胚胎移植和人工授精引进疾病的机率相对要少。另外，如果是单纯为改良本地品种，一般直接引进纯种个体或冻精较好。如果是引进新品种进行纯种繁育，胚胎移植较好。

(3)引种数量与资金要相配套　引种数量多少，应由引入品种的目的、引入后的使用方法、能提供引种资金的多少以及引种单位的饲养管理水平条件等因素决定。

(4)对供种单位的信誉进行调研　提供纯种单位的信誉或者中介单位的信誉也十分重要。国内范围引种大多一手交钱一手交货，不需中介单位，所以过程简单，违约少，即使违约，国内官司也较好处理。但在国外引进品种，大多是先付款，起码要先付多半款，然后供种单位发货。其中有的经过国内的中介单位，中介单位一手托两家而从中取利。如果一旦货款给出，国外纯种单位屡屡违约，中介单位从中左右搪塞，引种方只能连连叫苦，官司不好处理。

(5)慎重考虑引进品种的经济价值　由于媒体的过分炒作或供应单位的过分夸大宣传，使超出商品价值部分的其他费用加大，难免出现货不抵值的现象。一旦引进就会花费很多，加上引进者如果缺乏足够的考查了解，盲目听信他人说教，有时引进之后与自己所想象的相差甚远。

比如波尔山羊无疑是国内外公认的较好的肉羊品种，但单纯从产肉性能上来说，肉山羊远不如肉绵羊净肉率高、增重快，经济效益远不如肉绵羊高。如果从改良地方山羊品种的角度考虑引进波尔山羊很好，如果从羊肉发展角度，还是应发展肉用绵羊。从地理角度来讲，北方宜引进绵羊，南方宜引进山羊。

(6)引种应因地而宜　引种应考虑本地的地理环境，特别是本地的地貌、气候和饲草资源等因素。引什么品种、引绵羊还是引山羊，应慎重做出决定。因为不是所有品种的羊都能在同一地域很好地生长繁殖。考虑北方饲草资源丰富，地域广阔而平坦，但气候寒冷，选择引进较耐寒的绵羊品种或绒山羊为宜。

山区多因地形因素选择善于登山的山羊品种，半山区和丘陵地带如果气候条件适宜，引进品种余地很大，而南方一般高温高湿，不适宜毛用羊的生长。

总之，引进纯种由于投资较大，所以各方面的问题都应引起注意，一旦一个或者几个环节失误，往往会造成巨大损失。

四、羊引种失败原因分析

优良种畜只有适应当地生活条件，才能提高生产水平，否则就不能发挥其优良性能。关于如何引种，我国著名的养羊科学专家汤逸人教授曾经指出："引进前应充分调查其所需自然环境条件、饲养管理条件，弄清生产性能、常见疫病和寄生虫病。购入之后应放在其所需要的环境条件下，进行科学饲养和繁殖。"否则往往多病多死，难免失败。引种要使内因和外因双方统一起来，才能顺利地发展生产。下面就引种失败原因做出分析。

（一）自然生态原因

小尾寒羊在全国推广的面积和数量可以说是其他绵羊品种不可比的，它将对我国绵羊品种的改良、新品种的培育、羊肉规模生产起到推动作用。近十几年来，河南、山东小尾寒羊主产区向全国推广小尾寒羊数百万只，引入各地后成功的很多，但失败的也不少，各地失败的原因之一就是不了解小尾寒羊原产区的生态条件。引进之初突然改变其原产区的饲养管理方式和生活习性，导致失败。小尾寒羊的中心产区地处黄河冲积平原，海拔 50 m，气候适宜，年平均温度 13.6℃，绝对最高温度 40℃，绝对最低温度－18℃，年降水量 557.4 mm，无霜期 216 d。产区饲草饲料资源丰富，舍饲或半舍饲，放牧距离较短。少数地区引进小尾寒羊时由于忽视了上述应注意的自然生态问题而遭到失败。如小尾寒羊引入牧区后，长距离的游牧，加上高海拔氧气含量少，造成心肺功能衰竭，最终造成引种失败。

（二）饲养管理原因

以小尾寒羊引种为例，小尾寒羊生长发育速度快，繁殖性能好，但要保证其生长速度和高繁殖特性，需要良好的饲养状况。在满足其营养需要的前提下，饲料必须精粗料合理搭配，能量、蛋白质充足，矿物元素、维生素也不能缺乏。但一些地方认为只需要喂给秸秆和草就可以了，导致小尾寒羊因营养不足而达不到其正常的生长体重和繁殖率，最后失败。在牧区，过度放牧，特别是在草资源不好的草场上放牧，长时间采食不到需要的营养，最终导致其先疲后弱最后死亡。

（三）区域经济的原因

某些地区养羊没有形成规模，如果在此地引种发展养羊，会因为区域经济的原因导致无人收购进行屠宰加工，在一个地区养羊如果没有形成区域化和规模化，零星的小规模饲养户由于商品羊不易销售或价格偏低，导致失败。

第七节　羊的保种

我国的一些珍贵特色品种——卡拉库尔羔皮羊、生产二毛裘皮的滩羊、贵德黑裘皮羊、生产青猾皮的济宁青山羊、以尾部巨大著称的大尾寒羊等，在 20 世纪 50～70 年代都曾有过辉煌，当时上述品种不但数量增加，经过选育质量也有所提高，这类羊都是在特定生态环境下、一定社会经济发展过程和特定的市场要求下形成的。20 世纪 80 年代以后由于市场需求下降，这些品种数量不断减少，到目前仅处于保种维持状态，部分地区也开始用肉用品种改良，致使数量急剧下降，有的甚至处于濒危状况。一个种群（品种、品系、类群）中汇集有各式各样的优良基因，能在一定环境中发挥作用，使种群表现出各种为人类所需要的优良性状。因此，一个种群就是一个特殊的基因库，它不仅可直接用于生产畜产品，而且还是培育新品种的良好原始材料，妥善保存并合理利用我国羊的遗传资源是当今我国畜牧业迫在眉睫的一项极其重要的任务。

目前，在全球家畜生产中品种单一化的同时，品种间和品种内的遗传差异逐渐缩小。许多地区都用同一优良品种杂交改良，结果产生名称各异的多个品种，但这些品种都在很大程度上含有改良品种的遗传物质，使得这些品种相互间遗传基础很接近。同时，由于选种技术的提高，留种公畜间常遗传基础相近且有一定亲缘关系。又由于冻精和人工授精等技术的推广，一头种公畜可有数以万计的后代，结果是实际规模很大的畜群其有效规模却很小。加上近交、遗传漂变等因素的作用,品种内遗传变异也在减少。近现代动物育种的目标常是要把畜群改良为一个纯合的同质群,所以随着育种的深入,品种内的遗传变异也会减少。

总之,由于上述种种原因,世界上家畜品种数在减少,品种间及品种内遗传变异在下降,遗传基础越来越狭窄,这也是世界遗传资源的现状和变化趋势。

一、羊遗传资源多样性保护的意义和任务

(一)遗传资源保护的概念与任务

家畜的遗传资源又叫种质资源、品种资源或基因资源,因此,保存家畜遗传资源又叫保种。具体地说,保种就是妥善保存现有畜禽的种群(品种、品系、品族、类型或其他种群),使之免遭混杂和灭绝。严格地说,保种是妥善保存现有畜禽种群的基因库,使其中所有的基因都不丢失,无论它目前是否有利。因此,保种的任务就是使畜禽种群内的所有基因都得到妥善保存,不得混杂和丢失,更不能灭绝,保种就是保存种质资源。最早提出保种的概念时,就是要保存品种。由于保种常是保那些有特殊性能的品种,所以有人提出保种就是保存性状,例如小尾寒羊的高繁殖性状需要保存,但其肉羊性能和饲料利用率并不十分理想,所以不需保存。从遗传学角度看,性状是由基因决定的,有了特定基因,在一定环境条件下就能发育成某个性状,无论是质量性状还是数量性状,都是如此。所以有人提出,保种就是保存基因。从社会学和生态学观点看,无论品种还是物种,都是遗传资源,是社会发展、生物进化和生态平衡所必不可少的。所以吴常信院士提出如下保种概念:所谓保种就是保存种群,保存了有一定特性、特征的种群,也就保存了品种、性状、基因和资源。

(二)保种的意义

第一,目前世界上畜禽品种单一化发展很快,不仅家畜遗传基础越来越窄,而且经济价值最高(即目前最优秀)的原种基因资源(基因库)已被少数几家大公司垄断。所以,目前的商业化生产系统种质已极度单调,对抗遗传灾难如遗传病的能力极低。保存丰富的基因库就可以在灾难降临时有路可走,抵抗遗传灾难。

第二,单一品种长期闭锁繁育,迟早会失去育种反应(选择反应),使选择无效。当选择权限来临时,可用保存的品种来增加变异,因此,保持遗传基础的多样性,可以克服可能出现的育种“极限”。

第三,保存和研究地方品种,可以揭示进化、驯养、驯化、自然选择和人工选择过程的机制,为野生动物的驯养、驯化并形成新的家畜品种创造条件。

第四,人类的需要不断变化,所以多保存一些遗传变异是有备无患的明智之举。

不过我国目前财力有限,要保存现在这么多品种是有困难的。为此,应优先保存那些稀有的、有价值或潜在价值的品种。这里要强调,稀有品种是指具有“稀有”的性状或特征,而不是数量上“稀有”。那些没有价值,或根本看不出将来会有什么价值的品种,大可不去保它,以减轻国家负担。更何况从历史角度看,任何品种都是有形成、壮大发展和消亡的过程,要保住历史上出现的全部品种是不可能的,这是由基因库变迁的必然性所决定的。

(三)保种的标准

①群体近交系数不上升或缓慢上升;

②性状遗传率保持稳定;

③种群优良基因不消失;

④生产力水平保持稳定。

（四）濒于灭绝的标准

一个品种母羊在500只以下；或在500～1 000只，且数量在下降；或公羊少于20只。

二、保种的原理和方法

（一）保种原理

根据群体遗传学理论，一个群体要保持平衡状态，必须具有足够的数量，群内实行随机交配，且不受突变、选择、迁移和漂变等的影响。而实际上，任何一个家畜种群都达不到理想状态（传代中群体大小不变）的群体数量，也不可能完全随机交配，特别是小群体，任何基因都有可能消失。导致基因消失的主要因素是遗传漂变和近交，而影响漂变和近交的主要因素有群体有效含量、留种方式和公母比例。

（1）群体有效含量　群体有效含量是指群体中有繁殖能力的有效个体数。在群体规模恒定、公母各半、随机交配、群体间无迁移、世代间无交叉等理想状态下，群体在传代过程中其大小不变。但实际上群体大小总是波动的，甚至有时波动还很大。因此，群体有效含量用群体调和均数来表示。群体有效含量越少，近交越难免，漂变越严重。因此，增加群体的有效含量是防止基因流失的有效途径，而群体有效含量又受留种方式和公、母比例的影响。

（2）留种方式对群体有效含量的影响　留种方式会影响群体有效含量，影响近交系数，从而影响基因丢失的概率。

（3）性别比例对群体有效含量的影响　性别比例对群体有效含量有严重影响。例如，按公少母多，各家系等比例留种，对群体有效含量影响不同（表4-11）。

表4-11　性别比例对群体有效含量的影响　　只

公羊数	母羊数	群体有效含量
3	3	12
3	9	14.4
3	30	15.48
3	300	15.95

由此可见，保种群中应考虑适当的性别比例，否则遗传信息会从数量少的性别中流失。从近交角度考虑，保种应适当延长世代间隔，世代间隔短会加速遗传信息漏失。

（二）保种原则

①保证纯繁；

②保持绵、山羊的遗传多样性和表型多样性；

③在相应的生态条件下，采用随机小群保种或同一品种有多个地方保种，即“群体分割，多点保护”。

（三）保种方法

（1）异位保种　包括冷冻保存配子（精子或成熟的卵子）；冷冻保存胚胎（受精卵）；构建基因文库。

（2）原位保种　保存并繁殖活体动物。对濒危动物的保种常用此法，其首要任务是扩大群体,保存现有的遗传多样性和表型多样性(采用纯繁、各家系等数留种)。

目前关于活体保种的问题突出。世界种质资源与其他资源一样,首先被发达国家开发和利用,他们通过强度选育培育出生产性能极高的培育品种,如细毛羊品种和肉羊品种均为畜牧业发达国家首先拥有,发展中国家为了提高本国的生产水平而大量引种。这至少有三个方面的作用:第一是提高了世界养羊业生产水平和生产效率,为人类做出了极大贡献;第二是育种者通过出售种畜获得了极高的经济回报;第三是造成了目前的种质资源单一,即所谓的遗传侵蚀。

因此,发达国家应对保种负有更大责任和义务。发展中国家的最佳策略是,只保存那些有经济价值或潜在经济价值的品种,但事实上,由于突变、漂变、选择和迁移等作用,任何品种都自始至终处于动荡变化之中,要通过活畜保种来保住所有品种是不可能的。

另外,关于冷冻技术保种,随着科学技术的发展,人类已可以通过生物技术如冷冻胚胎或冷冻体细胞等方法来保种。这种保种方法简单经济实用,一个液氮罐就可以保存大量的细胞,例如中国就已经采用这种方法保存了大熊猫等上千种世界珍稀动物的体细胞。待将来需要时,我们就可以用生物技术把这些体细胞培育成相应的活的动物。虽然我们目前只能用羊的乳腺细胞培育出羊即多利羊来,其正常生产繁殖也受到质疑,但可以相信,在不远的将来,人类一定能够用体细胞培育出相应的生产性能、繁殖性能及抗病能力都正常的活体动物。

就目前的科学技术而言,冷冻技术必须有相应的活的动物才行,没有活的母体就不能把胚胎培养成新的个体。所以,目前活畜保种还是最基本的保种措施。

事实上,人类目前已经能够为羊等物种提供胚胎早期发育的环境,但是还不能提供胚胎后期发育所需的环境。所谓的试管羊,就是用精子和卵子体外受精,在试管内发育到囊胚期,然后将其移入母体子宫才能继续发育。

(四)保种的措施

一般认为,保种应同时保存活体动物、精液、胚胎,以及体细胞和有关的基因。这里先介绍活动物保种的技术措施。

(1)制定保种规划　只应保那些有特殊性能或潜在价值的品种。保种目的就是要保这些特殊性能或特征。保种规划应包括保种目的,保存年数,保种群大小,保种地点和繁育方法等。

(2)建立保种核心群　从质上看,保种核心群的个体应是品质优良符合品种条件的个体,个体间最好没亲缘关系,否则会降低群体有效含量。从量上看,保种羊核心群有效规模应不小于 100 只,这时 $\Delta F=(1/2)\div 100=0.5\%$,在每一位点上两个等位基因纯合的概率每代增加不到 0.5%,这便是统计学上的显著水平,根据小概率事件不可能性原理,上下代群体的遗传组成基本没有变化。有效含量为 100 的小群体经 25 代随机交配随机留种的繁殖之后,近交系数平均为 $F=1-(1-\Delta F)t=0.1178=11.78\%$,而半同胞交配一代后子代平均近交系数为 12.5%,所以有效含量为 100 的小群体经 25 代后其群体平均近交系数不到半同胞交配一次的近交程度。实践中为保险起见,保种群有效含量常大于 100,并且为防疾病及天灾等,保种核心群不应只养在一个地方。

(3)选保种基地　为控制杂交,要划定保种基地,基地内不准养同一物种的其他品种。划保种基地一般遵从如下几个原则:

①位于原产地,生态环境适合。

②有明确的自然地理界限，例如湖羊，在太湖的一个半岛上，即吴县东山乡做保种基地，便于形成地理隔离和生殖隔离。

③基地要有一定面积，要有足够的载畜量。

④饲料资源丰富。这是保种的物质基础。

总之，保种基地是保种群的生存环境，要考虑到基地内的生态平衡规律，因为种群的生存和繁衍取决于综合环境条件，否则种群就会变迁，达不到保种目的。也可建立保种场，最有利于控制和操纵其基因库变迁。

(4)各家系等数留种　在每一公羊的后代中选一公羊，每一母羊的后代中选一母羊，利于扩大群体有效规模，利于保种。当然某家系出现遗传缺陷时必需淘汰。

(5)避开近交后实行随机交配　可降低每代近交增量。

(6)延长世代间隔　这可以降低单位时间内的代数，降低单位时间内的遗传漂变。可利用冷冻精液或胚胎尤其是保存体细胞等生物技术延长世代间隔，几十年或百千年才一个世代。

(7)采用保中有选的动态保种法　除要保的特性外对那些明显不良的性状加以改良是合情合理的。

一个种群是否得以保存，可根据保种目标来检查。由于目前还看不见摸不着基因，不能直接准确观测群体遗传组成，所以只能从表型来观测和评价保种效果。具体说应考虑以下几个方面：第一，纯繁时要保的特征、特性是否有变化，可从表型值和育种值两个群体均数来评价，在小群体中二者可能不同；第二，杂交时杂种的特征是否发生了变化，由此可看出非加性基因效应的变化，即基因互作的种类是否发生了变化，或者说基因种类是否有变化；第三，根据近交系数上升情况，可由此估计基因丢失的风险大小。

(8)品种资源的利用　保种目的在于用。任何品种都不外如下 3 种利用方式：第一是用纯种进行商品生产；第二是作杂交亲本产生商品杂种；第三是作进一步改良或杂交育种的原材料。不过要保的品种常是经济效益不高没人愿意养的，否则无须保也不会丢。目前人们应该在保护该品种主要特性和性能不受损害的前提下，通过对品种遗传潜力的开发与合理管理，使群体数量与质量得以继续发展。我国具有丰富的羊品种资源，在这方面应该多开展研究，使品种资源在利用过程中得以保存。

(五)保种过程中存在的主要问题

随着地方良种资源数量的减少，人们逐渐认识到了绵、山羊遗传资源保护的重要性和迫切性。在实际的畜禽遗传资源保存工作中，对以下几个问题必须有明确的认识，并需要很好地协调解决。

(1)保种与选育的关系　家畜品种的改良主要是针对具有经济价值的生产性状进行的，选择的目的是要打破群体遗传结构的平衡，选择有利的基因，通过近交等手段，不断提高它在群体中的频率。而在畜禽遗传资源保存中，由于保种的目的在于全面地维持群体遗传结构的稳定，它与品种生产性能的选育提高是对立的。因此，一般情况下必须设立单独封闭的保种群体，在群体内需要遵循群体遗传学理论的要求，避免选择、突变、迁移、近交等系统性因素的影响，同时要尽量降低遗传漂变的作用。

由于大多数地方品种保种群的主要生产性能较低，因此，要长期独立地维持一个较大的保种群，需要很大的资金投入作为保障。

(2)短期利益与长远利益的矛盾　遗传资源保存的最根本目的，是为了人类社会目前和将来都能利用现有的资源。目前最主要的是保存一些生产性能较低的地方品种，以备未来的需要。因此，从短期利益看，保种是一项缺乏经济效益的工作。但是，长期的畜禽遗传改良实践表明，随着人类社会的变化、生活需求的改变，以及上述的经济、科学、文化和历史等方面的因素，要求人类为了长远的可持续利用自然资源，必须对现有的宝贵遗传资源进行有效的保存。

(3)保种任务的区域性不平衡　现有的畜禽遗传资源是人类在各自的社会生态经济条件下经过长期培育，形成了丰富的、各具特色的地方类群。然而，随着人类社会发展区域性的不平衡，商品经济发展程度不同，因此，目前拥有的地方畜禽品种资源亦有很大的差异。表现最为明显的是在经济发达国家，由于长期的市场激烈竞争，以追求高经济效益为主要目的，因此，大量的性能较低的地方品种相继灭绝，逐渐被少数生产性能优秀的培育品种所取代。例如，细毛羊以澳洲美利奴为主，肉羊绵羊则以萨福克、无角道赛特、特克塞尔及杜泊等为主，而且世界各地也纷纷利用其作父本进行改良。而大多数发展中国家，由于商品化经济进程相对落后，目前仍拥有相对丰富的遗传资源，在畜禽遗传资源逐渐枯竭的今天广泛受到全球的重视，要求保存这些资源的愿望越来越强烈。

(4)保种资金的投入　由于大多数需要专门进行保护的畜禽遗传资源都是一些生产性能较低的地方品种，因此，总体而言，保种是一项耗资巨大的工作，这也是制约畜禽遗传资源保存工作最重要的因素，需要设法多渠道地筹集保种资金，才能保证有效地开展此项工作。

第八节　生产和育种资料的记录与整理

羊场的各种育种资料和生产情况记录是绵羊、山羊在生产和育种过程中的重要档案，尤其对于育种场和现代养羊企业的种羊群，生产和育种记录资料更是必不可少的。通过资料记录和整理可以及时掌握和了解羊群存在的缺点及主要问题。在羊场进行个体鉴定、选种选配和后裔测验及系谱审查，合理安排配种、产羔、剪毛、防疫驱虫、羊群的淘汰更新、补饲等日常管理时，都必须作好生产育种资料的记录。由于不同用途羊的生产目的不同，生产育种资料记录的要求也有变化，主要的记录包括：种羊卡片、个体鉴定记录、种公羊精液品质检查及利用记录、羊配种记录、羊产羔记录、羔羊生长发育记录、体重及剪毛量(抓绒)记录、羊群补饲饲料消耗记录、羊群月变动记录、疫病防治记录和各种科学试验现场记录等。生产育种记录应力求准确、全面，并及时整理分析。

随着计算机信息科学的发展，电子档案记录系统开始在一些先进的、有条件的养羊单位实施。在生产中引入计算机等先进技术，对整个生产过程实行全程管理和监控，对生产中的各种信息和资料随时录入机算机系统，经过一些专门设计的计算机记录管理和分析软件处理、编辑后，建立相应的数据库，供查询和利用。有些需要长期保存的资料可建成某种成形的数据库后，借助计算机外部存储设备(硬盘、软盘、光盘等)进行保存。有条件的单位，可通过网络与其他养殖单位及科研、院校之间进行信息传递和交流，并为适应市场的迅速发展、建立电子商务系统打好基础。

现列举几种记录表，见表 4-12 至表 4-20。

凡提供种用的优秀公、母羊都必须有种公羊卡片和种母羊卡片。卡片中包括种羊本身的生产性能和鉴定成绩、系谱、历年配种产羔记录和后裔品质等内容。

表 4-12　种羊卡片(正面)

品　　种＿＿＿＿＿＿　个 体 号＿＿＿＿＿＿　登　记　号＿＿＿＿＿＿
出生日期＿＿＿＿＿＿　性　别＿＿＿＿＿＿　出生时母亲月龄＿＿＿＿＿＿
单(多)羔＿＿＿＿＿＿　初 生 重＿＿＿＿(kg)　1 月 龄 重＿＿＿＿＿＿(kg)
2 月龄重＿＿＿＿＿＿(kg)　4 月龄重＿＿＿＿＿＿(kg)　6 月 龄 重＿＿＿＿＿＿(kg)
12 月龄外貌评分＿＿＿＿＿　等级＿＿＿＿＿

指标	1 岁	2 岁	3 岁	4 岁	5 岁	6 岁
体高/cm						
体长/cm						
胸围/cm						
尻宽/cm						
体重/kg						
羊毛长度/cm						
羊毛细度/μm						
剪毛量/kg						
产羔情况						

表 4-13　亲、祖代品质及性能(背面)

	个体号	产自单(多)羔	等级	体高/cm		体重/kg			12 月龄剪毛量/kg	繁殖成绩
				12 月龄	24 月龄	6 月龄	12 月龄	24 月龄		
父亲										
母亲										
祖父										
祖母										
外祖父										
外祖母										

后　裔　表　现

儿子：	女儿：

留(出)场日期　　　年　　　月　　　日
场技术负责人(签字)：

表 4-14 肉用绵、山羊个体鉴定记录表

序号	品种	羊号	性别	年龄	体型外貌	体重/kg	羊毛品质	剪毛量/kg	等级	备注

鉴定时间： 年 月 日 鉴定员：________ 记录员：________

表 4-15 种公羊精液品质检查及利用记录表

品种__________ 公羊耳号________

采精			射精量/mL	原精液				稀释精液			精液保存			输精量/mL	授精母羊数	备注
日月	时间	次数		色泽	气味	密度	活率	稀释液	倍数	活率	保存时间/h	保存温度/℃	活率			

表 4-16 羊配种记录表

序号	配种母羊			与配公羊			配种日期				分娩			生产羔羊		备注
	品种	羊号	等级	品种	羊号	等级	第一次	第二次	第三次	第四次	预产期	实产期	单双羔	羊号	性别	

________站(场) 技术员________

表 4-17　羊产羔记录表

序号	品种	羔羊						母羊			公羊耳号	羔羊出生鉴定					备注
		耳号		性别	单双羔	出生日期	出生重/kg	品种	耳号	等级		体型结构	体格大小	被毛同质性	毛色	等级	
		临时	永久														

登记员________　　　　　　鉴定员________

表 4-18　羊体重及剪毛(抓绒)量记录表

序号	品种	羊号	性别	年龄	体重	剪毛量	抓绒量	备注

称重日期________　　　称重员________　　　记录员________

表 4-19　羊群补饲饲草饲料消耗记录表

品种________　　　群　别________　　　性　别________　　　年　龄________

供应日期	精饲料/kg 总计	粗饲料/kg 总计	多汁饲料/kg 总计	矿物质饲料/kg 总计	备注

登记员________　　　　　　技术员________

表 4-20　羊群变动月统计报表

管理人员姓名	羊别	年龄	性别	上月底结存数	本月内增加				本月内减少					本月底结存数	备注
					调入	购入	繁殖	合计	死亡	调出	出售	宰杀	合计		

报出日期＿＿＿＿＿＿　　技术员＿＿＿＿＿＿

复习思考题

1. 简述羊的主要质量性状及其遗传。
2. 简述羊的主要数量性状及其遗传。
3. 羊的选种方法有哪些？如何进行选择？
4. 试述羊的选配类型及遵循的基本原则。
5. 简述养羊业中的品系概念及创建品系的方法。
6. 简述在养羊业中血液更新方法及其应用。
7. 试述本品种选育方法及其在养羊业中的应用。
8. 简述羊育成杂交的意义、方法及其应用。
9. 简述羊导入杂交的意义、方法及其应用。
10. 简述经济杂交在养羊业中的应用及注意的问题。
11. 什么是远缘杂交？举例说明其在养羊业中的应用。
12. 简述羊引种的基本原则及技术措施。
13. 试述羊引种的注意事项。
14. 简述羊保种的原理和方法。
15. 养羊生产中育种记录种类有哪些？

第五章 羊的繁殖技术

第一节 羊的繁殖规律

一、性成熟和初配适龄

(一)公羊的初情期、性成熟和初配适龄

初情期是公羊初次出现性行为和能够射出精子的时期,是性成熟过程中的开始阶段。性成熟是公羊生殖器官和生殖机能发育趋于完善、达到能够产生具有受精能力的精子、并有完全性行为能力的时期。性成熟是个连续的过程。

公羊达到性成熟的年龄与体重增长速度呈一致的趋势。体重增长快的个体,其达到性成熟的年龄要比体重增长慢的个体来得早。群体中如有母羊存在,可促使性成熟提前。此外,品种、遗传、营养、气候和个体差异等因素均可影响达到性成熟的年龄。

公羊在达到性成熟时,身体仍在继续生长发育,配种过早,会影响身体的正常生长发育,并且降低繁殖力。通常公羊开始配种的年龄是在达到性成熟后推迟数月。体重是很重要的指标,通常要求公羊的体重达到成年时的70%以上才开始配种。

绵羊和山羊在6～10月龄时性成熟,以12～18月龄开始配种为宜,此即为公羊的初配适龄。

(二)母羊的初情期、性成熟和初配适龄

母羊出生以后,身体的各部分不断生长发育,当达到一定年龄后,脑垂体开始具有分泌促性腺激素的机能,机体亦随之发生一系列复杂的生理变化。例如:卵巢上有卵泡发育成熟,并具有内分泌机能;母羊有发情表现,并接受公羊交配等行为。这时,母羊的生殖器官已基本发育完全,具有繁殖后代的能力。通常把母羊出生后第一次出现发情的时期称为初情期(绵羊一般为6～8月龄,山羊一般为4～6月龄),把已具备完整周期性的发情排卵表现的时期称为性成熟。

母羊达到性成熟时,最显著的表现是具有协调的生殖内分泌机能,表现出有规律的发情周期和完全的发情症状、排出能受精的卵子,此时即具有繁衍后代的能力。

性成熟的年龄因母羊的品种、个体、饲养管理条件、气候等因素而存在一定的差异。母羊到性成熟时,并不等于已经达到适宜的配种繁殖年龄。母羊刚达到性成熟年龄时,其身体生长发育尚未完成,生殖器官的发育也未完善,过早妊娠就会妨碍自身的生长发育,产生的后代也可能体质较弱、发育不良甚至出现死胎,泌乳性能也较差。

母羊初配适龄应以体重为依据,即体重达到正常成年体重的70%以上时可以开始配种,此时配种繁殖一般不影响母体和胎儿的生长发育。

适宜的初配时期也可以考虑年龄。母羊的初配适龄一般也为12月龄左右。因为初配年龄和养羊生产的经济效益密切相关,即生产中要求越早越好,所以,在掌握初配适龄的情况下,

不应该过分地推迟初配年龄，做到适时、及时配种。

二、发情和发情周期

（一）发情

发情为母羊在性成熟以后，所表现出的一种具有周期性变化的生理现象。母羊发情时有以下一些表现特征：

（1）性欲　性欲是母羊愿意接受公羊交配的一种行为。母羊发情时，一般表现为兴奋不安，反应敏感，母羊之间会相互爬跨，咩叫摇尾。同时，一般不抗拒公羊接近或爬跨，或者主动接近公羊并接受公羊的爬跨交配。在发情初期，性欲表现不甚明显，以后逐渐显著。排卵以后，性欲逐渐减弱，到性欲结束后，母羊则抗拒公羊接近和爬跨。

（2）生殖道　发生一系列变化，外阴部充血肿大，柔软而松弛，阴道黏膜充血潮红，上皮细胞增生，前庭腺分泌增多，子宫颈开放，子宫蠕动增多，输卵管的蠕动、分泌和上皮纤毛的波动也增强。

（3）卵泡发育和排卵　卵巢上有卵泡发育成熟，发育成熟后卵泡破裂，卵子排出。

母羊在某一时期出现上述几个方面的特征，通常都称为发情。母羊从开始表现上述特征到这些特征消失为止，这一时期叫发情持续期。母羊的发情持续期与品种、个体、年龄和配种季节等有密切的关系。母羊在发情期内，若未经配种，或虽经配种但未受孕时，经过一定时期会再次出现发情现象。

（二）发情周期

通常把由上次发情开始到下次发情开始的期间，称为发情周期。母羊达到性成熟年龄以后，其卵巢上出现了周期性的排卵现象，生殖器官也周期性地发生一系列的变化，这种变化按一定顺序循环进行，一直到性机能衰退以前，表现为周期性活动。把前后两次排卵期间，整个机体和它的生殖器官所发生的复杂生理变化过程称为发情周期。发情周期同样受品种、个体和饲养管理条件等因素的影响。根据一个发情周期中生殖器官所发生的形态、生理变化和相应的性欲表现，将发情周期分为 4 个阶段，即发情前期、发情期、发情后期和间情期。

（1）发情前期　这一时期的特征是，上一次发情周期形成的黄体进一步呈退行性变化，逐渐萎缩，卵巢中有新的卵泡发育、增大，子宫腺体略有增殖，生殖道轻微充血肿胀，子宫颈稍开放，阴道黏膜的上皮细胞增生，母羊有轻微发情表现。

（2）发情期　此时母羊性欲进入高潮，接受公羊的交配或爬跨。这一时期卵泡发育迅速，外阴部充血，肿胀加剧，子宫颈开张，有较多黏液排出，在发情期末排卵。由于卵泡分泌大量雌激素，此期母羊发情表现最明显。绵羊发情期持续时间一般为 24～36 h，山羊为 24～48 h。

绵羊和山羊均属于自发性排卵动物，即卵泡成熟后自行破裂排出卵子。绵羊和山羊的排卵时间分别在发情开始后 24～27 h 和 24～36 h。

（3）发情后期　这个时期，母羊由发情盛期转入静止状态。生殖道充血逐渐消退，蠕动减弱，子宫颈封闭，黏液量少而稠，发情表现微弱，破裂的卵泡开始形成黄体。

（4）休情期（或间情期）　母羊的交配欲已完全停止，其精神状态已恢复正常。卵巢上的黄体型成，并分泌孕激素。

绵羊的发情周期平均为 17 d，山羊平均为 21 d。

三、羊的繁殖季节

绵、山羊的繁殖季节(亦称配种季节)是通过长期的自然选择逐渐演化而形成的，主要决定因素是分娩时的环境条件要有利于初生羔羊的存活。绵、山羊的繁殖季节，因品种、地区而有差异，一般是在秋、冬两个季节母羊有发情表现。母羊发情时，卵巢机能活跃，卵泡发育逐渐成熟，并接受公羊交配。平时，卵巢处于静止状态，卵泡不发育，也不接受公羊的交配。母羊发情之所以有一定的季节性，是因为在不同的季节中，光照、气温、饲草饲料等条件发生变化，由于这些外界因素的变化，特别是母羊的发情要求由长变短的光照条件，所以发情主要在秋、冬两季。在饲养管理条件良好的年份，母羊发情开始早，而且发情整齐旺盛。对于公羊而言，公羊在任何季节都能配种，但在气温高的季节，性欲减弱或者完全消失，精液品质下降，精子数目减少，活力降低，畸形精子增多。在气候温暖、海拔较低、牧草饲料良好的地区，饲养的绵、山羊品种一般一年四季都发情，配种时间不受限制。

第二节　羊的配种和人工授精技术

羊的配种主要有两种：一种是自然交配，另一种是人工授精。

一、自然交配法

自然交配又称为本交。自然交配又分为自由交配和人工辅助交配。

(1)自由交配　自由交配是按一定公、母比例，将公羊和母羊同群放牧饲养，一般公、母比为1∶(15～20)，最多1∶30。母羊发情时便与同群的公羊自由进行交配。这种方法又叫群体本交，其优点是可以节省大量的人力、物力，也可以减少发情母羊的失配率，对居住分散的家庭小型牧场很适合。但也有以下的不足之处：公、母羊混群放牧饲养，配种发情季节，性欲旺盛的公羊经常追逐母羊，影响采食和抓膘；公羊需求量相对较大；由于公、母混杂，无法进行有计划的选种选配，后代血缘关系不清，并易造成近亲交配和早配；不能记录确切的配种日期，也无法推算分娩时间，给产羔管理造成困难；由生殖器官交配接触的传染病不易预防控制。

(2)人工辅助交配　人工辅助交配是平时将公母羊分开放牧饲养，经鉴定把发情母羊从羊群中选出来和选定的公羊交配。这种方法有利于选配工作的进行，可防止近亲交配和早配，也减少了公羊的体力消耗，有利于母羊群采食抓膘，能够准确记录配种时间，做到有计划地安排分娩和产羔管理等。

人工辅助交配需要对母羊进行发情鉴定、试情和牵引公羊等，花费的人力、物力较多，在羊群数量不大时采用。

为确保人工辅助交配的受胎率，要选择适宜的配种时间。一般早晨发情的羊可以傍晚配种，第二天早晨复配一次；傍晚发情的羊，第二天早晨配种，傍晚复配一次。

二、人工授精技术

人工授精是利用器械，采取公羊的精液，经过精液品质检查和一系列处理，再将精液输入发情母羊生殖道内，达到母羊受胎的配种方式。

(一)羊人工授精技术的优越性

羊的人工授精是近代畜牧科学技术的重大成就之一,是当前我国养羊生产中常用的技术措施,与自然交配相比有以下优点:

第一,扩大优良种公羊的利用率。在自然交配时,公羊一次射精只能配一只母羊,如果采用人工授精的方法,由于输精量少和精液可以稀释,公羊的一次射精量,一般可供几只或几十只母羊的授精之用。因此,应用人工授精方法,不但可以增加公羊配种的数量,而且还可以充分发挥优良公羊的作用,迅速提高羊群质量。

第二,可以提高母羊的受胎率。采用人工授精的方法,由于将精液完全输送到母羊的子宫颈或子宫颈口,增加了精子与卵子结合的机会,同时也解决了母羊因阴道疾病或因子宫颈位置不正等所引起的不孕;再者,由于精液品质经过检查,避免了因精液品质的不良所造成的空怀。因此,采用人工授精可以提高母羊的受胎率。

第三,可以节省饲养大量种公羊的费用。例如,有适龄母羊 3 000 只,如果采用自然交配方法,至少需要购买种公羊 100 只左右,而如果采用人工授精方法,在我国目前的条件下,只需购买 10 只左右即可,这样就节省了大量购买种公羊及种公羊的饲养管理的费用。

第四,可以减少疾病的传染。在自然交配过程中,由于羊体和生殖器官的相互接触,就有可能导致某些传染性疾病和生殖器官疾病的传播。采用人工授精方法,公、母羊不直接接触,器械经过严格消毒,这样就可大大减少了疾病传播的机会。

第五,异地配种,减少引种费用。由于现代科学技术的发展,公羊的精液可以长期保存和实行远距离运输,因此,对于进一步发挥优秀公羊的作用,迅速改善低产养羊业的状况将有着重要的作用。

(二)羊人工授精技术的组织

1. 站址的选择及房舍设备

人工授精站的站址,一般应选择在母羊分布密度大,水草条件好,有足够的放牧地,交通比较方便,无传染病,地势比较平坦,避风向阳且排水良好的地方。

人工授精站需要有一定数量和一定规格的房屋和羊舍。房屋主要是采精室、精液处理室和输精室。羊舍主要是种公羊舍、试情公羊舍及试情圈等。在有条件的羊场、乡、村或专业户,还应考虑修建工作人员住房及库房等建筑。

采精室、精液处理室和输精室要求光线充足,地面坚实,以便清洁和减少尘土飞扬,空气要新鲜,并且互相连接,以方便工作,室温要求保持在 18~25℃。面积:采精室 12~20 m^2,精液处理室 8~12 m^2,输精室 20~30 m^2。

种公羊舍要求地面干燥、光线充足,有结实而简单的门栏,有补饲用的草架和饲槽。

总之,一切建筑(也可以用塑料暖棚)既要有利于操作,又要因地制宜,力求做到科学、经济和实用。

2. 器械药品的准备

人工授精所需要的各种器械,如假阴道内胎、假阴道外壳、输精器、集精杯、开膣器等,以及常用的各种兽医药品和消毒药品,要按授精站的规模和承担的任务,事前做好充足的准备。

3. 公羊、母羊的准备与管理

(1)公羊的准备与管理

①种公羊。配种开始前 1.0~1.5 个月,对参加配种的公羊,应指定有关技术人员对其精

液品质进行检查，目的有两个：一个目的是掌握公羊精液品质情况，如发现问题，可及早采取措施，以确保配种工作的顺利进行；另一个目的是排除公羊生殖器中长期积存下来的衰老、死亡和解体的精子，促进种公羊的性机能活动，产生新精子。因此，在配种开始以前，每只种公羊至少要采排精液15～20次，开始每天可采排精液一次，在后期每隔一天采排精液一次，对每次采得的精液都应进行品质检查。

如果公羊初次参加配种，在配种前1个月左右，应有计划地对公羊进行调教。调教办法：让公羊在采精室与发情母羊本交几次；把发情母羊的阴道分泌物抹在公羊鼻尖上以刺激其性欲；注射丙酸睾丸素，每次1 mL，隔1 d一次；每天用温水把阴囊洗干净，擦干，然后用手由下而上地轻轻按摩睾丸，早、晚各一次，每次10 min；别的公羊采精时，让被调教公羊在旁边“观摩”；加强饲养管理，增加运动里程和运动强度等。

②试情公羊。由于母羊发情症状不明显，发情持续期短，漏配一次就会耽误配种时间至少半个多月，因此，在人工授精工作中必须用试情公羊每天从大群母羊中找出发情母羊适时进行配种，所以试情公羊的作用不能低估。选作试情公羊的个体要体质结实，健康无病，行动灵活，性欲旺盛，生产性能良好，年龄在2～5岁。试情公羊的数量一般为参加配种母羊数的2%～4%。

(2)母羊的准备与管理　凡确定参加人工授精的母羊，要单独组群，认真管理，防止公、母羊混群，防止偷配。在配种开始前5～7 d，应进入授精站范围内的待配母羊舍(圈)；在配种前和配种期，要加强饲养管理，使羊只吃饱喝足和休息好，做到满膘配种。

4. 试情

每天清晨(或早、晚各一次)，将试情公羊赶入待配母羊群中进行试情，凡愿意与公羊接近，并接受公羊爬跨的母羊即认为是发情羊，应及时将其捕捉并送至发情母羊圈中。有的处女羊发情症状表现不明显，虽然有时与公羊接近，但又拒绝接受爬跨，这种情况也应将羊捕捉，然后辅之以阴道检查判定。

为了防止试情公羊偷配，试情时应在试情公羊腹下系上试情布，试情布要捆结实，防止阴茎脱出发生偷配现象。每次试情结束，要清洗试情布，以防布面变硬，擦伤阴茎。我国许多地区还推广了对试情公羊进行输精管结扎和阴茎移位，既节约了大量用布，又杜绝了偷配，同时还减轻了工作负担，普遍受到欢迎。但阴茎移位的角度要合适，每年试情工作开始前对所有阴茎移位的公羊要进行一次移位角度的检查。输精管结扎的试情公羊，一般使用2～3年后要更换。为了节省人力和时间，在澳大利亚，在公羊的试情布上安置一个特别的自动打印器，然后将系上这种试情布的试情公羊随母羊群放牧，在配种开始前，只需将羊群中臀部留有印记的母羊捕捉出来，并送至发情母羊圈中待配即可。

试情工作与配种效果关系非常密切，在某种程度上甚至成为羊人工授精工作成败的关键。因此，在试情工作中要力求做到：认真负责，仔细观察，随时注意试情公羊的动向，及时捕捉发情母羊，随时驱散成堆的羊群，为试情公羊接触母羊创造条件；在试情过程中要始终保持安静，禁止无故惊扰羊群；为了做好试情工作，每天试情时间，在7～9月份配种的应不少于1.5 h，在10～12月份配种的应不少于1.0 h。

5. 采精

(1)消毒　凡是人工授精使用的器械，都必须经过严格的消毒。在消毒以前，应将器械洗净擦干，然后按器械的性质、种类分别封装。消毒时，除不易放入或不能放入高压消毒锅的金属器械、玻璃输精器及胶质的内胎以外，一般都应尽量采用蒸汽消毒，其他采用酒精或火焰消毒。蒸汽消毒时，器材应按使用的先后顺序放入消毒锅，以免使用时在锅内乱寻找，耽误时间。凡士林、生理盐水棉球用前均需消毒好。消毒好的器材、药液要防止污染并注意保温。

(2)采精前假阴道的准备

①假阴道的安装和消毒。首先检查所用的内胎有无损坏和沙眼，若完整无损时最好先放入开水中浸泡 3～5 min。新内胎或长期未用的内胎，必须用热肥皂水或洗衣粉刷洗干净，擦干，然后进行安装。

安装时先将内胎装入外壳，并使其光面朝内，而且要求两头等长，然后将内胎一端翻套在外壳上，依同法套好另一端，此时注意勿使内胎有扭转情况，并使其松紧适度，然后在两端分别套上橡皮圈加以固定。

消毒时用长柄镊子夹住 70%酒精棉球消毒内胎，从内向外旋转，勿留空间，要求彻底，等酒精挥发后，用生理盐水棉球多次擦拭，冲洗。

集精杯(瓶)采用高压蒸汽消毒，也可用 70%酒精棉球消毒，最后用生理盐水棉球多次擦拭，然后安装在假阴道的一端。

②灌注温水。左手握住假阴道的中部，右手用量杯或吸水球将温水从灌水孔灌入，水温 50～55℃，以采精时假阴道温度达 40～42℃为目的。水量约为外壳与内胎间容量的 1/2～2/3，实践中常以竖立假阴道，水达灌水孔即可。最后装上带活塞的气嘴，并将活塞关好。

③涂抹润滑剂。用消毒玻璃棒(或温度计)取少许凡士林，由内向外涂抹均匀一薄层，其涂抹深度以假阴道长度的 1/2 为宜。

④检温、吹气加压。从气嘴吹气，用消毒的温度计插入假阴道内检查温度，以采精时达 40～42℃为宜，若过低过高可用热水或冷水调节。当温度适宜时吹气加压，使涂凡士林一端的内胎壁遇合，口部呈三角形为宜。最后用纱布盖好入口，准备采精。

(3)采精的方法和步骤

①采精场地。首先要有固定的采精场所，以便使公羊建立交配的条件反射，如在露天采精，则采精的场地应当避风、平坦，并且要防止尘土飞扬。采精时应保持环境安静。

②台羊的准备。对公羊来说，台羊(母羊)是重要的性刺激物，是用假阴道采精的必要条件。台羊应当选择健康的、体格大小与公羊相似的发情母羊。用不发情的母羊作为台羊不能引起公羊性欲时，可先用发情母羊训练数次即可。在采精时，需先将台羊固定在采精架上。

如用假母羊作台羊，需先经过训练，即先用真母羊为台羊，采精数次，再改用假母羊为台羊。假母羊是用木料制成的木架(大小与公羊体格相似)，架内填上适量的麦草或稻草，上面覆盖一张羊皮并使其固定。

③公羊的牵引。在牵引公羊到采精现场后，不要使它立即爬跨台羊，要控制几分钟，再让它爬跨，这样不仅可增强其性反射，也可提高所采集精液的质量。公羊阴茎包皮周围部分，如有长毛应事先剪短，如有污物应擦洗干净。

④采精技术。采精人员用右手握住假阴道后端，固定好集精杯(瓶)，并将气嘴活塞朝下，蹲在台羊的右后侧，让假阴道靠近公羊的臀部，当公羊跨上母羊背上的同时，应迅速将公羊的阴茎导入假阴道内，切忌用手抓碰摩擦阴茎。若假阴道内的温度、压力、润滑度适宜，当公羊后躯急速向前用力一冲，即已射精，此时，顺公羊动作向后移下假阴道，并迅速将假阴道竖起，集精杯一端向下，然后打开活塞上的气嘴，放出空气，取下集精杯，用盖盖好送精液处理室待检。

(4)采精后用具的清理　倒出假阴道内的温水，将假阴道、集精杯放在热水中用洗衣粉充分洗涤，然后用温水冲洗干净、擦干，待用。

6. 精液品质检查

精液品质的检查，是保证受精效果的一项重要措施。主要检查的项目和方法如下：

(1)射精量　采集精液后，将精液倒入有刻度的玻璃管中观察即可。有的单层集精杯本身带有刻度，若用这种集精杯采精，采精后直接观察，无须倒入其他有刻度的玻璃容器。

(2)色泽　正常的精液为乳白色。如精液呈浅灰色或浅青色，是精子少的特征；深黄色表示精液内混有尿液；粉红色或淡红色表示有新的损伤而混有血液；红褐色表示在生殖道中有深的旧损伤；有脓液混入时精液呈淡绿色；阴囊发炎时，精液中可发现絮状物。

(3)精液的气味　刚采得的正常精液略有腥味，当睾丸、附睾或附性腺有慢性化脓性病变时，精液有腐臭味。

(4)云雾状　用肉眼观察新采得的公羊精液，可以看到由于精子活动所引起的翻腾滚动极似云雾的状态。精子的密度越大、活力越强，则云雾状越明显。因此，根据云雾状明显与否，可以判断精子活力的强弱和精子密度的大小。

(5)活力　用显微镜检查精子活力的方法是：用消毒过的干净玻璃棒取出原精液一滴，或用生理盐水稀释过的精液一滴，滴在擦洗干净的干燥的载玻片上，并盖上干净的盖玻片，盖时使盖玻片与载玻片之间充满精液，避免气泡产生，然后放在显微镜下放大400～600倍进行观察，观察时盖玻片、载玻片、显微镜载物台的温度不得低于30℃，室温不能低于18℃。

评定精子的活率，是根据直线前进运动的精子所占的比例来确定其活率等级。在显微镜下观察，可以看到精子有3种运动方式：①前进运动：精子的运动呈直线前进运动；②回旋运动：精子虽也运动，但绕小圈子回旋转动，圈子的直径很小，不到一个精子的长度；③摆动式运动：精子不变其位置，而在原地不断摆动，并不前进。除以上3种运动方式之外，往往还可以看到没有任何运动的精子，呈静止状态。除第一种精子具有受精能力外，其他几种运动方式的精子不久即会死亡，没有受精能力，故在评定精子活率等级时，应根据在显微镜下前进运动的精子在视野中所占的比例来决定。如有70%的精子作直线前进运动，其活率评为0.7，依此类推。一般公羊精子的活率应在0.6以上才能供输精用。

(6)密度　精液中精子密度的大小是精液品质优劣的重要指标之一。用显微镜检查精子密度的大小，其制片方法(用原精液)与检查活率的制片方法相同，通常在检查精子活率时，同时检查密度。公羊精子的密度分为“密”、“中”和“稀”三级。

密：精液中精子数目很多，充满整个视野，精子与精子之间的空隙很小，不足容一个精子的长度，由于精子非常稠密，所以很难看出单个精子的活动情形。

中：在视野中看到的精子也很多，但精子与精子之间有着明晰的空隙，彼此间的距离相当于1～2个精子的长度。

稀：在视野中只有少数精子，精子与精子之间的空隙很大，约超过两个精子的长度。

另外，在视野中如看不到精子，密度则以“0”表示。

公羊的精液含副性腺分泌物少，精子密度大，所以，一般用于输精的精液，其精子密度至少是“中级”。

7. 精液稀释及保存

(1)精液稀释的目的

①增加精液容量和扩大配种母羊的头数。在公羊每次射出的精液中，所含精子数目甚多，

但真正参与受精作用的只有少数精子，因此，将原精液作适当的稀释，即可增加精液容量，进而可以为更多的发情母羊配种。

②延长精子的存活时间，提高受胎率。精液经过适当的稀释后，可以延长精子的存活时间，其主要原因是：减弱副性腺分泌物对精子的有害作用，因为副性腺分泌物中含有大量的氯化钠和钾，它们会引起精子膜的膨胀和中和精子表面的电荷。稀释精液能补充精子代谢所需要的养分；缓冲精液中的酸碱度；抑制细菌繁殖，减弱细菌对精子的危害作用。由于精液稀释后延长了精子的存活时间，故有助于提高受胎率。

③方便精液的保存和运输。由于精液通过适度的稀释，可延长精子的存活时间，故有利于精液的保存和运输。

(2)几种常用的稀释液　为增加精液容量而进行稀释时，可用以下几种稀释液：

①0.9%氯化钠溶液(蒸馏水 100 mL，氯化钠 0.9 g)。将氯化钠加入蒸馏水中，用玻璃棒搅拌，使其充分溶解，然后用滤纸过滤，再经过煮沸消毒或高压蒸汽消毒。消毒后因蒸发所减少的水分，用蒸馏水补充，以保持溶液原来的浓度。

②乳汁稀释液。先将乳汁(牛乳或羊乳)用 4 层纱布过滤在三角瓶或烧杯中，然后隔水煮沸消毒 10～15 min，取出冷却，除去乳皮即可应用。

上述稀释简便易行，但只能即时输精用，不能作保存和运输精液之用，稀释倍数一般为 1～3 倍。

若需大倍稀释，并保存一定时间和远距离运送的绵羊精液，根据我国科研工作者在生产上大面积进行的研究和实践，可采用以下两种稀释液：

1 号液：柠檬酸钠 1.4 g，葡萄糖 3.0 g，新鲜卵黄 20 g，青霉素 10 万 IU，蒸馏水 100 mL。

2 号液：柠檬酸钠 2.3 g，胺苯磺胺 0.3 g，蜂蜜 10 g，蒸馏水 100 mL。

上述稀释液稀释精液的倍数，若原精液每毫升精子密度 10 亿个，活率 0.8 以上，可进行 10 倍稀释；密度 20 亿个，活率 0.9 以上，可进行 20 倍稀释。然后用安瓿分装，用纱布包好，置于 5～10℃的冷水保温瓶内贮存或运输，但在运输过程中，要防止震荡和升温。

(3)精液的保存　为扩大优秀种公羊的利用效率、利用时间、利用范围，需要有效地保存精液，延长精子的存活时间。为此，必须降低精子的代谢，减少能量消耗。在实践中可采用降低温度、隔绝空气和稀释等措施，以达到保存精液的目的。

①常温保存。精液稀释后，保存在 20℃以下的室温环境中。在这种条件下，精子运动明显减弱，可在一定限度内延长精子的存活时间。常温保存时间一般为 1～2 d。

②低温保存。在常温保存的基础上，进一步缓慢降温至 0～5℃。在这个温度下，物质代谢和能量代谢降到极低水平，营养物质的损耗和代谢产物的积累缓慢，精子运动完全消失。低温保存的有效时间为 2～3 d。

③冷冻保存。家畜精液的冷冻保存，是人工授精技术的一项重大革新，可长期保存精液。冷冻精液保存的主要过程为：稀释、平衡、冷冻等。冷冻方法分为安瓿冷冻法、颗粒冷冻法、细管冷冻法等。羊的精子由于不耐冷冻，冷冻精液受胎率较低，一般情期受胎率 40%～50%，少数试验结果达到 70%。

羊精液冷冻保存技术详见本章第四节。

8. 输精

在羊人工授精的实际工作中，由于母羊发情持续时间短，再者很难准确地掌握发情开始时间，所以当天抓出的发情母羊就在当天配种 1～2 次（若每天配一次时在上午配，配两次时上、下午各配一次），如果第二天继续发情，则可再配。

将待配母羊牵到输精室内的输精架上固定好，并将其外阴部消毒干净，输精员右手持输精器，左手持开膣器，先将开膣器慢慢插入阴道，再将开膣器轻轻打开，寻找子宫颈。如果在打开开膣器后，发现母羊阴道内黏液过多或有排尿表现，应让母羊先排尿或设法使母羊阴道内的黏液排净，然后将开膣器再插入阴道，细心寻找子宫颈。子宫颈附近黏膜颜色较深，当阴道打开后，向颜色较深的方向寻找子宫颈口可以顺利找到，找到子宫颈后，将输精器前端插入子宫颈口内 0.5～1.0 cm 深处，用拇指轻压活塞，注入原精液 0.05～0.1 mL 或稀释精液 0.1～0.2 mL。如果遇到初配母羊，阴道狭窄，开膣器插不进或打不开，无法寻见子宫颈时，只好进行阴道输精，但每次至少输入原精液 0.2～0.3 mL。

在输精过程中，如果发现母羊阴道有炎症，而又要使用同一输精器进行连续输精时，在对有炎症的母羊输完精之后，要用酒精棉球擦拭输精器进行消毒，以防母羊相互传染疾病。但使用酒精棉球擦拭输精器时，要特别注意棉球上的酒精不宜太多，而且只能从后部向尖端方向擦拭，不能倒擦。酒精棉球擦拭后，用 0.9%的生理盐水棉球重新再擦拭一遍，才能对下一只母羊进行输精。

输精器和开膣器用后立即用温碱水或洗涤剂冲洗，再用温水冲洗，然后擦干保存，输精器要以防精液粘固在管内。其他用品，按性质分别洗涤和整理，然后放在柜内或放在桌上的搪瓷盘中，用布盖好，避免尘土污染。

第三节　羊的妊娠与分娩

一、受精和妊娠

（一）受精

受精是指精子进入卵细胞，二者融合成一个细胞——合子（即受精卵）的过程。

羊属于阴道射精型动物，即交配时精液射在阴道内子宫颈口的周围。随后精子由射精部位运行到受精部位——输卵管壶腹部，经过一系列生理反应过程，完成精子和卵子的融合，形成受精卵。

（二）妊娠

受精结束后接着就是妊娠（亦称怀孕）的开始。从精子和卵子在母羊生殖道内形成受精卵开始，到胎儿产出时所持续的时间称为妊娠期（或胚胎发育期）。妊娠期包括受精卵卵裂、桑葚胚、囊胚、囊胚后期的胚泡在子宫内附植、建立胎盘系统、发育成胚胎，继而形成胎儿，最后胎儿成熟，分娩出体外。

绵羊和山羊的妊娠期均为 5 个月左右，其中绵羊平均为 146～155 d，山羊平均为 146～160 d。在这个时期，受精卵经过急剧的细胞分化和强烈地生长，发育成具有器官系统完整及复杂结构的有机体。一般可将妊娠期划分为胚期、胎前期和胎儿期三个阶段。

母羊妊娠后，生殖器官和体况均发生明显变化。胚胎时期是动物发育最强烈的阶段，特别表现在细胞分化上，从而产生了有机体各部分的复杂差异。通常随着胚胎日龄的增长，发育速度会逐渐加快，即由细胞分化转入相似细胞的迅速增殖与体积增大。

了解胚胎时期的生长发育特点，可为妊娠期母羊的饲养管理提供科学依据。在胚胎发育的前期和中期，绝对增重不大，但分化很强烈，因此对营养物质的质量要求较高，而营养物质的数量则容易为母体所满足。到胚胎发育后期，胎儿和胎盘的增重都很快，母体还需要贮备一定营养以供产后泌乳，所以，此时对营养物质的数量要求急剧增加，营养物质量的不足，将会直接造成胎儿的发育受阻和产后缺奶或少奶。

二、分娩

妊娠母羊将发育成熟的胎儿和胎盘从子宫中排出体外的生理过程即为分娩或叫产羔。

(一)分娩预兆

母羊分娩前，机体的一些器官在组织和形态方面发生显著变化，其行为也与平时不同，这一系列的变化是为了适应胎儿的产出和新生羔羊哺乳的需要。同时可根据这些征兆来预测母羊大致的分娩时间，以做好接羔等方面的工作。

乳房的变化：母羊在妊娠中期乳房即开始增大，分娩前夕，母羊乳房迅速增大，稍现红色而发亮，乳房静脉血管怒张，触之有硬肿之感，此时可挤出初乳。但个别母羊在分娩后才能挤下初乳。

外阴部的变化：临近分娩时，母羊阴唇逐渐柔软、肿胀，皮肤上的皱纹消失，越接近产期越表现潮红。阴门容易开张，卧下时更加明显。生殖道黏液变稀，牵缕性增加，子宫颈黏液栓也软化，潴留在阴道内，并经常排出阴门外。

骨盆韧带：在分娩前 1～2 周开始松弛。

行为变化：临近分娩时，母羊精神状态显得不安，回顾腹部，时起时卧。躺卧时两后肢不向腹下曲缩，而呈伸直状态。排粪、排尿次数增多。放牧羊只则有离群现象，以找到安静处，等待分娩。

(二)分娩过程

分娩过程可分为 3 个阶段，即子宫颈开口期、胎儿产出期和胎膜排出期。

子宫颈开口期(第一产程)：从子宫角开始收缩，至子宫颈完全开张，使子宫颈与阴道之间的界限消失，这一时期称为开口期，1.0～1.5 h。母羊表现不安，时起时卧，食欲减退，进食和反刍不规则，有腹痛感。

胎儿产出期(第二产程)：从子宫颈完全开张，胎膜被挤出并破水开始到胎儿产出为止的时期，称为产出期。母羊表现高度不安，心跳加速，呈侧卧姿势，四肢伸展。此时胎囊和胎儿的前置部分进入软产道，压迫刺激盆腔神经感受器，除了子宫肌的阵缩以外，又引起了腹肌的强烈收缩，出现努责，在这两种动力作用下将胎儿排出。此期为 0.5～1.0 h。羊的胎儿排出时，仍有相当部分的胎盘尚未脱离，可保证胎儿在产前有氧的供应，使胎儿不致窒息。

胎膜排出期(第三产程)：从胎儿产出到胎膜完全排出的时间称为胎膜排出期，需要 1.5～2.0 h。当胎儿开始娩出时，由于子宫收缩，脐带受到压迫，供应胎膜的血液循环停止，胎盘上的绒毛开始萎缩。当脐带断裂后，绒毛萎缩更加严重，体积缩小，子宫腺窝紧张性降低，所以绒毛很容易从子宫腺窝中脱离。胎儿产出后，由于激素的作用，子宫又出现了阵缩，胎膜的剥落和排出主要靠阵缩，并且配合有轻微的努责。阵缩是由子宫角开始的，胎盘也是从子宫角尖端开始剥落，同时由于羊膜及脐带的牵引，使胎膜常呈内翻状排出。

羔羊生后 0.5～3.0 h 排出胎衣。排出的胎衣要及时取走，以防被母羊吞食养成恶习。

三、羔羊的护理

(一)产羔前的准备

(1)接羔棚舍及用具的准备　我国地域辽阔,各地自然生态条件和经济发展水平差异很大,接羔棚舍(在较寒冷地区可用塑料暖棚)及用具的准备,应当因地制宜,不能强求一致。如新疆要求冬产母羊每只应有产羔舍面积 2 m^2 左右,分娩栏为产羔母羊数的 10%～15%。

产羔工作开始前 3～5 d,必须对接羔棚舍、运动场、饲草架、饲槽、分娩栏等进行修理和清扫,并用 3%～5%的碱水或 10%～20%的石灰乳溶液或其他消毒药品进行比较彻底的消毒。消毒后的接羔棚舍,应当做到地面干燥、空气新鲜、光线充足、挡风御寒。

接羔棚舍内可分大、小两处,大的一处放母子群,小的一处放初产母子。运动场内亦应分成两处,一处圈母子群,羔羊小时白天可留在这里,羔羊稍大时,供母子夜间停宿;另一处圈待产母羊群。

(2)饲草、饲料的准备　在牧区,在接羔棚舍附近,从牧草返青时开始,在避风、向阳、靠近水源的地方用土墙、草坯或铁丝网围起来,作为产羔用草地,其面积大小可根据产草量、牧草的植物学组成以及羊群的大小、羊群品质等因素决定,但至少应当够产羔母羊一个半月的放牧用为宜。

有条件的羊场及农、牧民饲养户,应当为冬季产羔的母羊准备充足的青干草、质地优良的农作物秸秆、多汁饲料和适当的精料等;对春季产羔的母羊也应准备至少可以舍饲 15 d 所需要的饲草饲料。

(3)接羔人员的准备　接羔是一项繁重而细致的工作,因此,每群产羔母羊除主管牧工以外,还必须配备一定数量的辅助劳动力,才能确保接羔工作的顺利进行。

每群产羔母羊配备辅助劳动力的多少,应根据羊群属于什么品种、羊群的质量、羊群的大小、营养状况、是经产母羊还是初产母羊以及各接羔点当时的具体情况而定。

产羔母羊群的主管牧工及辅助接羔人员,必须分工明确,责任落实到人。在接羔期间,要求坚守岗位,认真负责地完成自己的工作任务,杜绝一切责任事故发生。对所有参加接羔的工作人员,在接羔前组织学习有关接羔的知识和技术。

(4)兽医人员及药品的准备　在产羔母羊比较集中的乡、村或场队,应当设置兽医站(点),购足防治在产羔期间母羊和羔羊常见病的必需药品和器材。除平时值班兽医一人外,还应临时增加一人,以便巡回检查,做到及时防治。此外,对一些常见病、多发病,可将预防药物按剂量包好,交给经过培训的放牧员,按规定及时投服。

(二)接羔技术

母羊正常分娩时,在羊膜破后几分钟至 30 min 左右,羔羊即可产出。正常胎位的羔羊,出生时一般是两前肢及头部先出,并用头部紧靠在两前肢的上面。若是产双羔,先后间隔 5～30 min,但也偶有长达数小时以上的。因此,当母羊产出第一个羔后,必须检查是否还有第二个羔羊,方法是以手掌在母羊腹部前侧适力颠举,如系双胎,可触感光滑的羔体。

在母羊产羔过程中,非必要时一般不应干扰,最好让其自行娩出。但有的初产母羊因骨盆和阴道较为狭小,或双胎母羊在分娩第二只羔羊并已感疲乏的情况下,则需要进行助产。其方法是:人在母羊体躯后侧,用膝盖轻压其肷部,等羔羊嘴端露出后,用一手向前推动母羊会阴部,羔羊头部露出后,再用一手托住头部,一手握住前肢,随母羊的努责向后下方拉出胎儿。若属胎势异常或其他原因难产时，应及时请有经验的兽医技术人员协助解决。

羔羊产出后，首先把其口腔、鼻腔里的黏液掏出擦净，以免呼吸困难、吞咽羊水而引起窒息或异物性肺炎。羔羊身上的黏液，最好让母羊舐净，这样对母羊认羔有好处。如母羊恋羔性弱，可将胎儿身上的黏液涂在母羊嘴上，引诱它舐净羔羊身上的黏液。如果母羊不舐或天气寒冷时，可用柔软干布迅速把羔羊擦干，以免受凉。如碰到分娩时间较长，羔羊出现假死（即羔羊无呼吸有心跳）情况时，欲使羔羊复苏，一般采用两种方法：一种是提起羔羊两后肢，使羔羊悬空，同时拍及其背胸部；另一种是使羔羊卧平，用两手有节律地推压羔羊胸部两侧，暂时假死的羔羊，经过这种处理后即能复苏。

羔羊出生后，一般情况下都是由自己扯断脐带。在人工助产下娩出的羔羊，可由助产者断脐，断脐前可用手把脐带中的血向羔羊脐部捋几下，然后在离羔羊肚皮 3～4 cm 处剪断脐带并用碘酒消毒。

（三）羔羊的护理

羔羊出生时身体各器官发育都未成熟，体质较弱，适应力较差，极易发生死亡，这一阶段是羊一生中饲养难度最大的时期。为了提高羔羊的成活率，减少发病死亡，需对羔羊进行特殊的护理工作。在具体工作中，应遵循“三防四勤”的原则，即防冻、防饿、防潮和勤检查、勤配奶、勤治疗、勤消毒。

（1）保温防寒　初生羔羊体温调节能力差，对外界温度变化极为敏感，因而对冬羔及早春羔必须做好初生羔羊的防寒保暖工作。待产室要温暖适宜，舍内温度要保持在 5℃以上。温度低时，应设置取暖设备，地面铺上一些御寒的材料，如柔软的干草、麦秸等，并注意检查门窗是否密闭，墙壁不应有透风的缝隙，防止因贼风侵袭造成羊只患病和其他不必要的损失。

（2）吃好初乳　初乳（母羊产后 5～7 d 内分泌的乳汁）黏稠，含有丰富的蛋白质、维生素、矿物质等营养物质，其中镁盐还有促进胃肠蠕动和排出胎粪的功能。更重要的是初乳中含有大量抗体，而羔羊本身尚不产生抗体，初乳作为羔羊获取抗体的重要来源，对增强羔羊的体质、预防疾病具有重要的作用，及时吃到初乳是提高羔羊抵抗力和成活率的关键措施之一。要保证初生羔羊在 30 min 内吃到初乳。由于母羊产后无奶或母羊产后死亡等情况，吃不到自身母羊初乳的羔羊，也要让它吃到代乳羊的初乳，否则很难成活。

羊的母性一般很强，产后就会主动识别和哺乳羔羊，但有少数母羊特别是初产母羊，无护羔经验，母性差，产后不去哺羔，必须人工强制哺乳。即先将母羊保定住，把羔羊推到乳房跟前，让羔羊去寻找乳头和吸乳，调教几次之后，母羊一般能让羔羊自己吮乳。对于缺母乳的羔羊，应为其找保姆羊，也就是让死了羔的或产单羔、奶水好的母羊代养。为了避免保姆羊拒绝羔羊吃奶，甚至伤害羔羊，可把保姆羊的奶汁或尿液涂抹到羔羊头部和后躯，以混淆母羊的嗅觉，经过几次训练之后，保姆羊就能认羔哺乳了。对于一胎多羔母羊，要采用人工辅助方法，让每一只羔羊吃到初乳，对一胎产三羔以上的母羊，也要为多出自然哺育能力的羔羊找好保姆羊，尽可能使每只羔羊成活，否则一胎多羔也就失去了意义。对于大型羊场，可以购置专门的设备进行人工哺乳。

（3）安排好羔羊吃奶时间　母羊产后至少 3～7 d 内，母仔应在产羔室生活，一方面可让羔羊随时哺乳，另一方面可促使母仔亲和、相认。对于有条件的羊场，母仔最好一起舍饲 15～20 d，这段时间羔羊吃奶次数多，几乎隔 1 h 多就需要吃一次奶。20 d 以后，羔羊吃奶次数减少，可以让羔羊在羊舍饲养，白天母羊出去放牧，中午回来奶一次羔，这样加上出牧和归牧时奶羔，可保证羔羊1d吃3次奶。

(4)搞好环境卫生,减少疾病发生 羔羊体质弱、抗病力差、发病率高,发病的原因大多是由于羊舍及其周围环境卫生差,使羔羊受到病菌的感染。因此,搞好圈舍的卫生管理,减少羔羊接触病原菌的机会,是降低羔羊发病率的重要措施。饲养人员每天在添草喂料时要认真观察羔羊的采食、饮水、粪便等是否正常,发现病情及时诊治。

采用人工哺乳时,搞好人工哺乳各个环节的卫生消毒对羔羊的健康和生长发育非常重要。喂养人员在喂奶前要洗净双手,平时不接触病羊,尽量减少或避免接触被污染的草料和用具。出现病羔应及时隔离,由专人管理。迫不得已病羔和健康羔都由一个人管理时,应先喂健康羔,再喂病羔,并且喂完后马上洗净消毒手臂,脱下衣服,开水冲洗消毒处理。羔羊所食奶粉、饮水、草料等都应注意卫生。奶粉、豆粉等溶解后应用四层纱布过滤,在喂前煮沸消毒。奶瓶等用具应保持清洁卫生,喂完后随即冲洗干净。饲喂病羔的奶瓶在喂完后要用高锰酸钾等消毒,再用清水冲洗干净。采用机械哺乳时,喂奶器械必须经常清洗和严格消毒。

第四节　羊繁殖生产管理

一、一年一产体系

在传统的年产羔一次的情况下,产羔时间可分两种,即冬羔和春羔。一般7～9月份配种,12月份至翌年1～2月份产羔,称为产冬羔;在10～12月份配种,翌年3～5月份产羔,称为产春羔。养羊公司(或羊场)和农牧民饲养户产冬羔还是产春羔,不能强求一律,要根据所在地区的气候和生产技术条件来决定。

产冬羔和产春羔各有利弊。产冬羔的主要优点是:母羊在怀孕期,由于营养条件比较好,所以羔羊初生重大,在羔羊断奶以后就可以吃上青草,因而生长发育快,第一年的越冬度春能力强;由于产羔季节气候比较寒冷,因而肠炎和羔羊痢疾等病的发病率比春羔低,故羔羊成活率比较高;绵羊冬羔的剪毛量比春羔的高。但是,在冬季产羔必须储备足够的饲草饲料和准备保温良好的羊舍,同时,劳力的配备也要比产春羔的多。如果不具备上述条件,产冬羔则会给养羊业生产带来损失。产春羔的优点是:到产羔季节时气候已经开始转暖,因而对羊舍的要求不严格,同时由于母羊在哺乳前期已能吃上青草,故能分泌较多的乳汁哺乳羔羊。但产春羔的主要缺点是母羊在整个怀孕期都处在饲草饲料不足的冬季,如果补饲条件跟不上,则会由于母羊营养不良而导致胎儿的个体发育不好、初生重较小、体质弱,这样的羔羊,虽经夏秋季节的放牧可以获得一些补偿,但是紧接着冬季到来,越冬度春比较困难;绵羊在第二年剪毛时,无论剪毛量,还是体重,都不如冬羔高;另外,由于春羔断奶时已是秋季,故对断奶后母羊的抓膘有影响,特别是在草场不好的地区,对于母羊的发情配种及当年的越冬度春都有不利的影响。

二、频繁产羔体系

羊的频繁产羔体系,是随着工厂化高效养羊,特别是肉羊及肥羔生产而迅速发展的高效生产体系。这种生产体系的指导思想是:采用繁殖生物工程技术,打破母羊季节性繁殖的限制,一年四季发情配种,全年均衡生产羔羊,充分利用饲草资源,使每只母羊每年所提供的胴体重量达到最高值。高效生产体系的特点是:最大限度发挥母羊的繁殖生产潜力,依市场需求全年均衡供应肥羔上市,资金周转期缩短,最大限度提高养羊设施的利用率,提高劳动生产率,降低成本,便于工厂化管理。目前,频繁产羔体系在养羊生产中应用的较为普遍的是一年两产和两年三产体系。

母羊的一年两产或两年三产,是在充分利用现代营养、饲养和繁殖技术的基础上发展起来的一种新的繁殖生产体系。在实施该生产体系时,必须与羔羊的早期断奶、母羊的营养调控、公羊效应等技术措施相配套,才能取得理想的生产效果。

(一)技术特点

1. 母羊繁殖的营养调控

一般来讲,营养水平对羊季节性发情活动的启动和终止无明显作用,但对排卵率和产羔率有重要作用。在配种之前,母羊体重平均每增加 1 kg,其排卵率提高 2%～2.5%,产羔率则相应提高 1.5%～2%。由于体重是由体型和膘情决定的,所以影响排卵率的主要因素不是体型,而是膘情,即膘情是中上等以上的母羊排卵率高。配种前母羊日粮营养水平,特别是能量和蛋白质水平,对体况中等和差的母羊的排卵率有显著作用,但对体况良好的母羊的作用则不明显。在此基础上,在母羊配种前 5～8 d,提高其日粮营养水平,可以使排卵率和产羔率显著提高。另外,日粮营养水平对早期胚胎的生长发育也有重要作用。

2. 公羊效应

在新型的肉羊生产体系中,在非繁殖季节将公羊和繁殖母羊严格隔离饲养,要求母羊闻不到公羊气味,听不见公羊的叫声和看不到公羊。这样在配种季节来临之前,将公羊引入母羊群中,一般 24 h 后有相当部分的母羊出现正常发情周期和较高的排卵率。这样不仅可以将配种季节提前,而且可以提高受胎率,便于繁殖生产的组织管理。

3. 羔羊早期断奶

哺乳会导致垂体前叶促乳素分泌量增高,从而会使得垂体促性腺激素的分泌量和分泌频率不足,因此,母羊不能发情排卵。要达到一年两产和两年三产的目的,必须重视羔羊的培育工作,尽早断奶。目前生产的早期断奶时间有两种,一是产后 1 周断奶,二是产后 40 d 断奶。但生产上仍大多采用 40 d 断奶的方法。

羔羊断奶有两种主要方法:一次性断奶和逐渐断奶。规模羊场一般多采用一次性断奶,即将母仔一次性分开,不再接触。逐渐断奶是在预定的断奶日期前几天,把母羊赶到远离羔羊的地方,每天将母羊赶回,让羔羊吃几次奶,并逐渐减少羔羊吃奶的次数直到断奶。断奶对羔羊是一个较大的刺激,处理不当会引起羔羊生长缓慢。为此可采取断奶不离圈,断奶不离群的方法,即将羔羊留在原羊圈舍饲养,母羊另外组群。尽量保持羔羊原有的生活环境,饲喂原来的饲料,减少对羔羊的不良刺激和对生长发育的影响。羔羊断奶后要加强补饲,日粮的精粗比应在 6∶4,高品质的蛋白质饲料或优质青干草要占一定比例。

早期断奶必须使初生羔吃上 1～2 d 的初乳,否则不易成活。在进行早期断奶时,饲喂的开食料应为易消化、柔软且具有香味的湿料。断奶后应选择优质青干草进行饲喂。同时,羊舍要保持清洁、干燥,预防羔羊下痢的发生。

(二)实施计划安排

实施一年两产技术体系时,应按照一年两产生产的要求,制订周密的生产计划,将饲养、兽医保健、管理等融为一体,最终达到预定生产目标。从已有的经验分析,该生产技术密集、难度大,但只要按照标准程序执行,一年两产的目的可以达到。一年两产的第一产宜选在12月份,第二产宜选在7月份。两年三产是国外20世纪50年代后期提出的一种生产体系,并沿用至今。实施两年三产技术体系时,母羊必须8个月产羔一次。一般有固定的配种和产羔计划:如5月份配种,10月份产羔;1月份配种,6月份产羔;9月份配种,翌年2月份产羔。羔羊一般是2月龄断奶,母羊断奶后1个月配种。为了达到全年的均衡产羔,在生产中,一般将羊群分成8个月产羔间隔相互错开的4个组,每2个月安排1次生产。这样每隔2个月就有一批羔羊屠宰上市。如果母羊在第一组内妊娠失败,2个月后可参加下一组配种。

第五节　繁殖新技术在养羊生产中的应用

一、精液的冷冻与保存技术

(一)冷冻精液的重要意义和作用

第一,高度发挥优良种公羊的利用率。制作冷冻精液可使一只优秀种公羊年产8 000头份以上可供授精用的颗粒冻精,或可生产0.25型细管冻精10 000枚以上。

第二,不受地域限制,充分发挥优秀种公羊的作用。由于优秀种公羊的精液在超低温下保存,就可将其运送到任何一个地区为母羊输精,这样就不需要再从异地引种公羊。

第三,不受种公羊生命的限制,即使优秀公羊死亡,仍可用它生前保存下来的精液输精,产生后代。这样就可以把最优良或最有育种价值的羊种遗传资源长期保存下来,随时可以取用,这对绵、山羊的遗传育种和保种工作具有重大的科学价值。

第四,可以同时配许多母羊,便于早期对后备公羊进行后裔鉴定。

第五,节省大批因引进种公羊和种公羊的饲养管理所花销的费用,降低成本,提高经济效益。

但是,羊的冷冻精液,特别是绵羊的冷冻精液,还有许多相关理论、技术和方法等问题至今没有很好地解决,因此,与使用鲜精相比,受胎率还有一定的差距。

(二)精液冷冻保存的原理

采用液氮(−196℃)或干冰(−79℃)保存精液,即在超低温环境下,使精子的活动停止,处于休眠状态,代谢也几乎停止,从而延长精子的存活时间。

低温环境对精子细胞的危害主要表现在细胞内外冰晶形成,从而改变了细胞膜的渗透压环境,使细胞膜蛋白质和精细胞的顶体结构受损伤。同时冰晶的形成和移动会对精子及其细胞膜结构造成机械破坏。在一般条件下,冷冻不可避免地要形成冰晶,因此冷冻精液成败的关键取决于冰晶的大小。只要避免对生物细胞足以造成物理伤害的大冰晶的形成,并稳定在微晶状态,则会使细胞得到保护。精子在低温环境下,形成冰晶的危险区为−50～−15℃。因此,在制作和解冻冷冻精液时,均需快速降温和升温,使其快速地通过危险温度区域而不形成冰晶。

目前,绵、山羊精液冷冻技术已较为成熟,并已经进入生产应用阶段。

(三)冷冻精液的制作过程

1. 精液的稀释和降温

为了防止对精子产生的低温打击,应将采出的精液立即用含有牛奶或卵黄的稀释液稀释。

使用30℃以上与精液温度相等的稀释液，经1～2 h缓慢降低温度，最后到4～5℃。用于冷冻精液的稀释液一般由低温保护剂卵黄、奶类，冷冻防护剂甘油、二甲基亚砜，维持渗透压和酸碱度的糖类、柠檬酸钠，抗生素类及其他添加剂等组成。表5-1为绵、山羊精液冷冻稀释液的常用配方，以供参考。

表5-1　绵、山羊精液冷冻稀释液配方

稀释液		绵羊			山羊		
		葡 3-3 液	葡-柠-奶液	糖-奶液	奶山羊		绒山羊
					1	2	
基础液	蒸馏水/mL	100	80	50	100	100	100
	葡萄糖/g	3.0	7.5	3.0	1.12	3.0	2.0
	乳糖/g	—	10	11	—	3.18	9.0
	柠檬酸钠/g	3.0	—	3.0	1.7	2.0	—
	柠檬酸/g	—	—	—	1.0	—	—
	Tris/g	—	—	—	1.84	—	—
	脱脂奶/mL	—	20	50	—	—	20.0
第一液	基础液/mL	80	80	80	85	80	80
	卵黄/mL	20	20	20	15	20	20
	青霉素/万 U	10					
	链霉素/万 U	10					
第二液	第一液/mL	44	45	44	46	45	45
	甘油/mL	6	5	6	4	5	5

引自许怀让《家畜繁殖学》(1992)。

精液稀释方法有两种：①一次稀释法，即按稀释精液的要求，将含有甘油抗冻剂的稀释液按一定比例一次加入精液内；②二次稀释法，即将精液在等温条件下，立即用不含甘油的第一稀释液稀释至精液最后总量的一半，经1～2 h缓慢降温至4～5℃后，再加入等温的含甘油的第二稀释液，加入的量等于第一次稀释后的精液量。

2. 稀释精液的平衡

精液经含甘油的稀释液稀释后，需在原温度(通常在5℃左右)下放置一段时间，使甘油充分渗透，进入精子细胞内，从而在冷冻过程中产生抗冻保护作用。甘油稀释液对精液作用的时间称为平衡，时间为2～3 h。平衡后才可进行精液分装。

3. 精液的分装和冷冻

凡需要保存的精液都必须进行分装。羊的冷冻精液分装通常采用颗粒型、细管型和安瓿型三种。

(1)颗粒型　将平衡后的精液直接滴成0.1 mL的颗粒。颗粒冷冻精液制作简单，容积小，便于贮存。但因其直接暴露于液氮或空气中，易受污染，也不易标记，造成混杂。

颗粒冷冻精液的冷冻方法是：在盛有液氮的容器上放置一铝薄板或金属网(若用聚四氟乙烯塑料板，则精液冷冻效果更好)，冷冻板与液氮面的距离保持在0.5～1.5 cm，待冷冻板充分冷却后，用吸管吸取精液，定量连续滴在冷冻板上，经3～5 min，待精液充分冻结、颗粒色泽发亮时，铲下精液颗粒，收集到纱布袋内并加标签，即可浸入液氮罐中保存。

(2)细管型　一般分为0.25 mL、0.5 mL及1.0 mL等规格的塑料细管。细管型的优点在于可避免精液受污染，便于标记，体积小，冷冻效果好，适用于机械化生产，解冻和输精操作简便，但成本较颗粒型的高。

细管冷冻精液的冷冻方法是：将分装到塑料细管并经平衡处理的细管精液用毛巾擦干，排列于细管分配器上。用一内装1/2液氮量的大口径液氮罐，将冷冻网放至距离液氮面1～2 cm处，温度控制在－140～－130℃，再将盛有精液细管的分配器置于冷冻网上，加盖10 min，精液细管温度即从4℃降至－140℃而完成冷冻，再分装到提筒内，浸入液氮中保存。

(3)安瓿型　一般有为0.5 mL、1.0 mL、5.0 mL等规格的玻璃安瓿。安瓿分装精液虽然可以避免污染，便于标记，但因在冷冻过程中容易爆裂，所以目前使用已日趋减少。

4. 冷冻精液的保存

冷冻精液的贮存不能脱离冷源，必须在精子冷冻的危险温区以下贮存。干冰温度(－79℃)接近于精子危险温区，加之使用不便，目前国内一般已不再用作冷冻精液的冷源。由于液氮的温度(－196℃)远比精子冷冻危险区要低，使用方便，保存冷冻精液可靠，因此被广泛采用。冷冻精液在液氮中可以长期保存，精子成活率不会下降。

(四)冷冻精液的解冻与输精

(1)冻精解冻　冷冻精液的解冻过程，同冷冻过程一样，必须迅速通过精子冷冻的危险温度区域，以免对精子细胞造成损伤。羊的冷冻精液可采用干解冻法(不加解冻液)解冻，即将一粒精液放入灭菌小试管中，置于60℃水浴中快速融化至1/3颗粒大小时，迅速取出在手心中轻轻擦动至全部融化。也可加入解冻液进行湿解冻。

(2)输精　解冻后精子经检查，其活率不低于0.35时，即可用于输精。输精方法与鲜精输精完全相同。但输精量为0.2 mL，要求含活精子数0.7亿～0.8亿/mL。可采用每日一次试情，3次输精法。即当日发情母羊于早、晚各输精一次，翌日早晨再输精一次。

二、超数排卵和胚胎移植(MOET)技术

(一)超数排卵

绵羊和山羊胎产羔数较少，其繁殖力在很大程度上限制了其生产力的发挥。随着生物技术的发展，超数排卵从某种程度上解决了这一问题。应用外源性促性腺激素诱发母羊卵巢多个卵泡发育并排出具有受精能力的卵子的方法，称为超数排卵，简称“超排”。超数排卵是进行胚胎移植时对供体母羊必须进行的程序，目的在于得到较多的胚胎。

母羊的超数排卵，通常是在发情周期的前几天使用药物，使机能性黄体消退，这时卵巢上的卵泡正处于开始发育时期，用适当剂量的促性腺激素处理，则提高了供体羊体内的促性腺激素水平，从而使卵巢上产生较自然状况下数量多十几倍的卵子，并在同一时期内发育成熟，以至集中排卵。

目前用于超数排卵的促性腺激素药物主要有下述两种：

(1)孕马血清促性腺激素(PMSG)　如在山羊供体母羊发情周期的第16天，即周期性黄体期向卵泡期过渡，周期性黄体正在消退时期，给予一次皮下注射PMSG 25～30 IU/kg体重，基本能达到较好的超数排卵效果。

(2)促卵泡素(FSH)　如在绵羊供体母羊发情后第9～10天，每日以FSH两次肌肉注射，

每次剂量为 40～50 IU 或不等量连续注射 3 d，如果发现发情即停止注射。发情时再静脉注射促性腺激素（HCG）1 000 U，这种方法可以取得良好的超排效果。

在超排处理中，目前尚不能准确地控制供体母羊的排卵数，供体母羊个体之间的排卵数差异很大，这可能受个体反应、年龄、胎次、超排时期、品种、季节等因素的影响，实践中应逐渐探索其原因。

（二）胚胎移植

胚胎移植是从超数排卵处理的母羊（供体）的输卵管或子宫内取出许多早期胚胎，移植到另一群母羊（受体）的输卵管或子宫内，以达到产生供体后代的目的。供体通常是选择优良品种或生产性能高的个体，其职能是提供移植用的胚胎；而受体只要求是繁殖机能正常的一般母羊，其职能是通过妊娠使移植的胚胎发育成熟，分娩后继续哺乳抚育后代。受体母羊并没有将遗传物质传给后代，所以，胚胎移植实际上是以“借腹怀胎”的形式产生出供体的后代。这是一种使少数优良供体母羊产生较多的具有优良遗传性状的胚胎，使多数受体母羊妊娠、分娩而达到加快优良供体母羊品种繁殖的一种先进的繁殖生物技术。其技术程序包括：供体母羊的选择和检查；供体母羊发情周期记载；供体母羊超数排卵处理；供体母羊的发情和配种；受体母羊的选择；受体母羊的发情记载；供体、受体母羊的同期发情处理；供体母羊的胚胎收集；胚胎的检验、分类、保存；受体母羊移入胚胎；供体、受体母羊的术后管理；受体母羊的妊娠诊断；妊娠受体母羊的管理及分娩；羔羊的登记。

自 1934 年绵羊胚胎移植成功以来，各种家畜以及实验动物的胚胎移植相继成功，特别是牛的胚胎移植发展很快。我国于 1974 年在绵羊上成功地进行了胚胎移植，1980 年在山羊上获得成功。现在，绵、山羊的胚胎移植已向着生产应用方面发展，所以越来越受到人们的重视。如果说人工授精技术是提高良种公羊利用率的有效方法，那么胚胎移植则为提高良种母羊的繁殖力提供了新的技术途径。

三、早期妊娠诊断技术

早期妊娠诊断是根据母羊在妊娠早期发生的一系列生理变化，采取相应措施，检查母羊是否妊娠。

（一）B 超法

将母羊站立保定于采精架内，用单绳固定颈部，分直肠和体外两个途径检查，先从直肠进行，当直肠检测不到时用体外检查。直肠检查时，先掏出直肠内蓄粪，探头涂耦合剂后由手指带入直肠内，送至盆腔入口前后，向下呈 45°～90°进行扫描。体外检查时，主要在两股根部内侧或乳房两侧的少毛区，不必剪毛，探头涂耦合剂后，贴皮肤对准盆腔入口子宫方向进行扫描，选择典型图像进行照相和录像。

未怀孕羊子宫角的断面呈弱反射，位于膀胱的前方或前下方，形状为不规则圆形，边界清晰，直径超过 1 cm，同时可查到多个这样的断面，并随膀胱积尿程度而位移。有时在断面中央可见到一很小的无反射区（暗区），直径 0.2～0.3 cm，可能是子宫的分泌物。

怀孕母羊子宫角断面呈暗区，因胎水对超声不产生反射，配种后第 16、17 天最初探到时为单个小暗区，直径超过 1 cm，称胎囊，一般位于膀胱前下方。由于扫描角度不同，子宫断面呈多种不规则的圆形、长形等。胎体的断面呈弱反射，位于子宫颈区的下部，贴近子宫壁，初次探到时还不成形，为一团块，仔细观察可见其中有一规律闪烁的光点，即胎心搏动。

(二)激素测定法

根据母羊的激素变化与妊娠的密切关系,可使用激素进行测定。据研究报道,当母羊血液中孕酮含量达到 1.5 μg/mL 时,诊断为怀孕,准确率达 90%以上,但按每增加 1 个胎儿母羊血液中孕酮含量相应地增加 1 μg/mL 来判断怀孕数,其准确率只有 63%～69%。该法可能与胎儿死亡、个体激素水平、持久黄体等有关。

采用免疫学方法对母羊进行早期妊娠诊断,国外主要以检测早孕因子(EPF)为主,也有采用乳汁孕酮检测、乳胶凝集等方法。从早期妊娠诊断的准确性分析,上述方法已达到 85%以上,符合早孕检查的要求。但由于受采样、操作方法、仪器设备等的限制,该方法目前还难以在生产中广泛应用。

(三)免疫学诊断法

羊怀孕后,胚胎、胎盘及母体组织分别能产生一些化学物质,如某些激素或某些酶类等,其含量在妊娠的一定时期显著增高,其中某些物质具有很强的抗原性,能刺激动物机体产生免疫反应。而抗原与抗体的结合,可在两个不同水平上被测定出来:一个是荧光染料或同位素标记,然后在显微镜下定位;另一个是抗原抗体结合,产生某些物理性状,如凝集反应、沉淀反应,利用这些反应的有无来判断家畜是否妊娠。早期怀孕的绵羊含有特异性抗原,这种抗原在受精后第 2 天就能从一些孕羊的血液里检查出来,从第 8 天起可以从所有试验母羊的胚胎、子宫及黄体中检查出来。这种抗原是和红细胞结合在一起的,用它制备的抗怀孕血清,与怀孕 10～15 d 期间母羊的红细胞混合会出现红细胞凝集作用,如果没有怀孕,则不发生凝集现象。

四、发情控制技术

发情控制技术包括同期发情技术和诱导发情技术。同期发情技术是通过人为干预母羊自然发情周期,实现群体母羊发情同期化。诱导发情技术是对处于非繁殖季节(乏情季节)的母羊通过特殊处理,人工诱导其表现发情并排卵。

(一)同期发情技术

1. 药物诱发同期发情

常用方法有孕激素阴道栓塞法和前列腺素注射法两种。

(1)孕激素阴道栓塞法　该法是将孕激素阴道栓放置于母羊子宫颈外口处,绵羊放置 12～14 d,山羊放置 16～18 d 后,取出阴道栓,2～3 d 后处理母羊发情率可达 90%以上。阴道栓可以使用厂家的现成产品,也可以自制。自制阴道栓的方法是:取一块海绵,截成直径和厚度均为 2～3 cm 的小块,拴上 20～25 cm 长的细线,每块海绵浸吸一定量的孕激素制剂的溶液(孕激素与植物油相混)即成。常用的孕激素种类和剂量为:孕酮 150～300 mg,甲孕酮 50～70 mg,甲地孕酮 80～150 mg,18 甲基-炔诺酮 30～40 mg,氟孕酮 20～40 mg。

可用送栓导入器将阴道栓送入母羊阴道内。送栓导入器由一外管和推杆组成。外管前端截成斜面,并将斜面后端的管壁挖一缺口,以便用镊子将海绵栓置于外管前端。推杆略长于外管,前部削成一个平面,以防送栓时推杆将阴道栓的细线卡住。埋栓时,将送栓导入器浸入消毒液消毒,将阴道栓浸入混有抗生素的润滑剂(经高温消毒的食用植物油)中使之润滑,然后用镊子从导入管前端之后的缺口处将阴道栓放入导入管前端,细线从导入管前端之后的缺口处引出置于管外,将推杆插入导入管,使推杆前端和海绵栓接触。保定母羊呈自然站立姿势,将外管连同推杆倾斜 20°角,缓缓插入阴道 10～15 cm 处,用推杆将阴道栓推入子宫颈外口处。

将导入管和推杆一并退出，细线引至阴门外，外留长度 10 cm 左右。如果连续给母羊埋栓，外管抽出浸入消毒液消毒后可以继续使用。

也可使用肠钳埋栓。将母羊固定后，用开膣器打开阴道，用肠钳将蘸有抗生素粉的自制阴道栓放入阴道内 10～15 cm 处，使阴道栓的线头留在阴道外即可。幼龄处女羊阴道狭窄，应用送栓导入器有困难，可以改用肠钳，甚至手指将阴道栓直接推入。

埋栓时，应当避免现场尘土飞扬，防止污染阴道栓。母羊埋栓期间，若发现阴道栓脱落，要及时重新埋植。撤栓时，用手拉住线头缓缓向后、向下拉，直至取出阴道栓。或用开膣器打开阴道后，用肠钳取出。撤栓时，阴道内有异味黏液流出，属正常情况，如果有血、脓，则说明阴道内有破损或感染，应立即使用抗生素处理。取栓时，阴门不见有细线，可以借助开膣器观察细线是否缩进阴道内，如见阴道内有细线，可用长柄钳夹出。遇有粘连的，必须轻轻操作，避免损伤阴道，撤栓后用 10 mL 3%的土霉素溶液冲洗阴道。

(2)前列腺素注射法　该法是给母羊间隔 10～14 d，连续注射两次前列腺素，每次注射剂量为 0.05～0.1 mg，第二次注射后 2～3 d 母羊发情率可达 90%以上。

为提高同期发情母羊的配种受胎率，可于配种时肌肉注射适量的 $LRH-A_3$（促排卵素 3 号）、HCG（绒毛膜促性腺激素）或 LH（促黄体素）。

2. 公羊效应

将公、母羊在繁殖季节分群隔离饲养 1 个月之后再混群饲养，大多数母绵羊在放进公羊后 24 d，母山羊在放进公羊后 30 d 可表现发情。此法较药物诱导发情的同期化程度低，但由于方法简单，不增加药费开支，故也可作为同期发情的一种实用技术。

（二）诱导发情技术

在母羊乏情季节，使用外源生殖激素，可诱导母羊发情，使母羊提前配种受孕，从而缩短母羊产羔间隔。对于季节性或生理性乏情的母羊，可用孕马血清促性腺激素（PMSG）结合孕激素激发乏情母羊卵巢机能的活动。方法是将孕激素阴道栓放置于母羊子宫颈外口处，绵羊放置 12～14 d、山羊放置 16～18 d，于撤栓前 2 d 肌注 PMSG 200～300 IU，于撤栓的同时肌肉注射氯前列烯醇 0.05 mg，处理母羊发情率可达 90%以上。

需要注意的是，单纯给母羊注射雌激素，如雌二醇、雌酮、雌三醇以及合成激素己烯雌酚和苯甲酸雌二醇等，虽然也可以诱导乏情母羊有发情表现，但不能使其排卵。对于黄体持久不消，抑制卵泡发育而表现乏情的母羊，可注射氯前列烯醇溶解持久黄体，使黄体停止分泌孕酮，为卵泡发育创造条件，诱导母羊恢复发情和排卵。

五、诱发分娩技术

诱发分娩亦称人工引产，是指在母畜妊娠末期的一定时间内，人为使母畜妊娠终止，在比较确定的时间内分娩，产出正常的仔畜。针对个体称之为诱发分娩，针对群体则称之为同期分娩。

（一）诱发分娩的意义

通过诱发分娩，可将孕羊分娩时间控制在相对集中的时间内，便于进行必要的分娩监护和开展有准备的护理工作，能够减少或避免新生羔羊和孕羊在分娩期间可能发生的伤亡事故。例如，可以将分娩控制在工作和上班时间内，避开假日和夜间，便于安排人员进行接产和护理，也便于有计划地利用产房和其他设施；控制孕羊同期分娩，可为母羊集中产仔和羔羊同时断乳、同期育肥、集中出栏的全进全出工厂化生产管理提供技术保障，也可为分娩母羊之间新生羔的调换（例如窝产羔多的和窝产羔少的母羊之间）、羔羊并窝或为孤羔寻找养母提供较大的机会和可能性；对患妊娠后期疾病（如产前瘫痪、妊娠毒血症、妊娠周期性阴道脱和肛门脱、产前不食综合征等）的危重病例或预期可能发生分娩并发症者（例如怀多胎、胎儿过大等），可通过采用诱发分娩技术再配合其他辅助治疗的措施，避免母子双亡的损失等。

（二）诱发分娩的方法

（1）单独使用糖皮质激素或前列腺素　在妊娠期的最后1周内，用糖皮质激素进行诱发分娩。在羊妊娠的114 d时，注射12～16 mg地塞米松，多数母羊在40～60 h产羔。或对妊娠141～144 d的母羊，肌肉注射$PGF_{2\alpha}$15 mg或氯前列烯醇0.1～0.2 mg，可有效地诱发母羊在处理后3～5 d产羔。

（2）雌激素与催产素结合使用　有研究者对中卫山羊进行引产试验，方法是给怀孕130～140日龄的中卫母山羊注射己烯雌酚8 mg和催产素40 U，己烯雌酚按总量分两次注射，两次间隔时间为5 h，然后间隔10～12 h注射催产素一次，对8 h内未产者再补注一次，结果引产率高达100%。对供试羊人工引产后再配种，受胎率均在96%以上，羔羊成活率在91%以上。在湖羊诱发分娩研究中，对215只湖羊于妊娠136 d的下午肌肉注射己烯雌酚两次，前后间隔5 h，每次剂量4 mg，再间隔9～10 h后，每只肌肉注射催产素20 U，一般3～4 h即开始产羔，若尚未分娩，需再注射催产素20～30 U，1 h后即可产羔。

六、诱产双羔技术

对于产羔率较低的品种的羊，可通过遗传选择、外源激素的应用、生殖激素免疫、胚胎移植和营养调控等途径实现诱产双羔。目前国内外应用上述方法可使羊的双胎率提高10%～68%，这样可显著提高羊的繁殖力，增加后代数量，相对减少基础母羊饲养只数，节省饲养管理费用，降低生产成本，提高饲养效益。

（一）遗传选择法诱导双胎

Dyrmundsson（1987）和Hanrahan（1987）的研究指出，代表母羊繁殖力的某些性状的遗传力为：多胎性0.1～0.3，排卵率0.3～0.5，胚胎和羔羊存活率0.1以上。产羔率可通过选择表型理想的羊只作为种羊而得到稳步提高。如果表型性状是可以遗传的，那么具有理想性状的羊只就可以发展起来。研究表明，通常情况下多产性遗传力每代一般不超过2%。因此，羊群即使有较高的产羔率，采用一般的遗传方式也不可能使每代的产羔率增加2%以上。

公、母羊的配种成绩和产羔率同样可对其后代的产羔性能有所影响。有研究表明，3年中产羔4～6只的母羊，其女儿的产羔性能（双胎率为37.7%～40%）显著高于三年产三羔的母羊的女儿。此外，由双羔育成的母羊较由单羔育成的母羊双羔率高5.82%。异性孪生中的母羊，不但具有正常的生殖机能，而且双胎率（50.19%）明显高于同性孪生母羊（45.51%）。另有报道，单胎公羊的双胎率为31.6%，多胎公羊为37.6%；单胎母羊为25.6%，多胎母羊为32.9%。因此，通过对个体遗传性能的选择，可逐步提高群体的双羔率。

（二）复合促性腺激素诱导双胎

用于诱导双胎的促性腺激素主要是促卵泡素（FSH）和孕马血清促性腺激素（PMSG）。20世纪30年代，苏联最先用PMSG提高卡拉库尔羊产羔率，现在试验研究的药物达十几种之多，提高双羔率的效果在15%左右，但双羔率控制程度小，成活率低。最初诱导双胎，只是单独使用 PMSG 和 FSH。因 FSH 半衰期短,需注射数天、多次才能起作用,比较繁琐。用妊娠 60～100 d 的孕马血也可诱导双胎,但由于受保存条件限制,难于推广,因此将孕马血制成 PMSG,使用起来比较方便。

用促性腺激素诱导羊双胎,提高双胎率效果显著,使用简便。但也存在一些问题:一是成本高;二是作用时间短,只在一个情期起作用;三是由于个体在不同生理状态下对同一种处理方法的反应存在差异,目前难于准确控制双胎,三胎或多胎也时有发生,易造成流产。

(三)生殖激素免疫诱导双胎

(1)甾体(类固醇)激素免疫诱导双胎　从 20 世纪 70 年代初开始,澳大利亚 CSIRO 和 Glaxo 公司共同花了 10 年时间研制出一种提高母羊排卵率的类固醇蛋白质制剂(steroid protein conjugates),叫双羔素或双胎素。它用性腺激素免疫的方法,调节机体生殖内分泌系统的机能,使母羊多排卵、多产羔。其用法是母羊配种前 7 周进行第一次免疫注射,间隔 3 周以后(即配种前 4 周)进行第二次免疫注射,注射方法为每只羊颈部皮下一次注射 2 mL。据有关资料报道,在澳大利亚、新西兰的 50 个农场对 1.6 万头母羊的 5～6 个品种进行试验,提高产羔率 20%～30%。我国甘肃、新疆等地应用澳大利亚 Fecundin(雄烯二酮抗原)主动免疫绵羊,双羔率和产羔率分别提高 18%～27%和 20%～25%。

继引入澳大利亚双羔素后,我国学者对应用于主动免疫的类固醇激素抗原做了大量的研究,并研制了产品,在生产应用中也取得了一定的效果。

利用双羔素诱导双羔的特点:一是使用方便,不需用专门的仪器设备,不受场地空间的限制,技术人员或饲养人员可自行皮下免疫注射。二是对羊提高产羔率的幅度因其品种和营养水平不同而异。饲养条件好,提高幅度大,本身产羔率高的品种提高的幅度亦高,而且是饲养条件越优越,效果越佳。三是对于单胎母羊,它能有效地挖掘母羊自身怀双胎、产双羔及哺育双羔的潜力,提高母羊的双羔率,而不出现三羔、四羔,免疫的效果是在羊群本身自然产羔率的基础上一般提高双羔率 20%～50%。

影响双羔素免疫效果的因素有羊品种、营养水平、母羊年龄、抗原、使用剂量和时间等,因此,一定要按“双羔素”说明书的要求严格执行,不能随意更改。

(2)抑制素免疫诱导双胎　抑制素(IB)是一种由动物性腺分泌的糖蛋白激素,它可以选择性地抑制垂体 FSH 分泌的水平,从而影响动物的内分泌调控,因而利用 IB 主动(或被动)免疫母羊后,内源性 IB 被抗体中和,血液中 FSH 浓度升高,从而促进卵巢活性提高,有更多的卵泡发育,使排卵增加。由于在非繁殖季节末期免疫,可使母羊产生适宜的抗体滴度并维持 2～3 个情期,所以可同时处理一个羊群中所有的母羊,而不需要考虑其是否处于相同的发情周期。

国外研究者分别以纯化融合蛋白主动免疫边区莱斯特羊,发现纯化组羊排卵率、产羔率显著高于非纯化组。国内研究者采用抑制素主动免疫绵羊,使母羊的双羔率达 50%～80%,较对照组(5%)提高了 45%～75%。

(四)胚胎移植诱导双胎

可采用追加 1 枚胚胎到已输精母羊体内、给受体羊移植 2 枚胚胎或半胚均可诱导母羊产双胎,移植多枚胚胎可增加产多胎的机率。

(五)营养调控诱导双胎

营养对绵羊的繁殖力影响很大,尤其是配种前营养好坏对提高羊日增重及双胎率效果显著,许多研究结果证实了这一结论。

七、胚胎冷冻保存技术

胚胎冷冻保存一般是指在液氮中-196℃下保存动物的胚胎。处于超低温状态下的胚胎，其新陈代谢几乎完全暂时停止，因而可以达到长期保存的目的。胚胎冷冻保存可促进胚胎移植技术产业化，便于胚胎运输和建立羊种的基因库。目前，胚胎冷冻主要采取细管玻璃化冷冻方法，这项技术现已日趋成熟，有望在养羊生产中得到推广和应用。

羊胚胎玻璃化冷冻主要按照下述方法进行。

（一）一步法玻璃化冷冻保存

将室温调至(25±0.5)℃，用0.25 mL的塑料细管按顺序吸入0.5 mol/L蔗糖液(5.5 cm)—空气(1.5 cm)—玻璃化溶液(0.5 cm)—空气(0.5 cm)—玻璃化溶液(1.5 cm)，然后平行地置于操作台上。用巴氏吸管将胚胎直接移入1.5 cm段的玻璃化溶液中，将细管继续吸入空气(0.5 cm)—玻璃化溶液(0.5 cm)—空气(0.5 cm)—0.5 mol/L蔗糖液(1.0 cm)。最后用封口粉将细管封闭投入液氮中。从胚胎装入细管到投入液氮的操作时间为0.5～2 min。

（二）二步法玻璃化冷冻保存

胚胎在移入细管内玻璃化溶液(1.5 cm段)之前，在25℃室温下，于10%EG或10%EG+10%DMSO低浓度的抗冻保护剂溶液中平衡5 min(预处理)，以后操作同一步骤。

（三）解冻方法

在25℃室温下，将冷冻保存的细管样本于25℃水浴中进行解冻，首先在空气中停留约10 s，然后平行地浸入水中并轻轻晃动，待管中蔗糖溶液段由乳白变为透明时取出细管，拭去水分，剪掉粉剂封口端，用金属推杆推动棉栓，使管中内容物连同胚胎流入含有0.5 mol/L蔗糖溶液的表面皿中，实体显微镜下迅速回收胚胎，并移入新鲜0.5 mol/L蔗糖液小滴中平衡5 min，以脱出细胞内部的乙二醇或DMSO，再用PBS洗净后移入培养小滴中，置于CO_2培养箱中培养。

八、体外授精技术

体外受精(in vitro fertilization，IVF)是指哺乳动物的精子和卵子在体外人工控制的环境中完成受精过程的技术。由于它与胚胎移植技术(ET)密不可分，又简称为IVF-ET。这项技术成功于20世纪90年代，迅速发展并且日趋成熟，现已成为一项重要的动物繁殖生物技术。

体外受精技术对动物生殖机理研究、畜牧生产、医学和濒危动物保护等具有重要意义。如用小鼠、大鼠、家兔等做实验材料，体外受精技术可用于研究哺乳动物配子发生、受精和胚胎早期发育机理。在家畜品种改良中，体外受精技术为胚胎生产提供了廉价而高效的手段，并对充分利用优良种质资源、缩短繁殖周期、加快品种改良等有重要价值。体外受精技术还是哺乳动物胚胎移植、克隆、转基因和性别控制等现代生物技术不可缺少的组成部分。

家畜体外受精技术已取得很大进展。绵羊和山羊人孵卵母细胞的卵裂率目前可达到80%～90%，体外受精第5天的囊胚发育率为30%～40%，囊胚超低温冷冻后继续发育率为80%，移植产羔率为50%。

羊的体外受精技术不仅应用于畜牧生产，同时，也成为研究其他胚胎生物技术(如克隆、转基因、胚胎干细胞分离培养和性别控制等)的重要辅助手段。

九、动物克隆技术

动物克隆是指动物不经过有性生殖的方式而直接获得与亲本具有相同遗传物质后代的过程，包括孤雌激活生殖、卵裂球分离与培养、胚胎分割以及核移植等。通常，将所有非受精方式繁殖所获得的动物均称为克隆动物，将产生克隆动物的方法称之为克隆技术。在自然条件下，高等哺乳动物的同卵双生是一种自然的克隆。在高等哺乳动物，核移植是生产克隆动物最为有效的技术，根据所用供体细胞的来源又分为胚胎细胞克隆、胎儿细胞克隆和成年动物体细胞克隆三大类。

动物克隆技术对于动物育种、科学实验及发育生物学等基础理论问题的研究均有重要意义。第一，能使遗传性状优秀的个体大量增殖，大大加快动物育种进展；第二，可用来扩大转基因动物的后代数量，提高转基因动物的效率；第三，通过胚胎性别鉴定后再克隆，可生产出大量预知性别的动物后代，对于性别控制具有重要实践意义；第四，可用于珍稀和濒危动物的扩繁和保种；第五，满足生物医学研究对实验动物的特殊需要，提高实验的准确性。此外，以此技术为基础，还可以研究许多极为重要的基础问题，如动物个体发生的核质互作关系、细胞核的去分化和重新编程问题以及重构胚的线粒体变化、细胞的老化等问题。

1980 年，Willadsen 等将 4 或 8 细胞的绵羊胚胎分成两半，获得了 24 只羔羊，1981 年将 4 或 8 细胞的绵羊胚胎分成 4 份，获得了一例同卵四羔和数例同卵双羔；1986 年用 8～16 细胞期的绵羊胚胎卵裂球作为核供体，获得了 3 只核移植羊羔。Campbell 等(1996)分离 9 日龄的绵羊囊胚内细胞团细胞进行传代培养，建立拟干细胞系，用血清饥饿法诱导其进入 G0 期后进行核移植试验，结果培养第六代供体细胞产羔 1 只，11 代的供体细胞产羔 3 只，13 代的供体细胞产羔 1 只。Wilmut 等(1997)用胎儿成纤维细胞作为核供体，也获得了 3 只克隆羔羊。1997 年，Wilmut 等将来自 6 岁的绵羊乳腺细胞用血清饥饿培养后作为核供体，结果克隆出了世界上第一例成年动物体细胞克隆的绵羊——“多莉”。我国胚胎细胞的克隆山羊于 1991 年研究成功。山羊继代克隆的研究于 1993 年取得成功。体细胞克隆技术在我国发展的速度也较快，体细胞克隆山羊于 2000 年研究成功。

十、转基因技术

该技术是通过人为方法导入外源 DNA 或敲除受体基因组中的一段 DNA，使动物的基因型和表现型发生变化，并且这种变化能遗传给后代的一门生物技术。通过这种方法获得的动物称转基因动物。转基因技术广泛应用于动物生产、基础生物学、医学研究等领域。转基因技术可把生长激素(GH)或生长因子基因(如 IGF-1，GHRH)导入家畜基因组中，加快其生长速度，提高饲料报酬，改善胴体品质。转基因技术还可向动物体内导入关键代谢酶，改变物质代谢途径，提高经济性状的生产力。例如，把原核生物的半胱氨酸合成酶导入绵羊体内能提高羊毛的产量(Bawden 等，1995)。转基因技术可提高家畜对疾病的抵抗力，例如，病毒衣壳蛋白基因被导入家畜基因组后，当这些基因在机体生长的某个阶段表达时，机体就会产生抗病毒抗体，提高家畜对这些疾病的抵抗力。导入病毒受体蛋白合成基因可改变受体结构，使病毒无法识别受体细胞而失去致病力。转基因动物还可通过表达特定抗体，增强对疾病的抵抗力。转基因技术在家畜中的另一重要用途是用家畜作为生物反应器来生产药用或其他珍贵蛋白质。需要生产的目标蛋白基因与组织特异性(如血液或乳腺组织特异性)表达调控元件偶联，运用家畜造血系统或泌乳系统就可生产这些珍贵蛋白质，大大提高畜牧业经济效益，这种畜牧业被称为基因牧场或分子牧场。转基因绵羊（Hammer 等，1985）和山羊（Ebert 等，1991）分别于 1985 年和 1991 年获得成功。

十一、性别控制技术

是指通过人为地干预并按人们的愿望使雌性动物繁殖出所需性别后代的一种繁殖新技术。一般来说，这种控制技术主要在两方面进行：一是在受精之前，二是在受精之后。前者是通过对体外精子进行干预，使在受精之时便决定后代的性别。后者是通过对胚胎的性别进行鉴定，从而获得所需性别的后代。借此技术可使受性别限制的生产性状（如泌乳性状）和受性别影响的生产性状（如肉用、毛用性状等）获得更大的经济效益。如饲养奶羊希望从其优质、高产的核心群中繁殖出更多的母羔来更换奶羊群，而饲养肉用羊则希望繁殖出更多的小公羔，因为肉羊的生产速度和肉的品质与性别有关，公羔生长速度比母羔快，可增强选种的强度和提高育种效率，以获得最大的遗传进展。

受精之前性别控制的依据是，决定哺乳动物性别的关键是与卵子受精的精子，精子含 X 染色体产雌性后代，精子含 Y 染色体则产雄性胎儿。目前认为最科学和最可靠的分离精子方法是根据 X 精子和 Y 精子的 DNA 含量存在差异的原理，利用流式细胞检测仪分离 X 精子和 Y 精子。受精之后对性别进行控制是利用胚胎性别鉴定，分子生物学 SRY-PCR 鉴定法是目前最具有商业应用价值鉴定胚胎性别的方法。由于这种方法对胚胎损害较小，而且不易被黏附在胚胎表面或透明带里的精子污染，同时准确率也较高，可达 90%以上，故被国内外研究人员广泛应用于家畜，特别是牛、羊胚胎的性别鉴定。

第六节　提高繁殖力的技术措施

一、选用多胎羊的后代留作种用

羊的繁殖力是有遗传性的。一般母羊若在第一胎时生产双羔，则在以后胎次的生产中，产双羔的重复力较高。许多试验研究表明，为了提高产羔率，选择具有较高生产双羔潜力的公羊进行配种，比选择母羊在遗传上更为有效。

另外，引入具有多胎性种羊的基因，也可以有效地提高羊只的繁殖力。例如，小尾寒羊的产羔率平均为 270%，苏联美利奴羊为 140%，考力代羊为 125%，经过杂交后，杂种的繁殖力也得到提高。苏寒一代杂种的产羔率平均为 171%，苏寒二代杂种平均为 162%，考苏寒杂种平均为 148%。同时，考苏寒杂种羊在特定生态条件下，还保持了小尾寒羊常年发情的遗传特性。

因此，从羊只自身的遗传特性来提高繁殖率具有十分重要的意义。

二、提高种公羊和繁殖母羊的营养水平

羊的繁殖力不仅要从遗传角度提高，而且在同样的遗传条件下，更应该注意外部环境对繁殖力的影响。这主要涉及养羊生产者对羊只的饲养管理水平。

营养水平对羊只的繁殖力影响极大。种公羊在配种季节与非配种季节均应给予全价的日

粮。对公羊而言,良好的种用体况是基本的饲养要求。生产中可能重视配种季节的饲养管理,而放松对非配种季节的饲养管理,结果往往造成在配种季节到来时,公羊的性欲、采精量、精液品质等均不理想,轻者影响当年配种能力,重者影响公羊一生的配种能力。因此,必须加强公羊的饲养管理。但也要注意,种用体况并不是指公羊膘情越肥越好。种用体况是一种适宜的膘情状况,过瘦或过肥的体况都不是理想的种用体况。公羊良好种用体况的标志应该是:性欲旺盛,接触母羊时有强烈的交配欲;体力充沛,喜欢与同群或异群羊只挑逗打闹;行动灵活,反应敏捷;射精量大,精液品质好。

母羊是羊群的主体,是羊只生产性能的主要体现者,量多群大,同时兼具繁殖后代和实现羊群生产性能的重任。一般母羊的营养状况具有明显的季节性,枯草期和青草期其营养状况是不相同的;从母羊的生理状态讲,妊娠母羊、哺乳母羊及断奶后恢复期的母羊,其营养情况也不相同。草料不足,饲料单一,尤其缺少蛋白质和维生素,是羊只不发情的主要原因。为此,对营养中下等和瘦弱的母羊要在配种前1个月给予必要的补饲。在养羊生产中,至少应做到在妊娠后期及哺乳期对母羊进行良好的饲养管理,以提高羊群的繁殖力。

三、增加羊群中适龄繁殖母羊比例

羊群结构主要是指羊群中的性别结构和年龄结构。从性别方面讲,有公羊、母羊和羯羊三种类型的羊只,羊群中母羊的比例越高越好;从年龄方面讲,有羔羊、周岁羊、2岁羊、3岁羊、4岁羊、5岁羊、6岁羊及老龄羊,羊群中年龄由小到大的个体比例应逐渐减少,形成有一定梯度的“金字塔”结构,从而使羊群始终处于一种动态的、后备生命力异常旺盛的状态。

养羊业发达国家,育种群的适繁母羊比例在70%以上,我国广大农牧区则多在50%左右,从而限制了羊群的繁殖速度。因此,提高现有羊群中的适龄繁殖母羊比例还有很大潜力,也即完全有可能提高养羊生产中母羊群的产羔水平。

四、实行密集产羔

在气候和饲养管理条件较好的地区,可以实行密集产羔,也就是使羊两年三产或三年五产。为了保证密集产羔的顺利进行,必须注意以下几点:一是必须选择健康结实、营养良好的母羊,年龄以2~5岁为宜,而且其乳房发育必须良好、泌乳量要求较高;二是要加强对母羊及其羔羊的饲养管理,母羊在产前和产后必须有较好的补饲条件;三是要从当地具体条件和有利于母羊的健康及羔羊的发育出发,恰当而有效地安排好羔羊的早期断奶和母羊的配种时间。

五、应用繁殖新技术

科学试验和养羊业生产实践不断地证明,运用繁殖新技术,如羊人工授精技术(包括冷冻精液技术)、同期发情技术、超数排卵和胚胎移植技术等,是有效提高绵、山羊繁殖力的重要措施之一。

另外,生殖免疫技术目前在养羊生产中也得到了广泛的应用。免疫是生物识别和清除“异己”的机制,从而使机体内外环境保持平衡的生理功能。生殖免疫主要有公畜的精子和精清抗原性及母畜的妊娠免疫、母畜自身免疫、激素免疫等。利用激素作抗原,给母羊主动免疫,使之产生对该激素的抗体,称为激素免疫。这可用于中和母羊体内的同一激素,从而改变下丘脑-垂体-卵巢轴系的正常反馈调节,可增加促卵泡素(FSH)和促黄体素(LH)的释放量,提高发育卵泡数和排卵率，使产羔增多，以达到人为调节的目的。

例如，我国科研工作者研制成功的双羔苗，其化学成分为睾酮-3-羧甲基肟-牛血清白蛋白，在配种前给母羊颈部右侧皮下注射 2 mL，相隔 21 d 再进行第二次相同剂量的注射，能显著地提高母羊的产羔率。根据试验，对 897 只母绵羊注射双羔苗，产羔 1 148 只，产羔率为 127.98%，双羔率为 26.98%；对照组母绵羊 1 383 只，产羔 1 434 只，产羔率为 103.7%，双羔率为 3.47%；试验组与对照组相比，产羔率提高 24.28%，双羔率提高 23.51%。但是这种方法在运用过程中应注意，对营养条件差的母羊，基本上没有双胎效果，而母羊的营养好、体况好，双胎效果就比较理想。

复习思考题

1. 试述羊的繁殖现象和繁殖规律。
2. 简述羊的配种方法及其评述。
3. 试比较产冬羔和产春羔的利弊。
4. 试述羊人工授精技术的优越性。
5. 分析如何提高羊人工授精受胎率。
6. 简述冷冻精液在养羊业生产中的应用和存在的问题。
7. 试述产羔工作的组织和技术。
8. 简述产羔母羊和新生羔羊护理工作的要点。
9. 试述养羊生产中的繁殖新技术及其应用。
10. 试述提高羊繁殖力的技术措施。

第六章 羊的营养需要与日粮配制

第一节 羊营养需要与饲养标准

一、羊的营养需求

由于绵、山羊的生产用途、年龄、生长发育阶段等不同，所需营养物质的数量和质量也是不同的。羊采食饲料后，被羊体消化利用的营养成分可分为维持和生产两大部分。维持需要是指不生长、不繁殖、不产奶、不育肥、不产毛，只维持正常的生命活动，如消化、呼吸、循环、体温等的营养需要。在维持需要的基础上再提供一定的营养物质，用于转化成各种畜产品、繁殖后代等，这就是生产的营养需要。

（一）羊需要的营养物质

1. 碳水化合物

碳水化合物包括淀粉、糖类、半纤维素、纤维素和木质素等。碳水化合物是组成羊日粮的主体，主要为羊提供能量。后 3 种在口腔不能消化，进入瘤胃后依靠瘤胃微生物的发酵，将其转化为挥发性脂肪酸，以满足羊对能量的需要，瘤胃中未分解发酵的粗纤维，进入结肠及盲肠被肠道细菌发酵分解，变成挥发性脂肪酸被吸收。淀粉类饲料在羊口腔中消化不多，大部分进入瘤胃中消化，未被消化分解的淀粉进入小肠，在胰淀粉酶的作用下分解为蔗糖和麦芽糖，最后分解为葡萄糖和果糖，被肠壁所吸收，进入肝脏参加畜体代谢。

2. 蛋白质

蛋白质是构成羊皮、羊毛、肌肉、蹄、角、内脏器官、血液、神经、酶类、激素、抗体等体组织的基本物质。各个生理阶段的羊，都需要一定量的蛋白质。蛋白质缺乏，会使羊消瘦、衰弱，甚至死亡。种公羊缺乏会造成精液品质下降。母羊缺乏会使胎儿发育不良，产死胎、畸形胎，泌乳减少，幼羊生长发育受阻，严重者发生贫血、水肿，抗病力弱，甚至引起死亡。

饲料中的蛋白质，是由各种氨基酸组成的。羊对蛋白质的需要，实质就是对各种氨基酸的需要。饲料中的蛋白质进入羊瘤胃后，大多数被微生物利用，合成菌体蛋白，然后与未被消化的蛋白一同进入真胃，由消化酶分解成各种必需氨基酸和非必需氨基酸，被消化道吸收利用。氨基酸有 20 多种，其中有些氨基酸在体内不能合成或合成速度和数量不能满足羊体正常生长需要，必须从饲料中获得，这些氨基酸称为必需氨基酸。成年羊瘤胃中存有大量微生物，能将食入的纤维素分解转化为各种营养物质，并合成各种氨基酸，因此，羊对饲料品质的要求不太严格，一般也不缺必需氨基酸。

3. 脂肪

羊的各种器官、组织，如神经、肌肉、皮肤、血液等都含有脂肪。脂肪不仅是构成羊体的重要成分，也是热能的重要来源。另外，脂肪也是脂溶性维生素的溶剂，饲料中维生素 A、维生素 D、维生素 E、维生素 K 及胡萝卜素，只有被饲料中的脂肪溶解后，才能被羊体吸收利用。

羊体内的脂肪主要由饲料中的碳水化合物转化为脂肪酸后再合成体脂肪，但羊体不能直接合成十八碳二烯酸（亚麻油酸）、十八碳三烯酸（次亚麻油酸）和二十碳四烯酸（花生油酸）3种不饱和脂肪酸，必须从饲料中获得。若日粮中缺乏这些脂肪酸，羔羊生长发育缓慢，皮肤干燥，被毛粗直，有时易患维生素A、维生素D和维生素E缺乏症。

豆科作物籽实、玉米糠及稻糠等均含有较多脂肪，是羊日粮中脂肪的重要来源，一般羊日粮中不必添加脂肪。羊日粮中脂肪含量超过10%，会影响羊的瘤胃微生物发酵，阻碍羊体对其他营养物质的吸收和利用。

4. 矿物质

矿物质是羊机体组织、细胞、骨骼和体液的重要部分。目前已证明羊体必需的矿物质有15种，其中常量元素有7种，包括钠、氯、钙、磷、镁、钾和硫；微量元素有8种，包括碘、铁、铜、钼、钴、锰、锌和硒。机体内矿物质缺乏，会引起神经系统、消化系统、肌肉运动、营养输送、血液凝固和酸碱平衡等功能紊乱，直接影响羊体健康、生长发育、繁殖和产品质量，严重时引起死亡。

羊最易缺乏的矿物质是钙、磷和食盐。此外，还应补充必要的矿物质微量元素。成年羊体内90%的钙、87%的磷存在骨组织中，钙、磷比例应为（1.5～2）：1，钙、磷不足会引起胚胎发育不良、佝偻病、骨软化等。

植物性饲料中所含的钠和氯不能满足羊的需要，必须在饲料中补充氯化钠（即食盐）。同时，补充食盐又可以刺激羊的食欲。一般可将食盐和其他补充矿物质与精料混合饲喂，也可制成舔砖悬挂在羊舍，任其舔食。在牧草丰盛、质量较好的放牧季节，可以少补或不补充钙、磷。妊娠或哺乳母羊、种公羊和青年羊以及舍饲期都需要补充一定量的钙、磷。

5. 维生素

维生素是动物生理上所必需的，是调节物质代谢过程，提高抗病能力，保障繁殖机能不可缺少的营养物质。目前，已确定的维生素有14种，按溶解性将其分为脂溶性维生素和水溶性维生素两大类。脂溶性维生素有维生素A、维生素D、维生素E、维生素K四种；水溶性维生素有维生素B_1、维生素B_2、维生素B_6、维生素B_{12}、尼克酸、泛酸、生物素、叶酸、胆碱、维生素C等。B族维生素和维生素K可由羊消化道中的微生物合成，其他维生素一般都从植物性饲料中获得。胡萝卜素在一般青绿饲料中含量较高，如胡萝卜、黄玉米中含胡萝卜素丰富。羊主要通过小肠将胡萝卜素转化为维生素A。维生素E是一种抗氧化物质，能保护和促进维生素A的吸收、储存，同时在调节碳水化合物、肌酸、糖原的代谢中起重要作用。维生素E和硒缺乏都易引起羔羊白肌病的发生。尽管反刍动物瘤胃维生素可以合成B族维生素，在羔羊阶段仍建议日粮中添加B族维生素。

6. 水

水是组成体液的主要成分，对羊体正常的物质代谢有特殊的作用。初生羔羊身体含水80%左右，成年羊含水50%。水是羊体内一种重要的溶剂，各种营养物质的吸收和输送，代谢产物的排出都需溶解在水中才能进行。羊体内的化学反应是在水媒介中进行的，水参与氧化还原反应、有机物质合成以及细胞呼吸过程。水对体温的调节起重要作用，天热时羊通过喘息和出汗使水分蒸发散热，以保持体温恒定。水还是一种润滑剂，如关节腔内的润滑液能使关节转动时减少摩擦，唾液能使饲料容易吞咽等。

缺水可使羊的食欲降低、健康受损，育成羊生长发育受阻，成年羊生产力下降。轻度缺水往往不易被发现，但常在不知不觉中造成很大的经济损失。冬春季节由于气温较低，若供给羊冷水,甚至冰碴水,羊不愿饮水,会造成羊饮水不足。这样不仅使羊饲料消化过程放慢,体内代谢受阻,膘情下降,还会发生食滞或百叶干等疾病。因此,在生产中必须给羊创造饮水条件,保证清洁充足的饮水。

羊体需水量受机体代谢水平、环境温度、生理阶段、体重、采食量和饲料组成等多种因素影响。每采食 1 kg 饲料干物质,需水 1～2 kg。成年羊一般每日需饮水 3～4 kg。夏季、春末秋初饮水量较多,冬季、春初和秋末饮水量较少。舍饲养殖必须供给足够的饮水,经常保持清洁的饮水。

(二)维持需要

羊在维持饲养阶段,仍要进行生理活动,需要从饲料中获得各种营养物质,包括碳水化合物、蛋白质、脂肪、矿物质、维生素和水等。碳水化合物,经代谢产生热能,维持最低的营养和消耗,羊需要的热能与活动程度有关,放牧羊比舍饲羊多消耗 50%～100%的热量。羊体内各种酶、内分泌活动、各组织器官的细胞更新均需要蛋白质。为维持羊体内各组织器官的正常活动,还必须供给一定量的维生素 A、维生素 D 及矿物质钙和磷。羊的维持需要得不到满足,就会动用体内贮存的养分来弥补亏损,导致体重下降和体质衰弱等不良后果。只有当日粮中的能量和蛋白质等营养物质超出羊的维持需要时,羊才具有一定的生产能力。空怀母羊和非配种季节的成年公羊,大都处于维持饲养状态,对营养水平要求不高。成年绵羊的维持需要,见表 6-1。

表 6-1 成年绵羊维持需要的饲养标准

体重/kg	消化能/MJ	可消化蛋白质/g	钙/g	磷/g	食盐/g	胡萝卜素/mg
30	7.52	36	1.8	1.4	3.6	3.0
35	8.36	40	2.2	1.6	4.0	3.5
40	9.20	44	2.4	1.8	4.4	4.0
45	10.03	48	2.6	2.0	4.8	4.5
50	10.87	52	2.8	2.2	5.2	5.0
60	12.54	60	3.2	2.5	6.0	6.0
70	14.21	68	3.6	2.7	6.8	7.0
80	15.47	74	4.0	3.0	7.4	8.0
90	17.14	82	4.4	3.3	8.2	9.0
100	18.39	88	4.7	3.6	8.8	10.0

(三)生产需要

1. 产毛的营养需要

羊毛是一种由 18 种氨基酸组成的角化蛋白质,其中胱氨酸的含量占角蛋白总量的 9%～14%。产毛对营养物质的需要较低。但是,当日粮的粗蛋白水平低于 5.8%时,也不能满足产毛的最低需要。产毛的能量需要约为维持需要的 10%。

矿物质对羊毛品质有明显影响,其中以硫和铜比较重要。在毛囊发生的角质化过程中,有机硫是一种重要的刺激素,既可增加羊毛产量,也可改善羊毛的弹性和手感。饲料中硫和氮的比例以 1∶10 为宜。缺铜时,毛囊内代谢受阻,毛的弯曲减少,毛色素的形成也受影响。严重缺铜时,还能引起铁的代谢紊乱,造成贫血,产毛量也下降。但应注意的是,绵羊对铜的耐受力非常有限,每千克饲料干物质中铜的含量达 5～10 mg 已能满足羊的各种需要;超过 20 mg 时有可能造成羊的铜中毒。维生素 A 对羊毛生长和羊的皮肤健康十分重要。放牧羊夏秋季一般不易缺乏,而冬春季则应适当补充,其主要原因是牧草枯黄后,维生素 A 已基本上被破坏,不能满足羊的需要。对于以舍饲饲养为主的羊,应提供一定的青绿多汁饲料或青贮料,以弥补维生素的不足。营养水平会影响羊毛的长度和细度,也会影响羊只体重和产毛量。如妊娠后期母羊营养不足,羔羊的体重和日后的剪毛量也会受到影响,羊毛的细度和匀度对营养水平的反应相当敏感。

2. 产奶的营养需要

羊奶中含有酪蛋白、白蛋白、乳糖和乳脂、矿物质、微量元素及维生素,营养供应不足,会直接影响乳产量和质量。羊奶中的酪蛋白、白蛋白、乳脂和乳糖等营养成分,都是饲料中不存在的,必须经过乳房合成。当饲料中碳水化合物和蛋白质供应不足时,会影响产奶量,缩短泌乳期。对于高产奶山羊,仅靠放牧或补喂干草不能满足产奶的营养需要,必须根据产奶量的高低,补喂一定数量的混合精料。在奶山羊的补饲精料中,钙、磷的含量和比例对产奶量都有较明显的影响,较合理的钙、磷比例为(1.5～1.7)∶1。维生素 A、维生素 D 对奶山羊的产奶量有明显的影响,必须从日粮中补充,尤其在舍饲饲养时,给羊提供较充足的青绿多汁饲料,有促进产奶的作用。当母乳中缺乏维生素 D 时,羔羊对钙、磷的吸收和利用能力下降,有碍羔羊的生长和发育。

3. 生长和肥育的营养需要

羊的生长和肥育都表现为增重和产肉量增加。但在羊的不同生长阶段,增重对营养物质的需要有很大的差异。

(1)生长的营养需要　营养水平与羊生长发育有密切关系,羊从出生到 1 岁,肌肉、骨骼和各器官组织的发育较快,需要供给大量的蛋白质和矿物质,尤其是初生至 5 月龄,是羊生长发育最快的阶段,对营养的需要量较高。羔羊在哺乳前期主要由母乳供给营养,采食饲料较少;后期以吃料为主,哺乳为辅;离乳后则单纯靠饲料供应营养。哺乳期羔羊及育成前期主要是蛋白质的增长,育成后期主要是脂肪的增长。羔羊在育成阶段的营养充足与否,直接影响其体重与体型,营养水平先好后坏,则四肢较长,体躯浅而窄;营养水平先坏后好,则影响其长度的生长,体型表现不匀称。因此,营养水平应根据羔羊生长强度的变化而改变,按生长需要供给营养物质。

(2)肥育的营养需要　肥育的目的就是要增加羊肉和脂肪等可食部分,改善羊肉品质。羔羊的肥育以增加肌肉为主,而对成年羊主要是增加脂肪。因此,羔羊肥育对蛋白质水平要求较高;成年羊的肥育对日粮蛋白质水平要求不高,只要能提供充足的能量饲料,就能取得较好的肥育效果。

4. 繁殖的营养需要

羊的体况好坏与繁殖能力有密切的关系,而营养水平又是影响羊体况的重要因素。

(1)种公羊的营养需要　一年中,种公羊处于两种不同的生理阶段,即配种期和非配种期。在配种期内,要根据种公羊的配种强度或采精次数,合理调整日粮的能量和蛋白质水平,只有获得充足的蛋白质时,性机能才旺盛,精子密度大,母羊受胎率高。公羊的射精量平均为 1 mL,每毫升精液所消耗的营养物质约相当于 50 g 可消化蛋白质。配种结束后,种公羊随即进入非配种期。在此阶段,种公羊的营养水平可相对降低。通常,日粮的营养水平比维持营养高10%～20%，已能满足需要。值得注意的是，配种结束后的最初1～2个月是种公羊体况恢复的时期，配种任务重或采精多的公羊由于体况下降明显，在恢复期内应继续饲喂配种期的日粮，同时提供充足的青绿、多汁饲料，待公羊的体况基本恢复后再逐渐改喂非配种期日粮。

(2)繁殖母羊的营养需要　繁殖母羊在较高的营养水平下，可以促进排卵、发情整齐、产羔期集中、多羔顺产。母羊配种受胎后即进入妊娠阶段，这时除满足母羊自身的营养需要外，还必须提供胎儿生长发育所需的养分。

①妊娠前期(前3个月)。胎儿各器官、组织的分化和形成大多在这一时期内完成，但胎儿的增重较小。在这一阶段，羊对日粮的营养水平要求不高，但必须提供一定数量的优质蛋白质、矿物质和维生素，以满足胎儿生长发育的营养需要。在放牧条件较差的地区，母羊要补喂一定量的混合精料或干草。

②妊娠后期(后2个月)。到妊娠后期，胎儿和母羊自身的增重加快，母羊增重的60%和胎儿贮积纯蛋白质的80%均在这一时期内完成。随着胎儿的生长发育，应给母羊补饲一定的混合精料或优质青干草。妊娠后期母羊对蛋白质、矿物质和维生素的需要量明显增加，50 kg体重的成年母羊，日需可消化蛋白质90～120 g、钙8.8 g、磷4 g，钙、磷比例为2∶1左右。

综上所述，为了使公母羊保持良好的体况和高的繁殖力，应根据羊的不同营养需要合理配制和调整日粮，满足其对各种营养物质的需求。

二、羊的饲养标准

羊的饲养标准又叫羊的营养需要量，是指羊维持生命活动和从事生产(乳、肉、毛、繁殖等)对能量和各种营养物质的需要量。各种营养物质的需要，不但数量要充足，而且比例要恰当。饲养标准就是反映绵羊和山羊不同发育阶段、不同生理状况、不同生产方向和水平对能量、蛋白质、矿物质和维生素等的需要量。

(一)绵羊的饲养标准

1. 美国的绵羊饲养标准

NRC(1985)修订的绵羊饲养标准(表6-2)，具体规定了各类绵羊不同体重所需要的干物质、总消化养分、消化能、代谢能、粗蛋白质、钙、磷、有效维生素A和维生素E的需要量。

表6-2　美国绵羊的饲养标准(NRC,1985)

体重/kg	日增重/g	食入干物质/kg	总消化养分/kg	消化能/MJ	代谢能/MJ	粗蛋白质/g	钙/g	磷/g	有效维生素A/IU	有效维生素E/IU
母羊维持										
50	10	1.0	0.55	10.05	8.37	95	2.0	1.8	2 350	15
60	10	1.1	0.61	11.30	9.21	104	2.3	2.1	2 820	16
70	10	1.2	0.66	12.14	10.05	113	2.5	2.4	3 290	18
80	10	1.3	0.72	13.40	10.89	122	2.7	2.8	3 760	20
90	10	1.4	0.78	14.24	11.72	131	2.9	3.1	4 230	21
催情补饲(配种前2周和配种后3周)										
50	100	1.6	0.94	17.17	14.25	150	5.3	2.6	2 350	24
60	100	1.7	1.00	18.42	15.07	157	5.5	2.9	2 820	26

续表 6-2

体重/kg	日增重/g	食入干物质/kg	总消化养分/kg	消化能/MJ	代谢能/MJ	粗蛋白质/g	钙/g	磷/g	有效维生素 A/IU	有效维生素 E/IU
70	100	1.8	1.06	19.68	15.91	164	5.7	3.2	3 290	27
80	100	1.9	1.12	20.52	16.75	171	5.9	3.6	3 760	28
90	100	2.0	1.18	21.35	17.58	177	6.1	3.9	4 230	30
非泌乳期(妊娠前 15 周)										
50	30	1.2	0.67	12.56	10.05	112	2.9	2.1	2 350	18
60	30	1.3	0.72	13.40	10.89	121	3.2	2.5	2 820	20
70	30	1.4	0.77	14.25	11.72	130	3.5	2.9	3 290	21
80	30	1.5	0.82	15.07	12.56	139	3.8	3.3	3 760	22
90	30	1.6	0.87	15.91	13.25	148	4.1	3.6	4 230	24
妊娠最后 4 周(预计产羔率为 130%～150%)或哺乳单羔的泌乳期后 4～6 周										
50	180(45)	1.6	0.94	18.42	14.25	175	5.9	4.8	4 250	24
60	180(45)	1.7	1.00	18.42	15.07	184	6.0	5.2	5 100	26
70	180(45)	1.8	1.06	19.68	15.91	193	6.2	5.6	5 950	27
80	180(45)	1.9	1.12	20.52	16.75	202	6.3	6.1	6 800	28
90	180(45)	2.0	1.18	21.35	17.58	212	6.4	6.5	7 640	30
育成母羊										
30	227	1.2	0.78	14.25	11.72	185	6.4	2.6	1 410	18
40	182	1.4	0.91	16.75	13.82	176	5.9	2.6	1 880	21
50	120	1.5	0.88	16.33	13.40	136	4.8	2.4	2 350	22
60	100	1.5	0.88	16.33	13.40	134	4.5	2.5	2 820	22
70	100	1.5	0.88	16.33	13.40	132	4.6	2.8	3 290	22
育成公羊										
40	330	1.8	1.10	25.93	21.35	243	7.8	3.7	1 880	24
60	320	2.4	1.50	28.05	23.03	263	8.4	4.2	2 820	26
80	290	2.8	1.80	32.66	26.80	268	8.5	4.6	3 760	28
100	250	3.0	1.90	35.17	28.89	264	8.2	4.8	4 700	30
肥育幼羊										
30	295	1.3	0.94	17.17	14.25	191	6.6	3.2	1 410	20
40	275	1.6	1.22	22.61	18.42	185	6.6	3.3	1 880	24
50	205	1.6	1.23	22.61	18.42	160	5.6	3.0	2 350	24

2. 苏联绵羊的饲养标准

苏联绵羊的饲养标准(表 6-3 至表 6-6)中，按性别、年龄、产品方向等单独列表。表内具体规定了各类绵羊不同体重(幼龄羊包括平均日增重)所需要的饲料单位、代谢能、干物质、粗蛋白质、可消化蛋白质、常量和微量矿物质元素、维生素 D、胡萝卜素的需要，对种公羊还列了维生素 E 的需要量。但此饲养标准是在舍饲条件下制定出来的，对放牧饲养的绵羊，由于放牧行走，增加了能量消耗，其饲养标准应提高 15%～20%；高产母羊和育成羊(净毛量 2.3 kg 以上)对营养物质的需要标准应提高 12%～15%。

表 6-3 苏联毛用、毛肉兼用、肉毛兼用种公绵羊饲养标准

体重/kg	饲料单位	代谢能/MJ	干物质/kg	粗蛋白质/g	可消化蛋白质/g	食盐/g	钙/g	磷/g	镁/g	硫/g	铁/mg	铜/mg	锌/mg	钴/mg	锰/mg	碘/mg	胡萝卜素/mg	维生素D/IU	维生素E/mg
非配种期																			
70	1.5	17.0	1.70	225	145	10	9.5	6.0	0.85	5.25	65	12	49	0.6	65	0.5	17	500	51
80	1.6	18.0	1.85	242	155	11	10.0	6.4	0.90	5.55	70	13	54	0.7	70	0.5	19	540	54
90	1.7	19.0	1.95	247	160	12	11.0	6.8	0.95	5.85	74	14	57	0.7	74	0.6	21	580	57
100	1.8	20.0	2.05	252	165	13	11.5	7.2	1.00	6.15	78	14	60	0.7	78	0.6	23	615	60
110	1.9	21.0	2.20	267	175	14	11.5	7.6	1.00	6.45	84	15	64	0.8	84	0.7	25	650	63
120	2.0	22.0	2.30	277	185	15	12.3	8.0	1.10	6.75	87	16	67	0.8	87	0.7	27	680	66
130	2.1	23.0	2.40	292	195	16	12.8	8.4	1.10	7.15	91	17	70	0.8	91	0.7	29	710	69
配种期(每周配种 3 次以下)																			
70	2.0	22.0	2.2	340	225	15	12.1	9.0	1.00	7.05	84	15	64	0.8	84	0.7	27	780	63
80	2.1	23.0	2.3	350	235	16	12.6	9.5	1.10	7.35	87	16	67	0.8	84	0.7	32	820	66
90	2.2	24.0	2.4	360	245	17	13.2	9.9	1.20	7.75	91	17	70	0.8	91	0.7	37	860	72
100	2.3	25.0	2.5	380	255	18	13.8	10.5	1.20	8.15	95	18	73	0.9	95	0.8	42	900	75
110	2.4	26.0	2.6	385	265	19	14.4	10.8	1.30	8.45	99	19	75	0.9	99	0.8	47	940	78
120	2.5	27.0	2.7	400	275	20	15.0	11.3	1.30	8.75	105	20	80	1.0	105	0.8	52	980	81
130	2.6	28.0	2.8	410	285	21	15.6	11.7	1.40	9.05	108	21	83	1.0	108	0.9	57	1 020	84

注：资料来源，A. П. Калащников 等，1985。每天配种 3 次以上时，则标准提高 8%～10%。

表 6-4 苏联母绵羊饲养标准

体重/kg	饲料单位	代谢能/MJ	干物质/kg	粗蛋白质/g	可消化蛋白质/g	食盐/g	钙/g	磷/g	镁/g	硫/g	胡萝卜素/mg	维生素 D/IU
毛用、毛肉兼用品种，母绵羊(净毛量 2.0～2.3 kg)，空怀及妊娠头 12～13 周												
40*	0.90	10.0	1.40	150	85	9	6.0	4.0	0.5	3.5	10	500
50	1.05	12.5	1.75	160	95	10	6.5	4.4	0.6	4.0	12	600
60	1.25	13.5	2.00	170	105	11	7.0	4.8	0.7	4.5	15	700
70	1.25	14.5	2.00	185	115	12	7.5	5.0	0.8	4.7	15	800
毛用、毛肉兼用品种，母绵羊(净毛量 2.0～2.3 kg)，妊娠最后 7～8 周												
40	1.15	12.5	1.6	170	115	12	7.5	5.0	0.9	4.3	12	750
50	1.35	14.5	1.9	200	135	13	8.0	5.5	1.0	4.6	14	850
60	1.45	16.5	2.1	215	145	14	9.0	5.8	1.1	5.0	17	1 000
70	1.55	17.5	2.3	220	155	15	9.5	6.2	1.2	5.3	20	1 150

续表 6-4

体重/kg	饲料单位	代谢能/MJ	干物质/kg	粗蛋白质/g	可消化蛋白质/g	食盐/g	钙/g	磷/g	镁/g	硫/g	胡萝卜素/mg	维生素 D/IU
毛用、毛肉兼用品种，母绵羊(净毛量 2.0～2.3 kg)，泌乳头 6～8 周												
40	1.65	17.0	1.7	260	175	15	11.0	7.4	1.4	6.4	20	750
50	1.90	20.0	2.0	290	200	17	11.7	7.8	1.6	6.8	22	850
60	2.05	23.0	2.3	310	215	19	12.9	8.2	1.7	7.2	23	1 000
70	2.15	24.5	2.6	330	225	21	13.5	8.6	1.8	7.5	25	1 100
毛用、毛肉兼用品种，母绵羊(净毛量 2.0～2.3 kg)，泌乳后半期												
40	1.25	13.5	1.65	220	125	13	8.0	5.4	1.2	4.7	15	600
50	1.45	15.5	1.95	240	145	14	8.7	5.8	1.3	5.0	17	700
60	1.55	17.0	2.15	250	155	15	9.8	6.2	1.4	5.4	20	800
70	1.65	18.0	2.35	260	165	16	10.5	6.6	1.5	5.8	20	900
肉毛兼用品种，空怀及妊娠头 12～13 周												
50*	0.95	10.5	1.45	140	85	10	5.3	3.1	0.5	2.7	10	500
60	1.05	12.1	1.60	150	90	12	6.2	3.6	0.6	3.1	12	600
70	1.15	13.0	1.70	165	100	13	7.0	4.0	0.7	3.5	15	700
肉毛兼用品种，妊娠最后 6 周												
50	1.25	15.3	1.60	200	120	11	8.4	3.8	0.8	4.9	20	750
60	1.35	16.0	1.70	210	130	13	9.5	4.5	0.9	5.6	22	900
70	1.45	17.2	1.80	230	140	15	10.3	5.1	1.0	6.3	25	1 000
肉毛兼用品种，泌乳头 6～8 周												
50	2.00	21.0	2.10	310	200	14	10.0	6.4	1.7	5.4	15	750
60	2.10	22.0	2.20	330	210	15	10.5	6.8	1.8	5.9	18	900
70	2.20	23.0	2.30	340	220	16	11.0	7.2	1.9	6.0	20	1 000
肉毛兼用品种，泌乳后半期												
50	1.45	17.2	1.80	200	135	12	7.5	4.8	1.3	4.8	12	600
60	1.55	18.4	1.90	225	145	14	8.5	5.2	1.5	5.2	16	700
70	1.65	19.2	2.10	240	155	16	9.5	5.8	1.6	5.8	18	800

注：资料来源，А. П. Калащников 等，1985。不同类型绵羊品种的微量元素标准相同。＊为空怀母羊体重。

表 6-5 苏联育成绵羊的饲养标准

月龄	体重/kg	平均日增重/g	饲料单位	代谢能/MJ	干物质/kg	粗蛋白质/g	可消化蛋白质/g	食盐/g	钙/g	磷/g	镁/g	硫/g	胡萝卜素/mg	维生素 D/IU
毛用、毛肉兼用品种，育成母羊(净毛量 2.0～2.3 kg)														
4～6	24～31	120	0.75	8.4	0.9	130	90	9	4.5	3.0	0.6	2.8	7.0	420
6～8	31～36	85	0.85	9.4	1.1	145	100	10	5.0	3.4	0.6	3.0	7.0	440
8～10	36～40	70	0.95	10.4	1.3	170	110	11	6.0	3.9	0.6	3.4	7.0	450
10～12	40～44	70	1.05	11.0	1.4	180	110	12	6.4	4.1	0.6	3.7	8.0	500
12～14	44～47	50	1.10	11.5	1.5	185	115	12	6.4	4.1	0.7	3.7	8.5	500
14～18	47～50	25	1.15	12.0	1.6	190	115	13	7.0	4.5	0.7	3.9	8.5	500

续表 6-5

月龄	体重/kg	平均日增重/g	饲料单位	代谢能/MJ	干物质/kg	粗蛋白质/g	可消化蛋白质/g	食盐/g	钙/g	磷/g	镁/g	硫/g	胡萝卜素/mg	维生素D/IU
毛用、毛肉兼用品种，育成公羊（净毛量 3.0～3.5 kg）														
4～6	26～35	150	1.0	11.0	1.1	170	120	10	6.0	4.5	0.7	3.5	8	400
6～8	35～42	120	1.1	12.0	1.3	190	132	12	6.6	4.9	0.8	3.9	10	400
8～10	42～48	100	1.2	13.0	1.5	215	144	14	7.2	5.4	0.9	4.3	12	500
10～12	48～53	80	1.3	14.0	1.7	235	156	14	7.8	5.8	1.0	4.7	12	600
12～14	53～58	80	1.4	15.0	1.9	255	168	14	8.4	6.8	1.1	5.0	14	650
14～18	58～70	100	1.6	17.0	2.3	290	192	16	9.6	7.2	1.1	5.7	16	700
肉毛兼用品种，育成母羊														
4～6	25～33	125	0.85	8.7	0.80	145	113	4	4.2	3.2	0.6	2.8	6	300
6～8	33～39	100	0.85	10.0	0.95	166	116	5	5.0	3.3	0.6	2.8	6	450
8～10	39～43	75	1.00	10.3	1.10	180	118	6	5.5	3.5	0.7	3.1	7	480
10～12	43～47	70	1.10	11.0	1.30	182	120	8	6.2	3.9	0.7	3.2	7	480
12～14	47～50	50	1.10	12.1	1.45	182	123	9	6.9	3.9	0.7	3.4	8	500
14～18	50～54	30	1.10	12.6	1.50	195	123	10	6.9	3.9	0.8	3.7	8	500
肉毛兼用品种，育成公羊														
4～6	27～37	170	1.00	10.3	0.9	168	130	5	5.7	3.8	0.7	3.2	9	400
6～8	37～46	150	1.05	12.0	1.1	195	140	6	6.0	4.8	0.8	3.5	9	500
8～10	46～54	130	1.20	12.6	1.2	220	150	8	6.8	4.8	0.9	3.9	9	500
10～12	54～59	90	1.45	14.9	1.55	240	160	9	7.8	5.3	1.0	4.6	10	680
12～14	59～65	90	1.60	16.0	1.75	260	175	10	8.4	5.6	1.1	4.9	11	750
14～18	65～77	100	1.75	16.6	1.95	285	190	12	8.9	5.6	1.1	5.0	12	800

注：资料来源，А. П. Калащников 等，1985。不同类型绵羊品种的微量元素标准相同。

表 6-6　苏联成年和幼龄肥育绵羊的饲养标准

体重/kg	平均日增重/g	饲料单位	代谢能/MJ	干物质/kg	粗蛋白质/g	可消化蛋白质/g	食盐/g	钙/g	磷/g	镁/g	硫/g	胡萝卜素/mg	维生素D/IU
毛用和毛肉兼用品种，成年羊													
40	150	1.3	14.8	1.6	182	117	15	7.8	5.2	0.6	4.5	10	585
50	160	1.4	15.9	2.0	195	125	16	8.4	5.6	0.7	4.9	11	630
60	170	1.5	17.1	2.4	210	135	17	9.0	6.0	0.8	5.2	12	675
70	180	1.6	18.2	2.8	230	145	18	9.6	6.4	0.9	5.6	13	720
80	180	1.7	19.4	3.1	240	150	20	10.0	6.8	1.0	6.0	14	760
肉毛兼用品种，成年羊													
50	170	1.5	16.5	1.9	200	130	16	9.0	4.5	0.5	3.0	12	500
60	180	1.6	17.6	2.2	210	135	17	9.6	4.8	0.6	3.4	12	530
70	190	1.7	18.7	2.4	225	145	18	10.0	5.1	0.7	3.8	13	550
80	190	1.75	19.5	2.6	230	150	20	10.5	5.3	0.7	4.2	14	580

续表 6-6

体重/kg	平均日增重/g	饲料单位	代谢能/MJ	干物质/kg	粗蛋白质/g	可消化蛋白质/g	食盐/g	钙/g	磷/g	镁/g	硫/g	胡萝卜素/mg	维生素D/IU
毛用、毛肉兼用品种，幼龄绵羊													
15	180	0.65	7.1	0.65	110	85	4.0	4.0	2.4	0.5	2.2	6	310
21	180	0.75	8.3	0.80	135	95	5.5	4.7	3.0	0.5	2.6	7	330
26	200	0.9	10.0	1.00	170	110	7.0	5.5	3.6	0.6	3.1	8	360
32	180	1.1	12.1	1.25	205	130	8.0	6.3	4.4	0.6	3.6	9	400
37	170	1.3	14.3	1.50	240	150	9.0	7.2	5.2	0.6	4.7	10	450
42	130	1.4	15.4	1.65	245	155	9.5	8.6	5.6	0.6	4.7	10	455
45	130	1.5	16.5	1.80	250	165	10.0	10.0	6.0	0.7	5.3	10	460
肉毛兼用品种，幼龄绵羊													
20	200	0.95	10.4	0.85	140	110	5	4.8	3.1	0.6	2.7	6	300
30	200	1.25	13.7	1.1	170	120	6	6.1	3.6	0.7	3.5	7	480
40	200	1.5	16.5	1.4	200	130	9	7.0	4.2	0.8	4.2	9	500
50	200	1.75	19.2	1.65	215	140	10	8.2	4.9	0.8	4.6	9	600
30	150	1.1	12.0	0.95	155	105	6	5.7	3.3	0.6	3.3	6	450
40	150	1.4	13.5	1.25	180	120	8	6.0	3.7	0.7	3.7	7	480
50	150	1.5	16.5	1.45	200	135	9	7.2	4.1	0.7	4.1	8	500
60	150	1.8	19.0	1.6	220	145	10	8.3	4.2	0.8	4.2	8	500

注：资料来源，А. П. Калашников 等，1985。

3. 中国美利奴羊的饲养标准

由中国农业科学院兰州畜牧研究所张文远、杨诗兴等运用析因法原理，采用消化代谢试验、比较屠宰试验和呼吸面具测热法等相结合的方法，制定了中国美利奴羊不同生理阶段和生产情况下的饲养标准（表 6-7 至表 6-11）。

表 6-7　中国美利奴羊种公羊的饲养标准

体重/kg	干物质/kg	代谢能/MJ	粗蛋白质/g
非配种期			
70	1.7	15.91	230
80	1.9	17.58	253
90	2.0	19.26	284
100	2.2	20.93	300
110	2.4	22.61	323
120	2.5	23.86	345
配种期			
70	1.8	17.58	334
80	2.0	19.26	368
90	2.2	21.35	403
100	2.4	23.03	437
110	2.6	24.70	470
120	2.7	26.38	500

表 6-8 中国美利奴羊妊娠母羊的饲养标准

体重/kg	干物质/kg	代谢能/MJ	粗蛋白质/g	维持代谢能/MJ
妊娠前 15 周				
40	1.2	8.75	122	6.87
45	1.3	9.55	134	7.49
50	1.4	10.34	145	8.08
55	1.5	11.10	156	8.71
60	1.6	11.85	166	9.29
65	1.7	12.60	176	9.84
妊娠最后 6 周				
40	1.4	12.10	151	9.84
45	1.5	13.19	165	10.76
50	1.7	14.28	179	11.64
55	1.8	15.37	201	12.52
60	1.9	16.37	205	13.34
65	2.0	17.42	217	14.19

表 6-9 中国美利奴羊泌乳母羊泌乳前期 45～50 d 的饲养标准

体重/kg	泌乳量/(kg/d)	干物质/(kg/d)	代谢能/(MJ/d)		粗蛋白质/(g/d)	
			$\Delta W=0$	$\Delta W=50$	$\Delta W=0$	$\Delta W=50$
40	0.8	1.7	13.73	15.20	214	222
	1.0		15.07	16.54	232	240
	1.2		16.42	17.88	251	259
45	0.8	1.8	14.53	19.55	226	234
	1.0		15.83	17.33	244	252
	1.2		17.17	18.63	263	271
50	0.8	1.9	15.28	16.74	234	242
	1.0		16.62	18.09	251	259
	1.2		17.92	19.43	269	277
55	0.8	2.0	16.04	17.50	242	250
	1.0		17.42	18.84	261	269
	1.2		18.67	20.14	280	288
60	0.8	2.1	16.75	18.21	250	258
	1.0		18.09	19.55	269	277
	1.2		19.38	20.89	288	296
	1.4		20.72	22.19	306	314
65	0.8	2.2	17.46	18.92	259	267
	1.0		18.80	20.56	278	286
	1.2		20.10	21.56	297	301
	1.4		21.40	22.90	315	323

注：ΔW＝日体增重(g)。

表 6-10　中国美利奴羊育成羊的饲养标准

体重/kg	日增重/g	干物质/kg	代谢能/MJ	粗蛋白质/g
育成母羊				
20	100	0.74	7.74	79.8
	150	0.93	9.75	94.4
30	100	0.91	9.59	91.9
	150	1.12	11.79	106.4
40	100	1.08	11.35	102.9
	150	1.31	13.74	117.4
50	100	1.24	13.06	113.3
	150	1.49	15.68	127.8
育成公羊				
20	100	0.75	8.03	113.8
	150	0.95	10.01	132.2
30	100	0.95	9.56	132.2
	150	1.16	12.15	150.4
40	100	1.12	11.94	148.8
	150	1.35	14.21	167.1
50	100	1.30	13.62	164.5
	150	1.55	16.24	182.9
60	100	1.47	15.39	179.4
	150	1.74	18.26	197.8
70	100	1.63	17.14	193.8
	150	1.93	20.29	212.2

表 6-11　中国美利奴羊幼龄羊肥育的饲养标准

体重/kg	日增重/g	干物质/kg	代谢能/MJ	粗蛋白质/g
20	100	0.9	5.82	126
	150	0.9	6.32	139
	200	0.9	6.82	154
25	100	1.1	8.88	159
	150	1.1	9.38	173
	200	1.1	9.88	186
30	100	1.3	11.93	192
	150	1.3	12.43	206
	200	1.3	12.90	219
35	100	1.5	14.99	224
	150	1.5	15.45	238
	200	1.5	15.95	252

4. 内蒙古细毛羊饲养标准

内蒙古农牧学院(1990)建议的内蒙古细毛羊见表 6-12 至表 6-24。

表 6-12 内蒙古细毛羊母羊妊娠前期(1～3 个月)每天营养需要量

指标	体重/kg			
	40	50	60	70
风干饲料/kg	1.6	1.8	2.0	2.2
消化能/MJ	12.55	15.06	15.90	16.74
代谢能/MJ	10.46	12.55	13.39	14.23
粗蛋白质/g	116	124	132	141
可消化粗蛋白质/g	70	75	80	85
钙/g	3.0	3.2	4.0	4.5
磷/g	2.0	2.5	3.0	3.5
硫/g	2.0	2.3	2.5	2.8
食盐/g	6.6	7.5	8.3	9.1
铁/mg	58	65	72	79
铜[a]/mg	14	16	18	20
锰/mg	29	32	36	40
锌/mg	48	53	59	65
钴/mg	0.24	0.27	0.30	0.33
碘/mg	1.2	1.3	1.4	1.6
钼/mg	0.72	0.81	0.90	1.0
硒/mg	0.21	0.24	0.27	0.30
胡萝卜素/mg	9.0	9.0	9.0	9.0

a:当日粮中钼的含量大于 3.0 mg/kg 时,铜的需要量需在此基础上增加 1 倍。

表 6-13 内蒙古细毛羊母羊妊娠后期(4～5 个月)每天营养需要量(单胎)

指标	体重/kg						
	40	45	50	55	60	65	70
风干饲料/kg	1.8	1.9	2.0	2.1	2.2	2.3	2.4
消化能/MJ	15.06	15.90	16.74	17.99	18.83	19.66	20.92
代谢能/MJ	12.55	13.39	14.23	15.06	15.90	16.74	17.57
粗蛋白质/g	146	152	159	165	172	180	187
可消化粗蛋白质/g	88	92	96	99	104	108	113
钙/g	6.0	6.5	7.0	7.5	8.0	8.5	9.0
磷/g	3.5	3.7	3.9	4.1	4.3	4.5	4.7
硫/g	2.3	2.4	2.5	2.6	2.8	2.9	3.0
食盐/g	7.5	7.9	8.3	8.7	9.1	9.5	9.9
铁/mg	65	68	72	76	79	83	86
铜[a]/mg	16	17	18	19	20	21	22
锰/mg	32	34	36	38	40	42	44
锌/mg	53	56	59	62	65	68	71
钴/mg	0.27	0.29	0.30	0.32	0.33	0.35	0.36
碘/mg	1.3	1.4	1.4	1.5	1.6	1.7	1.7
钼/mg	0.81	0.86	0.90	0.95	0.99	1.00	1.10
硒/mg	0.24	0.26	0.27	0.28	0.30	0.31	0.32
胡萝卜素/mg	9.0	9.0	9.0	9.0	9.0	9.0	9.0

a:当日粮中钼的含量大于 3.0 mg/kg 时,铜的需要量需在此基础上增加 1 倍。

表 6-14 内蒙古细毛羊母羊妊娠后期(4～5 个月)每天营养需要量(双胎)

指标	体重/kg						
	40	45	50	55	60	65	70
风干饲料/kg	1.8	1.9	2.0	2.1	2.2	2.3	2.4
消化能/MJ	16.74	17.99	19.25	20.50	21.76	22.59	24.27
代谢能/MJ	14.23	15.06	16.32	17.15	18.41	19.25	20.50
粗蛋白质/g	167	176	184	193	203	214	226
可消化粗蛋白质/g	101	106	111	116	122	129	136
钙/g	7.0	7.5	8.0	8.5	9.0	9.5	10.0
磷/g	4.0	4.3	4.6	5.0	5.3	5.4	5.6
硫/g	2.3	2.4	2.5	2.6	2.8	2.9	3.0
食盐/g	7.9	8.3	8.7	9.1	9.5	9.9	11.0
铁/mg	65	68	72	76	79	83	86
铜[a]/mg	16	17	18	19	20	21	22
锰/mg	32	34	36	38	40	42	44
锌/mg	53	56	59	62	65	68	71
钴/mg	0.27	0.29	0.30	0.32	0.33	0.35	0.36
碘/mg	1.3	1.4	1.4	1.5	1.6	1.7	1.7
钼/mg	0.81	0.86	0.90	0.95	0.99	1.00	1.10
硒/mg	0.24	0.26	0.27	0.28	0.30	0.31	0.32
胡萝卜素/mg	9.0	9.0	9.0	9.0	9.0	9.0	9.0

a:当日粮中钼的含量大于 3.0 mg/kg 时,铜的需要量需在此基础上增加 1 倍。

表 6-15 内蒙古细毛羊母羊哺乳期每天能量、蛋白质需要量

体重/kg	泌乳量/kg	风干料/kg	消化能/MJ	代谢能/MJ	粗蛋白质/g	可消化粗蛋白质/g
40	0	2.0	10.46	8.37	99	60
	0.2	2.0	12.97	10.46	119	72
	0.4	2.0	15.48	12.55	139	84
	0.6	2.0	17.99	14.64	157	95
	0.8	2.0	20.50	16.74	176	107
	1.0	2.0	23.01	18.83	196	119
	1.2	2.0	25.94	20.92	216	131
	1.4	2.0	28.45	23.01	236	143
	1.6	2.0	30.96	25.10	254	154
	1.8	2.0	33.47	27.20	274	166

续表 6-15

体重/kg	泌乳量/kg	风干料/kg	消化能/MJ	代谢能/MJ	粗蛋白质/g	可消化粗蛋白质/g
50	0	2.2	11.72	9.62	102	62
	0.2	2.2	15.06	12.13	122	74
	0.4	2.2	17.57	14.23	142	86
	0.6	2.2	20.08	16.32	162	98
	0.8	2.2	22.59	18.41	180	109
	1.0	2.2	25.10	20.50	200	121
	1.2	2.2	28.03	22.59	219	133
	1.4	2.2	30.54	24.69	239	145
	1.6	2.2	33.05	26.78	257	156
	1.8	2.2	35.56	28.87	277	168
60	0	2.4	13.81	11.30	106	64
	0.2	2.4	16.32	13.39	125	76
	0.4	2.4	19.25	15.48	145	88
	0.6	2.4	21.76	17.57	165	100
	0.8	2.4	24.27	19.66	183	111
	1.0	2.4	26.78	21.76	203	123
	1.2	2.4	29.29	23.85	223	135
	1.4	2.4	31.80	25.94	241	146
	1.6	2.4	34.73	28.03	261	158
	1.8	2.4	37.24	30.12	275	167
70	0	2.6	15.48	12.55	109	66
	0.2	2.6	17.99	14.64	129	78
	0.4	2.6	20.50	16.74	148	90
	0.6	2.6	23.01	18.83	166	101
	0.8	2.6	25.94	20.92	186	113
	1.0	2.6	28.45	23.01	206	125
	1.2	2.6	30.96	25.10	226	137
	1.4	2.6	33.89	27.61	244	148
	1.6	2.6	36.40	29.71	264	160
	1.8	2.6	39.33	31.80	284	172

注：对双羔泌乳母羊而言，风干物、能量、蛋白质应在此基础上增加 20%。

表 6-16 内蒙古细毛羊母羊哺乳期每天矿物质常量、微量元素和维生素需要量

指标	体重/kg			
	40	50	60	70
钙/g	7.0	7.5	8.0	8.5
磷/g	4.3	4.7	5.1	5.6
硫/g	2.5	2.8	3.5	3.7

续表 6-16

指标	体重/kg			
	40	50	60	70
食盐/g	8.3	9.1	9.9	11
铁/mg	72	79	86	94
铜[a]/mg	13.5	14.9	16	18
锰/mg	36	40	43	47
锌/mg	59	65	71	77
钴/mg	0.3	0.33	0.36	0.39
碘/mg	1.4	1.6	1.7	1.9
钼/mg	0.9	1.0	1.1	1.2
硒/mg	0.27	0.30	0.32	0.35
胡萝卜素/mg	9.0	9.0	10.0	12.0

a:当日粮中钼的含量大于 3.0 mg/kg 时，铜的需要量需在此基础上增加 1 倍。

注:对双羔泌乳母羊而言，常量矿物质应在此基础上增加 20%，微量元素在日粮中的含量与此相同。

表 6-17 内蒙古细毛羊羔羊每天能量、粗蛋白质需要量

体重/kg	日增重/kg	风干料/kg	消化能/MJ	代谢能/MJ	粗蛋白质/g	可消化粗蛋白质/g
4	0	0.12	1.13	1.09	8.3	8.0
	0.10	0.12	1.92	1.88	35	34
	0.20	0.12	2.80	2.72	62	60
	0.30	0.12	3.68	3.56	90	86
6	0	0.13	1.63	1.59	9.4	9.0
	0.10	0.13	2.55	2.47	36	35
	0.20	0.13	3.43	3.36	62	60
	0.30	0.13	4.18	3.77	88	85
8	0	0.16	2.13	2.05	10	10
	0.10	0.16	3.10	3.01	36	35
	0.20	0.16	4.06	3.93	62	60
	0.30	0.16	5.02	4.60	88	85
10	0	0.24	2.80	2.55	22	17
	0.10	0.24	3.97	3.60	54	42
	0.20	0.24	5.02	4.60	87	68
	0.30	0.24	8.28	5.86	121	94
12	0	0.32	3.39	3.05	24	19
	0.10	0.32	4.60	4.14	56	44
	0.20	0.32	5.44	5.02	90	70
	0.30	0.32	7.11	8.28	122	95

续表 6-17

体重/kg	日增重/kg	风干料/kg	消化能/MJ	代谢能/MJ	粗蛋白质/g	可消化粗蛋白质/g
14	0	0.4	3.93	3.56	27	21
	0.10	0.4	5.02	4.60	59	46
	0.20	0.4	8.28	5.86	91	71
	0.30	0.4	7.53	6.69	123	96
16	0	0.48	4.60	4.06	28	22
	0.10	0.48	5.44	5.02	60	47
	0.20	0.48	7.11	8.28	92	72
	0.30	0.48	8.37	7.53	124	97
18	0	0.56	5.02	4.60	31	24
	0.10	0.56	8.28	5.86	63	49
	0.20	0.56	7.95	7.11	95	74
	0.30	0.56	8.79	7.95	127	99
20	0	0.64	5.44	5.02	33	26
	0.10	0.64	7.11	8.28	65	51
	0.20	0.64	8.37	7.53	96	75
	0.30	0.64	9.62	8.79	128	100

表 6-18　内蒙古细毛羊羔羊每天矿物质常量、微量元素和维生素需要量

指标	体重/kg								
	4	6	8	10	12	14	16	18	20
钙/g	0.96	1.0	1.3	1.4	1.5	1.8	2.2	2.5	2.9
磷/g	0.50	0.50	0.70	0.75	0.80	1.2	1.5	1.7	1.9
硫/g	0.24	0.26	0.32	0.48	0.58	0.72	0.86	1.0	1.2
食盐/g	0.60	0.60	0.70	1.1	1.3	1.7	2.0	2.3	2.6
铁/mg	4.3	4.7	5.8	8.6	12.0	14	17	20	23
铜[a]/mg	0.97	1.1	1.3	1.9	2.6	3.2	3.9	4.5	5.2
锰/mg	2.2	2.3	2.9	4.3	5.8	7.2	8.6	10	12
锌/mg	2.7	2.9	3.6	5.4	7.2	9.0	11	13	14
钴/mg	0.018	0.02	0.024	0.036	0.044	0.060	0.072	0.084	0.096
碘/mg	0.086	0.094	0.12	0.17	0.23	0.29	0.35	0.41	0.46
钼/mg	0.054	0.059	0.072	0.11	0.14	0.18	0.22	0.25	0.29
硒/mg	0.016	0.018	0.022	0.032	0.043	0.054	0.065	0.076	0.086
胡萝卜素/mg	0.50	0.75	1.0	1.3	1.5	1.8	2.0	2.3	2.5

a:当日粮中钼的含量大于 3.0 mg/kg 时,铜的需要量需在此基础上增加 1 倍。

表 6-19 内蒙古细毛羊育成羊每天营养需要量

指标	体重/kg				
	40	50	60	70	80
风干饲料/kg	1.5	1.8	2.0	2.2	2.4
消化能/MJ	15.90～16.74	16.74～23.01	20.92～27.20	23.01～29.29	27.20～33.47
代谢能/MJ	12.97～13.39	13.39～17.15	17.15～21.76	18.83～23.85	27.76～27.20
粗蛋白质/g	150～167	167～200	183～217	200～233	217～267
可消化粗蛋白质/g	90～100	100～120	110～130	120～140	130～160
钙/g	4.0	5.0	6.0	7.0	8.0
磷/g	2.0	3.0	4.0	5.0	6.0
硫/g	2.7	3.2	3.6	4.0	4.3
食盐/g	6.2	7.5	8.3	9.1	10
铁/mg	54	65	72	79	86
铜[a]/mg	12	15	16	18	19
锰/mg	27	32	36	40	43
锌/mg	34	41	45	50	54
钴/mg	0.23	0.27	0.30	0.33	0.36
碘/mg	1.1	1.3	1.4	1.6	1.7
钼/mg	0.68	0.81	0.9	1.00	1.1
硒/mg	0.20	0.24	0.27	0.30	0.32
胡萝卜素/mg	6.0	7.0	8.0	9.0	10

a:当日粮中钼的含量大于 3.0 mg/kg 时,铜的需要量需在此基础上增加 1 倍。

表 6-20 内蒙古细毛羊种公羊非配种期每天能量、蛋白质需要量

体重/kg	日增重/g	风干料/kg	消化能/MJ	代谢能/MJ	粗蛋白质/g	可消化粗蛋白质/g
60	0	2.0	15.48	12.55	188	113
	10	2.0	15.90	12.97	212	127
	50	2.0	18.41	15.06	221	133
	100	2.0	21.76	17.57	233	140
	150	2.0	24.69	20.08	245	147
	200	2.0	27.19	22.18	256	154
70	0	2.1	17.15	13.81	211	127
	10	2.1	17.99	14.64	235	141
	50	2.1	20.08	16.32	244	146
	100	2.1	23.43	18.83	256	154
	150	2.1	26.36	21.34	268	161
	200	2.1	29.29	23.85	279	167

续表 6-20

体重/kg	日增重/g	风干料/kg	消化能/MJ	代谢能/MJ	粗蛋白质/g	可消化粗蛋白质/g
80	0	2.2	19.25	15.48	233	140
	10	2.2	19.66	15.90	257	154
	50	2.2	22.18	17.99	266	160
	100	2.2	25.10	20.51	278	167
	150	2.2	28.45	23.01	290	174
	200	2.2	31.38	25.52	301	181
90	0	2.4	20.50	16.74	255	153
	10	2.4	21.76	17.57	279	167
	50	2.4	23.85	19.25	288	173
	100	2.4	26.78	21.76	300	180
	150	2.4	30.12	24.27	312	187
	200	2.4	33.05	26.78	323	194
100	0	2.5	22.59	18.41	276	166
	10	2.5	23.43	18.83	300	180
	50	2.5	25.94	20.92	309	185
	100	2.5	28.87	23.43	321	193
	150	2.5	31.38	25.52	333	200
	200	2.5	34.72	28.03	344	206

表 6-21 内蒙古细毛羊种公羊非配种期每天矿物质常量、微量元素和维生素需要量

指标	体重/kg				
	60	70	80	90	100
钙/g	6.0	7.0	8.0	9.0	10
磷/g	3.2	3.6	4.1	4.6	5.2
硫/g	3.1	3.2	3.4	3.7	3.8
食盐/g	9.0	9.5	10	11	12
铁/mg	72	76	79	86	90
铜[a]/mg	18	19	20	22	23
锰/mg	36	38	40	44	46
锌/mg	90	95	99	108	113
钴/mg	0.3	0.32	0.33	0.36	0.38
碘/mg	1.4	1.5	1.6	1.7	1.8
钼/mg	0.9	0.9	1.0	1.1	1.1
硒/mg	0.27	0.28	0.30	0.32	0.34
胡萝卜素/mg	9.0	11.0	13.0	15.0	17.0

a:当日粮中钼的含量大于 3.0 mg/kg 时,铜的需要量需在此基础上增加 1 倍。

表 6-22　内蒙古细毛羊种公羊配种期每天营养需要量

指标	体重/kg				
	60	70	80	90	100
风干饲料/kg	2.2	2.5	2.7	3.0	3.3
消化能/MJ	15.06	26.78	40.58	32.64	35.15
代谢能/MJ	18.83	21.76	24.27	26.35	28.45
粗蛋白质/g	339	378	414	450	486
可消化粗蛋白质/g	203	227	248	270	292
钙/g	14	15	16	17	17
磷/g	9	10	11	12	12
硫/g	5.4	6.1	6.6	7.3	8.0
食盐/g	14	16	18	20	20
铁/mg	79	90	97	108	120
铜[a]/mg	20	23	24	27	30
锰/mg	40	46	48	54	60
锌/mg	120	135	146	162	178
钴/mg	0.33	0.38	0.41	0.45	0.50
碘/mg	1.6	1.8	1.9	2.2	2.4
钼/mg	1.0	1.1	1.2	1.4	1.5
硒/mg	0.30	0.34	0.36	0.41	0.45
胡萝卜素/mg	25	28	31	34	37

a:当日粮中钼的含量大于 3.0 mg/kg 时,铜的需要量需在此基础上增加 1 倍。

表 6-23　内蒙古细毛羊肥育羔羊每天能量、蛋白质需要量

月龄	体重/kg	日增重/kg	风干料/kg	消化能/MJ	代谢能/MJ	粗蛋白质/g	可消化粗蛋白质/g
3	25	0.12	1.2	10.46	8.37	133	80
		0.18	1.2	14.64	11.72	167	100
4	30	0.12	1.4	14.64	11.72	150	90
		0.18	1.4	16.74	13.39	217	130
5	40	0.12	1.7	16.74	13.39	150	90
		0.18	1.7	18.83	15.06	233	140
6	45	0.12	1.8	18.83	15.06	150	90
		0.18	1.8	20.92	17.15	250	150

表 6-24　内蒙古细毛羊肥育羔羊每天矿物质常量、微量元素和维生素需要量

指标	月龄			
	3	4	5	6
	体重/kg			
	25	30	35	40
钙/g	2.0	3.0	4.0	5.0
磷/g	1.0	2.0	3.0	4.0
硫/g	2.2	2.5	3.1	3.2
食盐/g	5.0	5.8	7.0	7.5
铁/mg	43	50	61	65
铜[a]/mg	9.7	11	14	15
锰/mg	22	25	31	32
锌/mg	27	32	38	41
钴/mg	0.18	0.21	0.26	0.27
碘/mg	0.86	1.0	1.2	1.3
钼/mg	0.54	0.63	0.77	0.81
硒/mg	0.16	0.19	0.23	0.24
胡萝卜素/mg	4.0	5.0	6.0	8.0

a:当日粮中钼的含量大于 3.0 mg/kg 时,铜的需要量需在此基础上增加 1 倍。

5. 新疆细毛羔羊舍饲饲养标准

新疆细毛羔羊舍饲肥育的营养需要量见表 6-25 至表 6-31。

表 6-25　新疆细毛羔羊舍饲肥育代谢能(ME)需要量　　kcal/(d·只)

日增重/g	体重/kg						
	20	25	30	35	40	45	50
50	1 550	1 800	2 051	2 301	2 551	2 802	3 052
100	1 775	2 062	2 349	2 643	2 923	3 210	3 496
150	2 001	2 324	2 647	2 971	3 294	3 617	3 941
200	2 226	2 586	2 946	3 305	3 665	4 025	4 385
250	2 452	2 848	3 244	3 640	4 037	4 433	4 829
300	2 677	3 110	3 542	3 975	4 408	4 841	5 273

表 6-26　新疆细毛羔羊舍饲肥育消化能(DE)需要量　　kcal/(d·只)

日增重/g	体重/kg						
	20	25	30	35	40	45	50
50	1 880	2 194	2 501	2 808	3 115	3 422	3 729
100	2 160	2 513	2 866	3 218	3 571	3 923	4 276
150	2 446	2 832	3 229	3 628	4 027	4 425	4 824
200	2 705	3 150	3 593	4 038	4 483	4 926	5 371
250	2 978	3 469	3 960	4 448	4 939	5 428	5 919
300	3 250	3 781	4 321	4 858	5 395	5 929	6 499

表 6-27 新疆细毛羔羊舍饲肥育可消化蛋白质(DCP)需要量 g/(d·只)

日增重/g	体重/kg						
	20	25	30	35	40	45	50
50	47	52	57	62	64	70	78
100	63	68	73	78	80	85	89
150	79	84	90	95	95	100	104
200	95	101	107	112	110	115	119
250	111	117	123	129	125	129	134
300	128	134	140	145	140	144	148

表 6-28 新疆细毛羔羊舍饲肥育粗蛋白质(CP)需要量 g/(d·只)

日增重/g	体重/kg						
	20	25	30	35	40	45	50
50	84	93	102	111	114	125	139
100	111	121	132	141	143	152	159
150	141	150	161	171	170	179	186
200	158	168	178	187	183	192	198
250	171	180	189	198	192	198	206
300	183	191	200	207	204	210	215

表 6-29 新疆细毛羔羊舍饲肥育钙需要量 g/(d·只)

日增重/g	体重/kg						
	20	25	30	35	40	45	50
50	1.4	1.6	1.9	2.1	2.4	2.7	2.9
100	1.9	2.2	2.5	2.8	3.1	3.4	3.7
150	2.4	2.7	3.0	3.4	3.7	4.1	4.4
200	2.8	3.2	3.6	4.0	4.4	4.8	5.2
250	3.3	3.8	4.2	4.6	5.1	5.5	5.9
300	3.8	4.3	4.8	5.2	5.7	6.2	6.7

表 6-30 新疆细毛羔羊舍饲肥育磷需要量 g/(d·只)

日增重/g	体重/kg						
	20	25	30	35	40	45	50
50	1.4	1.6	1.8	2.1	2.3	2.5	2.7
100	1.8	2.0	2.2	2.5	2.7	2.9	3.2
150	2.1	2.4	2.6	2.9	3.2	3.4	3.7
200	2.4	2.7	3.0	3.3	3.6	3.9	4.2
250	2.8	3.1	3.4	3.7	4.1	4.4	4.7
300	3.1	3.4	3.8	4.1	4.5	4.9	5.2

表 6-31 新疆细毛羔羊舍饲育食盐需要量 g/(d·只)

食盐	体重/kg						
	20	25	30	35	40	45	50
需要量/g	6	7	8	9	10	11	12

(二)山羊的饲养标准

1. 美国山羊的饲养标准

美国山羊营养需要量见表 6-32。

表 6-32 美国(1981)山羊营养需要量

体重/kg	能量				粗蛋白质		矿物质		维生素	
	总可消化养分/g	消化能/MJ	代谢能/MJ	净能/MJ	总蛋白质/g	可消化蛋白质/g	钙/g	磷/g	维生素A	维生素D
									1 000 IU	
维持(最低限度的活动和怀孕早期)										
10	159	2.93	2.38	1.34	22	15	1	0.7	0.4	0.084
20	267	4.94	4.02	2.26	38	26	1	0.7	0.7	0.144
30	362	6.65	5.44	3.05	51	35	2	1.4	0.9	0.195
40	448	8.28	6.74	3.81	63	43	2	1.4	1.2	0.243
50	530	9.79	7.99	4.52	75	51	3	2.1	1.4	0.285
60	608	11.21	9.16	5.15	86	59	3	2.1	1.6	0.327
70	682	12.59	10.25	5.77	96	66	4	2.8	1.8	0.369
80	754	13.89	11.34	6.40	106	73	4	2.8	2.0	0.408
90	824	15.19	12.38	6.99	116	80	4	2.8	2.2	0.444
100	891	16.44	13.43	7.57	126	86	5	3.5	2.4	0.480
供维持和低度活动(25%增加量,集约式饲养,热带地区和怀孕早期)										
10	199	3.64	2.97	1.67	27	19	1	0.7	0.5	0.108
20	334	6.15	5.02	2.85	46	32	2	1.4	0.9	0.180
30	452	8.33	6.78	3.85	62	43	2	1.4	1.2	0.243
40	560	10.33	8.45	4.77	77	54	3	2.1	1.5	0.303
50	662	12.22	9.96	5.61	91	63	4	2.8	1.8	0.357
60	760	13.60	11.42	6.44	105	73	4	2.8	2.0	0.408
70	852	15.73	12.84	7.24	118	82	5	3.5	2.3	0.462
80	942	17.41	14.18	7.99	130	90	5	3.5	2.6	0.510
90	1 030	18.99	15.48	8.74	142	99	6	4.2	2.8	0.555
100	1 114	20.54	16.78	9.46	153	107	6	4.2	3.0	0.600
供维持和中度活动(50%增加量,半干燥丘陵地牧区和怀孕早期)										
10	239	4.39	3.60	2.01	33	23	1	0.7	0.6	0.129
20	400	7.41	6.02	3.39	55	38	2	1.4	1.1	0.216
30	543	9.96	8.16	4.60	74	52	3	2.1	1.5	0.294
40	672	12.43	10.13	5.69	93	64	4	2.8	1.8	0.363
50	795	14.69	11.97	6.78	110	76	4	2.8	2.1	0.429
60	912	16.82	13.72	7.70	126	87	5	3.5	2.5	0.429
70	1 023	18.91	15.40	8.66	141	98	6	4.2	2.8	0.552
80	1 131	20.84	16.99	9.62	156	108	6	4.2	3.0	0.609
90	1 236	22.76	18.58	10.46	170	118	7	4.9	3.3	0.666
100	1 336	24.69	20.17	11.38	184	128	7	4.9	3.6	0.732
供维持和高度活动(75%增加量,干燥、植物稀少的高山牧区和怀孕早期)										

续表 6-32

体重/kg	能量				粗蛋白质		矿物质		维生素	
	总可消化养分/g	消化能/MJ	代谢能/MJ	净能/MJ	总蛋白质/g	可消化蛋白质/g	钙/g	磷/g	维生素A	维生素D
									1 000 IU	
10	278	5.10	4.18	2.43	38	26	2	1.4	0.8	0.150
20	467	8.62	7.03	3.93	64	45	2	1.4	1.3	0.252
30	634	11.63	9.54	5.36	87	60	3	2.1	1.7	0.342
40	784	14.48	11.80	6.65	108	75	4	2.8	2.1	0.423
50	928	17.15	13.97	7.91	128	89	5	3.5	2.5	0.501
60	1 064	19.62	16.02	8.99	146	102	6	4.2	2.9	0.576
70	1 194	22.04	17.95	10.13	165	114	6	4.2	3.2	0.642
80	1 320	24.31	19.83	11.21	182	126	7	4.9	3.6	0.711
90	1 442	26.57	21.17	12.22	198	138	8	5.6	3.9	0.777
100	1 559	28.79	23.51	13.26	215	150	8	5.6	4.2	0.843
怀孕末期额外的营养需要量										
	397	7.28	5.94	3.45	82	57	2	1.4	1.1	0.213
每日增重 50 g 的额外营养需要量										
	100	1.84	1.51	0.84	14	10	1	0.7	0.3	0.054
每日增重 100 g 的额外营养需要量										
	200	3.68	3.01	1.67	28	20	1	0.7	0.5	0.108
每日增重 150 g 的额外营养需要量										
	300	5.52	4.52	2.51	42	30	2	1.4	0.8	0.162
不同乳脂率下，每产 1 kg 乳额外的营养需要量										
乳脂率/%										
2.5	333	6.15	5.02	2.85	59	42	2	1.4	3.8	0.760
3.0	337	6.23	5.06	2.85	64	45	2	1.4	3.8	0.760
3.5	342	6.32	5.15	2.89	68	48	2	1.4	3.8	0.760
4.0	346	3.40	5.23	2.93	72	51	3	2.1	3.8	0.760
4.5	351	6.49	5.27	2.97	77	54	3	2.1	3.8	0.760
5.0	356	6.57	5.36	3.01	82	57	3	2.1	3.8	0.760
安哥拉山羊依每年羊毛产量，每日的额外营养需要量										
产毛量/kg										
2	16	0.29	0.25	0.13	9	6	—	—	—	—
4	34	0.63	0.50	0.29	17	12	—	—	—	—
6	50	0.92	0.75	0.42	26	18	—	—	—	—
8	66	1.21	1.00	0.59	34	24	—	—	—	—

2. 苏联毛用和绒用山羊的饲养标准

苏联毛用和绒用山羊的饲养标准（表 6-33）认为，公山羊在非配种期应维持中上等膘情，在配种期保持良好的种用体况。因此，在配种期开始前 1.5～2 个月内，逐渐加强其饲养。成年母山羊在妊娠、泌乳和毛、绒强烈生长期的饲养，应该经常维持其中等和上等膘情。对于高产山羊，以及带双羔的山羊，其饲养标准应提高 12%～15%。

表 6-33 苏联的毛用和绒用山羊饲养标准

体重/kg	饲料单位	代谢能/MJ	干物质/kg	粗蛋白质/g	可消化蛋白质/g	食盐/g	钙/g	磷/g	镁/g	硫/g	铁/mg	铜/mg	锌/mg	钴/mg	锰/mg	碘/mg	胡萝卜素/mg	维生素D/IU	维生素E/mg
种公羊，非配种期																			
50	1.0	12	1.5	150	95	10	6.0	3.5	0.55	3.0	40	7	30	0.35	40	0.24	12	330	32
60	1.2	14	1.6	180	115	11	7.2	4.2	0.65	3.6	50	8.5	35	0.4	50	0.25	14	400	38
70	1.4	16	1.7	200	130	12	8.4	4.9	0.70	4.2	55	10	40	0.5	55	0.27	17	460	45
80	1.5	18	1.85	220	140	13	9.0	5.3	0.80	4.5	65	11	50	0.55	65	0.28	18	490	48
90	1.6	19	1.95	225	145	14	9.6	5.6	0.85	4.8	70	13	55	0.6	70	0.29	19	520	51
种公羊，配种期																			
50	1.5	16	1.6	240	160	13	9.0	5.3	0.80	4.5	45	8.5	35	0.45	45	0.25	18	495	48
60	1.6	18	1.8	270	180	14	9.6	5.6	0.85	4.8	55	10	45	0.55	55	0.25	19	525	51
70	1.7	19	1.9	285	190	15	10.2	6.0	0.90	5.1	65	12	50	0.65	65	0.26	20	560	54
80	1.8	20	2.0	295	200	16	10.8	6.3	0.90	5.4	75	14	60	0.7	75	0.3	22	590	58
90	1.9	22	2.2	325	220	17	11.4	6.7	0.95	5.7	85	15	70	0.8	85	0.3	23	620	61
母山羊，空怀及妊娠头 12～13 周																			
35	0.8	8.1	1.2	115	65	10	4.0	2.5	0.5	2.4	43	9.6	32	0.4	48	0.4	7	420	
40	0.85	9.5	1.4	125	70	10	5.0	2.5	0.5	2.6	43	9.6	32	0.4	48	0.4	9	490	
45	0.95	10.8	1.6	150	90	12	5.5	3.0	0.6	2.9	43	9.6	32	0.4	48	0.4	13	600	
母山羊，妊娠最后 7～8 周																			
35	1.0	10.0	1.35	150	100	12	6.5	3.5	0.6	3.0	55	11	43	0.52	65	0.44	13	600	
40	1.1	11.0	1.5	155	105	12	7.0	3.9	0.6	3.3	55	11	43	0.52	65	0.44	14	700	
45	1.2	12.0	1.7	165	110	13	7.5	4.2	0.6	3.6	55	11	43	0.52	65	0.44	16	800	
50	1.25	13.0	1.9	170	115	13	8.0	4.4	0.7	3.8	55	11	43	0.52	65	0.44	18	900	
母山羊，泌乳期																			
35	1.45	15.0	1.45	240	145	13	7	5.0	0.7	4.4	88	15	88	0.87	88	0.68	17	650	
40	1.55	16.0	1.6	255	155	14	8	5.5	0.8	4.7	88	15	88	0.87	88	0.68	19	700	
45	1.65	17.5	1.9	275	165	15	8	6.0	0.8	5.0	88	15	88	0.87	88	0.68	20	850	
50	1.7	18.0	2.0	280	170	16	8.5	6.0	0.9	5.1	88	15	88	0.87	88	0.68	21	900	
育成母羊																			
15～20	0.6	6.5	0.7	100	70	7	4	2	0.4	1.8	45	8	33	0.4	45	0.3	6	400	
21～22	0.7	7.2	0.8	115	80	7	4	2	0.4	1.8	47	8	36	0.41	48	0.3	6	400	
23～25	0.7	7.2	0.9	120	80	7	5	3	0.5	2.8	49	8.1	40	0.41	52	0.3	6	420	
26～27	0.8	8.0	0.95	120	80	9	5	3	0.6	2.8	52	8.2	44	0.41	54	0.3	7	450	
28～37	0.9	9.5	1.25	140	90	9	5	3	0.7	2.8	55	8.3	48	0.41	55	0.3	7	500	

续表 6-33

体重/kg	饲料单位	代谢能/MJ	干物质/kg	粗蛋白质/g	可消化蛋白质/g	食盐/g	钙/g	磷/g	镁/g	硫/g	铁/mg	铜/mg	锌/mg	钴/mg	锰/mg	碘/mg	胡萝卜素/mg	维生素D/IU	维生素E/mg
育成公羊																			
20～25	0.7	7.6	0.8	120	85	8	5	3	0.5	2.5	50	10.2	40	0.46	50	0.3	7	420	
26～27	0.8	8.5	0.95	130	90	8	5	3	0.5	2.5	56	11	45	0.51	58	0.38	7	440	
28～30	0.9	9.4	1.05	140	95	9	6	4	0.6	3.5	62	11.7	49	0.55	62	0.38	8	450	
31～35	1.0	10.3	1.25	150	100	10	6	4	0.7	3.5	69	12.1	52	0.57	69	0.38	9	500	
36～40	1.2	12.3	1.5	180	100	12	6	4	0.8	3.5	75	13.4	58	0.58	76	0.38	10	550	

资料来源：А. П. Калащников 等，1985。

3. 青山羊饲养标准

山东农业大学建议的青山羊的营养需要量见表 6-34 至表 6-41。

表 6-34 妊娠期青山羊母羊的代谢能及粗蛋白质需要量

母羊体重/kg	养分	妊娠阶段/d			
		维持	1～90	91～120	120 以上
15	代谢能/(MJ/d)	3.72	5.59	6.19	7.00
	粗蛋白质/(g/d)	43	65	97	124
20	代谢能/(MJ/d)	4.61	7.15	7.80	8.64
	粗蛋白质/(g/d)	52	73	105	132
25	代谢能/(MJ/d)	5.44	8.66	9.34	10.19
	粗蛋白质/(g/d)	60	81	113	140
30	代谢能/(MJ/d)	6.22	10.12	10.82	11.70
	粗蛋白质/(g/d)	67	89	121	148

表 6-35 泌乳前期青山羊母羊的代谢能及蛋白质需要量

体重/kg	养分	泌乳量/kg					
		0.00	0.50	0.75	1.00	1.25	1.50
15.0	代谢能/(MJ/d)	3.48	5.61	6.68	7.75	8.82	9.89
	粗蛋白质/(g/d)	33	81	106	130	154	179
20.0	代谢能/(MJ/d)	4.31	6.45	7.52	8.59	9.66	10.73
	粗蛋白质/(g/d)	40	89	114	138	162	187
25.0	代谢能/(MJ/d)	5.10	7.24	8.31	9.38	10.44	11.51
	粗蛋白质/(g/d)	48	97	121	145	170	194
30.0	代谢能/(MJ/d)	5.49	7.98	9.05	10.12	11.19	12.26
	粗蛋白质/(g/d)	55	104	128	152	177	201

表 6-36　泌乳后期青山羊母羊的代谢能及蛋白质需要量

体重/kg	养分	泌乳量/kg					
		0.00	0.15	0.25	0.50	0.75	1.00
15.0	代谢能/(MJ/d)	4.12	4.91	5.43	6.74	8.05	9.36
	粗蛋白质/(g/d)	30	55	73	116	159	201
20.0	代谢能/(MJ/d)	5.12	5.90	6.43	7.74	9.05	10.36
	粗蛋白质/(g/d)	37	63	80	123	166	209
25.0	代谢能/(MJ/d)	6.05	6.84	7.36	8.67	9.98	11.29
	粗蛋白质/(g/d)	44	69	87	129	172	215
30.0	代谢能/(MJ/d)	6.94	7.72	8.25	9.56	10.86	12.18
	粗蛋白质/(g/d)	50	76	93	136	179	222

表 6-37　哺乳期青山羊羔羊的代谢能及蛋白质需要量

体重/kg	养分	日增重/g					
		0	20	40	60	80	100
1	代谢能/(MJ/d)	0.46	0.60	0.75	0.89	1.04	1.18
	粗蛋白质/(g/d)	3	9	14	19	25	30
2	代谢能/(MJ/d)	0.76	0.91	1.06	1.20	1.35	1.49
	粗蛋白质/(g/d)	5	11	16	22	27	32
4	代谢能/(MJ/d)	1.38	1.62	1.85	2.08	2.32	2.55
	粗蛋白质/(g/d)	9	16	22	29	35	42
6	代谢能/(MJ/d)	1.88	2.11	2.34	2.58	2.81	3.04
	粗蛋白质/(g/d)	12	19	26	32	39	45
8	代谢能/(MJ/d)	2.33	2.53	2.79	3.03	3.26	3.49
	粗蛋白质/(g/d)	13	22	28	35	42	48

表 6-38　生长期青山羊的代谢能及蛋白质需要量

体重/kg	养分	日增重/g					
		0	20	40	60	80	100
6	代谢能/(MJ/d)	1.30	1.90	2.51	3.11	3.72	4.32
	粗蛋白质/(g/d)	11	22	33	44	55	67
8	代谢能/(MJ/d)	1.61	2.50	3.37	4.25	5.13	6.01
	粗蛋白质/(g/d)	13	24	36	47	58	69
10	代谢能/(MJ/d)	1.91	3.06	4.22	5.37	6.53	7.69
	粗蛋白质/(g/d)	16	27	38	49	60	72
12	代谢能/(MJ/d)	2.19	3.62	5.05	6.48	7.91	9.35
	粗蛋白质/(g/d)	18	29	40	52	63	74
14	代谢能/(MJ/d)	2.45	4.16	5.87	7.58	9.29	10.99
	粗蛋白质/(g/d)	20	31	43	54	65	76
16	代谢能/(MJ/d)	2.71	4.70	6.68	8.66	10.65	12.63
	粗蛋白质/(g/d)	22	34	45	56	67	78

表 6-39　青山羊后备公羊的代谢能及蛋白质需要量

体重/kg	养分	日增重/g					
		0	20	40	60	80	100
12	代谢能/(MJ/d)	3.10	3.36	3.63	3.89	4.15	4.41
	粗蛋白质/(g/d)	24	32	40	49	57	66
15	代谢能/(MJ/d)	3.67	4.33	5.00	5.67	6.33	7.00
	粗蛋白质/(g/d)	28	36	45	53	61	70
18	代谢能/(MJ/d)	4.20	5.28	6.35	7.42	8.49	9.56
	粗蛋白质/(g/d)	32	40	49	57	66	74
21	代谢能/(MJ/d)	4.72	6.20	7.67	9.15	10.63	12.10
	粗蛋白质/(g/d)	36	44	53	61	70	78
24	代谢能/(MJ/d)	5.22	7.10	8.89	10.88	12.74	14.62
	粗蛋白质/(g/d)	40	48	56	65	73	82

表 6-40　青山羊种公羊的代谢能及蛋白质需要量

体重/kg	养分	日增重/g					
		0	20	40	60	80	100
16	代谢能/(MJ/d)	3.83	4.55	5.28	6.01	6.74	7.46
	粗蛋白质/(g/d)	63	76	88	101	114	127
20	代谢能/(MJ/d)	4.75	5.48	6.20	6.93	7.66	6.38
	粗蛋白质/(g/d)	78	91	104	116	129	142
25	代谢能/(MJ/d)	5.61	6.34	7.07	7.79	8.52	9.25
	粗蛋白质/(g/d)	92	105	118	131	143	156
30	代谢能/(MJ/d)	6.44	7.16	7.89	8.62	9.34	10.07
	粗蛋白质/(g/d)	106	118	131	144	157	170

表 6-41　青山羊种公羊配种期的代谢能及蛋白质需要量

体重/kg	养分	配种次数/(次/d)					
		1	2	4	6	8	
16	代谢能/(MJ/d)	4.76	5.70	7.57	9.45	11.32	
	粗蛋白质/(g/d)	86	108	154	199	245	
20	代谢能/(MJ/d)	5.91	7.07	9.40	11.72	14.05	
	粗蛋白质/(g/d)	101	123	169	215	260	
25	代谢能/(MJ/d)	6.99	8.36	11.11	13.86	16.61	
	粗蛋白质/(g/d)	115	138	183	229	274	
30	代谢能/(MJ/d)	8.01	9.39	12.74	15.89	19.04	
	粗蛋白质/(g/d)	128	151	197	242	288	

三、羊常用饲料成分及营养价值

羊常用饲料成分及营养价值见表 6-42。

表 6-42 羊常用饲料成分及营养价值表

名称	干物质/%	粗蛋白质/%	粗脂肪/%	粗纤维/%	无氮浸出物/%	粗灰分/%	钙/%	磷/%	总能/(MJ/kg)	消化能/(MJ/kg)	代谢能/(MJ/kg)	可消化粗蛋白质/(g/kg)
(一)青绿饲料类												
白菜(内蒙古)	13.6	2.0	0.8	1.6	8.0	1.2	—	0.07	2.47	1.92	1.59	14
冰草(北京)	28.8	3.8	0.6	9.4	12.7	2.3	0.12	0.09	5.02	3.05	2.51	20
甘蓝(北京)	5.6	1.1	0.2	0.5	3.4	0.4	0.03	0.02	1.05	0.84	0.71	9
灰蒿	28.4	6.8	2.0	6.7	9.9	3.0	0.17	0.08	5.31	3.05	2.51	39
胡萝卜叶(新疆)	16.1	2.6	0.7	2.3	7.8	2.7	0.47	0.09	2.68	1.80	1.50	17
马铃薯秧(哈尔滨)	12.1	2.7	0.6	2.5	4.5	1.8	0.23	0.02	2.09	1.09	0.88	14
苜蓿	25.0	5.2	0.4	7.9	9.3	2.2	0.52	0.06	4.43	2.68	2.17	37
三叶草(宁夏,红三叶)	18.6	4.9	0.6	3.1	7.0	3.0	—	0.01	3.18	2.30	1.88	38
沙打旺	31.5	3.6	0.5	10.4	14.4	2.6	—	—	5.39	2.88	2.38	25
甜菜叶	8.7	2.0	0.3	1.0	3.5	1.9	0.11	0.04	1.38	0.96	0.79	13
向日葵叶	20.0	3.8	1.1	2.9	8.8	3.4	0.52	0.06	3.39	2.09	1.71	24
小叶胡树子	41.9	4.9	1.9	12.3	20.5	2.3	0.45	0.02	7.69	4.14	3.39	34
紫云英	13.0	2.9	0.7	2.5	5.6	1.3	0.48	0.17	2.38	1.76	1.42	21
(二)树叶类												
槐叶	88.0	21.4	3.2	10.9	45.8	6.7	—	0.26	16.30	10.83	8.86	141
柳叶(内蒙古,落叶)	86.5	16.4	2.6	16.2	43.0	8.3	—	—	15.34	7.61	6.27	64
梨叶	88.0	13.0	0.9	10.9	51.0	8.6	1.41	0.10	15.59	8.69	7.15	82
杨树叶	92.6	23.3	5.2	22.8	32.8	8.3	—	—	17.39	7.02	5.77	92
榆树叶(青海西宁)	88.0	15.3	2.6	9.7	49.5	10.9	2.24	0.19	15.09	8.57	7.02	96
榛子叶	88.0	12.6	6.2	7.3	56.3	5.6	1.17	0.18	16.59	9.15	4.51	79
紫穗槐叶(宁夏,初花期)	88.0	20.5	2.9	15.5	43.8	5.3	1.20	0.12	16.43	10.78	8.82	135
(三)青贮饲料类												
草木樨青贮(青海西宁)	31.6	5.4	1.0	10.2	10.9	4.1	0.58	0.08	5.39	3.09	2.68	39
胡萝卜青贮(甘肃)	23.6	2.1	0.5	4.4	10.1	6.5	0.25	0.03	3.22	2.72	2.22	10
胡萝卜秧青贮	19.7	3.1	1.3	5.7	4.8	4.8	0.35	0.03	3.09	2.05	1.67	20
马铃薯秧青贮	23.0	2.1	0.6	6.1	8.9	6.3	0.27	0.03	3.39	1.71	1.42	8
苜蓿青贮(西宁青海湖)	33.7	5.3	1.4	12.8	10.3	3.9	0.5	0.10	5.85	3.26	2.68	34
(四)块根、块茎、瓜果类												
甘薯(鲜)(7省8样品均值)	25.0	1.0	0.3	0.9	22.0	0.8	0.13	0.05	4.39	3.68	3.01	6

续表 6-42

名称	干物质/%	粗蛋白质/%	粗脂肪/%	粗纤维/%	无氮浸出物/%	粗灰分/%	钙/%	磷/%	总能/(MJ/kg)	消化能/(MJ/kg)	代谢能/(MJ/kg)	可消化粗蛋白质/(g/kg)
胡萝卜(西宁,红色)	8.2	0.8	0.3	1.1	5.0	1.0	0.08	0.04	1.38	1.21	1.00	6
胡萝卜(西宁,黄色)	8.8	0.5	0.1	1.4	6.1	0.7	0.11	0.07	1.46	1.34	1.09	4
萝卜(青海,白萝卜)	7.0	1.3	0.2	1.0	3.7	0.8	0.04	0.03	1.21	1.00	0.84	9
马铃薯(内蒙古)	23.5	2.3	0.1	0.9	18.9	1.3	0.33	0.07	4.05	3.47	2.84	14
蔓青(宁夏)	15.3	2.2	0.1	1.4	10.4	1.2	0.03	0.03	2.63	2.30	1.88	14
南瓜(内蒙古)	10.9	1.5	0.6	0.9	7.2	0.7	—	—	2.01	1.71	1.42	12
甜菜(内蒙古)	11.8	1.6	0.1	1.4	7.0	1.7	0.05	0.05	1.88	1.71	1.38	12
(五)干草类(包括牧草)												
稗草(黑龙江)	93.4	5.0	1.8	37.0	40.8	8.8	—	—	15.55	8.07	6.60	21
冰草	84.7	15.9	3.0	29.6	32.6	3.6	—	—	15.88	8.23	6.73	57
草木樨黄芪	85.0	28.8	6.8	22.0	22.5	4.9	2.56	0.05	17.35	10.37	8.49	181
狗尾草(内蒙古,青干草)	93.5	7.8	1.2	34.5	43.5	6.5	—	—	16.01	7.86	6.44	44
黑麦草(吉林)	87.8	17.0	4.9	20.4	34.3	11.2	0.39	0.24	14.09	10.87	8.90	105
混合牧草(内蒙古,夏季)	90.1	13.9	5.7	34.4	22.9	6.0	—	—	15.59	7.19	5.89	78
混合牧草(内蒙古,秋季)	92.9	9.6	4.7	27.2	42.8	7.9	—	—	16.43	10.20	8.36	60
棘豆	91.5	16.3	2.7	35.6	30.0	6.9	—	—	16.47	9.78	8.03	117
芨芨草	88.7	19.7	5.0	28.5	27.6	7.9	0.51	0.61	15.01	9.86	8.11	132
碱草	90.1	13.4	2.6	31.5	37.4	5.2	0.34	0.43	16.34	8.65	7.06	48
芦苇	92.9	5.1	1.9	38.2	38.8	8.9	2.56	0.34	14.09	6.98	5.73	22
马蔺	90.0	12.4	5.7	14.0	48.0	9.9	—	—	16.09	8.36	6.86	63
苜蓿干草(内蒙古,花期)	90.0	17.4	4.6	38.7	22.4	6.9	1.07	0.32	16.68	7.86	6.48	89
苜蓿干草(黑龙江,野生)	93.1	13.9	1.8	34.5	37.5	6.3	—	—	16.43	9.24	7.57	98
雀麦草(黑龙江)	94.3	5.7	2.2	34.1	46.1	6.2	—	—	16.3	8.49	6.94	16
沙打旺	92.4	15.7	2.5	25.8	41.1	7.3	0.36	0.18	16.47	10.45	8.57	118
沙蒿	88.5	15.9	6.9	26.0	31.1	8.6	3.05	0.48	16.51	9.45	7.73	91
苏丹草(黑龙江)	85.8	10.5	1.5	28.6	39.2	6.0	0.33	0.14	15.01	9.49	7.77	66
羊草	88.3	3.2	1.3	32.5	46.2	5.1	0.25	0.18	15.09	6.52	5.35	16
野干草(吉林)	90.6	8.9	2.0	33.7	39.4	6.6	0.54	0.09	15.76	8.32	6.56	53
野干草(新疆)	89.4	10.4	1.9	26.4	44.3	6.4	0.14	0.09	15.63	9.86	8.11	79
(六)农副产品类												
蚕豆秸(新疆)	92.3	14.2	2.4	23.2	33.5	19.0	2.17	0.48	14.30	7.57	6.19	67
大豆荚(吉林)	85.9	6.5	1.0	27.4	38.4	12.0	0.64	0.10	13.50	7.23	5.94	31
大麦秸(宁夏)	95.2	5.8	1.8	33.8	43.4	10.4	0.13	0.02	15.63	7.73	6.35	10
稻草(新疆)	94.0	3.8	1.1	32.7	10.1	16.3	0.18	0.05	14.13	690	5.64	14

续表 6-42

名称	干物质/%	粗蛋白质/%	粗脂肪/%	粗纤维/%	无氮浸出物/%	粗灰分/%	钙/%	磷/%	总能/(MJ/kg)	消化能/(MJ/kg)	代谢能/(MJ/kg)	可消化粗蛋白质/(g/kg)
高粱秸(辽宁)	95.2	3.7	1.2	33.9	48.0	8.4	—	—	15.72	7.69	6.31	14
谷草	90.7	4.5	1.2	32.6	44.2	8.2	0.34	0.03	15.01	7.32	6.02	17
豌豆秕壳(内蒙古)	92.7	6.6	2.2	36.7	28.2	19.0	1.82	0.73	13.84	5.94	4.85	19
豌豆茎叶(新疆)	91.7	8.3	2.6	30.7	42.4	7.7	2.33	0.10	15.84	8.49	6.94	39
小麦秸(宁夏固原,春小麦)	91.6	2.8	1.2	40.9	41.5	5.2	0.26	0.03	15.59	5.73	4.68	8
小麦秕壳(内蒙古,打谷场副产品)	90.7	7.3	1.7	28.2	43.5	10.0	0.50	0.71	15.01	7.23	5.94	28
莜麦秕壳(内蒙古,打谷场副产品)	93.7	3.6	2.4	35.6	38.4	13.7	0.92	0.41	14.80	7.27	5.98	14
油菜秆(新疆)	94.4	3.0	1.3	55.3	31.0	3.8	0.55	0.03	16.69	6.94	5.68	2
玉米秸	90.9	5.9	0.6	24.9	50.2	8.1	—	—	14.96	8.61	7.06	21
玉米果穗包叶(吉林、双辽)	91.5	3.8	0.7	33.7	49.9	3.4	—	—	15.88	9.24	7.57	14
(七)谷实类												
大麦(新疆)	91.1	12.6	2.4	4.1	69.4	26	—	0.30	16.85	14.55	11.91	100
高粱(17 省市,8 样品均值)	89.3	8.7	3.3	2.2	72.9	2.2	0.09	0.28	16.88	13.88	11.41	58
青稞(西宁)	87.0	9.9	2.5	2.8	89.5	2.3	—	0.42	16.05	13.96	11.45	78
荞麦(11 省市,14 样品均值)	87.1	9.9	2.3	11.5	60.7	2.7	0.09	0.30	15.93	11.12	9.11	71
粟(6 省市,13 样品均值)	91.9	9.7	2.6	7.4	67.1	5.1	0.09	0.26	16.43	11.66	9.57	70
小麦(15 省市,28 样品均值)	91.8	12.1	1.8	2.4	73.2	2.3	—	0.36	16.85	14.71	12.08	94
燕麦(11 省市,117 样品均值)	90.3	11.6	5.2	8.9	60.7	3.9	0.15	0.33	17.01	13.17	10.38	97
玉米(23 省市,120 样品均值)	88.4	8.6	3.5	2.0	72.9	1.4	0.04	0.21	16.55	15.38	12.63	65
(八)糠麸类												
大豆皮(内蒙古)	92.1	12.3	2.7	36.4	35.7	5.0	0.64	0.29	16.64	9.28	7.61	90
大麦麸(甘肃玉门)	91.2	14.5	1.9	8.5	63.6	3.0	0.04	0.40	16.89	11.58	9.49	109
麸皮(新疆)	88.8	15.6	3.5	8.4	56.3	5.0	—	0.98	16.47	11.20	9.20	117
高粱糠(内蒙古)	91.9	7.6	6.9	22.6	45.0	9.8	—	—	16.39	8.53	6.98	33

续表 6-42

名称	干物质/%	粗蛋白质/%	粗脂肪/%	粗纤维/%	无氮浸出物/%	粗灰分/%	钙/%	磷/%	总能/(MJ/kg)	消化能/(MJ/kg)	代谢能/(MJ/kg)	可消化粗蛋白质/(g/kg)
黑麦麸	91.7	8.0	2.1	19.1	57.9	4.6	0.05	0.13	16.26	9.15	7.44	46
青稞麸	90.6	12.7	4.2	12.7	54.8	2.6	0.02	0.41	17.14	10.37	9.74	100
小麦麸(24省市,115样品均值)	88.6	14.4	3.7	9.2	56.2	5.1	0.18	0.78	16.39	11.08	9.07	108
玉米稞(内蒙古)	87.5	9.9	3.5	9.5	61.5	3.0	0.08	0.48	16.22	11.37	9.32	56
玉米皮(内蒙古)	86.1	5.8	0.5	12.0	66.5	1.3	—	—	15.34	10.78	8.86	33
(九)豆类												
蚕豆(14省市,23样品均值)	88.0	24.9	1.4	7.5	50.9	3.3	0.15	0.40	16.72	15.50	11.91	217
大豆(16省市,40样品均值)	88.0	37.0	16.2	5.1	25.1	4.6	0.27	0.48	20.48	17.60	14.46	333
黑豆(7省市,9样品均值)	90.0	37.7	13.8	6.6	27.4	4.5	0.25	0.50	20.36	17.36	14.13	339
豌豆(19省市,30样品均值)	88.0	22.6	1.5	5.9	55.1	2.9	0.13	0.39	16.68	14.50	11.91	194
(十)油饼类												
菜籽饼(13省市,27机榨样品平均)	92.2	36.4	7.8	10.7	29.3	8.0	0.37	0.95	18.77	14.84	12.16	313
豆饼(13省市,42机榨样品平均)	90.6	43.0	5.4	5.7	30.6	5.9	0.32	0.50	18.73	15.93	13.08	366
胡麻饼(8省市,1机榨样品平均)	90.2	33.1	7.5	9.8	34.0	7.6	0.58	0.77	18.52	14.46	11.87	285
棉籽饼(13省市,27样品平均)	92.2	33.8	6.0	15.1	31.2	6.1	0.31	0.64	18.56	13.71	11.24	267
向日葵(内蒙古)	93.3	17.4	4.4	39.2	27.8	4.8	0.40	0.94	17.51	7.02	5.77	141
芝麻饼(10省市,13机榨样品平均)	92.0	39.2	10.3	7.2	24.9	10.4	2.24	1.19	19.02	14.67	12.04	357
(十一)糟渣类												
豆腐渣(宁夏、银川)	15.0	4.6	1.5	3.3	5.0	0.6	0.08	0.05	3.14	2.55	2.06	40
粉渣	81.5	2.3	0.6	8.0	66.6	4.0	—	—	13.88	11.08	9.07	14.0
酒糟	45.1	5.8	4.1	15.8	14.9	4.5	0.14	0.26	5.77	2.51	2.05	35
甜菜渣(宁夏、银川)	10.4	1.0	0.1	2.3	6.7	0.3	0.05	0.01	1.84	1.42	1.17	6

第二节　羊的日粮配制

羊的日粮是指羊在一昼夜所采食的各种饲料的总量。羊的配合日粮是根据不同生理时期羊的营养需要和原料的营养价值，选择若干饲料原料按一定比例配合而成的。日粮配合的是否合理直接影响着羊的肥育效果和饲料报酬。

一、日粮配合的原则

（一）日粮要符合饲养标准满足营养需要

饲养标准是在一定的生产条件下制定的，由于各地自然条件和羊的情况不同，其日粮配合应以不同生长发育阶段的营养需要为依据，结合生产实践不断加以完善。配合日粮时，首先应满足能量和蛋白质的需要，其他营养物质如钙、磷、微量元素、维生素等，应添加富含这类营养物质的饲料，再加以调整。

（二）日粮种类多样化

多种饲料种类相互搭配，可以弥补营养物质的不足，达到营养全价或基本全价。

（三）注意饲料的适口性

不同的饲料适口性不同，营养好而适口性差的饲料不能叫好的饲料，配制日粮要适合羊的口味，对一些有异味、粗老、品质较差的饲草，或者农作物秸秆要进行合理的加工处理和调制（如氨化处理等），并与精料拌匀后饲喂，可以取得较好的效果。

（四）日粮要有适宜的容积

羊的采食有限，过多饲喂大容积饲料，难以满足羊对营养物质的需要。相反，日粮容积过小，即使羊的营养需要能够得到满足，但由于羊的瘤胃充盈度不够，羊也难免有饥饿感。因此，日粮要进行合理搭配，才能既满足羊的营养需要，又能使羊具有饱腹感，避免造成饲料的浪费。

（五）因地制宜，就地取材

要根据当地条件，选择营养丰富又价格便宜的饲料，充分利用当地资源，尽量降低饲料成本，提高羊生产的经济效益。

（六）日粮组成保持相对稳定

当羊日粮发生变化时，应逐渐过渡（过渡期一般为 7～10 d），使瘤胃有一个适应过程，否则，日粮突然变化，瘤胃微生物不适应，会影响消化功能，严重者将导致消化道疾病。

二、注意事项

羊是群饲家畜，在实际工作中，对以放牧饲养的羊群，应在日粮中扣除放牧采食获得的营养数量，不足部分补给干草、青贮料和混合精料。此外，在高温季节或高温地区，羊采食量下降，为减轻热应激、降低日粮中的热增耗而保持净能不变，在调整日粮时，应减少粗饲料含量，保持有较高浓度的能量、蛋白质和维生素，以平衡生理上的需要。抗高温添加剂有维生素 C、阿司匹林、氯化钾、碳酸氢钠、氯化铵、无机磷、瘤胃素、碘化酪蛋白等。在寒冷季节，为减轻冷应激，在日粮中，应添加含热能较高的饲料。从经济上考虑，用粗饲料作热能饲料比精饲料价格低。

三、日粮配制方法和步骤

日粮配制设计方法有试差法、百分比法、联立方程法、计算机求解法等。其中试差法是手工配方设计最常用的方法。

试差法是将各种饲料原料，根据专业知识和经验，确定一个大概比例，然后计算其营养价值并与羊的饲养标准相对照，若某种营养指标不足或者过量时，应调整饲料配比，反复多次，直至所有营养指标都满足要求时为止。

首先，确定羊的营养需要量；其次，应先满足粗料的喂量，即选择一种主要的粗料，一般粗料的干物质采食量占体重的2%～3%；再次，确定精料补充料的种类和数量，一般是用混合精料来满足能量和蛋白质需要量的不足部分。最后，用矿物质补充料来平衡日粮中钙、磷等矿物质元素的需要量。

具体配制方法举例如下：

例1：为平均体重为25 kg的内蒙古细毛羊育肥羔羊（日增重180 g）设计一个饲料配方。

第一步：查营养标准（表6-23，表6-24）给出羊每天的养分需要量，该羊群平均每天每只需干物质1.2 kg，消化能14.64 MJ，可消化粗蛋白质100 g，钙2 g，磷1 g，食盐5 g。

第二步：查羊常用饲料成分及营养价值表，列出供选饲料的养分含量，见表6-43。

表6-43　供选饲料养分含量

饲料名称	干物质/%	消化能/(MJ/kg)	可消化粗蛋白质/(g/kg)	钙/g	磷/g
玉米秸	90.9	8.61	21	—	—
野干草	90.6	8.32	53	0.54	0.09
玉米	88.4	15.38	65	0.04	0.21
小麦麸	88.6	11.08	108	0.18	0.78
棉籽饼	92.2	13.71	267	0.31	0.64
豆饼	90.6	15.93	366	0.32	0.50

第三步：计算粗饲料采食量。因为是育肥羔羊，确定精粗比为6∶4，则25 kg体重的羔羊需粗饲料干物质为1.2×0.4＝0.48(kg)，根据实际考虑，确定玉米秸和野干草的比例为2∶1，则需玉米秸0.32÷0.909＝0.35(kg)，野干草0.16÷0.906＝0.17(kg)，由此计算出粗饲料提供的养分量，见表6-44。

表6-44　粗饲料提供的养分量

粗饲料	干物质/kg	消化能/MJ	可消化粗蛋白质/g	钙/g	磷/g
玉米秸	0.32	3.01	7.35		
野干草	0.16	1.41	9.01	0.09	0.02
粗饲料提供	0.48	4.42	16.36	0.09	0.02
需精料补充	0.72	9.58	83.64	1.91	0.98

第四步：草拟精料补充料配方。根据饲料资源、价格及实际经验，先初步拟定一个混合料配方，假设混合料配比为60%玉米、20.7%麸皮、8.5%豆饼、10%棉籽饼、0.69%食盐，将所需

补充精料干物质0.72 kg按上述比例分配到各种精料中，再计算出精料补充料提供的养分，见表6-45。

表6-45　草拟精料补充料提供的养分

原料	干物质/kg	消化能/MJ	可消化粗蛋白质/g	钙/g	磷/g
玉米	0.432	7.52	31.77	0.20	1.03
麦麸	0.149	1.86	18.16	0.30	1.31
棉籽饼	0.072	1.07	20.85	0.24	0.50
豆饼	0.061	1.07	24.64	0.22	0.34
食盐	0.005	0.0	0.0	0.0	0.0
总计	0.72	11.52	95.42	0.96	3.18

从表6-45可看出，干物质已完全满足需要，消化能和可消化粗蛋白质有不同程度的超标，且钙、磷不平衡，因此，日粮中应增加钙的量，减少能量和蛋白质量，我们可用石粉代替部分豆饼进行调整，调整后的配方见表6-46。

表6-46　日粮组成及养分提供量

饲料	干物质/kg	消化能/MJ	可消化粗蛋白质/g	钙/g	磷/g
玉米秸	0.32	3.01	7.35		
野干草	0.16	1.41	9.01	0.09	0.02
玉米	0.432	7.52	31.77	0.20	1.03
麦麸	0.149	1.86	18.16	0.30	1.31
棉籽饼	0.072	1.07	20.85	0.24	0.50
豆饼	0.051	0.90	20.60	0.18	0.28
食盐	0.005	0.0	0.0	0.0	0.0
石粉	0.010	0.0	0.0	4.0	0.0
总计	1.2	15.77	107.8	5.01	3.14

从表6-46可看出，本日粮已经完全满足该羊的干物质、能量及可消化粗蛋白质的需要量，而钙、磷均超标，但日粮中的钙、磷之比为1.6∶1，属正常范围[一般钙、磷比为(1.5～2)∶1]，故认为本日粮中钙、磷的供应也符合要求。

在实际饲喂时，应将各种饲料的干物质喂量换算成饲喂状态时的喂量(干物质量÷饲喂状态时干物质含量)。

复习思考题

1. 羊需要的营养物质有哪些？
2. 简述产毛的营养需要特点。
3. 试述繁殖母羊的营养需要特点。
4. 什么是羊的饲养标准？
5. 羊的日粮配合原则是什么？
6. 根据美国绵羊的饲养标准(NRC,1985)，为50 kg育成母羊设计一个饲料配方。

第七章 羊的饲养管理

第一节 羊的生物学特性

羊作为反刍动物，有其特有的消化生理特点；羊作为以放牧为主的草食动物较其他家畜有不同的生活习性。了解和掌握羊的生物学特性，在养殖过程中遵循其规律，可以降低养殖成本、提高养殖效率。

一、羊的生活习性

（一）合群性强

羊的群居行为很强，尤其绵羊群居性更强，很容易建立起群体结构，任何家畜的合群性均不及绵羊。羊只主要通过视、听、嗅、触等感官活动，来传递和接受各种信息，以保持和调整群体成员之间的活动，头羊和群体内的优胜序列有助于维系此结构。在羊群中，通常是原来熟悉的羊只形成小群体，小群体再构成大群体。在自然群体中，头羊多由年龄较大、子孙较多的母羊来担任。

不同绵羊品种群居行为的强弱有别。一般地讲，粗毛羊品种最强，毛用比肉毛兼用品种强，肉用羊最差；夏、秋季牧草丰盛时，羊只的合群性好于冬、春季牧草较差时。利用合群性，就可以大群放牧，节省劳力。在羊群出圈、入圈、过河、过桥、饮水、换草场、运羊等活动时，只要有头羊先行，其他羊只即跟随头羊前进并发出保持联系的叫声。

由于羊的群居行为强，羊群间距离近时，有少数羊混了群，其他羊亦随之而来，容易混群。另外，少数羊受了惊，其他羊亦跟上狂奔，引起"炸群"，所以，在管理上应避免混群和"炸群"。

（二）性情特点

绵羊性情温顺，反应迟钝，易受惊吓，是最胆小的家畜。绵羊可以从暗处到明处，而不愿从明处到暗处。遇有物体折光、反光或闪光，例如，药浴池和水坑的水面、门窗栅条的折射光线、板缝和洞眼的透光等，常表现畏惧不前。这时，指挥带头羊先入或关进几头羊，能带动全群移动。当遇兽害时，绵羊无自卫能力，四散逃避，不会联合抵抗。

山羊的性情比绵羊活泼，行动敏捷，喜欢登高，善于跳跃。在羊栏内，小羊喜欢跳到墙头上甚至跑到屋顶上游动。放牧时，在山区的陡坡和悬崖上，绵羊不能攀登的地方，山羊能够行动自如，正常采食。山羊的采食范围可达崇山峻岭，悬崖峭壁。

山羊机警灵敏，大胆顽强，记忆力强，易于训练成特殊用途的羊。在放牧中个别山羊离群后，只要牧工给予适当的口令，山羊就会很快地跟群。牧工常在羊群中选择体大灵活的山羊去势后训练为头羊，头羊能够按照牧工的指令，带领羊群前进、停止或向某一方向移动。羊群中有一好的头羊，在放牧中能使牧工更好地掌握羊群。我国驯兽者也利用这一特性，训练山羊成为娱乐工具。

当遇兽害，山羊能主动大呼求救，并且有一定的抗御能力。山羊喜角斗，角斗形式有正向互相顶撞和跳起斜向相撞两种；绵羊则只有正向相撞一种。因此，有“精山羊，疲绵羊”之说。

（三）采食能力强，可利用饲料广

羊能利用的饲草饲料广泛，如多种牧草、灌木、农副产品以及禾谷类籽实等均能利用。绵羊的颜面细长，嘴尖，唇薄齿利，上唇中央有一中央纵沟，运动灵活，下颚门齿向外有一定的倾斜度，故能啃食接触地面的短草，利用许多其他家畜不能利用的饲草饲料。只要不过牧，可以进行牛羊混牧，在不能放牧马、牛的短草牧场也可牧羊。试验证明，绵羊可采食占给饲植物种类80%的植物，对粗纤维的利用率可达50%～80%。在半荒漠草场上，有66%的植物种类为牛所不能利用，而绵、山羊则仅38%。在对600多种植物的采食试验中，山羊能食用其中的88%，绵羊为80%，而牛、马、猪则分别为73%、64%和46%。

山羊嘴较窄、牙齿锋利，嘴唇薄而灵活，比绵羊利用饲料的范围更广泛。山羊喜吃短草、树叶和嫩枝，在不过牧的情况下，山羊比绵羊能更好地利用灌木丛林、短草草地以及荒漠草场。甚至在不适于饲养绵羊的地方，山羊也能很好地生长。

山羊和绵羊的采食特点有明显不同：山羊后肢能站立，有助于采食高处的灌木或乔木的嫩幼枝叶，而绵羊只能采食地面上或低处的杂草与枝叶；绵羊与山羊合群放牧时，山羊总是走在前面抢食，而绵羊则慢慢跟随后边低头啃食；山羊舌上苦味感受器发达，对各种苦味植物较乐意采食。

（四）喜干燥，怕湿热

羊汗腺不发达，散热机能差。在炎热天气应避免湿热对羊体的影响，尤其在我国南方地区，高温高湿是影响养羊生产发展的一个重要原因。

养羊的牧地、圈舍和休息场，都以高燥为宜。如久居泥泞潮湿之地，则羊只易患寄生虫病和腐蹄病，甚至毛质降低，脱毛加重。不同的绵羊品种对气候的适应性不同，如细毛羊喜欢温暖、干旱、半干旱的气候，而肉用羊和肉毛兼用羊则喜欢温暖、湿润、全年温差较小的气候，但长毛肉用种罗姆尼羊，较能耐湿热气候和适应沼泽地区，对腐蹄病有较强的抵抗力。

我国北方很多地区相对湿度平均在40%～60%（仅冬、春两季有时可高达75%），故适于养绵羊特别是养细毛羊；而在南方的高湿高热地区，则较适于养肉用羊。

相比而言，山羊较绵羊耐湿，在南方的高湿高热地区，则较适于养山羊。在南方地区，除应将羊舍尽可能建在地势高燥、通风良好、排水通畅的地方外，还应在羊圈内修建羊床或将羊舍建成带漏缝地面的楼圈。

（五）爱清洁

羊具有爱清洁的习性。羊喜吃干净的饲料，饮清凉卫生的水。草料、饮水一经污染或有异味，就不愿采食、饮用。因此，在舍内饲养时，应少喂勤添，以免造成草料浪费。平时要加强饲养管理，注意饲草饲料清洁卫生，饲槽要勤扫，饮水要勤换。

（六）嗅觉灵敏

羊的嗅觉比视觉和听觉灵敏，这与其发达的腺体有关。其具体作用表现在以下三方面。

（1）靠嗅觉识别羔羊　羊嗅觉灵敏，母羊主要凭嗅觉鉴别自己的羔羊，视觉和听觉起辅助作用。分娩后，母羊会舔干羔羊体表的羊水，并熟习羔羊的气味。羔羊吮乳时母羊总要先嗅一嗅羔羊后躯部，以气味识别是不是自己的羔羊。利用这一特点，寄养羔羊时，只要在被寄养的孤羔和多胎羔羊身上涂抹保姆羊的羊水，寄养多会成功。个体羊有其自身的气味，群羊有群体气味，一旦两群羊混群，羊可由气味辨别出是否是同群的羊。在放牧中一旦离群或与羔羊失散，就靠长叫声互相呼应。

(2)靠嗅觉辨别植物种类或枝叶　羊在采食时，能依据植物的气味和外表细致地区别出各种植物或同一植物的不同品种(系)，选择含蛋白质多、粗纤维少、没有异味的牧草采食。

(3)靠嗅觉辨别饮水的清洁度。

(七)善于游走，适宜放牧

游走有助于增加放牧羊只的采食空间，特别是牧区的羊，其终年以放牧为主，需长途跋涉才能吃饱喝好，故常常一日往返里程达到 6～10 km。

不同品种的羊在不同牧草状况、牧场条件下，其游走能力有很大区别。例如，兰布列羊每日游走的距离比汉普夏羊多 25%，雪维特羊在山地牧场上和平原草场上每日游走的距离分别为 8 km 和 9.8 km，而同是长毛品种的罗姆尼羊则分别为 5.1 km 和 8.1 km。在接近配种季节、牧草质量差时，羊只的游走距离加大，游走距离常伴随放牧时间而增加。

(八)适应能力

适应性主要包括耐粗饲、耐渴、耐热、耐寒、抗病力等方面的表现。这些能力的强弱，不仅直接关系到羊生产力的发挥，同时也决定着各品种的发展命运。例如，在干旱贫瘠的山区、荒漠地区和一些高温高湿地区，绵羊往往难以生存。

(1)耐粗饲性　绵羊在极端恶劣条件下，具有令人难以置信的生存能力，能依靠粗劣的秸秆、树叶维持生活。与绵羊相比，山羊耐粗饲性更强，除能采食各种杂草外，还能啃食一定数量的草根树皮，比绵羊对粗纤维的消化率要高出 3.7%。

(2)耐渴性　绵羊的耐渴性较强，尤其是当夏秋季缺水时，能在黎明时分，沿牧场快速移动，用唇和舌接触牧草，以便更多搜集叶上凝结的露珠。在野葱、野韭、野百合、大叶棘豆等牧草分布较多的牧场放牧，可几天乃至十几天不饮水。与绵羊比较，山羊耐渴性更强，山羊每千克体重代谢需水 188 mL，绵羊则需水 197 mL。

(3)耐热性　绵羊的汗腺不发达，蒸发散热主要靠喘气，其耐热性较差。当夏季中午炎热时，常有停食、喘气和“扎窝子”等表现。“扎窝子”即羊将头部扎在另一只羊的腹下取凉，互相扎在一起，越扎越热，越热越扎挤在一起，很容易伤羊。粗毛羊与细毛羊比较，前者较能耐热，只有当中午气温高于 26℃时才开始扎窝子，而后者则在 22℃左右即有此种表现。所以，夏季应设置防暑措施，防止扎窝子，要使羊休息乘凉，羊场要有遮阴设备，可栽树或搭遮阴棚。

比较而言，山羊较耐热，气温 37.8℃时仍能继续采食。当夏季中午炎热时，山羊也从不发生扎窝子现象，照常东游西窜。

(4)耐寒性　绵羊有厚密的被毛和较多的皮下脂肪，以减少体热散发，故较耐寒。细毛羊及其杂种的被毛虽厚，但皮板较薄，故其耐寒能力不如粗毛羊；长毛肉用羊原产于英国的温暖地区，皮薄毛稀，引入气候严寒之地，为了增强抗寒能力，皮肤常会增厚，被毛有变密变短的倾向。

山羊没有厚密的被毛和较多的皮下脂肪，体热散发快，故其耐寒性低于绵羊。

(5)抗病力　羊的抗病力较强。其抗病力强弱，因品种而异。一般来说，粗毛羊的抗病力比细毛羊和肉用品种羊要强，山羊的抗病力比绵羊强。体况良好的羊只对疾病有较强的耐受能力，病情较轻一般不表现症状，有的甚至临死前还能勉强跟群吃草。因此，在放牧和舍饲管理中必须细心观察，才能及时发现病羊。如果等到羊只已停止采食或反刍时再进行治疗，疗效往往不佳，会给生产带来很大损失。

二、消化机能特点

(一)消化器官特点

1. 胃

羊属反刍动物,具有4个胃室。第一个胃叫瘤胃,容积较大,可作为临时的"贮存库",贮藏了在较短时间采食的未经充分咀嚼而咽下的大量饲草,待休息时反刍。第二个胃叫网胃,为球形,内壁分隔成很多网格,如蜂巢状,故又称蜂巢胃,网胃的主要功能如同筛子,随着饲料吃进去的重物,如钉子和铁丝,都存在其中。第三个胃叫瓣胃,内壁有无数纵列的褶膜,对食物进行机械性压榨作用。瓣胃的作用犹如一过滤器,分出液体和消化细粒,输送入皱胃。另外,进入瓣胃的水分有30%~60%被吸收,同时有40%~70%的挥发性脂肪酸、钠、磷等物质被吸收,显著减少了进入皱胃的消化体积。第四个胃叫皱胃,类似单胃动物的胃,胃壁黏膜有腺体分布。前三个胃由于没有腺体组织,不能分泌酸和消化酶类,对饲料起发酵和机械性消化作用,称为前胃。第四胃,具有分泌盐酸和胃蛋白酶的作用,可对食物进行化学性消化,又称真胃。成年绵羊4个胃总容积近30 L,山羊为16 L左右,瘤胃最大,皱胃次之,网胃较小,瓣胃最小。胃室容积占消化道总容积比例见表7-1。

表7-1 羊与其他畜种消化道相对容积的比较 %

畜别	各消化道				肠长为体长的倍数/倍
	胃	小肠	盲肠	结肠与直肠	
绵羊	67	21	2	10	27
山羊	66	22	2	10	26
牛	71	18	3	8	20
马	9	30	16	45	12

羊胃的大小和机能,随年龄的增长而发生变化。初生羔羊的前三胃很小,结构还不完善,微生物区系尚未健全,不能消化粗纤维,初生羔羊只能靠母乳生活。此时母乳不接触前三胃的胃壁,靠食道沟的闭锁作用,直接进入真胃,由真胃凝乳酶进行消化。随着日龄的增长,消化系统特别是前三胃不断发育完善,一般羔羊出生后10 d左右开始补饲一些容易消化的精料和优质牧草,以促进瘤胃发育;到一个半月时,瘤胃和网胃重占全胃的比例已达到成年程度。如不及时采食植物性饲料,则瘤胃发育缓慢。只有采食植物性饲料后,瘤胃的生长发育加速,并且逐步建立起完善的微生物区系。采食的植物性饲料为微生物的繁殖、生长创造了营养条件,反过来微生物区系又增强了对植物饲料的消化利用。可以说,瘤胃的发育,植物性饲料的利用,以及瘤胃微生物的活动,三者是相辅相成的。因此,瘤胃内微生物区系的建立是通过饲料和个体间的接触产生的。瘤胃只是在羔羊开始采食饲料时才逐渐发育,等到完全转为反刍型消化系统,自然哺乳羔羊需要1.5~2个月,而早期断奶羔羊,如在人工哺乳或自然哺乳阶段实行早期补饲时,仅需要4~5周。

2. 小肠

小肠是食物消化和吸收的主要场所,小肠液的分泌与其他大部分消化作用在小肠上部进行,而消化产物的吸收在小肠下部。蛋白质消化后的多肽和氨基酸,以及碳水化合物消化产物葡萄糖通过肠壁进入血液，运送至全身各组织。各种家畜中，山羊和绵羊的小肠最长，山羊小肠为其体长的 27 倍多。

3. 大肠

大肠的直径比小肠大，长度比小肠短，约为 8.5 m。大肠无分泌消化液的功能，但可吸收水分、盐类和低级脂肪酸。大肠主要功能是吸收水分和形成粪便。凡小肠内未被消化吸收的营养物质，也可在大肠微生物和小肠液带入大肠内的各种消化酶的作用下分解、消化和吸收，剩余渣滓随粪便排出。

(二)消化生理特点

1. 反刍

反刍是羊的正常消化生理机能。反刍是指反刍动物在食物消化前把食团吐出经过再咀嚼和再咽下的活动。其机制是饲草刺激网胃、瘤胃前庭和食管沟的黏膜，反射性引起逆呕。反刍多发生在吃草之后，稍有休息，一般在 30～60 min 后便开始反刍。反刍中也可随时转入吃草。反刍时，羊先将食团逆呕到口腔内，与唾液充分混合后再咽入腹中，有利于瘤胃微生物的活动和粗饲料的分解。

白天或夜间都有反刍，羊每日反刍时间约为 8 h，一般白天 7～9 次，夜间 11～13 次，每次 50～70 min，午夜到中午期间反刍的再咀嚼速率较慢。反刍次数及持续时间与草料种类、品质、调制方法及羊的体况有关。采食牧草粗纤维含量高，反刍时间延长，相反则时间缩短。牧草含水量大，时间短。干草粉碎后的反刍活动快于长干草。同量饲料多次分批喂给时，反刍时逆呕食团的速率快于一次全量喂给。

羔羊在哺乳期，早期补饲容易消化的植物性饲料，能刺激前胃的发育，可提早出现反刍行为。

当羊过度疲劳、患病或受到外界的应激刺激时，会造成反刍紊乱或停止，引起瘤胃鼓气，对羊的健康不利。反刍停止的时间过长，瘤胃内食进的饲料滞塞引起局部炎症，常使反刍难以恢复。疾病、突发性声响、饥饿、恐惧、外伤等均能影响反刍行为。母羊发情、妊娠的最后阶段和产后舐羔时，反刍活动减弱或暂停。为保证羊有正常的反刍，必须提供安静的环境。羊反刍姿势多为侧卧式，少数为站立。

2. 瘤胃微生物的消化作用

瘤胃是反刍动物所特有的消化器官，是食物的贮存库，除机械作用外，瘤胃内有广泛的微生物区系活动。瘤胃不能分泌消化液，其消化机能主要是通过瘤胃微生物实现的。主要微生物有细菌、纤毛虫和真菌，其中，起主导作用的是细菌。据测定，每克羊瘤胃内容物中，细菌数量高达 150 亿个以上，纤毛虫为 60 万～180 万个。瘤胃微生物的类别和数量不是固定不变的，随饲料的不同而异，不同饲料所含成分不同，需要不同种类的微生物才能分解消化，改变日粮时，微生物区系也发生变化。所以变换饲料要逐渐进行，使微生物能够适应新的饲料组合，保证正常消化。突然变换饲料往往会发生消化道疾病。瘤胃内的微生物对羊食入草料的消化和营养具有重要意义。

(1)消化碳水化合物(尤其是粗纤维)能力极强　羊采食饲料中 55%～95%的可溶性碳水化合物、70%～95%的粗纤维是在瘤胃中被消化的。反刍家畜之所以区别于单胃动物，能够以含粗纤维较高、质量较差的饲草维持生命并进行生产，就是因为具有瘤胃微生物。在瘤胃的机械作用和微生物酶的综合作用下，碳水化合物(包括结构性和非结构性碳水化合物)被发酵分解，最终产生挥发性脂肪酸(VFA)，主要由乙酸、丙酸和丁酸组成，也有少量的戊酸，同时释放能量，部分能量以三磷酸腺苷的形式供微生物活动。这些挥发性脂肪酸大部分被瘤胃壁吸收，随血液循环进入肝脏，合成糖原，提供能量供羊利用；也可与氨气在微生物酶的作用下合成氨基酸；还具有调节瘤胃正常 pH 的作用。

(2)合成微生物蛋白，改善日粮品质　瘤胃可同时利用植物性蛋白质和非蛋白氮(NPN)合成微生物蛋白。瘤胃微生物分泌的酶能将饲料中的植物性蛋白质水解为肽、氨基酸和氨，也可将饲料中的非蛋白含氮化合物(如尿素等)水解为氨。在瘤胃内能源供应充足和具有一定数量的蛋白质条件下，瘤胃微生物可将其合成微生物蛋白(细菌蛋白)。微生物蛋白含有各种必需氨基酸，具有比例合适、组成稳定、生物学价值高的特点。可见瘤胃发酵，不仅能改善日粮的蛋白品质，而且能使羊有效地利用非蛋白氮。据测定，微生物合成的菌体蛋白数量很大，可供羊体每天消化利用的 3/5，饲料中不必另外添加。饲料蛋白在瘤胃中被消化的数量主要取决于降解率和通过瘤胃的速度。非蛋白氮如尿素的分解速度相当快，在瘤胃中几乎全部分解，饲料中的可消化蛋白质约有 70%被水解。饲料中总氮含量、蛋白质含量以及可发酵能的浓度是影响瘤胃微生物蛋白合成量的主要因素。另外一些微量元素如锌、铜、钼等，也对瘤胃微生物合成菌体蛋白具有一定的影响。

(3)氢化脂类(不饱和脂肪酸)　瘤胃微生物可将饲料中的脂肪酸分解为不饱和脂肪酸，并将其氢化形成饱和脂肪酸。羊采食牧草所含脂肪大部分是由不饱和脂肪酸构成，而羊体内脂肪大部分为饱和脂肪酸，且相当数量是反式异构体和支链脂肪酸。现已证明，瘤胃是将不饱和脂肪酸氢化形成饱和脂肪酸，并将顺式结构的饲料脂肪酸转化为反式结构的羊体脂肪酸的主要部位。同时，瘤胃微生物亦能合成脂肪酸。Sutton(1970)测定，绵羊每天可合成 22 g 左右的长链脂肪酸。

(4)合成维生素　瘤胃微生物可以合成 B 族维生素。包括维生素 B_1、维生素 B_2、维生素 B_6、维生素 B_{12}、遍多酸和尼克酸等。饲料中氮、碳水化合物和钴的含量是影响瘤胃微生物合成 B 族维生素的主要因素。饲料中氮含量高，则 B 族维生素合成量多，但氮来源的不同，B 族维生素的合成情况亦不同。如以尿素作为补充氮源，硫胺素和维生素 B_{12} 的合成量不变，但核黄素的合成量增加。碳水化合物中淀粉的比例增加，可提高 B 族维生素的合成量。补饲钴，可增加维生素 B_1 的合成量。瘤胃微生物还可以合成维生素 K。研究表明，瘤胃微生物可合成甲萘醌-10、甲萘醌-11、甲萘醌-12 和甲萘醌-13，它们都是维生素 K 的同类物。一般情况下，瘤胃微生物合成的 B 族维生素和维生素 K 足以满足各种生理状况下的需要，不需另外添加。

3. 羔羊的消化吸收特点

(1)初生羔羊，前三胃的作用很小，此时瘤胃微生物的区系尚未形成，没有消化粗纤维的能力，不能采食和利用草料。

(2)对淀粉的耐受量很低，小肠液中淀粉酶活性低，因而消化淀粉的能力是有限的。

(3)起主要消化作用的是皱胃，羔羊所吮母乳顺食道沟进入皱胃，由皱胃所分泌的凝乳酶进行消化。

(4)随日龄增长和采食植物性饲料的增加，羔羊前三胃的体积逐渐增加，约在 30 日龄开始出现反刍活动；此后皱胃凝乳酶的分泌逐渐减少，其他消化酶分泌逐渐增多，对草料的消化分解能力开始加强，瘤胃的发育及其机能才逐渐完善。

（三）羊对饲料利用的特点

（1）瘤胃内的微生物可以分解粗纤维，羊可利用粗饲料作为主要的能量来源。粗纤维还可以起到促进反刍、胃肠蠕动和填充作用。由于瘤胃微生物具有分解粗纤维的功能，所以成年羊可以有效地利用各种粗饲料，且羊的饲粮组成中也不能缺乏粗饲料。羊的日粮中必须有一定比例的粗纤维，否则瘤胃中会出现乳酸发酵抑制纤维、淀粉分解菌的活动，表现为食欲丧失、前胃迟缓、拉稀、生产性能下降，严重时可能造成死亡。

（2）养羊生产中可以利用尿素、铵盐等非蛋白氮作为饲料蛋白质来源。虽然瘤胃微生物可利用非蛋白氮合成微生物蛋白质，但是瘤胃微生物有优先利用蛋白氮的特点，所以只有当饲料中蛋白质不能满足需要时，日粮中才添加非蛋白氮作为补充饲料代替部分植物性蛋白质。一般非蛋白氮用量不宜超过蛋白质需要量的30％。

（3）配制日粮时一般不考虑添加必需氨基酸、B族维生素和维生素K。由于瘤胃微生物可将饲料蛋白质和非蛋白氮合成为菌体蛋白质，菌体蛋白质富含必需氨基酸，所以日粮中一般不需要考虑添加必需氨基酸。但是对于早期断奶羔羊，瘤胃微生物功能尚未完善，配制日粮时要有所考虑。

（4）羊的饲料转化率低。瘤胃微生物发酵产生甲烷和氢，其所含的能量被浪费掉，微生物的生长繁殖也要消耗掉一部分能量。所以，羊的饲料转化效率一般低于单胃家畜。

（5）瘤胃消化为反刍家畜提供重要的营养来源，所以必须满足瘤胃微生物生长繁殖的营养需要和维持瘤胃正常的环境，才能发挥羊的生产潜力。羊的日粮中必须供给其富含蛋白质、能量的精饲料和富含胡萝卜素的鲜嫩多汁饲料。

（6）饲料营养物质的瘤胃降解，造成了营养浪费。瘤胃微生物的发酵，将一些高品质的饲料，如高品质的蛋白质饲料、脂肪酸等，分解为挥发性脂肪酸和氨等，造成营养上的浪费。因此，一方面应利用大量廉价饲草饲料以保证瘤胃微生物最大生长繁殖的营养需要；另一方面，应用过瘤胃保护技术，躲过瘤胃发酵而直接到真胃和小肠消化吸收，是提高饲草饲料利用率极为有效的方法。

第二节 羊的放牧饲养

羊的合群性好，放牧采食能力强，故适宜放牧饲养。放牧养羊既符合羊的生物学特性，又可节约粮食，降低饲养成本和管理费用，增加养羊生产的经济效益。羊的放牧饲养方式在世界养羊业中仍占主导地位。充分、合理地利用天然草地资源来生产大量的优质蛋白质食品和轻工业、毛纺工业原料，其重要作用不可替代。我国有大量可利用的草原、草山、草坡，是我国养羊业发展的重要物质基础。但与国外相比，我国天然草场的载畜量和生产力很低，草场退化严重，成为制约我国养羊业发展的重要原因。如何充分、合理、持续、经济地利用这些宝贵资源，提高草地的生产水平，是我国广大养羊工作者所面临的不可回避的重要课题。实践证明，绵、山羊放牧效果的好坏，主要取决于两个条件，一是草场的质量和利用的合理性；二是放牧的方法和技术是否得当。

一、四季牧场的划分

为了合理地利用天然草场，应对放牧场作出科学规划。在我国大部分养羊地区，由于季节和气候的影响，牧草的产量和质量均呈现明显的季节性变化。因此，必须根据气候的季节性变化、牧草生长规律、草场的地形地势及水源等具体情况规划四季放牧场，才能收到良好的效果。

（一）春季牧场

春季是冷季进入暖季的交替时期，牧草开始萌发，气温多变，气候不稳定。因此，春季牧场应选择在气候较温暖、雪融较早、牧草最先萌发、离圈舍较近的平川、盆地或浅丘草场。

（二）夏季牧场

我国夏季气温较高，降水量较多，牧草丰茂但含水量较高。特别是炎热潮湿的气候对羊体健康不利。夏季放牧场应选择气候凉爽、蚊蝇少、牧草丰茂、有利于增加羊只采食量的高山地区。

（三）秋季牧场

秋季气候适宜，牧草结籽，营养价值高，是绵、山羊放牧抓膘的最佳时期。牧地的选择和利用，可先由山冈到山腰，再到山底，最后放牧到平滩地。此外，秋季还可利用割草后的再生草地和农作物收割后的茬子地放牧抓膘。

（四）冬季牧场

冬季严寒而漫长，牧草枯黄，营养价值低，此时育成羊处于生长发育阶段，妊娠母羊正处在妊娠后期或产羔期。因此，冬季牧场应选择在背风向阳、地势较低的暖和低地和丘陵的阳坡。

二、羊群的组织

合理组织羊群有利于羊的放牧和管理，是保证羊吃饱草、快长膘和提高草场利用率的一个重要技术环节。组织放牧羊群应根据羊只的数量、羊别（绵羊与山羊）、类型、品种、性别、年龄、体质强弱和放牧场的地形地貌等综合考虑。在羊的育种工作中，把育种过程中产生的理想型个体单独组群和放牧。采用自然交配时，配种前 1 个月左右将公羊按 1∶(25～30)的比例放入母羊群中饲养，配种结束后公羊再单独组群放牧。羊数量较多时，同一品种可分为种公羊群、试情公羊群、成年母羊群、育成公羊群、育成母羊群、羯羊群和育种母羊核心群等。在成年母羊群和育成母羊群中，还可按等级组成等级羊群。羊数量较少时，不宜组成太多的羊群，应将种公羊单独组群（非种用公羊应去势），母羊可分成繁殖母羊群和淘汰母羊群。为确保种公羊群、育种核心群、繁殖母羊群安全越冬度春，每年秋末冬初，应根据冬季放牧场的载畜能力、饲草饲料贮备情况和羊的营养需要，对老龄和瘦弱以及品质较差的羊只进行淘汰，确定羊的饲养量，做到以草定畜。冬、春季节养羊一般采用放牧与补饲相结合的方式，除组织羊群放牧外还必须考虑羊舍面积、补饲和饮水条件、牧工的劳动强度等因素，羊群的大小要有利于放牧和日常管理。

我国放牧羊群的规模受放牧场地的影响而差别较大。繁殖母羊牧区以 250～500 只、半农半牧区 100～150 只、山区 50～100 只、农区 30～50 只为宜；育成公羊和母羊可适当增加，核心群母羊可适当减少；成年种公羊以 20～30 只、后备种公羊以 40～60 只为宜。

三、放牧技术

（一）选择适宜的放牧方式

选择适宜的放牧方式可以达到合理利用草场的目的。目前，我国的放牧方式可分为固定放牧、围栏放牧、季节轮牧和划区轮牧 4 种。

1. 固定放牧

固定放牧是羊群一年四季在一个特定区域内自由放牧采食。这是一种原始的放牧方式。此方式不利于草场的合理利用与保护，载畜量低，单位草场面积提供的畜产品数量少，每个劳动力所创造的价值不高。牲畜的数量与草地生产力之间自求平衡，牲畜多了就必然死亡。这是现代化养羊业应该摒弃的一种放牧方式。

2. 围栏放牧

围栏放牧是根据地形把放牧场围起来，在一个围栏内，根据牧草所提供的营养物质数量结合羊的营养需要量，安排一定数量的羊只放牧。此方式能合理利用和保护草场，对固定草场使用权也起着重要的作用。据内蒙古试验，围栏内产草量可提高 17%～65%，草的质量也有提高。

3. 季节轮牧

季节轮牧是根据四季牧场的划分，按季节轮流放牧。这是我国牧区目前普遍采用的放牧方式，能较合理利用草场，提高放牧效果。为了防止草场退化，可定期安排休闲牧地，以利于牧草恢复生机。

4. 划区轮牧

划区轮牧是指在划定季节牧场的基础上，根据牧草的生长、草地生产力、羊群的营养需要和寄生虫侵袭动态等，将牧地划分为若干个小区，羊群按一定的顺序在小区内进行轮回放牧。

划区轮牧是一种先进的放牧方式，其优点有三：一是能合理利用和保护草场，提高草场载畜量；二是轮牧将羊群控制在小区范围内，减少了游走所消耗的热能，增重加快；三是能控制内寄生虫感染，羊体内寄生虫卵随粪便排出经 6 d 发育成幼虫即可感染羊群，所以羊群只要在某一小区放牧时间限制在 6 d 以内，就可减少内寄生虫的感染。

划区轮牧技术是在季节性牧地还是在常年牧地实施，可根据养羊单位的具体条件而定，一般是先粗后细，逐步完善，其具体做法按以下步骤进行。

(1)划定草场，确定载畜量　根据草场类型、面积及产草量，划定草场；再结合羊的日采食量和放牧时间，确定载畜量。

(2)划分小区　根据放牧羊群的数量和放牧时间以及牧草的再生速度，划分每个小区的面积和轮牧一次的小区数。轮牧一次一般划定为 6～8 个小区，羊群每隔 3～6 d 轮换一个小区。

(3)确定放牧周期　全部小区放牧一次所需要的时间即为放牧周期。其计算方法是：放牧周期(d)＝每小区放牧天数×小区数。放牧周期的确定，主要取决于牧草再生速度，而牧草的再生速度又受水热条件、草原类型和土壤类型等因素的影响。在我国北部地区，不同草原类型的牧草生长期内，一般的放牧周期是：干旱草原 30～40 d，湿润草原 30 d，高山草原 35～45 d，半荒漠和荒漠草原 30 d。不同放牧季节所确定的放牧周期不尽一致，应视具体情况而定。

(4)确定放牧频率　放牧频率是指在一个放牧季节内，每个小区轮回放牧的次数。放牧频率与放牧周期关系密切，主要取决于草原类型和牧草再生速度。在我国北方地区不同草原类型的放牧频率是：干旱草原 2～3 次，湿润草原 2～4 次，森林草原 3～5 次，高山草原 2～3 次，荒漠和半荒漠草原 1～2 次。

(5)放牧方法　参与划区轮牧的羊群，按计划在小区依次逐区轮回放牧。同时，要保证小区按计划依次休闲。

（二）掌握正确的放牧技术

1. 放牧羊群的队形

为了控制羊群游走、休息和采食时间，使其多采食、少走路而有利于抓膘，在放牧实践中，应通过一定的队形来控制羊群。羊群的放牧队形名称甚多，但基本队形主要有“一条龙”、“一条鞭”和“满天星”3种。放牧队形应根据地形、草场品质、季节和天气灵活应用。

（1）一条龙　放牧时，让羊排成一条纵队，放牧员走在最前面，如有助手，则跟在羊群后面。这种队形适宜在田埂、渠边、道路两旁较窄的牧地放牧。放牧员应走在上坡地边，观察羊群的采食状况，控制好羊群，不让羊采食庄稼。

（2）一条鞭　一条鞭是指羊群放牧时排列成“一”字形的横队。羊群横队里一般有1～3层。放牧员在羊群前面控制羊群前进的速度，使羊群缓缓前进，并随时命令离队的羊只归队，如有助手可在羊群后面防止少数羊只掉队。出牧初期是羊采食高峰期，应控制住带头羊，放慢前进速度。当放牧一段时间，羊快吃饱时，前进的速度可适当快一点。待到大部分羊只吃饱后，羊群出现站立不采食或躺卧休息时，放牧员在羊群左右走动，不让羊群前进，等到羊群休息和反刍结束，再继续放牧。此种放牧队形，适用于牧地比较平坦、植被比较均匀的牧场。春季采用这种队形，可防止羊群“跑青”。

（3）满天星　满天星是指放牧员将羊群控制在牧地的一定范围内让羊只自由散开采食，当羊群采食一定时间后，再移动更换牧地。散开面积的大小，主要决定于牧草的密度。牧草密度大、产量高的牧地，羊群散开面积小，反之则大。此种队形，适用于任何地形和草原类型的放牧地。对牧草优良、产草量高的优良牧场或牧草稀疏、覆盖不均匀的牧场均可采用。

总之，羊的放牧要因地、因时制宜，采用适当的放牧队形。不管采用何种放牧队形，都应做到让羊少走路，多吃草，以利于抓膘。

2. 放牧技术要点

（1）多吃少走降消耗　放牧羊群在草场上，吃草的时间应超过游走时间，超过的幅度越大，吃的草越多，走路消耗相对地减少。多吃少走的内容包括“走慢、走少、吃饱、吃好”8个字，走是措施，吃是目的，走慢是关键。

（2）四勤三稳　“四勤”是指放牧人员腿勤、手勤、嘴勤、眼勤。腿勤是指每天放牧时，放牧员一边放羊一边找好草，不能让羊满地乱跑，也要防止羊损害庄稼和树木，因此放牧员应多走路，随时控制羊群，使之吃饱吃好；手勤是指放牧员不离鞭，以便随时控制羊群，放牧地有烂纸、塑料布等应随手拾起，以免羊食后造成疾病。遇有毒草、带刺植物等，要随手除掉。发现羊的蹄甲过长、羊毛掩眼，被毛挂有钩刺时，应及时处理；嘴勤是指放牧员应随时吆喝羊群，使全群羊能听使唤，放牧中遇有离群或偷吃庄稼的羊，都应先吆喝，后打鞭或投掷土块，以免伤羊；眼勤是指放牧员要时常观察羊的举动，观察羊的粪尿有无异常变化，观察羊的吃草和反刍情况，发现病情应及时治疗。配种季节，应观察有无母羊发情，以做到适时配种，产羔季节，要观察母羊有无临产症状，以便及时进行处理。“三稳”是指放牧稳、出入圈稳、饮水稳。放牧时只有稳住羊群才能保证羊多吃少走，吃饱吃好，才能抓膘。出入羊圈稳，目的是不让羊拥挤，否则会造成母羊流产。饮水稳是防止羊急饮、抢水呛肺或拥挤掉入水中。三稳要靠四勤来控制，反过来只有对三稳的羊群才能更好地执行四勤。

（3）领羊挡羊相结合　放牧羊群应有一定队形，放牧员领羊前进，掌握行走速度与方向，同时挡住走出群的羊，控制羊群慢走多吃，队形不乱。为了控制好羊群，平时要训练头羊，俗话说："放羊打住头（即头羊），放得满肚油，放羊不打头，放成瘦子猴"。头羊最好选择体大雄壮的阉山羊，山羊走路昂首阔步，便于眼观四方；绵羊走路常低看，盲从性大，一般不宜作头羊。训练时要用羊喜欢吃的饲料做诱导，先训练来、去、站住等简单的口令和它的代号，再逐渐训练其他如向左、向右、阻止乱跑等口令，使头羊识人意，听从人的召唤。

(4)饮水　水是新陈代谢不可缺少的物质，可以补充畜体水分，调节体温和生理机能，有利于胃肠的消化吸收和增进食欲。羊的饮水量因季节、天气凉热和牧草生长状况而不同。一般天凉时饮水2～3次，炎热时饮水3～5次，以泉水、井水、流动河水为宜，切忌饮浑水、污水、死水。羊接近水源时，应先停留片刻，待喘息缓和后再饮水，发现饮水过猛时，可向水中投石子，羊多抬头观望，可暂缓一下饮水速度。饮井水时应随打随喝，饮流水时应从上游向下游方向行走，先喝水的羊在下游，后喝水的羊在上游，既可避免喝浑水，又可避免水呛。羊圈和运动场内应设有水槽，水槽应高出地面20～30 cm，以防止粪土污染，水槽内随时装有清水，保证在出牧前和归牧后能及时饮到水。

(5)啖盐　盐是羊生长发育不可缺少的物质，有助于维持体细胞的渗透作用，能帮助运送养分和排泄废物。钠和氯不仅是血液中不可缺少的成分，也是胃液中胃酸的组成部分，有助于对饲料的消化利用。给羊啖盐，能增强食欲，促进健康。羊食盐供给不足可导致食欲下降，体重减轻，产奶量下降和被毛粗糙脱落等，适当补给氯化钠可提高其采食量和增重。

给羊啖盐的方法：一是将食盐直接拌入精料中，每日定量喂给，种公羊每天喂8～10 g，成年母羊5～8 g。一般应占日粮干物质的1%。二是自由舐食，将盐块或盐水放入食槽内，让羊舐食。三是用食盐、微量元素及其他辅料制成固体盐砖，让羊自由舐食，既补充了食盐，又补充了微量元素，效果较好。

此外，在我国广大的农区和半农半牧区，群众创造的一些简便、实用的放牧方法，符合小规模分散养羊的特点，现简要介绍如下：

领着放：羊群较大时，由放牧员走在羊群前面，带领羊群前进，控制其游走的速度和距离。适用于平原、浅丘地区和牧草茂盛季节，有利于增加羊的采食量和提高放牧的利用率。

赶着放：即放牧员跟在羊群后面进行放牧，适合于春、秋两季在平原或浅丘地区放牧，放牧时要注意控制羊群游走的方向和速度。

陪着放：在平坦牧地放牧时，放牧员站在羊群一侧；在坡地放牧时，放牧员站在羊群的中间；在田边放牧时，放牧员站在地边。这种方法便于控制羊群，四季均可采用。

等着放：在丘陵山区，当牧地相对固定，且羊群对牧道熟悉时，可采用此法。出牧时，放牧员将羊群赶上牧道后，自己抄近路走到牧地等候羊群。采用这种方法放牧，要求牧道附近无农田、无幼树、无兽害，一般在植被稀疏的低山草场或在枯草期采用。

牵牧：利用工余时间或老、弱人员用绳子牵引羊只，选择牧草生长较好的地块，让羊自由采食，在农区使用较多。

拴牧：即用一条长绳，一端系在羊的颈部，另一端拴一小木桩，选择好牧地后将木桩地下固定，让羊在绳子长度控制的范围内自由采食。一天中可换几个地方放牧，既能使羊吃饱吃好，又节省人力，多在农区采用。

3. 四季放牧技术要点

(1)春季放牧要领　春季气候特点是"寒冷潮湿雨雪多，冷热变化难掌握"，春季牧草特点是"百草返青正换季，草嫩适口不宜吃"。而春季的羊由于过了几个月的冬季，一般营养较差，体质瘦弱，有的母羊正处于怀孕后期，有的母羊正在哺乳，迫切需要较好的营养。这时青草没有长起来，如果冬草已喂完，再遇上早春的寒潮和连阴雨的天气，对羊的威胁更大，易出现“春乏”现象。因此，每年入冬前，必须贮备一定数量的越冬草料。

春季正是牧草交替之际，有的地方青草虽已生长起来，但是薄而稀，羊看到一片青，却难以采食到草，常疲于奔青找草，增加体力消耗，导致瘦弱羊只的死亡；再则，啃食牧草过早，将降低其再生能力，破坏植被而降低产草量。因此，初春时放牧技术要求控制羊群，挡住强羊，看好弱羊，防止“跑青”。在牧地选择上，应选阴坡或枯草高的牧地放牧，使羊看不见青草，但在草根部分又有青草，羊只可以青、干草一起采食。待牧草长高后，可逐渐转到返青早、开阔向阳的牧地放牧。到晚春，青草鲜嫩，草已长高可转入抢青，勤换牧地，可两三天换一次，以促进羊群复壮。春季对瘦弱羊只，可单独组群，适当予以照顾，对带仔母羊及待产母羊，留在羊舍附近较好的草场放牧，若遇天气骤变，以便迅速赶回羊舍。春季草嫩，含水量高，早上天冷，不能放露水草，否则易引起拉稀。同时，春季潮湿，羊体瘦弱，是寄生虫繁殖滋生的适宜时期，要注意驱虫，勤垫羊圈，保持羊圈卫生。

(2)夏季放牧要领　夏季气候特点是“炎热多雨蚊虻多”，应该防暑防潮防蚊蝇。夏季百草繁茂养分好，应抓紧时机壮增膘。伏天要早一点出牧，可以选冈头、风口或上山放牧，这些地方风大，露水干得快。中午赶羊在树荫下休息，并延长休息时间，到下午天气稍凉爽些时再出牧，天黑前收牧回圈。放牧时注意风向，上午顺风出牧，顶风归；下午顶风出牧，顺风归。天气炎热时，羊群顶风走感到凉爽，有利于采食。在一天之内，放羊的手法各不相同，早上出牧时，一般要“手稳、手紧”，拦住头羊放成“一条龙”或“一条鞭”，防止羊乱跑专挑好草吃，或者不安心吃草。利用羊喜吃回头草的习惯，每放一段距离后，拦羊回头，“羊吃回头草，越吃越饱”。放一个饱以后，有的羊开始躺下反刍，这时可以赶羊去喝水。喝完水以后，改成“满天星”的方式放牧，让羊再去吃一个饱，直到中午休息。为了抓好膘，常常生坡、熟坡交替放牧，早上出牧先放熟坡(即前几天放牧过的地)，因为早上羊饿，饥不择食，能充分利用牧场。吃了一个饱以后，再放生坡，生坡草皮好，能增进羊的食欲，采食更多的草，更有利于抓膘。山区上午放阳坡，下午放阴坡，或在比较凉爽的地方放牧。

夏季雷阵雨较多，羊群一旦遭到袭击很容易伤体、感冒、掉膘，因此，夏天放牧应尽量避开大风雨。多雷多雨天气，放牧时可自带能容纳羊群的大块纤维布，四角扣牢在大树跟上，中间用较粗的木棍顶起，即可让羊临时避雨。另外，切忌电闪雷鸣时在陡坡放牧，以防羊受惊摔伤。

伏天的羊一般多在羊圈运动场内过夜，因地面热，上面凉，久卧对羊不利，夜间要抄圈 2～3 次，让羊站起来抖抖毛、排排便再卧下。每次抄圈不可一哄而起，这样会惊动羊群，踏伤羔羊，羊群久久不能平静。应用羊鞭将羊一只一只地轻轻敲起。每次抄圈又可检查羊群，如果发现异常情况，便于及时处理。

(3)秋季放牧要领　秋季牧草开花结籽，营养丰富，秋高气爽，气候适宜，正是抓膘季节，有利于满膘配种。所以，应在抓好夏膘的基础上抓好秋膘，贮积体脂过冬。哪里有好草就赶到哪里放，尤其不可错过放刈割草场或农作物收获后的茬子地的好时机。这些地方平时羊群来不了，除了收割后遗留的庄稼外，还生长一些熟草，都已结籽，是抓秋膘的好场所。秋季是羊繁殖的重要季节，母羊膘情的好坏，对繁殖率的影响很大，因此要努力做到满膘配种。秋季牧草丰茂，营养丰富，含维生素多，大量青绿饲料以及凉爽的气候条件，有助于性机能活动，能促进发情、排卵。在霜冻天气来临时，不宜早牧，以防妊娠母羊采食了霜冻草而引起流产。

(4)冬季放牧要领　冬季天气转寒,常有霜雪,百草枯萎,树叶凋落。所以冬季放羊的任务是:防寒、保暖、保膘、保羔,并备足补饲草料。对冬季草场的利用原则是:先远后近,先阴坡后阳坡,先高处后低处,先沟堑地后平地,先坏草后好草。严冬时,要顶风出牧,但出牧时间不宜太早;顺风收牧,而收牧时间不宜太晚。放羊时,怀孕母羊要注意保胎,做到出门不拥挤,途中不急行,不走陡坡不跳沟,不吃霜草,不吃发霉的草料。晴天虽放不饱,也应在外走一走,使羊只得到运动和锻炼。晚上回圈后,酌情补草补料,并注意圈舍保温。在羊舍附近划出草场,以备大风雪天或产羔期利用。

黑龙江省龙江县畜牧局李文超编写了牧羊四季歌,可供参考。

春放低洼一条线,防止跑青人在前。
山区先到阴坡放,草干再把阳坡上。
青草刚生吃不饱,先干后青防毒草。
合理分群去遛茬,早出晚归要补草。
夏放岗地满天星,沟旁壕沿防蚊蝇。
山区上午放西坡,下午再往东坡挪。
晴天顶风背太阳,早出晚归午乘凉。
阴天下雨顺风放,井泉流水来饮羊。
秋放甸子二茬草,山区树下把草找。
庄稼收完再遛茬,顺垅放牧效果佳。
先吃杂草饮好水,然后再去放豆茬。
多吃慢走勤换地,晚出早归防霜草。
冬季放牧满地跑,山区阳坡吃干草。
顶风出牧顺风归,吃饱饮足运动好。
要想秋冬保住膘,晚出早归夜投草。
母羊膘满胎儿壮,安全越冬要做好。

四、放牧羊群的补饲

(一)补饲的季节性

在农区及半农区半牧区,有一定的放牧草场,但以农田为主,常年多采用放牧加补饲的饲养方式。夏秋青草季节,外出放牧,晚间可以割草或农副产品补饲。冬春期间主要靠圈内舍饲饲养,实行农牧结合,以农养牧,以农促牧。

在牧区,放牧是羊机体获取营养的主要来源。冬春季枯草期,仅仅依靠放牧羊群机体入不敷出,必须进行补饲。另外,随载畜量的不断增加,以及对草地资源的掠夺式开发,使草场质量日益退化,造成草场沙化、碱化、盐化。为了保护草地生态,给草场一个休养生息的机会,羊只饲养可采取放牧加补饲的饲养方式。在我国北方,冬季寒冷,常积厚雪,冬春季节,虽终日放牧枯草也远远不能满足羊只营养的需要。为保证羊群正常生长发育、繁殖和安全越冬,可采取定时放牧,出牧前或归牧回到羊舍后再补饲草料的饲养方式。

(二)补饲定额

羊群的补饲时间要因地制宜,青干草可分早、晚两次补给,精料在晚上一次性补给。如果羊只数量少,可将饲草放在筐内让其自由采食。羊数量大时可在栏外设草架喂草,也可将草捆成草把吊在羊能吃到的高度让其自由采食。种公羊一般除放牧外，一年四季均应加强补饲，给以优质的粗饲料及精料，以保证其身体健壮，性欲旺盛。妊娠及哺乳母羊也要加强补饲，补饲量和种类可视放牧条件、体质、产羔数而定。绵羊补饲草料定额参考表 7-2 至表 7-4。

表 7-2 河北农区补草料每日定额参考 kg/d

类别	青草期		枯草期	
	粗饲料	混合精料	粗饲料	混合精料
种公羊	1.0～1.5	0.5～1.2	1.5～2.0	0.6～1.4
育成羊	0.8～1.2	0.25～0.3	1.0～1.5	0.3～0.4
成年母羊	1.0～1.2	0.25～0.4	1.0～2.0	0.4～1.0
哺乳羔羊	0.25～0.5	0.1～0.3	0.25～0.5	0.1～0.3

表 7-3 东北地区的细毛羊补饲定额 kg/(只·年)

场名	类别	补饲天数/d	补饲种类				备注
			粗饲料	青贮	块根	精料	
双辽种羊场	种公羊	365	250	200	100	180	农牧交错地区
	成年母羊	150	200	150	50	50	
	育成公羊	150	230	300	80	50	
	育成母羊	150	155	50	50	50	
	哺乳羔羊	100	40	40	60	20	
银浪种羊场	种公羊	365	380	50	50	230	牧区
	成年母羊	200	300	100	50	50	
	育成公羊	210	250	50	50	50	
	育成母羊	210	250	50	50	40	
	哺乳羔羊	100	50			20	

表 7-4 西北地区肉羊及其高代杂种羊补饲定额 kg/(只·年)

类别	补饲种类		
	混合精料	玉米青贮	青干草
种公羊	180～360	180～270	180～360
成年母羊	30～60	180～270	90～210
育成公羊	60～100	60～180	90～180
育成母羊	30～45	60～180	90～180
羔羊	15～30		30～60

注：另外还补充适量秸秆。

（三）补饲羊群的草料贮备

饲料是发展养羊业的物质基础。为了使羊安全过冬，必须广开饲料来源，贮备冬草。贮备数量应按当地越冬期的长短，羊的生产性能及饲草料的质量而定。比较精确的办法，是根据羊的饲养标准，在越冬期按照本场的饲草、饲料条件，拟定日粮，以日粮中配合的饲草、饲料、多汁饲料、青贮饲料、干草等，贮备整个冬春半舍饲期用的饲料。

羊一年四季均可放牧，但在冬季牧草枯萎之际，风大、雪多、酷寒，越冬期又达半年之久，无论农区、山区、半农半牧区、纯牧区都必须采用半舍饲的饲养方式才能保证羊安全过冬。开辟饲料来源，可从几方面着手。

1. 晒制青干草

不论牧区、山区，每年有计划地保留一部分草场、草坡用于牧草收割储存。由抽穗到初花期，牧草内蛋白质含量及可消化率都很高，粗纤维低，是打草的最适宜时期。如遇雨季可适当地提前或退后，打来的草制成干草或青贮贮存起来备作冬用。

“贮草如贮粮，保草如保羊”，这是我国农牧民长期养羊的实践经验。为了保证羊群冬春半舍饲期草料，各养殖场必须在立秋前后组织人力，选择牧草生长良好的割草地，抓紧时间适时打草，晒制成青绿芳香的干草，早冬运入羊群息宿的圈舍附近，堆成大垛。

除通常制干草外，近年来亦推行制干草粉，容易保存，便于运输。干草粉是将新鲜青草在800～850℃下干燥 2～3 min，使水分降到 10%～12%，这种快速干燥的干草粉可保存青草养分 90%～95%，而一般干草调制方法只能保存青草养分 40%～45%。此外，亦可制成干草块，耐贮存，便运输，单位体积重量增加，1 m^3 重 800 kg，而一般干草捆仅 114～160 kg。制作方法是当青草风干到含水量 15%左右时，用干草制块机压制而成。干草块有砖状，柱状或饼状，每块重 45～50 kg，1 台制块机每小时可生产 5～8 t，日产 40 t。

2. 制作青贮饲料

青贮是保存青绿多汁饲料营养成分最可靠、最经济而又最简便的方法。增喂青贮可以增加营养，改善饲料适口性，使冬季饲养方式向青绿多汁方向发展。冬季日粮中增喂青贮饲料还可以减少干草的喂量，对干草产量较低的草原和缺乏天然草场的地区，具有实际意义。有条件的地区，可种植青贮玉米，在小麦收割以后，也可复种早熟玉米，全株可作青贮。

除青贮外，近年来推行半干青贮法亦称低水分青贮法，具有干草和青贮饲料的优点。调制干草常因落叶、氧化等而使养分损失 35%～40%，胡萝卜素甚至损失 90%，而半干青贮饲料只损失养分 10%～15%。一般青贮饲料养分流失多，半干青贮饲料养分流失少，发酵过程慢，而且所用青贮原料的高渗透压抑制了蛋白质水解和丁酸形成。此外，半干青贮饲料含干物质多，减少了搬运的劳力和费用。在饲养上可代替干草、青贮料和块根、块茎饲料，简化了饲喂手续，降低，管理费用。制半干青贮饲料的主要环节是：豆科青草在花蕾期至始花期刈割；禾本科青草在抽穗期刈割。一般，豆科牧草含水量不低于 50%，禾本科含水量不低于 45%。加速风干，24 h 内达到上述指标。

3. 搜集贮备，调制农副产品

农区及半农半牧区可将花生秧、甘薯藤、豆叶、树叶收贮起来，用做越冬的饲料。收储豆叶的时间最好在豆叶落地时开始，避免被雨水浇湿而粘上泥土。收集后应放在通风干燥的仓房里风干保存。秋收打场剩下的豆荚壳可贮存喂羊，豆秸、玉米秸等粉碎加工后也可喂羊。利用农副产品的潜力是很大的。秋收季节，一定要组织好劳力，把农副产品搜集好，保管好，备过冬用。

4. 建立饲草饲料基地

有条件的地区，提倡种植饲草饲料。苜蓿是豆科植物，适应性强，耐寒、耐盐碱，大部分地区都能种植。对羊来说，冬季喂苜蓿干草可以不喂精料，而种植一次苜蓿，可用4～8年，节省每年种植的劳力和种子。亦应大力提倡种植胡萝卜、饲用甜菜，其产量高，是良好的多汁饲料，亦是羊越冬期维生素A的补充饲料。不论在牧区、半农半牧区、农区都是可以种植的。

作储备饲料计划时，一定要留有余地，比需要量高出10%，以防冬季风雪过多，延长了越冬期，或者冬季完全不能出外放牧，半舍饲变成了舍饲。特别是饲草料的质量很重要，比如苜蓿干草，晒制与保管的好坏，差异很大。晒制保管好的苜蓿干草呈鲜绿色。如果曝晒的时间过久呈灰色，或因雨淋呈深褐色，胡萝卜素几乎损失掉，或叶子几乎全脱落，蛋白质含量很低，直接影响了贮备量。

第三节　各类型羊的饲养管理

一、羔羊的饲养管理

羔羊主要指断奶前处于哺乳期间的羊只。羔羊生长发育快、可塑性大，合理地对羔羊进行培育，既可促使其充分发挥其遗传性能，又能加强外界条件的同化和适应能力，有利于个体发育，提高生产力。

(一)羔羊的培育措施

羔羊的培育是指羔羊断奶前的饲养管理。要提高羔羊的成活率，培育出体型良好的羔羊，必须掌握以下3个关键：

1. 加强母羊饲养，促进泌乳量

俗话说"母壮儿肥"。只要母羊的营养状况较好，就能保证胚胎的充分发育，所生羔羊的初生重大、体健，母羊的乳汁多，恋羔性强，羔羊以后的发育就好。对怀孕的母羊，要根据膘情、年龄、产期不同，对羊群作个别调整。放牧羊群，对那些体况差的母羊要放在草好、水足、有防暑、防寒设备的地方，放牧时间尽量延长，每天能保证吃草时间不少于8 h，以利增膘保膘。冬季饮水的温度不宜过低，尽量减少热量的消耗，增强抗寒能力。对个别瘦弱的母羊早晚要加草添料，或者留圈饲养，使群内母羊的膘情大体趋于一致。这种母羊群在产羔管理时比较容易，而且羔羊健壮、整齐。对舍饲的母羊要备足草料，夏季羊舍应有防暑降温及通风设施，冬季要利于保暖。另外还应有适当的运动场所供母羊及羔羊活动。

2. 做好羔羊的补饲

羔羊10日龄左右就可以开始训练吃草料，以刺激消化器官的发育。这时，羔羊瘤胃微生物区系尚未形成，不能大量利用粗饲料，所以强调补饲优质蛋白质和纤维少、干净脆嫩的干草。为了避免母羊抢吃，应在圈内专为羔羊设补料栏，只能让羔羊进去，自由采食，少给勤添，待全部羔羊都会吃料后，再改为定时、定量补料，1月龄内每只日补喂精料50～150 g。羔羊1月龄后，逐渐转变为以采食为主，除哺乳、放牧采食外，可补给一定量的草料。例如，细毛羊和半细毛羊，1～2月龄每天喂2次，补精料150～250 g；2～3月龄250～400 g，每天喂2～3次。

补饲饲料要多样化，混合精料以黄豆、黑豆、豆粕、玉米等为好，干草要用优质青干草，以苜蓿干草、青野干草、青莜麦干草、花生蔓、甘薯蔓、树叶等为宜。胡萝卜等多汁饲料要切碎，最好与精料混合饲喂羔羊，否则会引起拉稀，继发胃肠病。羊舍内设足够的水槽和盐槽，也可在精料中混入0.5%～1.0%的食盐和2.5%～3.0%的矿物质饲喂。羔羊补饲应该先喂精料，后喂粗料，而且要定时定量喂给，不能零吃碎叼，否则不易上膘。

3. 无奶羔的人工喂养及人工乳的配制

人工喂养就是用牛奶、羊奶、奶粉或其他流动液体食物喂养缺奶的1月龄以内羔羊。用牛奶、羊奶喂羊，首先尽量用新鲜奶。鲜奶味道及营养成分较好，病菌及杂质也较少。用奶粉喂羔羊应该先用少量冷水或温开水，把奶粉溶开，然后再加热水，使总加水量达到奶粉量的5～7倍。羔羊越小，胃越小，奶粉兑水的量也应该越少。目前市场已有羔羊代乳粉出售，但最好在渡过初乳期后再利用，或在初乳期与初乳一起饲喂。

人工喂养的关键技术是要搞好"定人、定温、定量、定时和讲究卫生"几个环节，这样才能把羔羊喂活、喂强壮。不论哪个环节出差错，都可能导致羔羊生病，特别是胃肠道疾病。即使不发病，羔羊的生长发育也会受到不同程度的影响。所以从一定意义上讲，人工喂养是下策。

(1)定人　人工喂养中的"定人"，就是从始至终固定一专人喂养。这样可以熟悉羔羊生活习性，掌握吃饱程度，喂奶温度、喂量以及在食欲上的变化，健康与否等。

(2)定温　"定温"是指羔羊所食的人工乳要掌握好温度。一般冬季喂1月龄内的羔羊，应把奶凉到35～41℃，夏季温度可略低。随着羔羊日龄的增长，喂奶的温度可以降低些。没有温度计时，可以把奶瓶贴在脸上或眼皮上，感到不烫也不凉时就可以喂羔了。温度过高，不仅伤害羔羊上皮组织，而且容易发生便秘；温度过低往往容易发生消化不良、拉稀或胀气等。

(3)定量　"定量"是指每次喂量，掌握在"七成饱"的程度，切忌喂得过量。具体给量是按羔羊体重或体格大小来定，一般全天给奶量相当于初生重的1/5为宜。喂给粥或汤时，应根据浓稠度进行定量，全天喂量应略低于喂奶量标准，特别是最初喂粥的2～3 d，先少给，待慢慢适应后再加量。羔羊健康、食欲良好时，每隔7～8 d比前期喂量增加1/4～1/3；如果消化不良，应减少喂量，加大饮水量，并采取一些治疗措施。

(4)定时　"定时"是指羔羊的喂羊时间固定，尽可能不变动。初生羔羊每天应喂6次，每隔3～5 h喂一次，夜间睡眠可延长时间或减少次数。10 d以后每天喂4～5次，到羔羊吃草或吃料时，可减少到3～4次。

(5)注意卫生条件　喂羔羊奶的人员，在喂奶以前应洗净双手。平时不要接触病羊，尽量减少或避免致病因素。出现病羔应及时隔离，由单人分管。羔羊的胃肠功能不健全，消化机能尚待完善，最容易"病从口入"，所以羔羊所食的奶类、豆浆、面粥以及水源、草料等都应注意卫生。例如，奶类在喂前应加热到62～64℃、经30 min或80～85℃瞬间，可以杀死大部分病菌。羔羊的奶瓶应保持清洁卫生，健康羔与病羔应分开用，喂完奶后随即用温水冲洗干净。如果有奶垢，可用温碱水或"洗净灵"等冲洗，或用瓶刷刷净，然后用净布或塑料布盖好。病羔的奶瓶在喂完后要用高锰酸钾、来苏儿、新洁尔灭等消毒，再用温水冲洗干净。

(二)断奶

目前，我国羔羊多采用2～3月龄断奶。有的国家对羔羊采用早期断奶，即在生后1周左右断奶，然后用代乳品进行人工哺乳；还有采用生后45～50 d断奶，断奶后饲喂植物性饲料，或在优质人工草地上放牧。羔羊断奶一般不超过4月龄。羔羊断奶后，有利于母羊恢复体况，准备配种，也能锻炼羔羊的独立生活能力。

断奶的方法，多采用一次性断奶法，即将母、仔分开，不再合群。断奶后将母羊移走，羔羊继续留在原羊舍饲养，尽量给羔羊保持原来的环境。断奶后，羔羊根据性别、强弱、体格大小等因素，加强饲养，力求不因断奶影响羔羊的生长发育。

二、育成羊的饲养管理

育成羊是指断奶后至第一次配种前这一年龄段的幼龄羊，多在3～18月龄。羔羊断奶后的4～5个月生长发育快，增重强度大，对饲养条件要求较高。通常，公羔的生长较母羔快，因此育成羊应按性别、体重分别组群和饲养。8月龄后羊的生长发育强度逐渐下降，到1.5岁时生长基本结束，因此在生产中一般将羊的育成期分为两个阶段，即育成前期（4～8月龄）和育成后期（8～18月龄）。育成前期，尤其是刚断奶不久的羔羊，生长发育快，瘤胃容积有限且机能不完善，对粗料的利用能力较弱。此期羊的日粮应以精料为主，结合放牧或补喂优质青干草和青绿多汁饲料。育成后期羊的瘤胃消化机能基本完善，可以采食大量的牧草和农作物秸秆。这一阶段，育成羊可以以放牧为主，结合补饲少量的混合精料或优质青干草。粗劣的秸秆不宜用来饲喂育成羊，即使要用，在日粮中所占比例也不可超过20%～25%，使用前还应进行合理的加工调制。

对舍饲养殖而言，为了培育好育成羊，应注意以下几点：

（1）合理的日粮搭配　精粗饲料搭配合理，一般精粗比为4∶6，另外饲料也要多样化，粗饲料搭配以青干草、青贮饲料、块根块茎及多汁饲料等。另外还要注意矿物质如钙、磷、食盐和微量元素的补充。育成公羊由于生长发育比育成母羊快，所以营养物质需要量多于育成母羊。

（2）合理的饲喂方法和饲养方式　饲料类型对育成羊的体型和生长发育影响很大，优良的干草、充足的运动是培育育成羊的关键。给育成羊饲喂大量而优质的干草，不仅有利于促进消化器官的充分发育，而且培育的羊体格高大，乳房发育明显，产奶多。充足的阳光照射和得到充分的运动可使其体壮胸宽，心肺发达，食欲旺盛，采食多。有优质饲料，就可以少给或不给精料，精料过多而运动不足，容易肥胖，早熟早衰，利用年限短。

（3）适时配种　一般育成母羊在满8～12月龄，体重达到成年体重的70%时即可配种。育成母羊不如成年母羊发情明显和规律，所以要加强发情鉴定，以免漏配。8月龄前的公羊一般不要采精或配种，需在12月龄以后再参加配种。

三、繁殖母羊的饲养管理

母羊是羊群发展的基础。对繁殖母羊，要求常年保持良好的饲养管理条件，以完成配种、妊娠、哺乳和提高生产性能等任务。繁殖母羊的饲养管理，可分为空怀期、妊娠期和泌乳期三个阶段。

（一）空怀期的饲养管理

主要任务是恢复体况。羊的配种繁殖因地区及气候条件的不同而有很大的差异，因各地产羔季节安排的不同，母羊的空怀期长短各异，如在年产羔一次的情况下，母羊的空怀期一般为5～7月，在两年三产时空怀期仅为1个月左右，在一年一产时则没有空怀期。在这期间如果牧草繁茂，营养丰富，一般经过2个月放牧抓膘可增重10～15 kg，没有放牧条件的场、户要加大精料喂量，改善体况，为配种做好准备。

为保持母羊良好的配种体况，应尽可能做到全年均衡饲养，尤其应搞好配种前母羊的补饲，使母羊发情整齐，多排卵。一般在养羊生产中，配种前1个月要进行短期优饲，提高日粮能量水平，可以使母羊发情整齐，增加排卵数，提高产羔率。

(二)妊娠期的饲养管理

(1)妊娠前期的饲养管理　母羊受胎后的前3个月内，胎儿发育较慢，所增重量仅占羔羊初生重的10%，对能量、粗蛋白质的要求与空怀期相似，略高于空怀母羊即可，但应补喂一定的优质蛋白质饲料，以满足胎儿生长发育和组织器官分化对营养物质(尤其是蛋白质)的需要。在青草期，通过加强放牧能基本满足母羊的营养需要；随着牧草的枯黄，除放牧外，必须补饲，每只日补饲优质干草1.0～2.0 kg或青贮饲料1.0～2.0 kg。

妊娠前期的母羊在管理上要以保胎、防流产为主。

(2)妊娠后期的饲养管理　妊娠后期胎儿生长发育快，所增重量占羔羊初生重的90%。妊娠后期的营养水平与羔羊的初生重和母羊的泌乳力有密切关系。妊娠后期胎儿的增重明显加快，母羊自身也需贮备大量的养分，为产后泌乳做准备。妊娠后期母羊腹腔容积有限，对饲料干物质的采食量相对减小。因此，要搞好妊娠后期母羊的饲养，除提高日粮的营养水平外，还必须考虑组成日粮的饲料种类，增加精料的比例。在妊娠前期的基础上，能量和可消化蛋白质分别提高20%～30%和40%～60%，钙、磷增加1～2倍[钙、磷比例为(2～2.5)∶1]。产前8周，日粮的精料比例提高到20%，产前6周为25%～30%，而在产前1周，要适当减少精料用量，以免胎儿体重过大而造成难产。

妊娠后期母羊的管理要细心、周到，在进出圈舍及放牧时，要控制羊群，避免拥挤或急驱猛赶；补饲、饮水时要防止拥挤和滑倒，否则易造成流产。除遇暴风雪天气外，应增加母羊户外活动的时间。产前1周左右，夜间应将母羊放于待产圈中饲养和护理。

(三)哺乳期的饲养管理

(1)哺乳前期的饲养管理　羔羊出生后一段时期内，其主要食物是母乳，因此，母羊泌乳量越多，羔羊的生长越快，发育越好，抗病力越强，因而成活率就越高。母羊产羔后泌乳量逐渐上升，在4～5周内达到泌乳高峰，8周后逐渐下降。随着泌乳量的增加，母羊需要的养分也应增加，如所提供的养分不能满足其需要时，母羊会大量动用体内贮备的养分来弥补。泌乳性能好的母羊往往比较瘦弱，这是一个重要原因。因此，应根据带羔的多少和泌乳量的高低，搞好母羊补饲。带单羔的母羊，每天补喂混合精料0.3～0.5 kg；带双羔或多羔的母羊，每天应补饲0.5～1.5 kg。对体况较好的母羊，产后1～3 d内可不补喂精料，以免造成消化不良或发生乳房炎。为调节母羊的消化机能，促进恶露排出，可喂少量轻泻性饲料(如在温水中加入少量麦麸喂羊)。3 d后逐渐增加精饲料的用量，同时给母羊饲喂一些优质青干草和青绿多汁饲料，力求母羊在哺乳前期不掉膘，使哺乳后期保持原有体重或增重。

(2)哺乳后期的饲养管理　哺乳后期母羊的泌乳量下降，即使加强母羊的补饲，也不能继续维持其高的泌乳量，单靠母乳已不能满足羔羊的营养需要。此时羔羊已可采食一定量植物性饲料，对母乳的依赖程度减小。在泌乳后期应逐渐减少对母羊的补饲，到羔羊断奶后母羊可完全采用放牧饲养，但对体况下降明显的瘦弱母羊，需补喂一定的干草和青贮饲料，使母羊在下一个配种期到来时能保持良好的体况。

四、种公羊的饲养管理

种公羊是发展养羊生产的重要生产资料，对羊群的生产水平、产品品质都有重要的影响。在现代养羊业中，人工授精技术得到广泛的应用，需要的种公羊数量减少，因而对种公羊品质的要求越来越高。养好种公羊是使其优良遗传特性得以充分表现的关键。种公羊的基本要求是体质结实，不肥不瘦，精力充沛，性欲旺盛，精液品质好。种公羊精液的数量和品质，取决于日粮的全价性和饲养管理的科学性和合理性。据研究，种公羊1次射精量1 mL，需要可消化蛋白质50 g。在饲养上，应根据饲养标准配合日粮。应选择优质的天然或人工草场放牧。补饲日粮应富含蛋白质、维生素和矿物质，品质优良、易消化、体积较小和适口性好等。在管理上，可采取单独组群饲养，并保证有足够的运动量。实践证明，种公羊最好的饲养方式是放牧加补饲。种公羊的饲养管理可分为非配种期和配种期两个阶段。

(一)非配种期的饲养

种公羊在非配种期的饲养以恢复和保持其良好的种用体况为目的。配种结束后，种公羊的体况都有不同程度的下降，为使体况很快恢复，在配种刚结束的1～2个月内，种公羊的日粮应与配种期基本一致，但对日粮的组成可作适当调整，增加优质青干草或青绿多汁饲料的比例，并根据体况的恢复情况，逐渐转为饲喂非配种期的日粮。在冬季，种公羊的饲养要保持较高的营养水平，既有利于体况恢复，又能保证其安全越冬度春。做到精粗料合理搭配，补喂适量青绿多汁饲料(或青贮料)，在精料中应补充一定的矿物质微量元素。混合精料的用量不低于0.5 kg，优质干草2～3 kg。种公羊在春、夏季以放牧为主，每日补喂少量的混合精料和干草。

在我国农区，气候比较温和，雨量充沛，牧草的生长期长，枯草期短，加之农副产品丰富，羊的繁殖季节集中在春、秋两季，部分母羊可全年发情配种。因此，对种公羊全年均衡饲养尤为重要。除搞好放牧、运动外，每天应补饲0.5～1.0 kg混合精料和一定的优质干草。

种公羊的日常管理应由专人负责，力争保持常年相对稳定。种公羊应单独组群放牧和补饲，避免公母混养。对配种期的公羊更应远离母羊舍，并单独饲养，以减少发情母羊和公羊之间的相互干扰。对当年的公羊与成年公羊也要分开饲养，以免互相爬跨，影响发育。种公羊舍宜宽敞明亮，保持清洁、干燥，定期消毒。对种公羊应定期检疫和预防接种及驱虫药浴，认真做好各种疾病的防治工作，确保种公羊有一个健康的体质。

(二)配种期的饲养

种公羊在配种期内要消耗大量的养分和体力，因配种任务或采精次数不同，对营养的需要量也不同。对配种任务繁重的优秀种公羊，每天应补饲1.5 kg的混合精料，并在日粮中增加部分动物性蛋白质饲料(如牛奶、鸡蛋等)，以保持其良好的精液品质。配种期种公羊的饲养管理要做到认真、细致，要经常观察羊的采食、饮水、运动及粪、尿排泄等情况。保持饲料、饮水的清洁卫生，在夏季，高温、潮湿对种公羊不利，会造成精液品质下降。为避免夏季高温，应尽可能早、晚放牧，中午回圈内休息。种公羊舍要通风良好。如有可能，种公羊舍应修成带漏缝地板或在羊舍中铺设羊床。在配种前1.5～2个月，逐渐调整种公羊的日粮，增加混合精料的比例，同时进行采精训练和精液品质检查。种公羊在配种前1个月开始采精，检查精液品质。开始采精时，一周采精一次，继后一周两次，以后两天一次。到配种时，每天采精1～2次，成年公羊每日采精最多可达3～4次。对精液稀薄的种公羊，应增加日粮中蛋白质饲料的比例；当精子活力差时，应加强种公羊的运动。种公羊的采精次数要根据羊的年龄、体况和种用价值来确定。每次采精应有1～2 h的间隔时间。采精较频繁时，也应保证种公羊每周有1～2 d的休息时间，以免因过度消耗养分和体力而造成体况明显下降。

第四节　羊的日常管理技术

一、羊的编号

为了识别羊、搞好羊的育种工作，就必须进行编号。常用编号方法有插耳标法、剪耳法、刺墨法和烙角法。

(1)插耳标法　是目前最常用的一种方法。用铝或塑料制成圆形或长方形的耳标，用特制的钢字钉把所需要的号码打在耳标上。安置前先用特制的打耳钳在羊耳朵上打一圆孔，再将耳标扣上。耳标应插于左耳中下部，用打耳钳打孔时，要避免血管密集区，打孔部位要用碘酒充分消毒。

(2)剪耳法　就是用缺口钳在羊耳朵上打上口，不同部位的缺口代表不同数字。其规定是：左耳作个位数，右耳作十位数，耳的上缘剪一缺口代表 3，下缘代表 1。

(3)刺墨法　用特制的墨刺钳(上边有针制的字钉，可随意置换)蘸墨汁，把所需要的号码打在羊耳内的皮肤上。这种方法经济简便，不掉号，但时间长了，字迹易模糊不清，可作为辅助编号。

(4)烙角法　仅限于有角羊。用烧红的钢字，把号码烙在角上。该方法可作为辅助编号，检查时较方便。

二、绵羊断尾

断尾仅针对长瘦尾型的绵羊品种而言，如纯种细毛羊、半细毛羊及其杂种羊。目的是保持羊体清洁卫生、保护羊毛品质和便于配种。羔羊应于出生后 7～10 d 内断尾。具体方法是：

(1)热断法　这种方法使用较普遍。断尾时，需一特制的断尾铲和两块 20 cm^2(厚 3～5 cm)的木板，在一块木板一端的中部锯一个半圆形缺口，两侧包以铁皮。术前用另一块木板衬在条凳上，由一人将羔羊背贴木板进行保定，另一人用带缺口的木板卡住羔羊尾根部(距肛门约 4 cm，第 2、3 尾椎之间)，并用烧至暗红的断尾铲将尾切断，下切的速度不宜过快，用力均匀，使断口组织在切断时受到烧烙，起到消毒、止血的作用。如仍有少量出血，可用断尾铲再烫一烫即可止住，最后用碘酒消毒。

(2)结扎法　用橡胶圈在距尾根 4 cm 处将羊尾紧紧扎住，阻断尾下段的血液流通，经 10 d 左右尾下段自行脱落。

三、山羊去角

羔羊去角是奶山羊和绒山羊饲养管理的重要环节。山羊有角容易发生创伤，不便于管理，个别性情暴烈的种公羊还会攻击饲养员，造成人身伤害，因此有角的公、母羔羊应该去角。羔羊一般在生后 7～10 d 内去角，对羊的损伤小。

去角的方法有：

(1)烧烙法　将烙铁于炭火中烧至暗红，或用功率为 300 W 左右的电烙铁，对保定好的羔羊的角基部进行烧烙，烧烙的次数可多一些，但每次烧烙的时间不超过 10 s，当表层皮肤破坏并伤及角原组织后可结束，对术部应进行消毒。

(2)化学去角法　即用棒状苛性碱(氢氧化钠)在角基部摩擦,破坏其皮肤和角原组织。术前应在角基部周围涂抹一圈医用凡士林,防止碱液损伤附近皮肤。将表皮擦至有血液浸出即可,摩擦面积要稍大于角基部。注意不可摩擦过度,防止出血过多,擦后经1～2周痂皮脱落,即不再出角。去角后,可给伤口撒上少量的青霉素粉。

四、羔羊去势

凡不做种用的公羔都应去势。去势时间多在春、秋两季气候凉爽、晴朗的时候进行。去势的羊性情温顺,便于管理,生长速度较快,肉膻味小,且较细嫩。去势的方法有阉割法和结扎法。

(1)阉割法　2周以上的公羊都可用此法进行去势。去势方法是,一人保定羊,另一人握住阴囊上部,使睾丸挤向阴囊底部,剪掉阴囊及阴囊周围的毛,然后用碘酒局部消毒,用消毒过的手术刀横切阴囊,切口大小以能挤出睾丸为度。挤出一侧睾丸,将睾丸连同精索用力拉出,撕断精索,再用同样方法取出另一侧睾丸。阴囊切口处用碘酒消毒,阴囊内和切口处撒上青霉素粉,过1～2 d,再检查一次,如发现阴囊肿胀,可挤出其中的血水,再涂抹碘酒和青霉素粉。去势的羔羊生活区内应保持清洁干燥,以防感染。

(2)结扎法　适用于7～10日龄的小公羔,将睾丸挤到阴囊里,并拉长阴囊,用橡皮筋或细绳紧紧结扎在阴囊上部,一般经过10～15 d,阴囊及睾丸萎缩自然脱落。结扎羔羊最初几天有些疼痛不安,几天以后即可安宁。

五、剪毛

细毛羊和半细毛羊一般每年剪毛一次,粗毛羊可剪两次。剪毛时间主要取决于当地的气候条件和羊的体况。北方牧区和西南高寒山区通常在5月中、下旬剪毛,而在气候较温暖的地区,可在4月中、下旬剪毛。在生产上,一般按羯羊、公羊、育成羊和带仔母羊的顺序来安排剪毛。患有疥癣、痘疹的病羊留在最后剪,以免感染其他健康羊只。绵羊剪毛的技术要求高,劳动强度大,在有条件的大、中型羊场应提倡采用机械剪毛。化学脱毛的方法在国内外都有研究,但仍未能普遍采用。剪毛应在干净、平坦的场地进行。将羊保定后先从体侧至后腿剪开一条缝隙,顺此向背部逐渐推进(从后向前剪)。一侧剪完后将羊体翻一面,由背向腹剪毛(以便形成完整的毛套),最后剪下头颈部、腹部和四肢下部的羊毛。毛套去边后单独堆放打包,边角毛、头腿毛和腹毛装在一起,作为等外毛处理。剪毛时,羊毛留茬高度为0.3～0.5 cm,尽可能减少皮肤损伤。当因技术不熟练而留茬过长时切不要补剪,因为剪下的二刀毛几乎没有纺织价值,既造成浪费又会影响织品的质量,必须在剪毛时引起重视。剪毛前绵羊应空腹12 h,以免在翻动羊体时造成肠扭转。剪毛后1周内尽可能在离羊舍较近的草场放牧,以免突遇降温降雪天气而造成损失。

六、山羊抓绒

山羊抓绒的时间一般在4月份,当羊绒的毛根开始出现松动时进行。在生产中,常通过检查山羊耳根、眼圈四周毛绒的脱落情况来判断抓绒的时间。这些部位绒毛毛根松动较早。山羊脱绒的一般规律是:体况好的羊先脱,体弱的羊后脱;成年羊先脱,育成羊后脱;母羊先脱,公羊后脱。抓绒的方法有两种:①先剪去外层长毛后抓绒;②先抓绒后剪毛。抓绒工具是特制的铁梳，有两种类型：密梳通常由 12～14 根钢丝组成，钢丝相距 0.5～1.0 cm；稀梳通常由 7～8 根钢丝组成，相距 2.0～2.5 cm。钢丝直径 0.3 cm 左右，弯曲成钩状，尖端磨成圆秃形，以减轻对羊皮肤的损伤。抓绒时需将羊的头部及四肢固定好，先用稀梳顺毛沿颈肩、背、腰、股等部位由上而下将毛梳顺，再用密梳作反方向梳刮。抓绒时，梳子要贴紧皮肤，用力均匀，不能用力过猛，防止抓破皮肤。第一次抓绒后，过 7 d 左右再抓一次，尽可能将绒抓净。

七、修蹄

修蹄是重要的保健工作内容，对舍饲奶山羊尤为重要。羊蹄过长或变形，会影响羊的行走，甚至发生蹄病，造成羊只残废。奶山羊每 1～2 个月应检查和修蹄一次，其他羊只可每半年修蹄一次。修蹄可选在雨后进行，此时蹄壳较软，容易操作。修蹄的工具主要有蹄刀、蹄剪（也可用其他刀、剪代替）。修蹄时，羊呈坐姿保定，背靠操作者。一般先从左前肢开始，术者用左腿夹住羊的左肩，使羊的左前膝靠在人的膝盖上，左手握蹄，右手持刀、剪，先除去蹄下的污泥，再将蹄底削平，剪去过长的蹄壳，将羊蹄修成椭圆形。修蹄时要细心操作，动作要准确、有力，要一层一层地往下削，不可一次切削过深，一般削至可见到淡红色的微血管为止，不可伤及蹄肉。修完前蹄后，再修后蹄。修蹄时若不慎伤及蹄肉，造成出血时，可视出血多少采用压迫法止血或烧烙法止血。烧烙时应尽量减少对其他组织的损伤。

八、药浴

疥癣等外寄生虫病对绵羊的产毛量和羊毛品质都有不良影响，同时也影响其生产性能，一旦发生疥癣，就很容易在羊群内蔓延，造成巨大的经济损失。除对病羊及时隔离并严格进行圈舍消毒、灭虫外，药浴是防止疥癣等外寄生虫病的有效方法。定期药浴是绵羊饲养管理的重要环节。药浴一般在剪毛后 10～15 d 进行，这时羊皮肤的创口已基本愈合，毛茬较短，药液容易浸透，防治效果更好。常用的药品有螨净、双甲脒、蝇毒灵等。药浴在专门的药浴池或大的容器内进行。目前国内外都在推广喷雾法药浴，但设备投资较高，国内中、小羊场和农户一时还难以采用。为保证药浴安全有效，除按不同药品的使用说明书正确配制药液外，在大批羊只药浴前，可用少量羊只进行试验，确保不会引起中毒时才能让大批羊只药浴。羊只药浴时，要保证全身各部位均要洗到，药液要浸透被毛，要适当控制羊只通过药浴池的速度。对羊的头部，需要人工辅助淋洗，但要避免将药液灌入羊的口内。药浴的羊只较多时，中途应补充水和药物，使其保持适宜的浓度。对疥癣病患羊可在第一次药浴后 7 d 再进行一次药浴，结合局部治疗，使其尽快痊愈。

九、驱虫

危害羊群最严重的内寄生虫有肝片吸虫、前后盘吸虫、羊血矛线虫、羊肺丝虫等，在低洼潮湿地放牧常感染各种内寄生虫，大量感染后，羊体瘦弱，甚至造成大批死亡。

(1)肝片吸虫　寄生在羊的肝脏胆管中，危害严重，流行面广，绵羊最敏感，死亡率高。因此必须每年在冬末春初进行全群的定期驱虫，用高效安全的药物硫双二氯酚（别丁）35～75 mg/kg 体重，配成悬浮液内服；此外，还可用硝氯酚 6～8 mg/kg 体重内服或丙硫咪唑 20 mg/kg 体重内服。

(2)羊血矛线虫　寄生于羊的皱胃及小肠中，引起贫血、消化紊乱、消瘦、水肿、下痢，常因极度虚弱致死。预防此虫需注意放牧和饮水卫生、粪便堆积发酵处理，每年进行放牧前和放牧后的两次定期全群驱虫，药物有精敌百虫 60～80 mg/kg 体重配成水溶液内服；或盐酸左咪唑 5 mg/kg 体重，皮下或肌肉注射；或丙硫咪唑 15 mg/kg 体重内服，效果都很好。

(3)前后盘吸虫　寄生于瘤胃和胆管壁上。大量寄生时，引起羊只食欲减退、水肿、贫血等，其幼虫寄生于真胃、小肠、胆管和胆囊等处，可引起严重疾病，甚至死亡。预防本病与肝片吸虫病相似。

(4)羊肺丝虫　寄生于羊的支气管、细支气管和肺泡内，严重感染时，出现呼吸困难、咳嗽、虚弱无力、消瘦等症状，预防本病需每年进行春秋两季的定期性驱虫，高效药物有：丙硫咪唑 10～20 mg/kg 体重，内服，或左咪唑 6～8 mg/kg 体重内服或皮下注射。

十、防疫

羊场日常防疫工作是保障羊群健康、预防疾病发生的重要措施。日常防疫工作主要包括定期消毒、驱虫药浴、检疫监测及预防接种等措施。

羊场定期进行消毒，以杀灭环境中细菌和病毒，减少寄生虫，预防疾病的发生。首先大门口要设立消毒池，要经常保持有效的消毒药水；其次在正常情况下每周消毒一次，疫病发生时每周消毒 3 次；消毒药可用生石灰、烧碱、有机氯制剂、络合碘、季铵盐类等消毒药，对不同的场所进行消毒。

规模羊场尤其是种羊场要定期对口蹄疫、布鲁氏杆菌病等进行检疫监测，至少是一年一次。及时发现阳性羊并进行扑杀处理，这既是保障羊群健康的需要，又是保障畜产品安全的需要。

使用疫(菌)苗对羊群进行有计划的预防接种，是提高羊群对相应疫病的抵抗力，预防疫病发生的关键。目前主要对以下几种疫病进行预防。

(1)布氏杆菌病　危害羊群最严重的疫病首推布氏杆菌病，是一种以侵害生殖系统和关节的人畜共患传染病，主要症状是流产。已发病的羊群，要采取检疫、隔离、切离、切断传播途径、免疫预防等综合措施。将检疫阳性的个体逐步淘汰，最终建成无病群。免疫预防，目前国内研制的弱毒疫苗猪 2 号苗和羊 5 号苗已广泛应用，效果很好。

(2)羔羊痢疾　本病是由 B 型魏氏梭菌引起羔羊的一种急性毒血症，以剧烈腹泻为特征，死亡率极高。预防本病必须加强母羊饲养管理，提高羔羊抗病能力；常发地区每年秋季给母羊注射羔羊痢疾疫苗，或羊梭菌联苗，产前 2～3 周再接种 1 次。

(3)羊快疫　是由腐败梭菌引起绵羊的一种急性传染病，多发生于膘情较好的青年羊。发病突然，数分钟至数小时即昏迷死亡。尸体迅速腐败、膨胀，血液不凝，消化道弥漫性出血，肝肿大，肠内充满大量气体，有特异的臭味。预防本病在疫区每年定期注射羊梭菌三联苗或五联苗。

(4)肠毒血症(软肾病)　是 D 型魏氏梭菌引起绵羊的一种急性传染病，多发生于膘情较好的青年羊。突然发病，往往不见症状即已死亡。病变特征是肾脏质软如泥，稍触即烂，肝脏肿大质脆，消化道弥漫性出血等。预防本病，在常发地区每年定期接种羊梭菌三联苗或五联苗。

(5)羊传染性胸膜肺炎　又称羊支原体性肺炎，是由支原体所引起的一种高度接触性传染病，其临床特征为高热，咳嗽，胸和胸膜发生浆液性和纤维素性炎症，取急性和慢性经过，目前尚无特效治疗方法，病死率很高。山羊可用山羊传染性胸膜肺炎氢氧化铝苗，绵羊用绵羊肺炎支原体灭活苗进行免疫接种。

(6)口蹄疫　口蹄疫是一种传染特别快的传染病，为人畜共患病。其临床特征是口腔黏膜、蹄部和乳房皮肤发生水疱溃烂。每年定期给羊注射同型口蹄疫疫苗。

(7)羊痘　羊痘是一种急性、热性传染性疾病。侵害绵羊的叫绵羊痘，侵害山羊的叫山羊痘。山羊、绵羊互不传染，绵羊比山羊更容易感染。每年定期预防接种氢氧化铝羊痘疫苗，作皮下注射，成年羊 5 mL，羔羊 3 mL，免疫期 5 个月。

十一、年龄鉴别

羊的年龄主要根据门齿来判断。小羊的牙齿叫乳牙，共 20 颗，乳牙较小，颜色较白，乳齿长到一定时间后开始依次脱落，乳齿脱落后再长出的牙齿称为永久齿，共 32 颗，永久齿较乳齿大，颜色略发黄。

羊没有上门齿，只有下门齿 8 颗，臼齿 24 颗，分别长在上下四边牙床上。中间的一对门齿叫切齿，切齿两边的两个门齿叫内中间齿，内中间齿外面的两颗叫外中间齿，最外面的一对门齿称隅齿。

通过羊门齿的更换和磨损情况可判断其年龄。1 岁前，羊的门齿为乳齿，永久齿没有长出。1～1.5 岁时，乳齿的切齿开始脱落，长出永久齿，称为“对牙”。2～2.5 岁时，内中间乳齿开始脱落，换成永久齿，并充分发育称为“四牙”。3～3.5 岁时，外中间乳齿脱落，换成永久齿，称为“六牙”。4～4.5 岁时，乳隅齿开始脱落，换成永久齿，这时全部门齿都已更换整齐，称为“齐口”。5 岁时，由于牙齿磨损，牙上部由尖变平。6 岁时，齿龈凹陷，有的牙齿开始活动。7 岁时，齿与齿之间出现大的空隙，门齿变短。到 8 岁时，牙齿有脱落现象。

十二、羊体外貌部位名称与体尺测量

(一)羊体外貌部位名称

羊的体型体貌在一定程度上能反映出生产力水平的高低，为区别、记载每只羊的外貌特征，就必须识别羊的外貌部位名称(图 7-1，图 7-2)。

(二)体尺测量

测量体尺用于确定羊的生长发育情况。测量时场地要平坦，站立姿势端正。常用测量体尺如下。

(1)体高　由肩胛最高点至地面的垂直距离。

(2)体长　由肩端至坐骨结节后端的直线距离。

(3)胸围　由肩胛骨后缘绕胸一周的长度。

(4)管围　左前肢管骨最细处的水平周径。

(5)十字部高　由十字部至地面的垂直距离。

(6)腰角宽　两侧腰角外缘间距离。

羊的体尺见图 7-3。

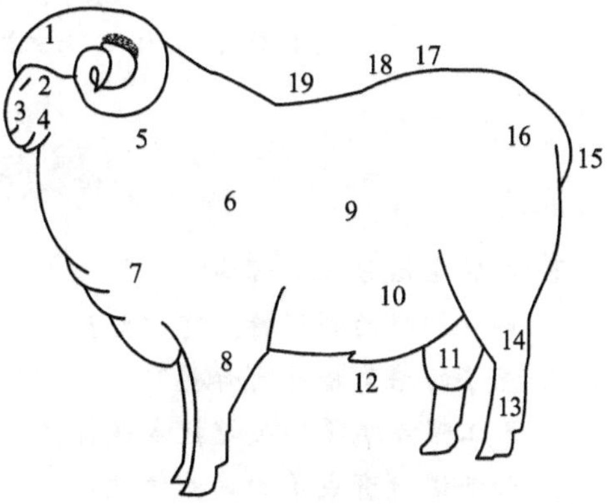

图 7-1　绵羊外貌各部位名称

1. 头　2. 眼　3. 鼻　4. 嘴　5. 颈　6. 肩　7. 胸　8. 前肢　9. 体侧　10. 腹　11. 阴囊　12. 阴筒　13. 后肢　14. 飞节　15. 尾　16. 臀　17. 腰　18. 背　19. 鬐甲

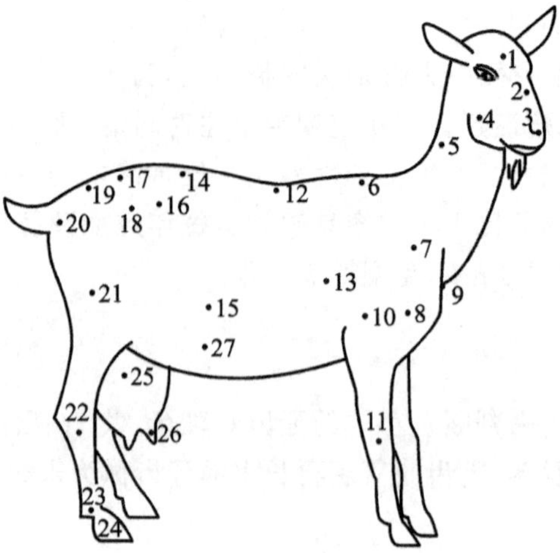

图 7-2　山羊外貌各部位名称

1. 头　2. 鼻、梁　3. 鼻镜　4. 颊　5. 颈　6. 鬐甲　7. 肩部　8. 肩端　9. 前胸　10. 肘　11. 前膝　12. 背部　13. 胸部　14. 腰部　15. 腹部　16. 肷部　17. 十字部　18. 腰角　19. 尻　20. 坐骨端　21. 大腿　22. 飞节　23. 系　24. 蹄　25. 乳房　26. 乳头　27. 乳静脉

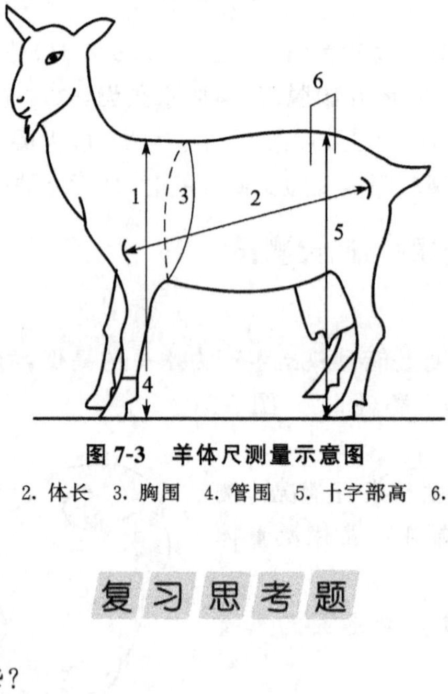

图 7-3　羊体尺测量示意图

1. 体高　2. 体长　3. 胸围　4. 管围　5. 十字部高　6. 腰角宽

复习思考题

1. 羊的生活习性有哪些?
2. 羊对饲料的利用特点有哪些?
3. 羔羊的培育措施有哪些?
4. 人工喂养羔羊的关键技术是什么?
5. 如何进行育成羊的饲养管理?
6. 如何进行繁殖母羊的饲养管理?
7. 如何进行种公羊的饲养管理?
8. 绵羊断尾的方法有哪些?
9. 如何通过羊的牙齿进行年龄鉴定?

第八章 羊的育肥技术

羊的育肥是指商品肉羊在出售前2～3个月进行短期快速育肥，以提高商品羊的出栏重、屠宰率、胴体品质和经济效益。羊的育肥要应用科学的饲养管理技术，用尽可能少的饲料获得尽可能高的日增重，使羊快速育肥，缩短出栏时间，短期内生产出大量优质的羊肉，才能增加养殖者的效益。

第一节 育肥前的准备

羊的短期育肥是否取得明显效果，与育肥前的准备至关重要。应至少要做好以下几种准备：

一、羊舍的准备

羊舍的地点应选在便于通风、排水、采光、避风向阳和接近牧地及饲料仓库的地方。羊育肥无须很好的羊舍，不要在育肥羊舍上投资过大，只要能保证卫生、防寒、遮风和挡雨即可，并且要有充足的草架、补料槽和饮水槽。育肥前要对羊舍进行彻底的清扫和消毒。

二、饲草、饲料的准备

饲草、饲料是羊育肥的基础。按育肥生产方案，储备充足的草料，满足育肥需求，避免由于草料准备不足，经常更换育肥草料，影响育肥效果。舍饲育肥时，在整个育肥期每只羊每天要准备青干草1 kg左右，或青贮料2 kg左右；精料每天0.5～1.0 kg。放牧加补饲育肥时，精料每天0.3～0.5 kg。

三、育肥羊的准备

(1)育肥羊的选择及运输　一般来讲，用于育肥的羊应选用刚断奶的羔羊和青年羊，其次才是淘汰羊和老龄羊。目前肉羊育肥多为异地育肥，羔羊断奶离开母羊和原有的生活环境，转移到新的环境和饲料条件时，势必产生较大的应激反应。为减轻这种影响，在转群和运输时，应先集中起来，暂停供水供草，空腹一夜，第二天早晨运出。进入育肥场后的第一、二周是关键时期，伤亡损失最大。育肥羊在转群之前，如已有补饲的习惯，可降低损失率。育肥羊进入羊舍后，应减少对羊群的惊扰，让其充分休息，保证饮水。

为防止应激，可在运输前后2 d适当添加抗应激药物，如氯丙嗪、盐酸地巴唑、维生素C等。

(2)防疫工作　育肥羊在投入育肥之前还应根据情况进行驱虫、药浴、免疫注射等防疫工作，以确保羊群健康，使育肥工作顺利进行。

(3)去势　去势后的公羊性情温顺、肉质好、增重速度快。但对于刚断奶的2～3月龄的羔羊可不去势直接育肥。

(4)分群　羊肉生产分羔羊肉和大羊肉生产两大类。在这两类中，除了年龄不同之外，还有性别和品种差别，其新陈代谢和采食、消化、吸收机能均有不同。为使各类羊的育肥均能获得最好的效果和最高的效益，在羊育肥之前，先将其按年龄和性别分别组群，如果品种性能差别较大，还应把不同品种的羊分开。

四、制订育肥方案

当育肥羊来源不同，体况、大小相差大时，应采取不同方案区别对待。不同品种、不同生产用途的羊，如毛用羊、肉用羊和粗毛羊，其增重速度，育肥方案应有所不同。对羔羊进行育肥，一般细毛及其杂种羔羊在8～8.5月龄结束，半细毛及其杂种羔羊7～7.5月龄结束，肉用及其杂种羔羊6～7月龄结束；成年羊育肥应根据羊的体况和脂肪沉积状况而定，一般育肥时间不超过3个月。

五、选择合适的饲养标准和育肥日粮

根据育肥羊的品种、个体大小及体况等，参照相应的羊育肥需要营养标准配制日粮。育肥全期应保证不轻易变更饲料。对所用原料应进行营养价值分析或查阅有关资料确定其营养成分含量，为日粮配制提供依据。

能量饲料是决定日粮成本的主要原料，一般先从粗饲料计算能满足日粮的能量程度，不足部分再用精饲料补充；日粮中蛋白质不足，首先考虑饼、粕类植物性高蛋白质饲料。

第二节　羊育肥的关键技术

一、利用肉用品种或杂交品种

任何品种的绵、山羊都可以育肥屠宰作肉用，但不同品种类型的羊产肉性能和育肥性能有很大差别。优秀肉用绵、山羊品种的共同特点是早熟、生长快、饲料报酬高、繁殖力强、胴体品质好、产肉量多。我国各地都有适合本地自然条件、抗逆性强、耐粗饲的优良地方品种。但这些品种往往存在生长速度慢、生产性能低的缺点。因此，利用地方品种和引入良种杂交，既利用了杂种优势，也保存了当地品种的优良特性。这样的育肥羊有良好的增重潜力，饲料报酬高。

二、利用羔羊育肥

羔羊育肥，增重是以肌肉和骨骼生长为主，而成年羊育肥以沉积脂肪为主，每单位脂肪沉积比肌肉需多消耗1倍多的能量，且羔羊早期生长速度快，因此，相同数量与质量的饲料育肥羔羊比育肥成年羊获得的日增重、饲料转化率要高。利用羔羊幼龄期生长快、饲料报酬较高的生物特性，羔羊断奶后，进行短期育肥，6月龄以前出栏屠宰，可以加快羊群周转，缩短生产周期，提高出栏率，从而降低生产成本，获得最大经济效益。

三、科学搭配日粮

育肥羊日粮中的粗料应占40%～60%，即使到育肥后期，也不应低于30%，或粗纤维含量不低于8%～10%。在上述的饲料条件下，应尽量设法改善粗料品质，日粮中的精料或粗料应多样化，增加适口性，提高羊对干物质的采食量。不同品种的羊，育肥期内对营养物质的需要

量是有差异的。如果想要得到相同的日增重，非肉用品种所需要的营养物质要高于肉用品种。不同生长阶段的羊，肥育期间所要求的营养水平也不同，羔羊增重的主要部分是肌肉、内脏和骨骼，所以饲料中蛋白质的含量应该高一些。成年羊在育肥期增重部分主要为脂肪，饲料中蛋白质含量可以低些，能量则应高些。由于增重成分不同，每单位增重所需的营养量以羔羊最少，成年羊最多。

四、掌握科学的饲喂方法

常用的育肥饲料有配合饲料、颗粒饲料和整粒谷物三种。配合饲料是按育肥羊的营养需要将不同的原料按比例混合，添加维生素和矿物质而成，粗饲料单喂。颗粒饲料是将配合粉料和草粉等制成颗粒，以提高采食量。整粒谷物日粮是近几年推广应用的，用整粒玉米与蛋白质浓缩饲料混合。

饲喂采用人工投喂方式，可以做到定时定量，按需要投放饲料。但当从粗料型日粮转为精料型时，一定要避免变换过快，以防酸中毒、消化不良或肠毒血症。一般过渡期为 7～10 d。

五、选择适宜的育肥方式

根据不同地区的环境条件和羔羊的生长发育情况，可分为两种方式。

(一)直线育肥方式

对断奶后的羔羊，直接转入集中育肥，生产羔羊肉。

(1)全舍饲直线育肥方法　根据羔羊育肥前的状况，按照饲养标准和饲料营养价值，科学的配制日粮，并完全在羊舍内饲喂。这种方法适用于没有放牧草场的广大农区。育肥期内，羔羊增重快、肉质好，是生产肥羔肉的最佳育肥方法。另外，在市场需要的情况下，可确保育肥羊在 60 d 的育肥期内迅速达到上市标准，较其他育肥方式育肥期短。

每天饲喂粗饲料(干草、秸秆、青贮)1.0～2.0 kg，分 3 次补喂。每天补饲混合精饲料 0.5～1.0 kg，以羊在 45 min 内能吃净为宜，分 3 次补喂。育肥羔羊要给予充足、干净的饮水。

(2)放牧加补饲直线育肥方法　羔羊断乳后转入草场放牧，并且每天补饲混合精料，直至育肥结束。此法适合草场丰富的牧区，可最大程度地利用廉价草场，降低成本。对放牧采食的营养不足部分，由混合精饲料补充，从而保证育肥效果，是生产肥羔羊的一种有效途径。育肥期一般为 60～90 d，每天补饲精饲料 0.3～0.5 kg，分别在出牧前和收牧后 2 次补给，保证充足饮水，圈内设盐槽，供羊只自由舔食。育肥期日增重可达 200 g 以上。

(3)放牧直线育肥方法　牧区可利用牧草生长特点，实行季节性放牧育肥，但适宜在优质草场上进行。实行季节性放牧育肥不仅可以充分利用牧草资源，而且可以大大缓解冬春缺草的矛盾，提高羊生产效益。

我国广大牧区和高寒山区，牧草生长具有明显的季节性。每年春季牧草萌发，秋后枯萎。因此可以利用夏秋牧草生长旺季，实行季节性放牧育肥。为此，必须在每年春初产羔，利用夏秋季牧草产量高、营养丰富的特点，搞好放牧育肥，入冬前羊膘肥体满时出栏或屠宰。放牧育肥的羊群要保障充足的饮水，并在圈内设盐槽，供羊只自由舔食。

(二)阶段育肥方式

羔羊在断奶以后，利用夏季牧场和秋季遛茬的优势，集群放牧，秋末冬初集中舍饲 30～40 d，8～10 月龄出栏。这种育肥方式适合于草场丰富的牧区和半农半牧区，可充分利用廉价草场和秸秆，降低成本，短期优饲又保证了羔羊肉的质量。羔羊选择断奶后健康的羔羊，包括体重和日增重达不到直线育肥标准的羔羊，都可以用分段育肥的方式进行育肥。第1段，夏、秋季草场放牧期，每天放牧要在10 h以上，保证充足饮水，食盐自由舔食。第2段，秋末冬初全舍饲期，为30～40 d。每天饲喂粗饲料（干草、秸秆、青贮）1.0～1.5 kg，混合精饲料0.5～1.0 kg，分3次喂给。保证充足饮水，食盐自由舔食。

六、创造适宜的环境

环境温度对育肥羊的营养需要和增重影响也很大。平均温度低于7℃时，羊体产热量增加，采食量也增加，但由于低温增加热能散失量，使饲料的增重效率也随之降低。低温环境育肥的肉羊应相应增加营养水平，才能维持较高的日增重，若空气湿度高并有大风天气，更会加剧低温对羊的不良影响。气温高于32℃时，羊的呼吸和体温随气温而增高，采食量减少，温度过高时食欲下降甚至停食、流涎，严重时会中暑死亡。高温高湿会加剧对羊的危害。另外，保持安静环境和减少羊只活动，可以使营养物质消耗少，从而提高育肥效果。另外，适宜的饲养密度也是影响育肥效果的因素，一般羔羊育肥每只羊占面积0.8 m^2左右。

七、合理利用育肥添加剂

羊的育肥添加剂包括营养性添加剂和非营养性添加剂，其功能是补充或平衡饲料营养成分，提高饲料适口性和利用率，促进羊的生长发育，改善代谢机能，预防疾病，防止饲料在贮存期间质量下降，改进畜产品品质等，正确使用饲料添加剂，可提高羊育肥的经济效益。

（一）非蛋白氮

非蛋白氮含氮物质包括蛋白质分解中间产物——氮、酰胺、氨基酸，还有尿素、缩二脲和一些铵盐等。其中最常见的为尿素。这些非蛋白质含氮物可为瘤胃微生物提供合成蛋白质的氮源，由于这类添加剂含氮量高，如纯尿素含47%的氮，如全部被瘤胃微生物利用，1 kg尿素相当于2.8 kg粗蛋白质的营养价值，或7 kg豆饼蛋白质的营养价值。因此，可代替部分饲料蛋白质，既能促进羊只生长发育，又能降低饲料成本。现将尿素的饲喂方法介绍如下。

尿素既不能单独喂，也不能干喂，通常是把尿素用水完全溶解后，喷洒在精料上，拌匀后饲喂。

尿素的喂量应严格控制，不能用尿素代替日粮中的全部蛋白质，一般不超过日粮粗蛋白质的1/3，或不超过日粮干物质的1%，或按羊体重计算，即每10 kg体重，日喂尿素2～3 g。喂尿素应由少到多，逐渐增量，使瘤胃微生物有个适应过程，并且最好连续饲喂，一般短期饲喂效果不佳。

羊喂尿素要防止中毒，尿素在瘤胃中经尿素酶的作用，分解成氨，微生物才能利用。当瘤胃微生物利用尿素的速度低于尿素分解速度时，一部分氨即进入血液循环，血氨的浓度增高，则发生氨中毒。为防止氨中毒，首先应设法减慢尿素在瘤胃内的分解速度，使瘤胃微生物能充分利用氨。国内已研制出了一些“安全型非蛋白氮”产品，如异丁基二脲、磷酸脲、缩二脲等。这些产品可使尿素在瘤胃中的分解速度减慢，有利于微生物对氨的充分利用。

喂尿素时，每日应少量多次喂给，一般每日2～3次，喂后不要马上饮水，防止尿素直入真胃，也不能空腹喂，避免瘤胃中尿素浓度过大。饲喂同时应供给瘤胃微生物充足的营养物质，如含淀粉多的玉米等，目的是提高微生物的繁殖能力，以加速对氨的利用。

喂尿素只有在日粮蛋白质不足时才喂，日粮蛋白质充足时，微生物则利用有机氮，加喂尿素反而造成浪费。

羊如果发生尿素中毒则表现全身紧张、心神不定、分泌过多的唾液、肌肉震颤、运动失调、膨胀、挣扎、吼叫，甚至卧地不起，窒息死亡。急救方法可静脉注射10%～25%葡萄糖，每次100～200 mL；或灌服食醋，以中和氨；或灌服冷水，冷水能降低瘤胃胃液的温度，从而减少尿素分解，冷水还能稀释氨的浓度，减缓瘤胃吸收氨的速度。冷水和食醋同量灌服效果更好。

(二)矿物质与微量元素

矿物质、微量元素是育肥羊不可缺少的营养物质。它可调节机体能量、蛋白质和脂肪的代谢，提高羊的采食量，促进营养物质的消化利用，刺激生长，调节体内酸碱平衡等。羊体内缺少某些矿物元素，将会出现代谢病、贫血病、消化道疾病等，造成生长力下降。

矿物质、微量元素的添加量应按育肥羊的营养需要添加，可将微量元素制成预混料，均匀混于精料中饲喂。或将矿物、微量元素制成盐砖，让羊自由舐食。一般添加微量元素比不添加提高增重10%～20%。

(三)维生素添加剂

由于羊瘤胃微生物能够合成B族维生素、维生素K和维生素C，不必另外添加。日粮中应提供足够的维生素A、维生素D和维生素E，以满足育肥羊的需要。

维生素添加量应按羊的营养需要，在饲料中维生素不足的情况下，适量添加。添加过量，不但造成浪费，还可造成中毒。如维生素A过量可表现食欲不振，皮肤发痒，关节肿痛，骨质增生，体重下降。维生素D过量，可引起血钙增高，骨质疏松。添加维生素时还应注意与微量元素间的相互作用，一些维生素与矿物元素能相互作用而失效，一般用维生素的包埋剂型配制矿物质和维生素预混料。

(四)稀土

稀土是元素周期表中钇、钪及全部镧系共17种元素的总称，可作为一种饲料添加剂用于育肥羊，具有良好的饲喂效果和较高的经济效益。

一般作为饲料添加剂的稀土类型有硝酸盐稀土、氯化盐稀土、维生素C稀土和碳酸盐稀土。

(五)膨润土

膨润土属斑脱岩，是一种以蒙脱石为主要组分的黏土。主要成分为钙10%，钾6%，铝8%，镁4%，铁4%，钠2.5%，锌0.01%，锰0.3%，硅30%，钴0.004%，铜0.008%，氯0.3%，还有钼、钛等。

膨润土具有对羊有益的矿物质元素，对体内有害毒物、胃肠中的病菌有吸附作用，有利于机体的健康，提高羊的生产性能。

(六)瘤胃素

瘤胃素又名莫能菌素，是肉桂的链霉菌发酵产生的抗生素。其功能是通过减少甲烷气体能量损失和饲料蛋白质降解、脱氨损失，控制和提高瘤胃发酵效率，从而提高增重速度及饲料转化率。

瘤胃素的添加量一般为每千克日粮干物质中添加25～30 mg，均匀地混合在饲料中，最初喂量可低些，以后逐渐增加。

(七)缓冲剂

添加缓冲剂的目的是为改善瘤胃内环境，有利于微生物的生长繁殖。羊强度育肥时，精料量增多，粗饲料减少，瘤胃内会形成过多的酸性物质，影响羊的食欲，并使瘤胃微生物区系被抑制，对饲料的消化能力减弱。添加缓冲剂可中和瘤胃内酸性物质，促进食欲，提高饲料的消化率和羊增重速度。

羊育肥常用的缓冲剂为碳酸氢钠和氧化镁。碳酸氢钠的添加量约占日粮干物质的0.7%～1%。氧化镁添加量为日粮干物质的0.3%～0.5%。添加缓冲剂时应由少到多，使羊有一个适应过程。此外，碳酸氢钠和氧化镁同时添加效果更好。

（八）酶制剂

酶是活体细胞产生的具有特殊催化能力的蛋白质，是一种生物催化剂，对饲料养分消化起重要作用。可促进蛋白质、脂肪、淀粉和纤维素的水解，提高饲料利用率，促进动物生长。如饲料中添加纤维素酶，可提高羊对纤维素的分解能力，使纤维素得到充分利用。

酶制剂除纤维素酶外，还有蛋白酶、脂肪酶、果胶酶、淀粉酶、植酸酶、尿素分解阻滞酶等。

（九）中草药添加剂

中草药添加剂是为预防疾病、改善机体生理状况、促进生长而在饲料中添加的一类天然中草药、中草药提取物或其他加工利用后的剩余物。

（十）微生态制剂

微生态制剂又叫“益生素”、“优生素”、“活菌制剂”等，不但具有防病治病的作用，与抗生素相比，还有无残留、无污染、高效、价廉等多方面的优点。微生态制剂的使用，造就了致病微生物的不利生存环境或将其驱逐出定植地点，达到防治疾病的目的。大多数微生物都可以产生多种杀菌物质，如乳酸杆菌产生的过氧化氢，对多种潜在的病原菌都有杀灭作用。微生态制剂中的活菌还可在宿主体内产生多种维生素和消化酶，从而提高饲料的转化率；另外，饲喂微生态制剂可以提高机体的抗体水平和巨噬细胞的活力，从而增强机体的免疫机能，减少疾病的发生。

第三节　肥羔生产技术

由于羊肉纤维细嫩，味美可口，胆固醇含量低，营养价值高，很受人们喜爱，所以需求量越来越大。国内外羊肉生产中，特别重视规模化肥羔肉的生产。美国上市的羊肉94%是肥羔肉，养羊收入的2/3来自羔羊生产。澳大利亚、新西兰、阿根廷等养羊大国的肥羔肉产量也占总羊肉产量的80%以上，肥羔生产在世界养羊业起着越来越重要的作用。

随着市场经济的发展，我国羊肉生产近年来有了长足的发展，当年羔羊育肥出栏占的比例越来越大，而且人们对羔羊肉也越来越偏爱，因而发展肥羔生产有广阔的市场前景。

一、肥羔生产的优点

肥羔生产在世界各国羊肉生产中受到特别重视，是由于有以下几方面的优点：

（1）羔羊肉质具有鲜嫩、多汁、精肉多、脂肪少、味美、易消化及膻味轻等优点，深受欢迎，国际市场需求量很大。

（2）羔羊生长快，饲料报酬高，成本低，收益高。

（3）在国际市场上羔羊肉的价格高，一般比成年羊肉高1～2倍。

（4）羔羊当年屠宰加快了羊群周转，缩短了生产周期，提高了出栏率及出肉率，当年就能获得最大的经济效益。

(5)羔羊当年屠宰减轻了越冬期的人力和物力的消耗,避免了冬季掉膘、甚至死亡的损失。

(6)由于不养或少养羯羊,压缩了羯羊的饲养量,从而改变了羊群的结构,大幅度地增加了母羊的比例,有利于扩大再生产,可获得更高的经济效益。

(7)6 月龄左右羔羊所产的毛、皮价格高,所以生产肥羔的同时,又可生产优质毛、皮。

二、国外肥羔生产技术

当前,世界各羊肉生产国均集中力量发展集约化的肥羔生产,并着重开展了以下几方面的工作:

第一,培育专门化肉羊品种(系),并选择体大、早熟、多胎和肉用性能好的亲本进行经济杂交。

第二,建立健全良种繁育和杂交利用体系。

第三,利用一部分细毛母羊与肉用品种公羊杂交,发展肥羔生产,多方面利用细毛羊资源。

第四,实行草原区繁殖,农区育肥,农牧结合的饲养方式。

第五,研究集约化肥羔生产所必需的繁殖控制技术、繁殖利用制度、饲养标准、饲料配方、育种技术、农副产品和青粗饲料加工利用技术,以及工厂化、半工厂化条件下生产肥羔的配套设施、饲养工艺和疫病防治程序等。

20 世纪 70 年代以来,世界各国在培育肉用羊新品种时,育种的主要目标是母羊性成熟早、全年发情、产羔率高、泌乳力强、羔羊生长发育快、饲料报酬高、肉用性能好,并注意把产肉与产毛性状更好地结合起来。同时,还要考虑早熟、胴体可食比例大、母羊育羔能力强、难产少、抗病等。

在生产肥羔过程中,很多国家,特别是英国、新西兰、美国、澳大利亚和阿根廷等,非常重视采用经济杂交作为生产羔羊肉的基本手段,其主要原因是能充分利用杂种优势。而在经济杂交体系中,一些肉用早熟、产肉性能高的品种是普遍采用的父系品种。

在澳大利亚,通常用边区莱斯特公羊与美利奴母羊交配,然后再用南丘羊或有角道赛特公羊与杂种母羊配种,所生产的肥羔效果很好。但是,由于各地自然条件不同,在选择杂交用的公羊品种时亦不一样。在气候炎热的干旱地区,主要选用边区莱斯特羊;在气候潮湿的地区则选用罗姆尼公羊;在气候条件适宜,饲草条件比较丰富的地区,选用南丘羊和有角道赛特公羊;萨福克羊在南澳与维多利亚州应用比较普遍,生产的肥羔也较好。我国在进行肥羔生产时也应考虑当地的气候特点,选用合适的种公羊品种,这样才能收到良好的效果。

羔羊肉生产是美国养羊业的主产业。美国将育肥羔羊按日龄区分为肥羔和料羔两种。前者是指在正常断奶月龄前育肥出售的奶羔,其中有母奶加放牧的奶羔和母奶加精料的奶羔;后者则指断奶后加料育肥或放牧育肥的羔羊。料羔是美国生产羔羊的主要方式,羔羊主要来自草原地带,多为萨福克与细毛羊的杂种,跨州长途运输,售给大型育肥场。育肥后一般能达到优等羔羊肉标准:羔羊活重 43～48 kg,胴体重 20～25 kg,眼肌面积不小于 16.2 cm^2(按 22.7 kg 胴体计),脂肪层不小于 0.5 cm,不大于 0.76 cm(第 12 肋骨处),腿宽深,肌肉层厚,修整后肩、胸、腰、腿的切块占胴体重的 70%。美国肥羔生产经济效益比较高,主要原因有:①良种化程度高,重视萨福克和汉普夏等肉用品种的提高和利用。②采用精料型饲养,有一套科学的饲料配方。③综合各州的繁殖周转方式,把各州的季节性生产纳入全国全年批量生产的供应轨道上,草原繁殖、农区育肥的生产布局合理,相互依存,彼此独立。

英国肥羔生产的做法是，在山区主要饲养黑面羊、威尔士山地羊、雪维特羊及斯华代等山地品种羊，由于山区条件差，只进行繁殖，母羊育成后转售到平原地区，与早熟品种边区莱斯特公羊进行杂交。其后代杂种公羔全部供肥羔生产，母羔再转往北部人工草地地区，再用早熟丘陵品种（主要为萨福克）公羊进行杂交。所产羔羊早熟，胴体肥瘦度适中，为理想的肉用羔羊，全部作肥羔。这样既充分利用地区条件的特点，又利用了杂种优势，从而获得很高的经济效益。20 世纪 80 年代以来，肥羊生产的杂交组合发展又有了新的特点，即将高繁殖率与优良肉用品质结合，采用三四个品种杂交，保持高度杂种优势。

三、肥羔生产的技术措施

随着科学技术的发展，粗放、原始的经营方式在养羊业已明显落后。养羊业，尤其肥羔生产应转向规模、工艺先进的工厂化、专业化生产。为了适应新的技术工艺及工厂化的生产需要和提高经济效益，肥羔生产中广泛采用了一系列的生产技术措施。主要有以下几方面：

（一）开展经济杂交

国内外多年实践表明，在肥羔生产中开展经济杂交是增加羔羊肉产量的一种有效措施。在相同的饲养管理下，杂种一般都比纯种的经济效益高。它既能提高羔羊的初生重、断奶重及成年羊的体重、成活率、抗病力、生长速度、饲料报酬，又能提高繁殖力与产毛量等生产性能。所以在肥羔生产中采用经济杂交，可以提高产肉性能，降低饲养成本。

我国曾先后引进了肉用性能良好的世界著名肉用羊品种，如道赛特、夏洛莱、德国肉用美利奴、萨福克、德克赛尔、波得代及杜泊等品种。应该充分利用并通过经济杂交来发展我国的肥羔生产。国内外的生产实践证明，选择早熟品种为父本，与繁殖力强、泌乳性能高的母羊杂交，是增加肥羔产量的重要技术措施。

（二）加强母羊饲养管理

羔羊初生重和母羊泌乳量与母体营养状况关系密切，这就需要在母羊妊娠后期和泌乳前期加强饲养管理，以提供优质的育肥羔羊。

（三）早期断奶

早期断奶，实质是上控制哺乳期，缩短母羊产羔期间隔和控制繁殖周期，达到一年两胎或两年三胎的一项重要技术措施。羔羊早期断奶是工厂化生产的重要环节，是大幅度提高产品率的基本措施。

关于羔羊早期断奶的时间，目前尚无统一规定。但一般采用两种：第一，生后 1 周断奶，然后用代乳品进行人工育羔。第二，生后 7 周左右断奶，断奶后就可以全部饲喂植物性饲料或放牧。早期断奶必须让羔羊吃到初乳后再断奶，否则会影响羔羊的健康和生长发育。但哺乳时间过长，训练羔羊吃代乳品就困难，而且不利于母羊干奶，也易得乳房炎。从母羊产后泌乳规律来看，到羔羊生后 7～8 周龄，母乳已远远不能满足其营养需要。而且这时乳汁形成的饲料消耗也大增，经济上很不合算。从羔羊胃肠功能发育来看，生后 7～8 周龄时，即可有效地利用饲草料，因而这时断奶较为适宜。

另外，国外有人认为不能把羔羊年龄作为决定断奶的唯一因素。因为羔羊年龄、胃容量与其体重密切相关，所以早期断奶还要考虑到羔羊的活重。法国认为羔羊活重比初生重大 2 倍时断奶为宜，英国认为只在羔羊活重达到 11～12 kg 就可以断奶。

（四）培育或引进早熟、高产肉用羊新品种

早熟、多胎多产是肥羔生产专业化、工厂化的一个重要条件。因此，必须培育适合集约化饲养、全年繁殖、多羔、早熟、生长快的新品种。

我国目前还没有本国培育的专门化肉用羊品种，但是我们具备培育适合现代集约化肥羔生产新品种的优越品种资源。绵羊中有适应中国广大中原地区和太湖流域湿热农区生态条件的成熟早、生长快、四季发情、多胎多产的小尾寒羊和湖羊；适应牧区条件的体格大、生长发育快、耐粗饲的乌珠穆沁羊和阿勒泰羊等。山羊中有适合我国中部农区和南方草山草坡的成熟早、繁殖力高、全年发情、多胎多产、屠宰率高的马头山羊、宜昌山羊、板角山羊、贵州白山羊、隆林山羊等。同时我国已引进了一些世界著名的肉羊品种。应把这些宝贵的品种资源充分利用起来，通过杂交或本品种选育，培育出适合我国国情的专门化肉用绵、山羊新品种，使我国羊肉生产再上一个新台阶。

（五）同期发情

同期发情是现代羔羊生产中一项重要的繁殖技术，对于肥羔专业化、工厂化生产更是不可缺少的一环。利用激素使母羊发情同期化，可使配种时间集中，有利于羊群抓膘，节约劳动力。最重要的是利于发挥人工授精的优点，扩大优秀种公羊的利用，使羔羊年龄整齐，便于管理。

（六）诱发分娩

在母羊妊娠末期，一般到 140 日龄后，用激素诱发提前分娩，使产羔时间集中，有利于大规模批量生产与周转，方便管理。

第四节　成年羊的育肥技术

用于育肥的成年羊往往是淘汰羊、老残羊。这类羊一般年龄较大，产肉率低，肉质差，经过育肥，使肌肉之间脂肪量增加，皮下脂肪量增多，肉质变嫩，风味也有所改善，经济价值大大提高。

一、成年羊育肥期的营养特点

成年羊已停止生长发育，增重往往是脂肪的沉积，因此需要大量能量物质，其营养需要中除热能外其他营养成分要略低于羔羊。饲料中的无氮浸出物、粗纤维等碳水化合物，经瘤胃和盲肠中的微生物分解，产生挥发性低级脂肪酸，在羊体内形成体脂肪，是羊只增加体脂的主要来源。饲料中的蛋白质是形成体脂的次要原料。因此，保证成年羊育肥期充足的富含碳水化合物饲料的供应是十分重要的。

二、成年羊的育肥技术

育肥羊进入育肥栏舍前，对圈舍进行消毒，按性别、年龄、体况、大小和强弱等将育肥羊进行合理分群，并进行驱虫。应制定育肥方案，贮备充足的饲草饲料。育肥中做好体重测定、日耗草料数量、疫病情况等各项记录，以便结束时计算成本。饲喂时，应尽量喂饱，并限制活动，达到增重迅速，提高净肉率。

育肥之前，还应该对羊只作全面健康检查，凡是病羊均应治愈后育肥。过老、采食困难的羊只不宜用来育肥，否则会浪费饲料，同时也达不到预期效果。淘汰公羊应在育肥前 10 d 左右去势。成年羊育肥期不宜过长，因为体内沉积脂肪的能力有限，到满膘时就不会再增重。育肥期以 2～3 个月为宜，但同时要根据育肥羊只的膘情，灵活掌握育肥时间。膘情较差的羊，可先用增重较低的营养物质饲喂，使其逐渐适应育肥日粮，经 1 个月复膘后，再用高水平营养日粮，这样也可避免一些消化道疾病。育肥期间应及时按增膘程度调整日粮，延长育肥期或提前结束育肥。

有草场的地方，可选择野草丰盛、地势平坦、有水源的地方进行放牧育肥。但单靠放牧也很难使羊只短期内出栏，并难以达到满膘。一般情况宜采取放牧加补饲的方法，或先放牧 1～2 个月，再加 1 个月的舍饲育肥，同时限制其运动。

复习思考题

1. 羊育肥前应进行哪些准备工作？
2. 简述羊育肥的关键技术。
3. 羊育肥用的主要添加剂有哪些？
4. 肥羔生产有哪些优点？
5. 肥羔生产的技术措施有哪些？
6. 试述成年羊育肥期的营养特点及育肥技术。

第九章 奶山羊业

我国是一个奶山羊品种资源丰富、饲养量最多、历史悠久和利用羊奶最早的国家。近几年随着国民生活水平提高及饮食结构改进，奶山羊产业得到了迅速发展。据统计，存栏量由2007年的940万只增加到2012年的1 200万只，年均递增率超过5%。主要分布在陕西(230万只)、山东(210万只)、河南(117万只)、河北(67万只)、甘肃(56万只)、新疆(53万只)、山西(52万只)、云南(51万只)、内蒙古(45万只)等省、自治区。泌乳期平均产奶量达600～700 kg，商品羊的年均产奶量在500 kg左右，羊奶占全国奶类产量的3%左右，且呈逐年上升趋势。奶山羊业已经成为集中养殖地区的重要畜牧产业之一，对增加农民收入和发展区域经济具有重要意义。

第一节 奶山羊的遗传育种

一、奶山羊主要性状的遗传规律

(一)主要质量性状的遗传

奶山羊主要的质量性状包括角、毛色、肉髯、耳型、遗传性缺陷等。

(1)角的遗传 研究表明，无角山羊是受常染色体上的显性基因 P 所控制，因此有3种基因型，两种表现型，纯合型 PP 和杂合型 Pp 均为无角，隐性纯合体则为有角个体。对于无角山羊个体，其基因型可根据头骨上角蕾的形状推断。PP纯合体公羊，角蕾为圆形，相互分开且无角根(基)；而杂合无角个体，角蕾呈大豆形，“V”字形前伸，角根长度2～3 cm。一般奶山羊出生时很难判断有角或无角，对于有经验的饲养人员来说萨能羊羔羊10日龄左右就可以根据角蕾形状和着生旋毛情况判断是否有角，以便尽早去角。阿尔卑奶山羊1月龄左右才能判断是否有角。

(2)毛色遗传 山羊毛色的遗传比较复杂，目前尚无统一认识。研究认为，萨能奶山羊的白色被毛对其他毛色均表现为显性，且受色素抑制基因控制。根据被毛色斑和色素类型的遗传规律，山羊被毛颜色的显隐性次序为：白色、红色、浅黄褐色、黑色。对吐根堡奶山羊毛色而言，背、胁部暗色和腹部浅色的野生型(或摩弗伦型)对其他毛色类型(如獾面型)均为显性。

(3)肉垂遗传 肉垂受常染色体上显性基因 W 的控制，该基因完全外显但表现度变异较大，一般在颈部或耳下有一至两个肉垂，粗细不一。肉垂隐性基因的频率依品种而异，萨能奶山羊、阿尔卑奶山羊、西班牙山羊和安哥拉山羊群体中无肉垂基因的频率分别为0.81、0.64、0.80和1.0。有肉垂母羊(WW、Ww)比无肉垂母羊(ww)的产羔率高7%。在有肉垂无角母羊(大部分为双杂合子)和无肉垂有角母羊(双纯合子)之间，多胎性差异显著，原因尚不清楚。

(4)胡须遗传 据研究，该性状为显性且与性别有关。由于山羊胡须在初情期前不发育，此后许多非留种公羊被屠宰，因此很难进行深入研究。无胡须公羊下颌有小毛簇，但与携带显性基因的公羊胡须差异很大。

另外，在奶山羊上也有许多遗传缺陷，如与无角有关的间性、侏儒症、先天性无纤维蛋白原血症、副乳头等。遗传缺陷多为隐性基因所控制，表现型正常的个体也有携带有害基因的可能。因此，当羊群中发生畸形或致死时，应严格审查系谱，若属遗传缺陷，就果断淘汰携带有害基因的公、母羊。

（二）主要数量性状的遗传

（1）数量性状的遗传力　性状的遗传力从两方面影响选择效果。一方面直接影响选择反应，遗传力高的性状，选择差中可遗传部分就大，因此在选择差相同的情况下，遗传力高的性状其选择反应就大。另一方面遗传力能影响选择的准确性。遗传力就是育种值到表型值通径系数的平方，也就是育种值和表型值间相关系数的平方。表型选择的准确性是以表型值与育种值的相关来衡量的，因此遗传力愈高，该性状表型选择的准确性就越大，选择效果也越好。

（2）性状间的遗传相关　在奶山羊生产中经常发现当选择某一数量性状时，除所选性状得到改进外，另一未选性状也发生变化。这种改变有可能是正向的，也有可能是负向的。如奶山羊产奶量的选择可引起乳脂量的降低；产奶量与饲料报酬之间的关系正好相反，这些现象称之为性状间相关。应用相关时首先注意到的是表型相关，但人们最关心的却是遗传相关。表型相关受环境因素的影响很大，有时与遗传相关甚至相反。根据性状间相关原理进行间接选择，在家畜育种中已取得显著效果。如果有一性状 X 度量有困难，可选择一与之相关的 Y 性状进行选择，达到对性状 X 选择的目的。一般而言，只有在两性状遗传力都较高，它们之间遗传相关较大时的间接选择才能获得较大的选择效果。奶山羊部分经济性状的遗传力和遗传相关见表 9-1。

表 9-1　奶山羊部分经济性状的遗传力和遗传相关

性状	遗传力	性状对	遗传相关
泌乳期平均产奶量	0.25～0.64	产奶量-乳脂率	−0.47～−0.20
乳脂量	0.30～0.49	产奶量-乳蛋白率	−0.49
乳蛋白量	0.59	乳脂率-乳蛋白率	0.62
乳脂率	0.29～0.62	乳蛋白量-乳脂率	−0.28
乳蛋白率	0.59	乳蛋白量-乳蛋白率	−0.19
乳糖率	0.38	产奶量-羊奶风味	0.77
奶的风味强度	0.27	产奶量-挤奶次数	0.37
初产年龄	0.54～0.55	产奶量-母羊产前体重	0.66
7 月龄活重	0.70	产奶量-7 月龄体重	0.48
产羔数	0.07～0.24	产奶量-产羔数	0.12～0.41
出生重	0.01	乳脂率-产羔数	0.20

二、奶山羊选种技术

选种就是根据育种需要和发展方向，选择生长发育快、产奶性能好、繁殖率高、饲料报酬高、体质结实和体型外貌优良的个体作为种用。俗话说“公羊好，好一坡；母羊好，好一窝。”这充分说明了选种的重要性，特别是选好种公羊的重要性。

(一)选种方法

选种方法一般包括个体表型选择、系谱选择、半同胞测验、后裔测验及综合选择指数法等几种。

(二)奶山羊个体鉴定

奶山羊个体鉴定包括年龄鉴定、外貌鉴定、泌乳性能测定和综合鉴定。

(1)年龄鉴定　个体鉴定前应首先进行年龄鉴定。目前比较可靠的年龄鉴定方法仍然是牙齿鉴定法,即“看牙口”,根据牙齿的磨损和脱落情况来判断羊的年龄。奶山羊和其他绵、山羊一样,共有 32 枚牙齿,上颌有 12 枚臼齿,每边各有 6 枚,上颌无门齿,下颌有 20 枚牙齿,其中 12 枚臼齿,每边各有 6 枚,8 枚是门牙,亦称为切齿。最中间的门齿叫钳齿,其外面的一对叫内中间齿,再外面的一对叫外中间齿,最外面的一对叫隅齿。鉴定年龄时,主要是根据下颌门齿的发生、更换、磨损和脱落情况来判断,一般情况下,鉴定误差不超过半岁。

奶山羊牙齿随年龄变化规律可以总结成如下顺口溜:一岁半,中齿换;到两岁,换两对;两岁半,三对全;满三岁,牙换齐;四磨平;五齿星;六现缝;七露孔;八松动;九掉齿;十磨净,请记清。

(2)外貌鉴定　奶山羊的外貌应符合乳用羊的基本要求,即体型清秀、轮廓鲜明、体质结实。外貌鉴定主要是按体躯各部分的特征和重要性,规定一个满分标准,不够标准的部分,适当扣分,最后将各项评分相加,以总分最高者为优秀,并根据所得分数评定种羊的等级。

西农萨能羊在外貌鉴定前,还应进行生长发育鉴定,体高、体重必须达到最低要求,方可参加鉴定。西农萨能羊不同年龄的最低体高、体重见表 9-2。

表 9-2　西农萨能羊不同年龄的最低体高、体重

年龄	公羊		母羊	
	体高/cm	体重/kg	体高/cm	体重/kg
初生	34	3.0	32	2.8
4 月龄	57	20	55	18
8 月龄	64	32	60	30
1 岁	70	42	65	36
2 岁	76	55	68	42
3 岁以上	80	75	70	50

表 9-3　西农萨能羊公、母羊外貌鉴定标准

项目	满分标准	标准分	
		公羊	母羊
一般外貌	体质结实、结构匀称、反应灵敏、乳用型明显,公羊有雄相,高大雄伟。外貌特征符合品种要求。头形好,鼻直、鼻孔大,嘴齐,眼大有神,耳长薄,皮肤薄而有弹性,毛短、白色、有光泽;母羊头长、颈部长、清秀、耳灵活并前倾;公羊头大额宽,颈粗壮,前躯略高	30	25
体躯	体躯长、宽、深,肋骨开张、肋间距宽,前胸宽广,背腰长、宽且平直,尻部长宽而不过斜。母羊肷窝大,腹大而不下垂,臀端宽大;公羊鬐甲高,腹部紧凑	35	30
泌乳生殖系统	乳房容积大,基部宽广、附着紧凑、向前后延伸良好;两叶乳区均衡对称;乳房皮薄、毛稀、有弹性,挤奶后收缩明显,乳头大小适中、分布匀称,乳静脉粗大弯曲,乳井明显,排乳速度快。公羊睾丸大、左右对称,附睾明显、富有弹性	20	30

续表 9-3

项目	满分标准	标准分	
		公羊	母羊
四肢	四肢结实、健壮，肢势端正，关节明显而不膨大、肌腱坚实、前肢端正、间距宽，后肢开张，系部坚强有力，蹄形端正、蹄质坚实，蹄底圆平	15	15

表 9-4　西农萨能羊外貌评分等级标准

等级	特级	一级	二级	三级
成年公羊	≥85	≥80	≥75	≥70
成年母羊	≥80	≥75	≥70	≥65

(3)泌乳性能测定　泌乳性能是奶山羊的重要经济性状，主要包括产奶量、乳脂率、乳蛋白率、乳糖率和乳中干物质率，在生产上常用的是产奶量和乳脂率或干物质率。

个体的产奶量是指整个泌乳期的总产奶量，为了进行早期选择，一般以第一胎 90 d 的产奶量作为测定指标，该指标与整个泌乳期产奶量、各胎次奶量均有正相关关系，因此可以根据早期鉴定结果和第一胎 90 d 产奶量选种，提高群体产奶量。纯种萨能羊第一胎的产奶量应不低于 600 kg，改良羊不应低于 400 kg，乳脂率在 3.5%左右或总干物质率达 12%以上。表 9-5 列出了西农萨能羊泌乳性能的评定标准。

表 9-5　西农萨能羊泌乳性能评定标准　　kg

等级	第一胎 300 d		第二胎 300 d		第三胎 300 d	
	产奶量	乳脂量	产奶量	乳脂量	产奶量	乳脂量
特级	700	24	800	28	900	31
一级	600	21	700	24	800	28
二级	500	17	600	21	700	24
三级	400	14	500	17	600	21

(4)综合鉴定　奶山羊的综合鉴定是对其个体优缺点的全面评价。一般在体尺、体重达到要求后，再按生产性能和外貌评分综合评定其个体品质。由于各地奶山羊的品种及杂种羊的改良程度不同，加之生态环境、饲料条件、饲养方式、繁殖及培育方法不一样，因此，不能用一个标准统一进行鉴定，不同羊场和地区应根据其育种目标和当地的生产实际制定鉴定标准。表 9-6 列出了西农萨能奶山羊综合鉴定标准。

表 9-6　西农萨能奶山羊综合鉴定标准

外貌评级	生产性能评级			
	特级	一级	二级	三级
特级	特	一	二	二
一级	特	一	二	三
二级	一	一	二	三
三级	一	二	二	三

(三)奶山羊阶段选择方法

不论是育种场的选种，还是在生产群中评定个体生产性能的优劣，都不是一次性完成的，而是分阶段选择的。所谓阶段选择就是在不同时期、不同的生长发育阶段，以该阶段的“标志”性状为主，按照最终育种目标的要求，通过间接相关原理对目标性状进行选择。通过第一阶段选择，选留群体在总体均值(μ)水平上有一增量($\Delta G1$)，第二次选择在第一次选择的群体均值($\mu+\Delta G1$)的水平上又加了一个增量($\Delta G2$)。如此连续选择几次，就可获得最大的选择差，不仅能使群体获得最大的遗传改进量，而且通过阶段淘汰不合格的个体还可以降低饲养成本，在生产实践中成为一种经济的选种方法。这种分阶段选择方法，虽然还未形成系统的理论体系，但在家畜育种实践中并不少见，只是不同家畜在各阶段有不同的"标志"性状罢了。对于乳用家畜来说，最终目标是获得最高的产奶性能和最大的经济效益。

奶山羊的选择可分为3个主要阶段，第一阶段在羔羊断奶后，这是最基本的也是最关键的一步。由于这一阶段的选择强度大，又是以后各阶段选择的"基因库"，因此，只有具备充分的根据，才能决定是否选留。第二阶段在配种前，主要淘汰那些发育较差的个体。第三阶段是在初产90 d后，可根据具体情况进行优选劣汰。

(1)断奶后的选择

公羔：这一阶段主要选择优良种公、母羊的后代，并且必须是体格高大、增重快、生长发育良好的个体。公羔的育种值可按指数 $\mathrm{ETA}=(F+M)/2$ 进行选留，式中ETA代表估计的产奶量传递力，F 为父亲产奶性能，M 为母亲产奶性能。所选公羔的外貌应达到特级和一级，二级以下不作种用。留种率大约为7%。

母羔：在血统分析的基础上，主要选择那些具有良好乳用体型个体。研究表明，与乳用体型关系密切的性状有：断奶重，这是奶山羊前期生长发育的综合指标，又是断奶后生长的基础；体长、体高和尻斜长，这3个性状是乳用型的主要衡量指标；胸围，这是代谢旺盛、发育良好的标志之一。因此，断奶重母羊的体尺、体重指标可根据综合选择指数进行选择。母羊个体育种值估计仍按 $\mathrm{ETA}=(F+M)/2$ 进行，外貌等级可以放宽到二级或三级，留种率大约为40%。

(2)配种前(周岁羊)的选择

公羊：主要选择生长发育快和性发育好的个体。生长发育指标可通过留种羊的比较得出，性发育情况应通过精液品质检查及性反射检验确定。这阶段的留种率为60%。

母羊：母羊的选择可按用胸宽、腰角宽、腹围和体重构成的综合选择指数进行选择。该阶段母羊选择强度不大，留种率约为90%。

(3)产后90 d的选择　产后90 d的母羊可按90 d产奶量、乳脂率和乳干物质率构成的综合指数进行选择。

公羊的选择应按其育种值的大小进行，育种值的估计可以应用传统的估计方法，也可以应用"最佳线性无偏估计"(BLUP)法。

经过以上三个阶段的选择，公羊留种率约为1%，母羊约为21%，也可根据育种要求和群体规模进行适当调整。选择后留种公、母羊都是比较理想的个体，不仅可以大大提高选择的准确性，而且可能会获得最大的遗传进展和经济效益。

三、奶山羊选配方法

在奶山羊生产中，优秀的种羊并不一定产生优良的后代，因为后代的优劣不仅决定于双亲本身的品质，而且决定于其配对是否合适，因此欲获得高质量羊群，除做好选种工作外，还必须注意其种羊的选配。选配可分为表型选配和亲缘选配。表型选配是以个体本身的表型作为选配的依据，亲缘选配主要是根据血缘程度进行选配，以及它们的异同在后代中可能产生的作用。

四、奶山羊育种方法

奶山羊的育种方法包括两大类，即本品种选育和杂交育种。

(一)本品种选育

本品种选育属于同种群选配，选择相同种群的个体进行配种。“纯种”是指家畜本身及其祖先都属于同一种群，具有种群所特有的形态特征和生产性能。级进到四代以上的高血杂种，只要特征性能和改良种群基本相同，也可当作纯种。纯种繁育可巩固遗传性，使种群固有的优良品质得以长期保持，并迅速增加同类型优良个体的数量，提高现有品质，使群体水平稳步上升。

本品种选育与纯种繁育既相似又不相同。前者不仅包括育成品种的保纯，而且包括某些品种和品群的改进和提高，因此不排除某种程度的小规模杂交。后者强调保纯。奶山羊的本品种选育主要是在不改变育种方向的前提下提高生产性能，通常采取品系繁育、引入外血和血液更新三种方法。

我国主要奶山羊品种，如西农萨能奶山羊、关中奶山羊、崂山奶山羊、延边奶山羊等具有对当地生态条件适应性强、遗传性稳定等优点，从奶山羊产业化的角度考虑，这些品种的选育应主要采用本品种选育方法，保持并发展其优良性状。

(二)杂交育种

用杂交方法通过综合多个品种的优点，可以有效地改进后代的品质，提高生产性能和产品的价值以及产品的生产率，并能创造出亲代不具有的特性。由于不同品种有不同的遗传特性，杂交时通过两性细胞的结合及其后代的同化异化过程，产生了新的类型，这样杂交后代不仅具有了更丰富的遗传基础，而且增强了对外界环境条件的适应性，提高了存活率。因此，采用杂交方法不但可以产生优良杂交羊，提高后代生产性能，而且可以育成新品种。

在奶山羊育种中，只要选择亲本合适，不需要杂交代数很高，把其优良性状结合起来，达到理想要求时，即可进行自群繁育，经过严格选择和淘汰，扩大数量，提高产品质量，培育新品种。关中奶山羊和文登奶山羊都是采用育成杂交方法培育的奶山羊品种。

第二节　奶山羊的饲养

一、奶山羊的饲养方式

奶山羊的饲养方式，根据各地的自然条件、社会经济条件和当地习惯，可分为放牧、系牧、半放牧半舍饲和舍饲等种类。

(一)放牧

牧区的山羊饲养多采用这种方式。在人少地多、劳力紧张的山区、牧区或半荒漠地区饲养奶山羊时也采用放牧饲养，用这种方法饲养的奶山羊膘情和生产水平随着牧草的生长、旺盛和枯萎而发生明显的变化。在牧草萌发、生长的季节，其生产性能和膘情可以维持在一定水平，但枯草季节，奶山羊的生产性能降低，体况下降，甚至造成死亡。夏季牧草丰盛的阶段，用放牧饲养方法也有好处，羊只可以吃到多种多样的青绿饲料。获得比较全面的营养，不会出现维生素和矿物质缺乏症，而且空气新鲜，光照充足，适量的运动还可增加奶山羊的抗病力，有利于提高产奶量。有放牧条件的地区，夏季可贮备一些青干草，作为枯草季节补充之用。放牧奶山羊，还要补饲一些精料，这种放牧加补饲的饲养模式不仅可以提高产奶量，还有利于无污染羊奶的生产。

(二)系牧

系牧又称拴牧或牵牧，多见于农区没有专用放牧草场的地区，这些地区地少人多，土地利用率高，多用于生产粮食。奶山羊在农区的饲养量很大，但多以家庭饲养为主，因此可用绳索控制羊只于田边地角或房前屋后，采食各种杂草，不占用劳动力。

(三)半放牧半舍饲

半放牧半舍饲是饲养奶山羊的最佳方式，常见于农区和半农半牧区的奶山羊饲养，特别适宜于羔羊、青年羊的培育和种公羊饲养。邻近山坡地带的种羊场可建立简易羊舍，实行半放牧半舍饲饲养，这样不仅可以提高羊群质量，而且节约生产成本。半放牧半舍饲条件下培育的奶山羊，由于管理周到、营养丰富、运动充足、光照好，因此山羊个体骨架大、体质强健，饲料采食量大，有利于山羊的健康和生产。处于泌乳盛期和怀孕后期的奶山羊应适当缩短放牧距离，减少体能和营养消耗，以免影响产奶量。

(四)舍饲

在城市近郊或土地面积较狭窄的农村，奶山羊多采用舍饲方式，其优点是饲养管理不受外界不良环境的影响，可以根据奶山羊的不同生理时期，进行阶段性饲养管理，有利于培育高产奶山羊。舍饲条件下，可根据饲养标准科学配合日粮、定额管理，提高饲料报酬和母羊的产奶量。舍饲饲养奶山羊的一次性投资大，对饲养管理技术的要求也较高，长期舍饲若不注意羊只的运动则很容易形成腿短、体格小、肌肉多、产奶量低的奶山羊。因此，奶山羊舍饲应设置足够面积的运动场，并创造条件驱赶羊只定量运动。奶山羊舍饲可以利用最新的养羊技术，逐渐向集约化生产方式过渡，在饲料营养条件、运动条件等能够满足饲养管理要求的前提下，舍饲奶山羊可获得最佳经济效益。

二、奶山羊营养需要

奶山羊的饲养首先必须考虑如何满足其营养需要，它包括不同生理时期奶山羊维持自身生存和自由活动的维持需要、生长需要、繁殖需要和产奶需要等。

按营养需要规定的量平衡供应各种养分，就能够充分发挥奶山羊的生产潜力，提高繁殖力和饲料利用率，节省饲料，降低成本，获得最大效益。奶山羊营养需要可以作为配合饲粮的科学依据。

(一)奶山羊的维持营养需要

奶山羊的体格虽然较小，但体表面积相对较大，因此单位体重的维持饲养水平高于奶牛。奶山羊的维持饲养随着体重和活动量的不同而变化，体重越大或活动量越大，维持饲养的消耗也越多。不同活动量水平下奶山羊的维持营养需要见表9-7至表9-10。

表9-7 奶山羊(最小活动量)的维持营养需要

体重/kg	净能/(MJ/d)	可消化粗蛋白质/(g/d)	钙/(g/d)	磷/(g/d)
10	1.34	15	1	0.7
20	2.26	26	1	0.7
30	3.05	35	2	1.4

续表 9-7

体重/kg	净能/(MJ/d)	可消化粗蛋白质/(g/d)	钙/(g/d)	磷/(g/d)
40	3.81	43	2	1.4
50	4.52	51	3	2.1
60	5.15	59	3	2.1
70	5.77	66	4	2.8
80	6.40	73	4	2.8
90	6.99	80	4	2.8
100	7.57	86	5	3.5

表 9-8　奶山羊(轻度活动量)的维持营养需要

体重/kg	净能/(MJ/d)	可消化粗蛋白质/(g/d)	钙/(g/d)	磷/(g/d)
10	1.67	19	1	0.7
20	2.85	32	2	1.4
30	3.85	43	2	1.4
40	4.77	54	3	2.1
50	5.61	63	4	2.8
60	6.44	73	4	2.8
70	7.24	82	5	3.5
80	7.99	90	5	3.5
90	8.74	99	6	4.2
100	9.46	107	6	4.2

表 9-9　奶山羊(中度活动量)的维持营养需要

体重/kg	净能/(MJ/d)	可消化粗蛋白质/(g/d)	钙/(g/d)	磷/(g/d)
10	2.01	23	1	0.7
20	3.39	38	2	1.4
30	4.60	52	3	2.1
40	5.69	64	4	2.8
50	6.78	76	4	2.8
60	7.70	87	5	3.5
70	8.66	98	6	4.2
80	9.62	108	6	4.2
90	10.46	118	7	4.9
100	11.38	128	7	4.9

表 9-10 奶山羊(较大活动量)的维持营养需要

体重/kg	净能/(MJ/d)	可消化粗蛋白质/(g/d)	钙/(g/d)	磷/(g/d)
10	2.34	26	2	1.4
20	3.93	45	2	1.4
30	5.36	60	3	2.1
40	6.65	75	4	2.8
50	7.91	89	5	3.5
60	9.00	102	6	4.2
70	10.13	114	6	4.2
80	11.21	126	7	4.9
90	12.22	138	8	5.6
100	13.26	150	8	5.6

(二)奶山羊泌乳期的营养需要

奶山羊在泌乳期的营养需要随产奶量和乳脂率的提高而增加。不同产奶量水平的奶山羊营养需要量见表 9-11。对于超出体重范围的泌乳羊可以参考最大或最小体重泌乳羊的营养需要量,适当增加或降低。

表 9-11 不同产奶量(乳脂率为 3.5%)泌乳羊的营养需要(包括维持需要)

产奶量/kg	净能/(MJ/d)	可消化粗蛋白质/(g/d)	钙/(g/d)	磷/(g/d)
40 kg 体重				
1	7.36	88	7.5	4.0
2	10.33	144	11.5	5.5
3	13.26	202	15.0	7.0
4	16.19	258	18.5	8.0
5	20.29	314	22.0	9.5
6	22.09	370	25.5	11.0
50 kg 体重				
1	8.12	96	8.0	4.5
2	11.05	152	12.0	6.0
3	13.47	210	15.5	7.5
4	16.95	266	19.0	8.5
5	19.87	322	22.5	10.0
6	22.80	378	26.0	11.5
60 kg 体重				
1	8.83	104	8.5	5.0
2	11.72	160	12.5	6.5
3	14.73	216	16.0	8.0
4	17.66	272	19.5	9.0

续表 9-11

产奶量/(kg)	净能/(MJ/d)	可消化粗蛋白质/(g/d)	钙/(g/d)	磷/(g/d)
5	20.59	328	23.0	10.5
6	23.56	384	26.5	12.0
70 kg 体重				
1	9.54	110	9.0	5.5
2	12.51	166	13.0	7.0
3	15.44	222	16.5	8.5
4	18.37	278	20.0	9.5
5	21.34	334	23.5	11.0
6	24.27	390	27.0	12.5

(三)奶山羊妊娠期的营养需要

奶山羊的妊娠期正值产奶后期和干乳期，产奶量迅速下降并停止，但胎儿发育却逐渐加快。妊娠期奶山羊需要大量的营养物质，一方面补充产奶期间母羊的体力消耗，满足胎儿发育的需要；另一方面为下一个泌乳期贮备营养物质。妊娠前期(即产奶后期)的奶山羊可按泌乳羊的营养需要饲喂，妊娠后期(产前 2～3 个月)的奶山羊可参照表 9-12 的营养需要。

表 9-12　妊娠后期奶山羊的营养需要

妊娠前期活重/kg	净能/(MJ/d)	可消化粗蛋白质/(g/d)	钙/(g/d)	磷/(g/d)
40	7.91	85	9.0	3.5
50	8.62	103	9.5	4.0
60	10.00	120	10.0	4.5
70	10.08	138	10.5	5.0
80	10.79	155	11.0	5.5

(四)种公羊的营养需要

种公羊的饲养标准分为非配种期和配种期，非配种期的种公羊应维持中等或中上等的营养水平，不可过肥。配种期的种公羊要保持良好的体况，配种前 2 个月，要逐步提高其营养水平，达到配种期要求。奶山羊种公羊配种期和非配种期的饲养标准见表 9-13 和表 9-14。

表 9-13　种公羊配种期的营养需要(日采精 2～3 次)

体重/kg	净能/(MJ/d)	可消化粗蛋白质/(g/d)	钙/(g/d)	磷/(g/d)	食盐/(g/d)
55	8.87	160	9	6	15
65	9.46	180	9	6	15
75	10.04	200	10	7	15
85	10.67	220	10	7	15
95	11.25	240	11	8	15
105	11.84	260	11	8	15
115	13.01	230	12	9	15
125	14.23	300	12	9	15

表 9-14 种公羊非配种期的营养需要

体重/kg	净能/(MJ/d)	可消化粗蛋白质/(g/d)	钙/(g/d)	磷/(g/d)	食盐/(g/d)
55	4.73	80	8	4	12
65	5.90	100	8	4	12
75	7.11	120	9	5	12
85	8.28	140	9	5	12
95	9.46	160	10	5	12
105	10.67	180	10	6	12
115	11.84	200	11	6	12
125	13.01	220	11	6	12

三、各生理时期奶山羊的饲养

(一)羔羊的培育

羔羊的生理机能处于迅速变化阶段,生长发育最快,可塑性较大,因此饲养的好坏会直接影响以后的生长发育、成年时的体型结构和生产性能等,在奶山羊生产中一定要对羔羊培育给予充分重视。从初生至断奶(即哺乳期)的小羊称为羔羊。初生羔羊对外界环境的适应性差,饲养管理不当,会导致体质下降,容易感染疾病甚至死亡。为提高羔羊的成活率,培育健壮的成年羊,必须做到精心护理和饲养。

1. 哺乳期羔羊的生长发育特点

羔羊在哺乳阶段,心、肺、肝、胃等内脏器官迅速发育,特别是四个胃的发育最快。初生羔羊的胃缺乏分泌反射,待吸吮乳汁后,才刺激皱胃分泌胃液,从而初步具有消化功能。但前三胃仍然没有消化作用,也无微生物区系。2 周后,开始采食草料,瘤胃中出现微生物,腮腺开始分泌唾液,对优质青干草具有一定的采食消化能力。2 月龄后即可消化大量青干草和精料。

2. 羔羊的饲养要点

(1)尽早吃好吃饱初乳　羔羊出生后 1 h 内必须吃上初乳。新生羔羊胃肠空虚,胃壁和肠壁上无黏液,对细菌的抵抗力很弱。母羊产后 1 h 内初乳的抗病作用高于 1 h 后所产的初乳,因此,尽早给羔羊喂初乳能增强羔羊对外界环境的抵抗力。

要喂给足够的初乳。初乳是羔羊生后不可替代的营养丰富的天然食品。母羊产后 5 d 内所分泌的乳汁叫初乳。初乳呈黄色,浓稠,营养成分含量高于常乳,含有溶菌酶和抗体,酸度较高,对胃肠道有保护作用,刺激胃肠分泌消化酶,有利于营养物质的吸收,另外初乳中大量的镁盐具有轻泻作用,可促使羔羊胎粪提早排出。由于初乳的重要作用,因此新生羔羊必须吃足初乳,才能降低发病率,提高成活率。羔羊的初乳期一般为 5 d,可以随母羊哺乳或用保姆羊哺乳,自由吸吮或每天 4～6 次。

(2)吃好常乳　经过初乳期的羔羊即转入常乳哺乳阶段,用自然哺乳或人工哺乳的方法饲养。一般为了不影响母羊挤奶,可以采用人工哺乳的方法,但要注意饲喂卫生和温度。

(3)从羔羊生后 10 日龄开始训练采食优质青干草,锻炼羔羊早吃草,促使瘤胃提早发育早补饲能促使羔羊提早反刍,尽早锻炼瘤胃机能,促进胃肠道充分发育,使消化系统能适应断奶后日粮。青粗饲料还能刺激羔羊唾液腺、胃腺、胰腺增加分泌,提高消化能力。

(4)羔羊 30 日龄后逐渐由喂奶向吃植物性饲料过渡　为了使羔羊生长发育快,骨架大,胃肠发达,羔羊培育期间除喂足初乳常乳外,还应尽快锻炼羔羊吃草吃料。30 日龄的羔羊就可采食少量的优质精料，将粉碎的精料放在饲槽内，让羔羊边闻边吃，饲养人员也可适当引导。精料的喂量随羔羊日龄的增加而增加。40 日龄时每日可补饲 80 g，90 日龄时可补饲 150～200 g，优质青干草可任其自由采食。羔羊达到 40 日龄后，应逐渐减少鲜奶喂量，60 日龄的日喂奶量减至 0.5～0.75 kg，90 日龄减至 0.25～0.5 kg。

(5)生后 90～120 d 应断奶并改为全部采食草料　羔羊日粮应为优质干草和青绿饲料及品质上乘的混合精料。这个时期是羔羊培育中的重要转折时期。此阶段工作应建立在早期补饲青干草基础上。用优质干草培育的羔羊胃肠发达，消化机能强，骨架大，体质好，所以提早补饲青干草非常重要。如果早期补饲工作做得不够，羔羊的消化机能就会不适应日粮的改变，出现断奶应激现象，影响羔羊生长发育，体重明显下降。

目前农区饲养奶山羊容易出现两种问题，一是吃奶少，断奶过早，不补饲，致使羔羊营养不良；二是母羊哺乳时间过长，不注意提早给羔羊饲喂草料，这样会影响羔羊胃肠道的发育，不利于羔羊的生长。

(6)羔羊哺乳期间一定要供给充足的水　哺乳期奶中的水分不能满足羔羊正常代谢的需要，可往羊奶中加入 1/4～1/3 的温水，同时在圈内设置水槽，任其自由饮用净水。

3. 羔羊的早期断奶

通过锻炼，可以使羔羊具有早期适应植物性饲料的消化能力，如果在哺乳期内能提早补饲青干草和优质精料，可以促使羔羊瘤胃微生物区系的建立，腺体的分泌，有利于反刍活动的开始和消化器官的发育，有利于羔羊早期断奶。为让羔羊早日采食粗饲料，可在哺乳期采用减少喂奶量、缩短哺乳期的饲养方法。这样既节省了羔羊用奶，增加商品奶，又能降低饲养羔羊的成本，提高经济效益。羔羊一般可在 70 日龄左右时断奶。

4. 羔羊培育方案

西北农林科技大学萨能羊原种场经过多年的生产实践制定了一套切实可行的羔羊培育方案(表 9-15)。

表 9-15　羔羊哺乳期培育方案

日龄	日增重/g	哺乳次数	日喂量/g	混合精料* 日喂量/g	青干草 日喂量/g	青草或块茎类日喂量/g
1～5	150	自由				
6～10	150	4	880			
11～20	150	4	1 200	30	60	
21～30	150	4	1 400	30	70	50
31～40	150	4	1 400	60	80	80
41～50	150	4	1 400	90	100	100
51～60	150	3	1 050	120	120	150
61～70	150	3	900	150	140	200
71～80	150	2	600	180	170	250
81～90	140	2	400	220	190	300
91～100	140	1	200	240	210	300
101～110	140			270	230	350
111～120	140			300	250	350

*：混合精料主要原料有玉米、小麦麸、菜籽饼、大豆饼、食盐、白糖和复合微量元素、维生素等。

在体重达到 8 kg 以前，哺乳量随体重的增加而增加；体重为 8～13 kg 时，哺乳量应逐渐减少，而增加草、料的喂量；体重 18～24 kg 时即可断奶。整个哺乳期母羔的日增重不低于 150 g，公羔不低于 180 g。日增重过高(250 g 以上)，导致肥胖，影响生产性能和体型结构。

哺乳期内，如能补饲优质豆科干草和品质好的精料，只要能达到各阶段增重指标，也可以酌情减少喂奶量，或缩短哺乳期。

(二)青年羊的培育

1. 青年羊的生长发育特点

(1)生长发育速度快　断奶后至配种前的羊叫青年羊。青年羊全身各系统和各组织均处于旺盛生长发育阶段，与骨骼生长发育密切的部位仍在继续增长，如体高、体长、胸宽，胸深增长迅速，头、腿、骨骼、肌肉发育也很快，体型变化明显。

(2)瘤胃的发育更为迅速　6 月龄的青年羊，瘤胃迅速发育，容积增大，占胃总容积的 75％以上，接近成年羊的容积比。

(3)生殖器官的变化　青年羊 6 月龄以后即可表现正常的发情，卵巢上出现成熟卵泡，达到性成熟。9 月龄左右时达到体成熟，可以配种。青年羊开始配种的体重应达到成年母羊体重的 60％～70％。

2. 青年羊的饲养要点

青年羊的饲养是否合理，对体型结构和生长发育速度等起着决定性作用。饲养不当，造成羊体过肥、过瘦或某一阶段生长发育受阻，出现腿长、体躯短、卷腹等不良体型。

(1)适当的精料营养水平　青年羊生长发育及组织器官发育均很快，仍需注意精料喂量。有优良豆科干草时，日粮中精料的可消化粗蛋白质含量应维持在 15％～16％。混合精料中的能量水平为日粮能量的 70％左右为宜。每日喂混合精料以 0.4 kg 为宜，同时还需要注意矿物质如钙、磷和食盐的补给，此外，青年公羊由于生长发育比青年母羊快，所以精料需要量多于青年母羊。

(2)合理的饲喂方法和饲养方式　饲料类型对青年羊的体型和生长发育影响很大。优良的干草，充足的运动是培育青年羊的关键。给青年羊饲喂大量而优质的干草，不仅有力地促进消化器官的充分发育，而且培育的羊体格高大，乳用型明显，产奶多。充分运动可使其体壮胸宽，心肺发达，食欲旺盛，采食多。具有发达消化器官和心肺的青年母羊才有可能成为高产羊。

半放牧、半舍饲是培育青年羊最好的方式。对青年羊进行放牧饲养，可以吸收新鲜空气，接受充足的阳光照射和得到充分的运动。

(3)适时配种　青年母羊一般可以在满 8～10 月龄后，体重达到 35 kg 以上配种。青年母羊发情不如成年母羊明显和规律，所以要加强试情和注意观察，以免漏配。8 月龄前的公羊一般不要采精或配种，公羊配种需在 10 月龄以后，体重达 40 kg 以上才可进行。一般公羊的配种年龄应在 1～1.5 岁。

3. 青年羊的饲养方案

(1)以品质较差干草为主的饲粮　4～6 月龄青年羊，若自由采食品质较差的干草，精料的最大采食量不要超过 0.5 kg，其中每千克精料约含 6.0 MJ 净能及 160 g 可消化粗蛋白质。7～8 月龄的青年羊除自由采食干草外，饲喂 0.4 kg 精料，每千克精料中含 6.7 MJ 净能及 140 g 可消化粗蛋白质。9～10 月龄的青年羊，让其自由采食干草，补喂 0.3 kg 精料，每千克精料中含 6.7 MJ 的净能和 120 g 可消化粗蛋白质。

(2)以优质饲草为基础的饲粮　4～6月龄青年羊，若自由采食优质干草，精料最大采食量不超过0.4 kg，每千克精料含6.0 MJ净能和160 g可消化粗蛋白质。7～8月龄青年羊自由采食干草或青草，自由采食0.3 kg左右的精料，每千克精料中含6.0 MJ净能和130 g可消化粗蛋白质。9～10月龄的青年羊自由采食干草或青绿饲料，补喂0.1 kg精料，每千克精料中含6.0 MJ净能和100 g可消化粗蛋白质。

(三)初孕羊的饲养

初次配种怀孕到分娩的母羊称为初孕羊，即青年怀孕羊。

1. 初孕羊的生理特点

初孕羊仍处于自身生长发育阶段，同时也是胎儿各组织器官发生、形成和生长阶段。

青年母羊怀孕后1个月是胚胎发育的关键时期。怀孕7 d左右，受精卵形成胚泡进入子宫，但处于游离状态，随着囊胚的发育，位置逐渐固定下来，胚泡的滋养层逐渐与子宫内膜发生组织与生理学上的联系，胚胎开始着床；怀孕15 d后，胚胎形成胎膜、胎盘，胎膜上的绒毛与子宫阜组织紧密结合；怀孕30 d左右，完成胚胎着床。怀孕后2个月内，胚胎发育缓慢，子宫在孕酮的作用下逐渐增生、扩展，血管分布增加，以适应胎羔生长，此后，胎儿的生长发育速度逐渐加快，分娩前达到最高。奶山羊怀孕最后2个月内胎儿的增重占羔羊初生重的80%以上。怀孕后期初孕羊的乳房发育显著，临产前可以挤出少许乳汁。母羊怀孕后代谢水平提高，食欲增加，消化吸收能力加强。

2. 初孕羊的饲养要点

初孕羊除胎儿生长发育外，体组织仍在增长，需要一定的营养物质，因此需要制定合理的饲养管理措施，保证供给充足的营养和胎儿的健康发育，为日后产奶打下良好基础。初孕羊营养缺乏会导致胎儿生长发育减缓、活力不足、自身生长受阻、体况差，但也要防止过肥而造成难产或产后代谢疾病等不良后果。

青年母羊怀孕的前3个月，胎儿发育较慢，对营养物质的总需要量不大，但是由于自身正在生长发育，因而对营养物质要求要比经产母羊要高。饲料质量要上乘，以优质青粗饲料为主、精饲料为辅，尤其保证能量、蛋白质、矿物质元素和维生素A、维生素D、维生素E的供给，缺硒地区还应注意补硒。如果营养不良或缺乏某些养分不仅会影响自身的生长发育，还会影响胚胎着床，导致胚胎死亡和发育畸形。因此，应均衡供应饲料养分。放牧条件下应根据草场质量，适当补饲精饲料。该阶段可以参考青年羊的饲养方法，根据体重大小，混合精料的采食量为0.3～0.5 kg，每千克精料含6.0 MJ净能和160 g可消化粗蛋白质。管理上重点做好保胎工作，预防早产和流产；保证有充分时间采食青粗饲料，饮水、光照充足，舍饲条件下每天进行适当的驱赶运动，增强体质，减少难产或其他产后疾病的发生，另外，还可以进行乳房按摩，促进乳腺发育。

初孕羊分娩前2个月胎儿迅速生长需要大量的营养物质，精饲料的供应量应逐渐加大，同时母羊可以贮存一定的营养物质，保证产后的正常泌乳。怀孕期体况较好的母羊产后泌乳量高，羔羊的初生重、断奶重大。有条件的养殖场和养殖户应提供优质青粗饲料，还可补饲少量胡萝卜等多汁饲料，混合精料采食量为0.4～0.6 kg，每千克精料含6.0 MJ净能和180 g可消化粗蛋白质。管理上重点做好预防流产工作，保持初孕羊良好的产后体况。要加强产前运动，有效减少难产，但要避免强制驱赶运动，防止早产，在运动场提供清洁饮水；初孕羊分娩前乳腺处于快速发育阶段，可以增加每天按摩乳房的次数，每天两次，每次3～5 min，产前两周时停止，按摩乳房时注意不要擦拭乳头，否则可能会导致病原菌侵入乳头引起乳房炎或产后乳头坏死。

（四）泌乳羊的饲养

1. 泌乳羊的生理特点

奶山羊的产奶性能是体现经济效益的重要指标。奶山羊一个泌乳期的产奶量相当于体重的10～15倍，生产力很高。奶山羊每产1 kg奶需要流经乳腺的血液达400～500 L，日产鲜奶3 kg的奶山羊，则在24 h内流经乳腺的血流多达1 200～1 500 L，鲜奶中含有丰富的蛋白质、脂肪、乳糖和矿物质等，因此对日粮中营养物质数量和质量的要求较高。

奶山羊泌乳期一般为8～10个月，在正常饲养管理条件下，母羊的泌乳高峰在产后40 d左右。低产奶羊泌乳高峰出现较早，在产后20 d左右，泌乳高峰维持时间短，产奶量下降的快。高产奶羊泌乳高峰出现较晚，在产后40～50 d，泌乳高峰维持时间长，下降较慢。泌乳羊的产奶规律是，第2～3泌乳月的产奶量最高，以后逐渐下降，产奶量上升和下降幅度大小与母羊营养水平、体况和气候变化等有关。羊奶乳脂率的变化规律与泌乳量正好相反，产奶初期乳脂率高，产奶量上升，则乳脂率渐减；泌乳高峰时，乳脂率最低；泌乳末期产奶量减少时，乳脂率又稍有增加。

奶山羊泌乳期间营养物质消耗量很大，在生产中应根据产奶量和乳成分确定营养需要量，以满足不同生产水平羊群产奶所需的各种营养物质，如能量、蛋白质、纤维素、矿物质和维生素等。此外，还要考虑日粮的适口性、精料和粗料比例、饲喂方式等因素，以保障羊只能吃下定额饲料，提高生产力，并确保羊只健康。

2. 泌乳羊的饲养要点

泌乳羊的饲养应按照泌乳规律进行阶段饲养。奶山羊的泌乳期分为四个阶段，即泌乳初期、泌乳盛期、泌乳中期和泌乳末期。不同阶段的饲养方法有所区别。

（1）泌乳初期（产后至30 d）　奶山羊分娩之后，一般胃肠空虚，常感到饥饿，食欲渐趋旺盛，但消化力弱。在此期间，日粮中养分供给不足，不会影响产奶量的上升，因为可以动用干奶期内贮存于体内的养分，因此，产后几天应以优质嫩干草为主要饲料，自由采食。尤其对体况较肥、乳房膨大过甚，消化不良者，切忌过快增加精料。体况消瘦、消化力弱、食欲不振、乳房膨胀不够者，可以少喂些淀粉多的薯类饲料。产后喂给大量难以消化的精料，易引起肠胃消化紊乱，造成食滞或慢性肠胃疾患，轻者影响本胎次的产奶量，严重者影响终生产奶量。所以在干乳期间体况恢复良好的奶山羊，要缓慢地增加精料，直到10～15 d之后，再按泌乳羊的饲养要求饲喂。

（2）泌乳盛期（31～120 d）　此期奶山羊体内贮存的各种养分不断消耗，体重也不断减轻，应尽量利用优质的饲料。除喂给相当于体重2%的优质干草外，要增加青草、青贮料和部分块根、块茎类等多汁饲料，但要防止拉稀。能量或可消化蛋白质不足部分，再用混合精料补充。泌乳盛期应尽量增加采食量，可通过改变日粮的适口性、消化性，羊只进行适当运动，增加其采食次数等措施，确保羊能吃下定额的草料。在泌乳盛期，任何减少营养的做法，将使整个泌乳期的产奶量降低。这一阶段的饲养与其生产潜力密切相关，对高产者，养得好，此期尚可延长。

在奶山羊生产中，为获得较高的产奶量，应注意粗饲料和精料的比例。应以干物质计，精粗料适宜比例为1∶1。粗饲料应喂给优质青贮饲料和青干草。如果粗饲料品质差，营养水平过低，就造成盲目增加精料，精料饲喂量过多，将会发生瘤胃酸中毒和乳脂率下降。日粮中应有适量的纤维素(15%～17%)。每天均衡地饲喂干草,可使其瘤胃的酸碱度更为稳定,从而减少消化道的疾病。

(3)泌乳中期(121～210 d)　奶山羊产奶量开始下降,而采食量增大,这一阶段是开始恢复泌乳高峰期用于产奶而失去的体重,粗饲料和精料的比例以 65∶35 为好。优质玉米青贮可作为恢复体况的主要粗饲料来源。这个阶段采取有效的措施,保证全价饲料供应,加强运动,自由饮水,正确挤奶,精细管理,即可减缓奶量下降,保持稳产。

(4)泌乳末期(211 d 以后)　奶山羊进一步恢复在泌乳高峰期中失去的体重。母羊产羔 210 d 以后,泌乳量下降较快,并且逐渐进入发情配种期,食欲降低,此期的后期,大部分母羊已怀孕,因此,粗料和精料仍按 65∶35 的比例,粗料中豆科牧草应占 50%,再搭配青草或青贮料。同时,根据其营养状况逐渐减少精料,如精料减之过急,常会造成泌乳量迅速下降,但也要防止过肥。

多汁饲料有助于提高奶山羊的产奶量,但在大量喂给同一种多汁饲料时,奶中会出现饲料味;喂给含糖类丰富的多汁饲料(甘薯、南瓜等),使乳脂率提高,喂大量蔬菜,则使乳脂率降低。

玉米青贮和豆科干草配合,或玉米和豆科作物混合的青贮料,可以提高产奶量和改善奶的品质,但青贮料喂量要适量,防止酸中毒。饲料中蛋白质供给不足时,除产奶量下降外,乳脂肪、乳蛋白质和干物质含量均减少。喂给青贮料比重过大而碳水化合物含量不足时,不利于饲料氮的吸收。

(五)干奶羊的饲养

1. 干奶羊的生理特点

母羊怀孕后 2 个月,由于身体内分泌机能发生变化,产奶量迅速减少,最后停止泌乳,从停止泌乳到产羔前的这段时间在生产上称为干奶期。奶山羊干奶期一般为 60 d 左右。处于干奶期不产奶的奶山羊即为干奶羊。干奶羊的饲养是否合理,不仅影响母羊的体况和胎儿的生长发育,而且也影响下一个泌乳期的产奶量。干奶母羊虽然不产奶,但正值怀孕后期,胎儿发育较快,需要充足的营养物质满足胎儿的生长发育。干奶羊在干奶期内乳腺可以得到充分休息,并蓄积一定的营养,补偿泌乳期养分的消耗,恢复母羊体况,为下一个泌乳期贮积足够的营养物质,满足泌乳盛期的产奶需要。

2. 干奶羊的饲养要点

干奶羊的饲养标准高于同等体重羊的维持营养需要。营养良好的奶山羊,饲草和精料比以 85∶15 为宜,防止过肥,在干乳期开始的 5～6 周,给予一般质量的青干草和少量的精料,保持中等体况,不宜采食钙含量过高的苜蓿干草,以免诱发产褥热(产后瘫痪)。另外,应限制日粮钙的摄食量,在产前 2 周为低钙日粮(0.2%～0.3%),产后再用高钙日粮(0.6%～0.7%),可预防产后瘫痪。如以全株玉米青贮作为干奶期的基础日粮,则每 50 kg 体重给以 3 kg 玉米青贮,采食过多,会造成母羊过肥。

干奶期饲喂往往出现不足或过量的情况,饲喂不足会造成羔羊体质弱和产后母羊产奶量低的现象;饲喂过量的奶山羊,容易发生难产、代谢失调和易患传染病等现象。母羊体脂过多,产后食欲较差,出现营养缺乏,除产奶量降低外,还引起代谢疾病。

(六)种公羊的饲养

1. 种公羊的生理特点

种公羊一年四季均可配种,但只有在母羊发情时才有性欲表现。繁殖季节公羊性欲比较旺盛，精液品质好。非繁殖季节，种公羊性欲减弱，食欲逐渐增强，这个阶段应加强种公羊饲养，使其体况恢复，精力充沛。夏季天气炎热，影响采食量，8月下旬日照变短，配种季节来临，性欲随之旺盛，若营养不良，则很难完成秋季配种任务。配种期种公羊性欲强烈，食欲下降，很难补充身体消耗，因此要尽早加强营养，才能保证配种季节种公羊性欲旺盛、精液品质优良、体况良好、利用年限长。

种公羊精液中除水分外，大部分为蛋白质，同饲料中蛋白质的品质关系很大，另外还需要维生素A、维生素E和钙、磷等矿物质，要获得高质量的精液必须从饲粮中供给足量的营养物质。

2. 种公羊的饲养要点

种公羊的饲养管理根据其生理特点，可分为配种期和非配种期两个阶段。

(1)配种期饲养　配种期公羊，精神处于兴奋状态，不安心采食，所以这个时期的饲养要特别精心，少给勤添，注意饲料的质量和适口性，必要时补充一些富含蛋白质的动物饲料，如鸡蛋、牛奶等，以补偿配种期营养的大量消耗。配种季节要合理利用。一般每日配种或采精两次，即上午一次、下午一次，6 d后休息1 d。在配种期，当年的小公羊要与成年公羊分圈饲养。

(2)非配种期饲养　非配种期的饲养是保证配种期种公羊体况的基础。在非配种期，有条件的地方要进行放牧，适当补饲豆类精料，增强体质，改善体况。一般一个配种期公羊体重要减少10%～20%，体况差的公羊难以完成配种任务。因此，在配种季节来临前2个月就应加强种公羊饲养，并逐渐过渡到高能量、高蛋白质的饲养水平。

配种季节或非配种季节，种公羊都要坚持运动，经常修蹄，刷拭，对小公羊还应坚持按摩睾丸，促进其生长发育。

第三节　奶山羊的管理

一、挤奶

挤奶包括机器挤奶和人工挤奶两种方法，下面将分别介绍。

(一)机器挤奶

在欧美发达国家奶山羊生产中早已普遍采用机器挤奶，近年来，我国奶山羊主产区已经开始建设机器挤奶的奶山羊养殖小区，大、中型奶山羊场多采用机器挤奶。机器挤奶一般配有不同规格的挤奶间，挤奶间的构造比较简单，配置8～12个挤奶杯，挤奶台距地面约1 m，以挤奶员操作方便为宜。挤奶机的关键部件为挤奶杯，其设计是根据奶山羊的泌乳特点和乳头构造，发育良好的乳房围度为37～38 cm，乳头长短适中，过小不利于操作，乳头距挤奶台面的距离应在20 cm以上，否则容易造成奶污染。奶山羊机器挤奶的挤奶速度很快，3～5 min内即可完成，2 min内的挤奶量大约为产奶量的85%。目前研制和使用的奶山羊挤奶机每小时可挤100～200只奶山羊。

(二)人工挤奶

小型奶山羊场或农户饲养多采用人工挤奶。挤奶前首先应剪掉乳房周围的长毛，并用45～50℃的温水浸泡毛巾，擦洗乳房，促进血液循环，有利于乳的合成与排出，然后用干毛巾擦干，以保持奶的清洁，并对乳房进行充分按摩，按摩时要前后、左右对揉，可迅速引起排乳反射，这样不仅有利于挤奶而且会促进乳腺发育，提高生产力。最初挤出的几把奶应弃掉或用作乳房炎检查，然后以轻快动作，均匀地将乳汁挤入奶桶中，待大部分乳汁排出后，再按摩数次，将乳挤净，不留残乳。

常用的人工挤奶方法有压榨法（拳握法）和滑榨法（指挤法）。实践证明，前者符合奶山羊的生理特点和乳房发育。具体操作时先用拇指和食指握紧乳头基部，防止乳汁回流，手的位置不动，然后用中指、无名指和小指一起向手心收握，把奶挤出，挤奶时要用力均匀，动作轻快，使羊有舒适感。挤奶时要用两只手分别握住两个乳头，两只手不要同时挤压或放松，要一个放松，一个挤压，交替进行。对于奶眼紧、奶流小的山羊乳头，在挤奶前用手指轻轻捻动乳头尖，使括约肌放松，这样便于乳汁排出。乳头过长的，手应握在乳头下端，乳头下部应与拳头相齐或稍露出乳头（图 9-1）。

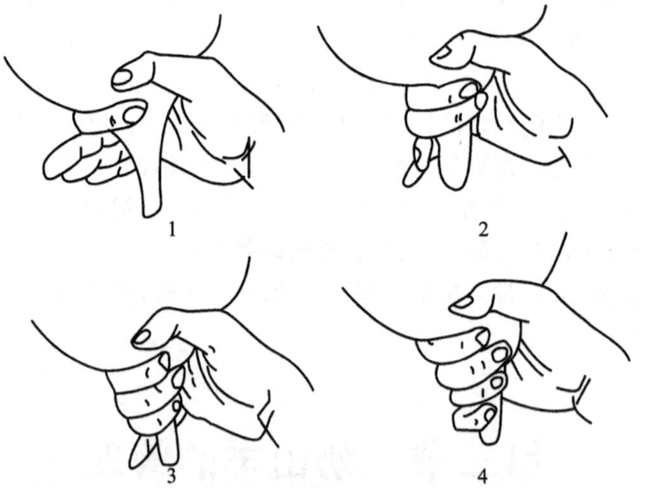

图 9-1　拳握式挤奶示意图

另一种方法称滑榨法或指挤法。挤奶时用拇指、食指和中指三指指尖捏住乳头，从上向下滑动，将乳汁挤出。

无论使用哪种方法，挤奶结束前，应再次按摩乳房，以便将乳汁挤净。此外，挤奶时要求保持挤奶室安静清洁，挤奶员要经常修剪指甲，避免损害羊乳房。对奶山羊态度要温和，不许随意打骂，惊吓羊只，挤奶时要专心致志，尽快完成挤奶过程。挤奶要有一定的时间、次数和顺序，不要随意提前或推后，日挤奶次数应根据产奶量确定，一般 2～3 次，这样便于使羊形成条件反射，提高产奶量。

一般中、小型奶山羊场都配合采用挤奶架（图 9-2）进行人工挤奶。

二、去角

去角可以防止羊争斗时受伤，奶山羊去角可给管理工作带来不少方便，去角时一般需要两人，其中一人保定羔羊，另一人进行去角操作。常用的去角方法有下列几种。

（一）化学去角法

就是用苛性钾（钠）去角，去角一般在羔羊生后 5～10 d 内进行。新生羔羊如果有角，其角蕾部分的毛呈漩涡状，手摸时有硬而尖的突起，若无角时头顶没有旋毛，凸起钝圆。去角需两人配合进行，一人固定头部，使其不能乱动，另外一人去角，首先应将角蕾部分的毛剪掉，周围涂上凡士林，以防苛性钾(钠)溶液流出，损伤皮肤和眼睛。准备工作做好后，取棒状苛性钾(钠)一支，一端用纸包好，可防止烧伤手指，便于手握，另一端在角蕾部分旋转摩擦，应由内到外，由小到大，反复进行。摩擦时间不能过长，摩擦的位置要准确，磨面要大于角基部。如摩擦面过小或位置不正，往往会出现片状短角。磨面过大会造成凹痕和眼皮上翻。去角后，要擦净磨面上的药水和污染物，随母羔羊半天内不应让其接近母羊，以免烧伤母羊乳房。

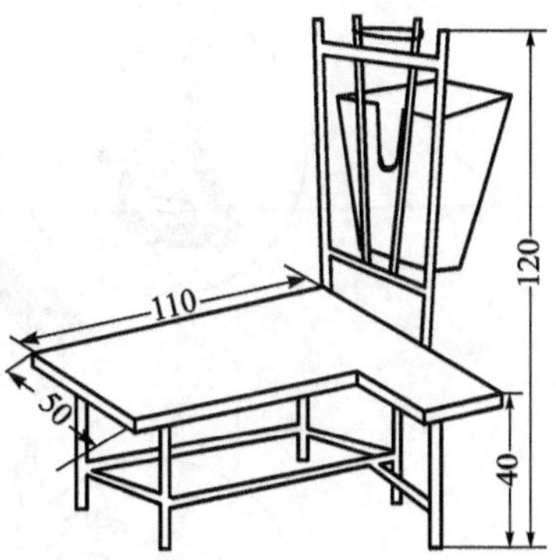

图 9-2　挤奶架示意图

(二)烙铁去角法

羔羊出生后 5～7 d 内可用烙铁去角。其方法是用长 8～10 cm、直径 1.5 cm 铁杆，焊上一个把，在火上烧红取出后，略停片刻，待红色变成蓝色时，绕着羔羊角蕾烧烙。其保定方法与化学去角法相同，此法速度快，出血少，值得推广。亦可采用电烙铁去角。

(三)简易烧烙去角法

对于农村的奶山羊饲养专业户来说，这种方法十分实用。可用 8 号铁丝一段，一端做成 2 cm 直径的圆形烙铁头，另一端套上一段木棒或竹竿作为手柄(图 9-3)。操作时将烙铁头放入炭火，烙铁很快就被烧红，同时保定好羔羊，迅速把烧红的烙铁头套在羔羊的角芽上，向羔羊头部推进并转动，此后保持 10～20 s 即可。此法容易掌握，去角器制作简单，值得推广。

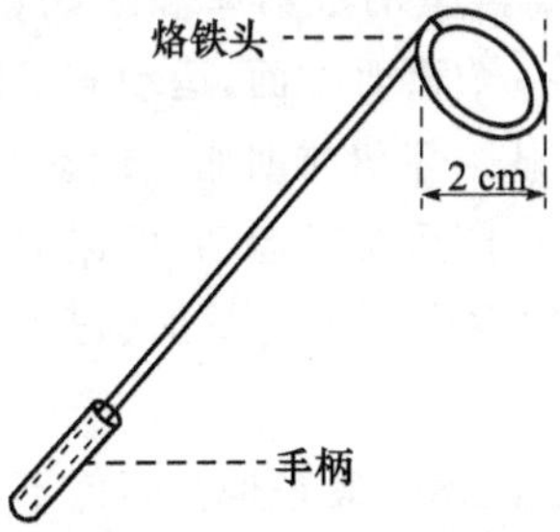

图 9-3　简易去角器示意图

(四)机械去角

就是用手术刀从角基切掉角蕾。对于去角不彻底，以后重新长出的残角可用钢锯锯掉。

三、修蹄

蹄子是皮肤的衍生物，不断生长，所以必须经常修蹄。长期不修蹄，不仅影响行走，而且会引起蹄病，使蹄尖上卷、蹄壁裂开、四肢变形，甚至跪下采食，严重时公羊不能配种，失去其种用价值，母羊产奶量下降。修蹄最好在雨后进行，这时蹄质变软，容易修理，修蹄时需要保定好羊，用修蹄刀切削，当看到微血管时就立即停止，一旦发生出血，可用烧烙法止血，修好的蹄底部应平整，形状方圆，站立端正。变形的蹄子，需经几次修理才能矫正，不可操之过急。舍饲羊每 2 个月应修蹄一次，其操作方法如图 9-4 所示。

四、刷拭

经常刷拭可使羊体清洁，促进皮肤健康和新陈代谢，有利人畜亲近，从而便于管理。刷拭还可提高泌乳能力，保持奶品清洁。刷拭可用鬃刷或草根刷，从上到下，从左到右，从前到后，按照毛丛方向有顺序地进行。注意除去毛皮上的泥土和粪便，保证被毛清洁光顺。

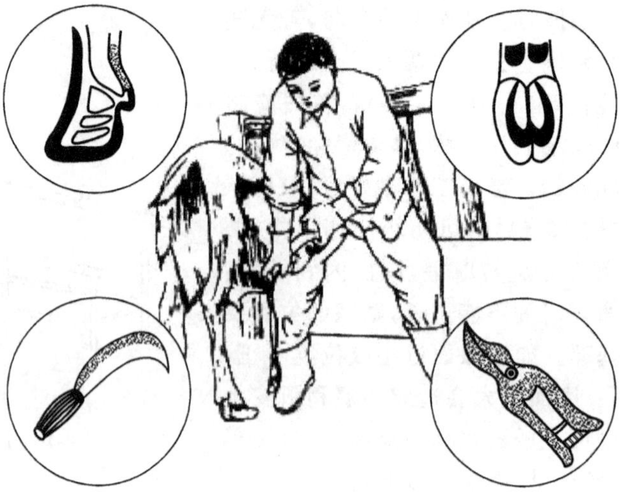

图 9-4　奶山羊修蹄示意图

五、运动

经常运动可以促进奶山羊的新陈代谢，增强体质，提高抗病力，增进食欲，促进消化和吸收，从而有利于奶山羊生长发育和提高产奶量。哺乳期羔羊加强运动，可使其吃奶多，消化吸收好，还可以增进机体的代谢水平，增进健康，防止拉稀，有利于提高羔羊的成活率和断奶重。青年羊加强运动，有助于骨骼的发育。充足的运动是培育青年羊的一个重要方面，运动充足的青年羊，胸部开阔，心肺发育好，消化器官发达，体格高大，乳用型明显。怀孕前期加强运动，可以促进胎儿的生长发育，怀孕后期坚持运动，可防止乳房水肿和难产，产后及时运动，可以促进子宫提前复位。高产羊坚持运动，可以增强心肌机能，减少心脏病的发生。种公羊加强运动，则性欲旺盛，受胎率提高。

无放牧条件的羊群可进行驱赶运动，每天不少于 1 h。羔羊自由运动时最好是在高低不平的土丘或假山上进行。农村舍饲奶山羊，其羔羊不宜拴系过早，青年羊、成年羊要牵引运动或创造放牧条件，但运动量不宜过大，驱赶运动不得超过两小时，严寒、大风沙和炎热的天气要减少运动量或不进行驱赶运动和放牧。

第四节　山羊奶加工

羊奶是奶山羊的主要产品。羊奶的营养成分与牛奶无显著差异，但因具有易消化和抗过敏等特点而正在成为人们所追求的高档乳品之一，发展前景广阔。国外的山羊奶主要用于制造奶酪等优质乳制品，我国的山羊奶除部分鲜食外，大多用于制造加工奶粉，销往沿海城市或国外，羊奶加工业对奶山羊业具有重要带动作用。

一、羊奶膻味及控制方法

（一）羊奶膻味的来源

膻味是山羊本身所固有的一种特殊气味，是山羊代谢的产物。山羊奶的膻味与乳脂肪中己酸、辛酸和癸酸等短链游离脂肪酸含量有直接关系，膻味大小与品种、年龄、遗传、泌乳阶段、饲料种类等因素有关。

挪威农业大学从试验的山羊中，收集了404个奶样，按膻味大小分为两组，奶样经过脂肪酸含量分析和进行膻味强度评定，发现两种羊奶的膻味值与游离脂肪酸含量有关，膻味随游离脂肪酸含量的增加而增强。

羊奶的吸附性很强，特别是在刚挤出的奶温度下降时，它会很快吸收外界的不良气味。公羊的气味、不良的圈舍以及有特殊气味的饲料，均会影响山羊奶的气味。

(二)膻味的化学基础和遗传基础

羊奶中的短链脂肪酸(C_4～C_{10})含量较高，其含量占所有脂肪酸的15%，而牛奶仅占9%。羊奶中游离脂肪酸的含量也远高于牛奶。在羊奶及其制品中，短链脂肪酸及游离脂肪酸的含量与膻味强度间呈明显的正相关。众多研究表明，山羊奶中短、中链的游离脂肪酸如C_6、C_8、C_{10}和4-乙基辛酸等一些支链脂肪酸是造成羊奶和羊奶制品膻味的主要原因。山西农业大学孟宽敏等(1996)将化学纯C_{10}配成不同梯度含量溶液以及将其按不同比例配成的混合溶液添加到猪肉馅中，观察其猪肉香肠的膻味程度，结果是C_{10}添加量在4～5 mg/kg时，其他两种脂肪酸C_6、C_8和其配比为0.5∶1∶8，并在一定的条件下结合成稳定的络合物或缔合物时，才能使猪肉香肠呈现出一定的膻味，从而证明C_{10}确实是致膻的主要成分之一，而且必须有C_6、C_8脂肪酸存在时才能呈现典型的膻味。

挪威科学家的研究表明，膻味可以遗传，其遗传力为0.25，膻味经长期选种可以发生变化。

(三)影响膻味的因素

人们对羊奶膻味的喜好依饮食习惯、饮食心理以及民族、味感等不同而有差异。在挪威、法国等国，人们特别喜欢由羊奶制成的奶酪。因此，在这些国家，羊奶的价格高于牛奶。

羊奶膻味的强度受到很多因素的影响，如品种(遗传)、年龄、季节、产奶量、泌乳期、饲料及乳脂蛋白脂肪酶(LPL)的活性大小等。一般来说，高产品种羊奶的膻味较小，地方品种羊奶膻味较大；不同季节羊奶膻味也有差异，3月份最高，以后逐渐减少，6～7月份最小；青年羊比老龄羊奶膻味大，2岁羊最大，3岁以后逐渐减少；刚挤出来的羊奶膻味较小；饲喂青贮的比饲喂干草的羊奶膻味小；放牧饲养比舍饲饲养的羊奶膻味小。

(四)膻味的控制

(1)生物脱膻 就是在羊奶中加入乳酸菌一类微生物，通过发酵产生香味掩盖羊奶膻味。如生产酸奶、干酪，就可以脱膻。

(2)高温脱膻 产生膻味的化学物质是具有挥发性，可通过高温处理，使膻味的主要成分挥发出来，从而降低膻味强度。该法采用蒸汽直接喷射脱膻。其原理是用减压蒸发来减少羊奶中挥发性脂肪酸的含量，达到脱膻的目的。

(3)鞣酸脱膻 煮奶时加入少许茉莉花茶，煮开后，将茶叶滤除，即可脱去羊奶膻味。这种方法处理的羊奶，色泽虽略微发黄，但奶质不受影响，而且清香可口，别具风味。

(4)杏仁酸脱膻 煮奶时同时放入少许杏仁、橘皮、红枣，不仅气味芳香、顺气开胃，而且还可大补气血，成为老人、病人理想的滋补品。

(5)脱膻剂脱膻 就是在奶中加入定量的脱膻剂达到脱膻效果。对所选择的脱膻剂，必须是经国家批准使用的安全食品添加剂，加入该物质后不能使乳汁凝固，不能破坏羊奶原有的营养成分，不能产生异味，并保持原奶的天然香味。

二、山羊奶的检验

1. 常规检验

在生产中主要检验和分析以下指标。

(1)颜色　新鲜羊奶呈白色且不透明。在青草期，奶山羊所产羊奶色泽要深一些。初乳比常乳的颜色要深。若羊奶出现其他异常颜色，说明奶已变质，不能饮用。如出现粉红色、青灰色则为乳房炎乳；呈黄褐色，则可能混有土块一类杂物；呈淡青色，则可能加有食盐、水或面汤等，以上都为异常乳，不能收购。

(2)气味　正常新鲜羊奶略带豆香味，加热时香味更浓。但羊奶气味常随外界环境和饲料的改变而变化，在繁殖季节，若公羊舍距离成年母羊舍较近，则羊奶的膻味更大。刚挤出的新鲜羊奶要及时冷却，加盖封存，并贮于低温、清洁的场所。饲养奶山羊时，切忌喂给大量葱、韭菜、紫云英等含有挥发性物质的饲料，以免羊奶中带有此类不良气味。收奶时若发现气味异常，如强烈的膻味、尿臊味、韭菜味等，应拒绝收购。一般在嗅闻气味的同时，还常常用口尝其味道，可以简便准确地检出掺盐、碱、尿素等异物的不合格羊奶。

(3)比重或密度　比重或密度是衡量奶中干物质含量多少的一个重要指标。比重是指在15℃时羊奶的重量与同体积水的重量之比；羊奶的密度是指在20℃时羊奶的质量与同容积水的重量之比。比重和密度的绝对值差异很小，几乎可以通用。比重计是以15℃为标准。以比重计测定方法为例，一般用比重计在15℃的鲜奶中测定。先将比重计放入15℃的羊奶中，然后读出比重计上的数值，换算为鲜奶的比重。如比重计的读数为30，则该羊奶的比重为1.030；读数为32，则该羊奶的比重为1.032。如果所测羊奶的温度不是15℃，则需进行校正，即羊奶的温度每升高或降低1℃，比重需增加或减少0.000 2。

例如，在室温为16℃时测出16℃羊奶的比重为1.031，校正后的羊奶的标准比重为 $1.031-0.0002\times(15-16)=1.031-(-0.0002)=1.0312$。

为防止奶中掺水，收奶时应测定奶的比重。在15℃时，正常鲜奶的比重为1.034(1.030～1.037)。如掺水10%，则比重约降低0.003。山羊奶比重为1.030，加水10%后，比重降为1.027。

(4)新鲜度　新鲜度测定可检查羊奶的污染程度。羊奶放置时间过长，则乳酸菌会大量繁殖，致使酸度升高，影响加工成的乳制品的质量。生产上常用的新鲜度检测方法仍是酒精阳性反应法，虽其检验灵敏度和特异性不强，但由于检验速度快，手续简便，在生产中仍广泛使用。检验羊奶新鲜度时，用刻度吸管吸取60%的酒精2 mL，置于洁净干燥的玻璃试管中，用另一吸管吸取待测羊奶2 mL，注入试管中混匀，不出现蛋白质凝固的羊奶即为新鲜奶，出现凝固现象(阳性反应)的为不合格羊奶。

除上述的新鲜度测定方法之外，还有以下两种方法：

①滴定法。羊奶的新鲜度即酸度常用滴定法测定。取一定量的羊奶，以酚酞作指示剂，再用一定浓度的碱液(通常为0.1当量的氢氧化钠)来滴定，所消耗的碱液毫升数即为滴定酸度。

羊奶的滴定酸度一般用吉耳涅耳度表示，符号为“°T”。测定时先取10 mL羊奶，用20 mL蒸馏水稀释，加入0.5%的酚酞指示剂0.5 mL，用0.1 mol/L的氢氧化钠溶液滴定，将所消耗的氢氧化钠毫升数乘以10，即为中和100 mL羊奶所需的0.1 mol/L的氢氧化钠毫升数。消耗 1 mL 为 1 °T，也称 1 度。新鲜羊奶的酸度为 16～19 °T。

②加热法。这种方法简易可行，主要利用羊奶酸度与凝固时的温度关系来判定羊奶的酸度。酸度与凝固温度之间的关系如表 9-16 所示。

表 9-16　乳的酸度与凝固温度的关系

乳的酸度/°T	凝固条件	乳的酸度/°T	凝固条件
18	煮沸时不凝固	40	加热至 63℃时凝固
20	煮沸时不凝固	50	加热至 40℃时可凝固
26	煮沸时能凝固	60	22℃自然凝固
28	煮沸时能凝固	65	16℃自行凝固
30	加热至 77℃凝固		

2. 微生物检验

羊奶不仅是营养价值高、易于消化吸收的理想食品，而且也是微生物的培养基。羊奶贮存过程中，微生物的大量繁殖会导致奶质变坏，因此鲜奶的微生物检验也很有必要。实际生产中多采用细菌计数的办法进行微生物检验。

(1)乳中总细菌数的检查

①美蓝还原试验法。此法能迅速判定乳中细菌的污染程度。美蓝褪色时间随其保存时间的延长由长变短。羊奶在室温 16.7℃下保存 24 h，每毫升奶中的细菌数不超过 50 万个，仍是合格奶；48 h 后，细菌数超过 400 万个，奶质则为下等。

②稀释倾注平皿法。此法比美蓝试验法准确。将稀释至适当浓度的定量奶样同营养琼脂培养基在培养皿中混合，在一定温度下培养，然后统计菌落数，从而测定出样品中的细菌总数。我国的轻工业标准中称作菌落总数，规定用普通琼脂培养基，但有些国家如日本则规定用酵母浸汁琼脂培养基。

(2)羊奶中大肠杆菌数的测定　羊奶中的大肠杆菌主要是由于鲜奶和乳头直接或间接地受粪便污染而造成的。大肠杆菌为致病菌，收购鲜奶时要严格检查大肠杆菌的数目。受污染的奶样，在室温条件下保存 48 h，每 100 mL 可检出大肠杆菌 250 个，84 h 可检出 25 000 个，间隔 36 h，细菌数增加 100 倍，可见其繁殖速度相当快，因此生产中，一定要防止粪便等污染鲜奶，造成大肠杆菌计数超标。

3. 羊奶掺假检验

有些不法生产者，为了达到盈利的目的，不择手段，采取各种办法，向奶中掺入其他物质增加重量，这样严重损害了消费者的利益，实际生产中应杜绝。下面将介绍几种掺假检验方法。

(1)掺水检查　在一些边远的收奶点，由于检验手段不完善，仅根据羊奶的重量或容积多少付款，使掺水的养羊户有机可乘。羊奶掺水后比重变小，掺水越多，比重降低越多，用比重计测量即可杜绝掺水现象。

(2)掺碱检查　羊奶在夏季存放过程中很容易酸败，为了掩盖酸度升高，防止羊奶因变酸而发生沉淀，经常发生向羊奶中掺入少量碳酸钠或碳酸氢钠的现象。掺碱后的羊奶味道苦涩，对细菌繁殖有利，影响人体健康。怀疑掺碱的羊奶可用溴麝香草酚蓝法检验。

取羊奶 5 mL，置试管中，并保持倾斜位置，沿管壁小心加入溴麝香草酚蓝乙醇液 5 滴，然后轻转试管，使其均匀混合，静置 2 min 后，观察试管中的颜色特征。未掺碱的羊奶为黄色，掺碱羊奶随掺碱量的增加，逐渐由黄绿色，经深绿、青色至深青色。

(3)乳房炎奶检查　乳房炎奶属异常奶，不能出售，一旦掺入正常奶中会造成更大的损失，可用专用试剂检查乳房炎奶。取试剂 4～5 mL，加入等体积的可疑羊奶，若有乳房炎奶掺入，则在 20～30 s 之内，羊奶的颜色变为深蓝色。

试剂配制：取 0.25 g 联苯胺溶解于 50 mL 96%的酒精溶液中，加入 50 mL 3%的过氧化氢溶液，摇匀后再加入 1.5 mL 冰醋酸即可。

(4)掺盐检查　羊奶中掺入食盐可增加其比重，往往在加水后同时加入食盐。对怀疑掺盐的羊奶除用口尝外，还可用下列方法检查。取可疑羊奶 5 mL，置于 100 mL 的容量瓶中，稀释至刻度，摇匀。从容量瓶中取 10 mL 置于烧瓶中，加入 50 mL 蒸馏水，混匀，再加入 5 mL 浓硝酸、25 mL 0.1 mol/L 硝酸银标准液和 5 mL 硝基苯溶液，摇匀。最后加入 5 mL 硫酸铁铵指示剂(铁铵钒晶 10 g，蒸馏水 20 mL，溶解后加入 25 mL 浓硝酸，用水稀释至 100 mL)，用 0.1 mol/L 的硫氰酸铵滴定至终点。用这种方法可以定量地计算出羊奶中的含盐量。但操作时应避免阳光直接照射。

(5)掺尿素检查　吸取可疑羊奶 3 mL，加入 20 mL 试管中，分别吸取 1%的氢氧化钠溶液和浓硫酸各 1 mL 加入试管，待泡沫稍落时，加入 2～3 滴格里斯千试剂(酒石酸 89 g，对氨基苯磺酸 10 g，α-苯胺 1 g，小心缓慢地在研钵内研成粉末，置于棕色瓶即可)，混合，发现羊奶颜色没有变化，则为掺假尿素奶，正常羊奶的颜色为紫色。

(6)掺淀粉米汤检查　取可疑羊奶 5 mL 于 15 mL 试管中，加入 20%的醋酸 0.5 mL，使蛋白质凝固，收集滤液。取 1 滴滤液于玻璃片上，另取 1 滴碘液滴于滤液旁，并使液面相互接触，然后在白色背景下观察交界处颜色变化。掺入米汤或淀粉的羊奶呈蓝色，掺入糊精类物质的羊奶呈紫红色。

上述方法可检出鲜奶中掺入少量淀粉或米汤的情况，如果掺入量多，则可直接用可疑羊奶试验，不必凝固蛋白质收集滤液。

(7)掺蔗糖检查　掺入蔗糖的鲜奶比重增加。由于蔗糖与间苯二酸作用生成一种红色化合物，蔗糖遇钼酸铵发生蓝色反应，因此可用于确定羊奶中是否含有蔗糖。取可疑羊奶 1 mL 置于试管，加入 2 滴 10%间苯二酸酒精溶液和 3 mL 稀盐酸(2 水∶1 盐酸)溶液，摇匀，置沸水中 1 min，如显红色说明有蔗糖存在，此法灵敏较高，可检出 0.2%的蔗糖。

(8)掺豆浆检查　豆浆中含有皂角素，与氢氧化钠(或钾)作用生成一种黄色化合物，这样即可检查羊奶中是否有豆浆掺入。取可疑羊奶 2 mL 置于试管，加酒精乙醚混合液 3 mL，然后再加入 2.5%的氢氧化钠溶液 5 mL，混合均匀。静置 5～10 min，颜色呈黄色，说明有豆浆掺入。

(9)掺硫酸铵检查　对怀疑掺有硫酸铵的羊奶需分别对铵离子和硫酸根离子进行检查。给可疑羊奶中加入氢氧化钠少许，加热，用湿润的红色石蕊试纸接触产生的气体，试纸变蓝，证明有铵离子存在。另取可疑羊奶若干毫升，加入等量盐酸，静置片刻，过滤收集滤液，然后向滤液中加入 10%的氯化钡溶液数滴，若产生白色沉淀，证明有硫酸根存在。

(10)掺三聚氰胺检查　三聚氰胺性状为纯白色单斜棱晶体，无味，溶于热水，微溶于冷水，微毒。三聚氰胺进入人体后会发生取代反应，生成三聚氰酸，三聚氰酸和三聚氰胺形成大的网状结构，造成膀胱、肾结石，损害生殖、泌尿系统。羊奶中三聚氰胺的制样和检测方法与牛奶相同，包括高效液相色谱法(HPLC)和气相色谱质谱法(GC-MS)。

(11)掺棕榈油、油脂粉、植脂末类物质检查　植脂末和油脂粉是由棕榈油和糊精或饴糖及稳定剂等生产而成，其中含有葡萄糖成分。测定时可取一平板，取 10 mL 奶样注入平板中，然后取尿糖试纸一根，浸入奶样中 2 s 后取出，1 s 后观察结果。添加有植脂末和油脂粉时尿糖试纸会有颜色变化。随着添加量的增多，颜色由淡蓝向浅黄色、黄绿色、黄色逐渐变化。

三、山羊奶的处理与消毒

刚挤出的羊奶温度一般为 37℃左右，最适于微生物生长繁殖。如不及时处理，微生物将大量繁殖，导致酸度升高，羊奶也会很快变质。

（一）山羊奶的处理

1. 过滤

收集羊奶时，先将消毒好的纱布折成两层，绑在奶桶口上，然后将奶徐徐倒入奶桶，即可滤去奶中的羊毛、泥土、皮屑、饲料、粪便等污物。

2. 冷却

刚挤出的新鲜羊奶及时冷却能够抑制奶中微生物的繁殖，保证羊奶的质量。冷却温度越低，抑制细菌繁殖的作用越大。鲜奶保存期长短与羊奶受污染程度和温度及外界气温等有关。冷却羊奶可采用以下几种方法。

（1）水桶（箱）冷却法　此法简易可行，特别适用于小型奶山羊场和饲养户，能使奶温冷却到接近所用水温。其方法是根据产奶量多少购买或自制一个较大的圆形或方形水桶，先向桶中放入冷水或冰水，然后将装满羊奶的容器放入水桶中，为加速羊奶冷却和使羊奶冷却均匀，应定时搅拌羊奶，并及时更换桶中的水。桶中的水量一般为被冷却奶的 4 倍，每隔 2 d 可将水全部更换、清洗。每次挤奶后应随时将奶桶浸入水桶中冷却。

（2）冷排冷却法　指用冷排冷却器冷却羊奶的方法。冷排冷却器的构造简单，价格低廉，冷却效率高，适用于收奶点和中小型奶山羊饲养场使用。冷排冷却器是由上下两个配槽和中间一排管子组成，冷却水自冷却器的下部向上通过冷却器的每根冷排管内部，以降低冷却器表面温度，奶从上面配槽底部细孔流出形成薄层，流经冷却器排管表面而降至较低温度，最后流到贮奶槽。

（3）浸没式冷却法　是用浸没式冷却器将羊奶冷却的方法。浸没式冷却器里边带有离心搅拌器，可以调节速度，并带有自动控制开关，能定时自动搅拌，不仅可使羊奶冷却均匀，而且防止稀奶油上浮。使用时可将冷却器插入水中或奶桶中进行冷却。

（4）喷射冷却法　这是一种简便实用的临时冷却方法。可用带孔的管子弯成一个圆圈，与自来水连接，从而达到流水冷却羊奶的目的。羊奶出售前应保存于 5～8℃的冷却水槽或奶桶中，以免温度升高，奶质变坏。

3. 保存

经过冷却的鲜奶，在条件许可的前提下迅速移入冷藏室内贮存，以防止奶的温度升高，若将奶冷却到 1～3℃时，可保存 36～48 h。奶的保存时间与冷却温度间存在一定的关系，如表 9-17 所示。

表 9-17　鲜奶保存时间与冷却温度的关系

保存时间/h	冷却温度/℃	保存时间/h	冷却温度/℃
6～12	10～8	24～36	5～4
12～18	8～6	36～48	2～1
18～24	6～5		

(二)山羊奶的消毒

低温冷却可抑制羊奶中微生物的繁殖,但在这种条件下长期贮存羊奶时,细菌仍能生长繁殖,分解乳蛋白质,使味道变苦。因此鲜奶在2~5℃条件下贮藏时间不应超过3 d。山羊奶通过高温处理后,可消灭奶中的病原菌,如大肠杆菌、枯草杆菌、丁酸菌等。因此鲜奶消毒既可延长保存时间,又可保证奶的质量。

1. 山羊奶杀菌和灭菌的方法

用高温将羊奶中的微生物全部杀死,称为灭菌;将大部分微生物杀死,称为杀菌。

(1)普通灭菌法　这种方法可将奶中的全部微生物杀灭。处理温度115~120℃,时间15~20 s。

(2)超高温灭菌法　这种方法也可将奶中的全部微生物杀死。处理温度为130~150℃,时间0.5~2 s,是比较理想的加热灭菌法。

(3)低温长时间杀菌法　将羊奶置于61~63℃的保温缸中,经过30 min,或置于72~75℃的保温缸中,经过10~15 min,可将奶中的细菌杀死。这种杀菌方法处理时间较长,杀菌效果也不够理想,生产中很少采用。

(4)高温短时间杀菌法　是利用管式杀菌器或板式热交换器进行杀菌。处理温度70~75℃的保温缸中,时间15 min,此法的优点是,可缩短加热时间,因而既可减少羊奶成分的分解,保证羊奶质量,又可以连续处理大量鲜奶。

2. 消毒羊奶加工工艺

消毒羊奶是指以新鲜羊奶为原料,经净化、杀菌、均质、装瓶或用其他容器包装后,直接供应消费者饮用的奶,目前市场上已有消毒山羊奶出售。消毒奶的加工工艺流程是:原料奶的验收和分级、过滤或净化、标准化(指将有关乳成分含量调整至产品所要求的标准)、均质(防止脂肪上浮而采取的机械处理)、杀菌、冷却、灌装、封盖、装箱和冷藏。

收集原料奶时必须按照要求严格检验各种指标,不符合消毒奶标准的原料奶绝对不能收购,但可加工成其他乳制品。

四、常见的山羊奶产品加工方法

山羊奶通过加工后,减少了膻味,更容易被消费者接受,羊奶的附加值提高,可以更好地体现奶山羊生产的经济效益。下面介绍几种常见山羊奶产品的加工方法。

(一)奶粉

山羊奶的主要加工产品为奶粉,我国的奶山羊生产基地县都建有奶粉加工厂,这些奶粉加工厂对奶山羊的发展起到了很大的推动作用。

1. 奶粉加工原理

奶粉是将羊奶经加热处理除去其中水分,干燥而成的粉末状产品。奶粉保存时间长,品质和营养成分的损失也较少,同原料奶相比重量大大减轻,便于运输。奶粉生产需要专门的车间和设备,我国目前已有成套的设备供应,包括冷藏罐、浓缩罐、喷粉塔等。

2. 奶粉加工工艺

奶粉加工的工艺流程为原料奶的检验收购、原料奶的标准化、杀菌、浓缩、喷雾干燥、出粉与包装、出厂。

生产奶粉的原料奶必须新鲜、干净、无污染,酸度不应高于20 °T。不能及时加工的原料奶可在4～6℃条件下保存。原料奶的成分受品种、泌乳阶段、季节、饲料等因素的影响而不稳定，但产品质量却有一定的规格标准，因此必须对原料奶进行标准化，使原料奶的乳脂率符合产品要求，然后进行杀菌处理，目的是杀死乳中微生物和破坏酶的活性。一般采用高温短时间杀菌法，或超高温瞬时间杀菌法。若使用片式或管式杀菌器，通常采用的杀菌条件为80～85℃，保持30 s，或95℃，保持24 s。若用超高温瞬时杀菌装置，则为120～150℃，保持1～2 s。杀菌后的原料奶接着进行浓缩处理，使干物质含量提高，大多数奶粉厂使用盘管浓缩罐进行"真空浓缩"。

喷雾干燥是奶粉加工的主要工艺过程，其原理是将浓缩奶在喷雾干燥器，利用高压或高速离心的方法，将乳汁分散成雾状乳滴，增加表面积，同时送入热风，雾滴与热风接触后其水分能在瞬间蒸发完毕，被干燥成球形的颗粒，落入干燥底部。水蒸气被热风带走，干燥后的奶粉应迅速从干燥室中排出并冷却，速度越快越好，否则会影响奶粉的外观和品质。冷却到28℃以下时即进行包装，然后库存出厂。

3. 奶粉的种类

国内外生产的奶粉种类较多，包括全脂奶粉、脱脂奶粉、乳清粉、乳油粉、加糖奶粉、婴儿奶粉和各种添加剂奶粉等。

（二）酸奶

1. 酸奶制作原理

羊奶经乳酸菌发酵而制成的产品，称为酸奶，属于发酵乳制品之一。由于乳酸菌在适宜温度下可将羊奶中的乳糖分解为乳酸，同时产生一些风味和香味物质，根据上述原理可加工酸奶。

2. 酸奶加工方法

（1）原料奶的要求　制作酸奶的原料奶质量要求最高，即含细菌数最低，同时不含青霉素、噬菌体、清洗剂和消毒剂等，初乳、乳房炎乳、掺假乳和其他异常乳也不能作为制作酸奶的原料奶。

（2）标准化与均质　根据所生产的酸奶新产品的要求调整乳脂率，通过均质提高酸奶的稳定性、稠度和防止脂肪上浮。小规模生产的酸奶一般可省去原料奶的标准化与均质。

（3）杀菌　制作酸奶的原料奶在接种前还需进行巴氏杀菌，在90～95℃下保持5 min的杀菌效果最好。乳清蛋白的变性，可增加酸乳的稳定性。

（4）冷却与接种　杀菌后的原料奶可用自来水冷却，至40～45℃时接种。制作酸奶时一般使用保加利亚乳酸杆菌和嗜热链球菌的混合菌种，比例为1∶1或1∶2，国内外目前均有商品化的粉末状混合菌种，用菌种接种时必须对接种量、时间和温度进行严格控制。家庭制作时也可用酸奶作为发酵剂接种，加入量一般为3%～5%。菌种加入量控制不严格时，容易导致酸奶酸度过高、过低或产生其他不良风味物质。

（5）发酵　原料奶接种后可立即装瓶，在容器内发酵，发酵温度为37～42℃，但低温度发酵的酸奶质量较好；温度过高，容易造成乳清析出，影响组织结构和外观。发酵的同时应注意检测其pH，当pH大于4.5时，即可停止发酵。37℃发酵时间为8～12 h。

（6）冷藏　酸奶发酵达到所要求的pH后，应迅速降温至10～15℃，进行冷藏。如果消费者喜欢口味较甜的酸奶，可在杀菌前加入蔗糖或葡萄糖等。

3. 酸奶的种类

世界上酸奶的种类很多，风味各异，但主要有两类，即凝固型酸奶和搅拌型酸奶。前者是指在接种发酵剂之后，立即进行包装，然后在容器内发酵、成熟；后者是指在发酵罐中接种和发酵，达到培养要求后在无菌条件下进行分装、冷却。酸奶产品可根据本身的特点或添加剂来命名，如苹果酸奶、草莓酸奶、多维酸奶等。

（三）黄油

1. 黄油制作原理

黄油是将羊奶进行分离后所得的稀奶油，经过成熟、搅拌、压炼而制成的一种乳制品，也称奶油。稀奶油经过物理成熟即可制成普通黄油，而制作酸性黄油时要把制备的乳酸菌培养发酵剂添加于杀菌冷却好的稀奶油中，进行发酵，从而产生一定的芳香风味和酸度，然后再进行物理成熟即可。

2. 黄油制作方法

（1）稀奶油的分离　就是利用乳脂分离机将鲜奶中的脂肪分离出来，分离后所得的脂肪即稀奶油，其余部分为脱脂乳。稀奶油的含脂率依分离机和工艺的不同而异，一般为25%～45%。

（2）原料的标准化　制造黄油的稀奶油含脂率以30%～35%为宜，这样可以保证黄油的质量并减少损失，稀奶油含脂量应适当，有利于乳酸菌的繁殖，制作出的黄油香味也浓，但若脂肪含量过高，则会造成堵塞分离机、损失乳脂的现象，因此黄油制作时一定要进行稀奶油标准化。

（3）杀菌　稀奶油一般采用95℃或更高温度下的巴氏杀菌，热处理必须达到破坏其中过氧化物酶活性的程度，但过高会引起蒸煮味。

（4）细菌发酵　制作酸性黄油必须在杀菌冷却后的稀奶油中加入产酸细菌，在发酵罐中进行生物化学成熟，使发酵剂在稀奶油中成熟产生强烈的香味和酸度，然后进行物理成熟，稀奶油中添加工作发酵剂的量随稀奶油中脂肪的软硬而变化，含硬脂肪高用1%，含软脂肪高则用7%。制作普通（甜性）黄油时，可将稀奶油直接送入发酵罐中进行物理成熟。

（5）热处理与搅拌　热处理可使黄油成品有合适的硬度，并易于搅拌，搅拌前先将稀奶油的温度调整到适宜范围，冬季10～14℃，夏季8～10℃，搅拌器中的稀奶油不能装得过满，以40%～50%为宜，以便预留起泡空间。搅拌一定要充分，排出酪乳的含脂率应在0.5%以下。

（6）洗涤与压炼　洗涤奶油粒的水应是放凉的沸水，温度为3～10℃，夏季宜低，冬季略高，一般洗涤2～3次，发酵过度的可多洗。经洗涤后的黄油以颗粒状存在，尚有一定的水分和空气，不利于切块成型，容易产生霉菌，压炼可排除多余的水分。一般多采用手工压炼，压炼后的黄油是干燥的，肉眼看不到水分，凝结成特定结构的团块。

（7）包装与冷藏　包装黄油可防止与空气接触，减轻氧化程度，延长保存期，冷却到5℃的小包装黄油可存放24～48 h，需要长期保存的黄油必须在－25℃下冷冻。

3. 黄油的种类

常见的黄油主要有5种，甜性黄油、酸性黄油、重制黄油、脱水黄油和连续式机制黄油。除上述几种类型外，还有很多种花色黄油，如巧克力黄油、果汁黄油、含糖黄油、含蜜黄油等。

（四）奶酪

1. 奶酪制作原理

奶酪也称干酪，是以新鲜奶为原料，经添加菌种和凝乳酶后，排出乳清、压榨、成熟后制成的乳产品。凝乳酶可将原料奶凝固析出乳清，经切割促使乳清排出。添加菌种的目的是为了增加干酪的风味，特别是在成熟过程中的作用很大。

2. 奶酪制作方法

(1)原料奶的杀菌　制作奶酪的原料奶必须新鲜，不含青霉素一类抗菌素。原料奶杀菌一般采用巴氏杀菌，处理温度71～72℃，保持15 s即可。

(2)冷却与接种菌种　将盛装杀菌后原料奶的容器浸入自来水中搅拌冷却，待奶温降至30～32℃后按原料奶0.5%～1%的比例加入菌种，同时轻轻搅拌均匀。

(3)添加凝乳酶　加入菌种后可保温静置10 min左右，再添加凝乳酶(添加量根据活性确定)，搅拌均匀后加盖。

(4)切割　静置30 min之后，检查凝乳，若符合要求即可切割成1 cm^3 左右的小块。

(5)排除乳清　切割静置15 min后乳清已有析出，即可排乳清，为了排出更多乳清，可加入60℃左右的热水(加入量要严格控制，不能使温度高于30℃)，促使凝块收缩和乳清排出。

(6)加盐与压模　排出乳清后可加入凝块重量2.5%左右的食盐，然后装模压榨。

(7)成熟与保藏　压榨后的奶酪块即可置于温度为10～14℃，相对湿度为88%～89%的环境中成熟。成熟后的奶酪应在7～10℃条件下贮藏。

(五)传统乳制品

我国的乳制品制作已有数千年的历史，特别是游牧民族有许多名特产品，其加工方法简单，风味独特，深受当地消费者的欢迎。

1. 乳扇制作方法

(1)制备酸水　用木瓜加水煮沸后，经一定时间取其清液即为酸水。

(2)制作　先向锅内加半勺酸水，加热至70℃，将奶倒入锅中，酸水和鲜奶的比例为1∶2，奶在酸和热的作用下迅速凝固，立即搅拌，使其变成丝状凝块，然后夹出，用手揉成饼状，将其两翼卷入筷子上，一端撑大，变成扇状，最后固定在架子上晾干即成乳扇。制作完毕后应将酸水从锅中倒出，重新倒入新酸水制作。使用过的酸水还可重复利用。

2. 乳饼(奶豆腐)制作方法

将鲜羊奶过滤，除去杂质，倒入洗净的锅中，加热至接近沸腾，然后把醋酸或乳酸等凝乳剂加入奶中，撤火后保温数分钟后羊奶即变成凝块，切碎凝块后弃淡黄色乳清，置于清洁白布中包裹，压榨成饼形即可。

3. 酥油制作方法

酥油是我国西南少数民族非常喜欢的传统乳制品。牛、羊奶，牦牛奶均可作为制作酥油的原料奶，先将原料奶放入木制酥油桶内，放入量为油桶容积的50%，然后用木棒捣击，捣击过程中，在桶盖周围的小孔上如有泡沫流出，即证明脂肪球已从乳浊液中分离，脂肪球破裂而凝结成奶油颗粒，把奶油颗粒撇入木盆中，并用水洗涤非脂物质，洗涤后的奶油颗粒在小火上熬炼，当水分蒸发，其含量达到一定要求时，便制成酥油，可以盛装在容器中。

4. 奶皮子制作方法

将鲜奶滤去杂质后倒入锅内，大火加热，接近煮沸时减火，并用勺子不断翻扬，使奶不沸腾和表面不结皮，经过一段时间后，乳的表面形成密集的泡沫，这时即可将锅取下，置于阴凉的地方，自然冷却，脂肪上浮，过夜后，乳的表面即形成一层厚厚的奶皮，用小刀沿锅边将奶皮划开，然后用筷子挑起，成为一个半圆形的奶皮子，摊平晾干后保存。

5. 腐乳制作方法

腐乳是浙江温州地区久负盛名的乳制品，制作简单，风味独特。制作时可先加少量食醋于碗中，将适量煮开的鲜奶倒入，并不断摇荡，待蛋白质全部凝结成块状后取出，弃去乳清，将凝块投入食盐中保存，随时作为佐餐食用。

复习思考题

1. 奶山羊角和毛色的遗传特点是什么?
2. 简述奶山羊阶段选择方法的原理和选择要点。
3. 简述泌乳羊的饲养要点。
4. 简述干奶羊的饲养要点。
5. 如何采取综合措施提高奶山羊的产奶量?
6. 简述奶山羊挤奶方法及其优缺点。
7. 山羊奶脱膻的方法有哪些?
8. 简述山羊奶主要产品的特点及加工方法。

第十章 羊场建设与环境控制

第一节 环境因素对养羊业的影响

外界环境因素与养羊业生产有密切关系。恶劣的环境可使羊生产性能下降，饲养成本增高，还可诱发多种疾病，甚至造成羊只死亡。只有生活在适宜的环境条件下，才能发挥其最大生产潜力。

一、气温

在自然生态因素中，气温是对羊影响最大的生态因子，直接或间接地影响羊的健康和生产力。

气温过高时，羊机体散热受阻，体内蓄热，体温升高，代谢率提高，采食量下降，会出现喘息甚至中暑；气温过低时，羊机体散热量增加，为维持体温，就必须提高代谢率增加产热量，因而造成饲料消耗量增多，当营养供应不足时，则会出现掉膘现象。

绵羊的最适温度一般为－3～23℃，山羊为 0～26℃，羔羊为 20～30℃。气温高于或低于最适温度时，则绵、山羊的生长速度减慢，繁殖性能下降，养羊经济效益减少。

二、湿度

空气中相对湿度的大小直接影响着绵、山羊体热的散发。在适宜的温度条件下，空气湿度对绵、山羊体热的调节影响不大。当环境温度升高时，羊主要靠蒸发散热，如果空气湿度大，则羊体散热量减少，当羊只散热受到抑制时引起体温升高，皮肤充血，呼吸困难，最后致死。在低温高湿的条件下，绵、山羊则因寒冷潮湿易患感冒、风湿痛、关节炎和肌肉炎等。

当气温特别高，空气过分干燥时对羊也会引起一定危害，在高温干燥的环境下，机体散失水分过多，会发生干渴，新陈代谢作用减弱。但对绵、山羊来讲，最重要的是要尽量避免高湿度的环境。夏秋季节，降水量增多，空气湿度相对增大，由于放牧地多雨潮湿，往往引起羊只患腐蹄病和寄生虫病，因此，夏秋放牧应尽量避开低洼潮湿的地方。

三、光照

光照对绵、山羊的繁殖有明显的影响。母羊的性活动与光照长短有密切关系，随着光照由长变短，进入秋季后羊开始发情、排卵；而随着光照由短变长，母羊发情减少，春季进入乏情期。一般公绵羊的精液质量在秋季光照缩短时最高。

光照还可影响绒纤维的生长。研究表明，山羊绒生长是在夏至后，当日照由长变短时开始生长，随日照长度递减，山羊绒生长加快；冬至后，日照由短变长，山羊绒生长缓慢并逐渐停止生长。

在生产中可以通过控制光照实现乏情期母羊发情排卵，提高绒山羊产绒量。

四、气流

气流(又称风)在一般情况下对绵、山羊的生长发育和繁殖没有直接影响,而是加速羊体内水分的蒸发和热量的散失,间接影响绵、山羊的热能代谢和水分代谢。

研究表明,当风力在 3 级(3.4～5.4 m/s)以下时,有利于羊群的放牧;夏季气温高时,羊群可适应 4～5 级(5.5～7.9 m/s 至 8.0～10.7 m/s)的风力;冬季寒冷时,4 级以上的北风对羊群就有不利影响,若发生 6～7 级(10.8～17.1 m/s)大风时,羊群则不能正常放牧,甚至引起惊慌而发生“炸群”现象。

如果天气降温、降雨或降雪时,再遇大风,对羊群危害较大,尤其在产羔和剪毛时期,可使羔羊及剪毛羊受寒而发生各种疾病,因此,应随时注意天气变化,及时采取预防措施,减少羊群损失。

五、土壤和地形

绵、山羊在放牧饲养条件下,放牧效果的好坏与放牧场的土壤和地形也有很大关系。绵羊适宜在平缓的地形放牧,山区和半山区有利于山羊的放牧。在舍饲饲养条件下,羊舍的选址也要考虑土壤和地形。

某些地区的土壤、牧草中缺乏某种微量元素,导致该地区绵、山羊对这种元素的营养缺乏病。如河北省沧州地区土壤及牧草中缺乏微量元素硒,因而常有白肌病的发生。可采用亚硒酸钠预防,方法是:怀孕母羊后期每只注射 1%亚硒酸钠水溶液 1 mL,羔羊生后再每只注射 1%亚硒酸钠水溶液 0.5 mL,预防效果较好。又如在新疆准噶尔盆地南缘、塔里木盆地北缘及东疆的许多盐渍化芦苇草甸地区,由于缺铜,经常流行一种以后肢运动失调或瘫痪为主要特征的羔羊常见病,称为“摆腰病”,重病者几乎全部死亡,病轻者也因不能正常放牧采食逐渐消瘦。预防方法是,给羔羊用 1%硫酸铜溶液饮水,或补饲氨基酸螯合铜,对病轻者有一定疗效。

不同的地区应根据本地土壤及牧草中微量元素的盈缺情况,在羊日粮中给以调整,以满足其对微量元素的需要。

第二节　羊场场址的选择及布局

一、场址的选择

场址选择关系到养羊成败和经济效益,也是羊场设计遇到的首要问题。选择羊场场址时,应对地势、地形、土质、水源,以及居民点的配置、交通、电力等物资供应条件进行全面的考虑。场址选择除考虑饲养规模外,应符合当地土地利用规划的要求,充分考虑羊场的饲草饲料条件,还要符合羊的生活习性及当地的社会自然条件。较为理想的场址选择应具备下述基本条件。

1. 地势地形

地势要高燥,建场地的地下水位一般要在 2 m 以下,平坦,背风向阳,排水良好,通风干燥,可有适当的缓坡,坡度一般以 1%～3%为宜。使羊只处于较干燥、通风的凉爽环境中。不能在低洼涝地、水道、风口处和深谷里建场。因为地势低洼的场地容易积水且道路泥泞,污浊空气不易驱散，夏季通风不良，空气闷热，有利蚊蝇和微生物滋生，而冬季寒冷，影响羊舍的保温隔热性能及使用寿命，同时羊易患病。为防水灾，选择的场地要远离河槽。

羊场的地形要求开阔、整齐、有足够的面积。若地形不规则或边角太多，不利于合理规划、布局和组织生产。不可位于树木过多的地方，因为树木过多所形成的湿热环境会影响羊只的正常生产，使羊病传播，造成羊产品的污染。

2. 土壤

壤土是羊场理想的建筑用地。壤土的特性介于砂土和黏土之间，易于保持干燥，土温较稳定，膨胀性小，自净能力强，对羊只健康、卫生防疫和饲养管理工作都比较有利。

黏土土质不宜作为羊场场址，因其透水性差，吸潮后导热性大。在黏土上修建羊场后，羊舍容易潮湿，冬天寒冷。

3. 水源

饮用水的质量对于羊的健康极为重要，饮用水的水源应该是清洁、安全、无污染，不经过任何处理或经过净化消毒处理，符合畜禽饮水水质标准。羊场的水源要求水量充足，能够满足场内各项用水，便于防护，取用方便。可选择地下水和地表水，饮水以泉水和深井水为最好，洁净的溪水也很好。不能在水源严重不足或水源严重污染的地区建场。井水水源周围 30 m、江河取水点周围 20 m、湖泊等水源周围 30～50 m 内不得建厕所、粪池、污水坑和垃圾堆等污染源，羊舍与井水源也应保持 30 m 以上的距离。

4. 饲草、饲料条件

在建羊场时要充分考虑放牧场地与饲草、饲料条件。在北方牧区和农牧结合区，要有足够的四季牧场和打草场；在南方草山草坡地区，要有足够的轮牧草地；而以舍饲为主的农区和垦区，必须要有足够的饲草、饲料基地或便利的饲草来源，饲料要尽可能就地解决。对于奶山羊来说，要特别注意准备足够的越冬干草和青贮饲料。

5. 便于防疫

羊场场地的环境及附近的兽医防疫条件的好坏是影响羊场经营成败的关键因素之一，场址选择时要充分了解当地和四周疫情，不能在疫区建场，羊场周围的居民和牲畜应尽量少些，以便发生疫情时进行隔离封锁。建场前要对历史疫情做周密的调查研究，特别警惕附近的兽医站、畜牧场、集贸市场、屠宰场、化工厂等距拟建场地的距离、方位、有无自然隔离条件等，同时要注意不要在旧养殖场上建场或扩建。羊场与居民点之间的距离应保持在 300 m 以上，与其他养殖场应保持 500 m 以上，距离屠宰场、制革厂、化工厂和兽医院等污染严重的地点越远越好，至少应在 2 000 m 以上。做到羊场和周围环境互不污染。如有困难，应以植树、挖沟等建立防护设施加以解决。

6. 交通供电方便

羊场要求交通便利，便于饲草运输，特别是大型集约化的商品场和种羊场，其物资需求和产品供销量极大，对外联系密切，故应保证交通方便。但为了防疫卫生，羊场与主要公路的距离至少要在 100～300 m（如设有围墙时可缩小到 50 m）。羊舍最好建在村庄的下风头与下水头，以防污染村庄环境。

此外，选择场址时，还应重视供电条件，特别集约化程度较高的羊场，必须具备可靠的电力供应。在建场前要了解供电源的位置、与羊场的距离、最大供电允许量、供电是否有保证，如果需要可自备发电机，以保证场内供电的稳定可靠。

7. 社会条件

新建羊场选址要符合当地城乡建设发展规划的用地要求，否则随着城镇建设发展，将被迫转产或向远郊、山区搬迁，会造成重大的经济损失。

新建羊场选址要参照当地养羊业的发展规划布局要求，综合考虑本地区的种羊场、商品羊场、养羊小区、养羊户等各种饲养方式的合理组织和搭配布局，并与饲料供应、屠宰加工、兽医防疫、市场与信息、产品营销、技术服务体系建设相互协调。

二、羊场的规划布局

（一）羊场规划布局的原则

（1）应体现建场方针、任务，在满足生产要求的前提下，做到节约用地，少占或不占可耕地。

（2）在发展大型集约化羊场时，应当全面考虑粪便和污水的处理和利用。

（3）因地制宜，合理利用地形地物。比如，利用地形地势解决挡风防寒、通风防热、采光等。根据地势的高低、水流方向和主导风向，按人、羊、污的顺序，将各种房舍和建筑设施按其环境卫生条件的需要给予排列（图 10-1）。并考虑人的工作环境和生活区的环境保护，使其尽量不受饲料粉尘、粪便气味和其他废弃物的污染。

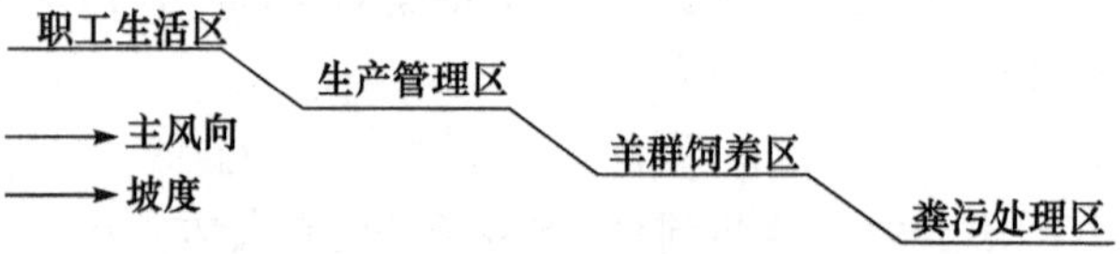

图 10-1　羊场各区依地势风向配置示意图

（4）应充分考虑今后的发展，在规划时要留有余地，对生产区的规划应更注意。

（二）各种建筑物的分区布局

在羊场总体规划布局时，通常分为生产区、供应区、办公区、生活区、病羊管理区及粪便污水处理区。布局时既要考虑卫生防疫条件，又要照顾各区间的相互联系。因此，在羊场布局上要着重解决主导风向、地形和各区建筑物之间的距离。

生产区是全场的主体，主要是各类羊舍。如本地区的主风向是北风，羊场应设在南边。生产区的羊舍布局由北向南依次按产羔室、羔羊舍、育成羊舍、成年羊舍的顺序安排，避免成年羊对羔羊有可能造成的感染。生产区入口处必须设置洗澡间和消毒池。在生产区内应按规模大小、饲养批次的不同，将其分成几个小区，各小区之间应相隔一定的距离。

羊舍的一端应设有专用粪道与处理场相通，用于粪便和脏污等的运输。人行与运输饲料应有专门的清洁道，两道不要交叉，更不能共用，以利于羊群健康。

羔羊舍和育成羊舍应设在羊场的上风向，远离成年羊舍，以防感染疾病。育成羊舍应安排在羔羊舍和成年羊舍之间，便于转群。种羊舍可和配种室或人工授精室结合在一起。在羊场的整体布局时还要考虑到发展的需要，留有余地。

羊场的良好环境，有益于羊群的健康。对羊场场区的绿化也应纳入羊场规划布局之中。绿化对美化环境，改善小气候，净化空气，吸附粉尘，减弱噪声有积极的作用。良好的场区绿化，夏季可降低辐射热，冬季可阻挡寒流袭击。

饲料供应和办公区应设在与风向平行的一侧，距离生产区 80 m 以上。生活区应设在场外，离办公区和供应区 100 m 以外处。兽医室、粪便污水处理区应设在下风口或地势较低的地方，间距 100～300 m。上述的设置能够最大限度地减少羔羊、育成羊的发病机会，避免成年羊舍排出的污浊空气的污染。但有时由于实际条件的限制，做起来十分困难，可以通过种植树木，建阻隔墙等防护措施加以弥补。

三、羊舍建筑

（一）羊舍设计的基本参数

1. 羊只占地面积

羊只占地面积取决于羊只的生产方向和用途及当地的气候条件，原则上要保证舍内空气新鲜、干爽，冬春季能防寒保温、夏秋季不致过热。羊舍应有足够的面积，使羊在舍内能够自由运动，使羊不感到拥挤。如果面积太小，就会拥挤、潮湿、脏污和空气不好，有碍羊的健康，而且管理也不方便。面积过大，则会造成投资浪费，也不利于冬季保暖。

据国外有关资料，羊舍的面积可根据 Cunningham 和 Soutar 提出的经验公式求得：

$$A=0.063W^{0.64}$$

式中，A 为地板面积，W 为活重，$r^2=0.9937$；

$$TS=0.095W^{0.37}$$

式中，TS 为饲槽长度，W 为活重，$r^2=0.999$。

由此二公式来确定羊舍建造的地板面积以及饲槽长度。

羊舍的面积因羊的种类、品种、性别、生理状态和当地气候的不同，要求也不一样。进行羊舍建造时参考以下标准：种公羊 1.5～2.0 m^2/只（大型羊最多 4～6 m^2/只）；怀孕前期母羊 0.8～1.0 m^2/只，最大 1.2 m^2/只；怀孕后期和哺乳母羊 1.1～1.2 m^2/只（产春、秋羔），1.8～2.0 m^2/只（产冬羔）；幼龄公、母羊 0.5～0.6 m^2/只，最大 0.8 m^2/只；羔羊（需单独组群时）0.4～0.6 m^2/只；肥育羊 0.6～0.8 m^2/只。

2. 运动场

无论何类羊舍均需建有运动场，供羊活动。运动场面积一般为羊舍面积的 2～3 倍，成年羊运动场面积可按每只羊 4 m^2 计算。运动场地面应比羊舍低 15～30 cm，而比运动场外高 15～30 cm。

为方便生产管理和进行规模化饲养，羊舍都是以每间为单位，连同运动场分为若干独立的单元或小栏。

3. 羊舍的跨度和长度

羊舍的跨度一般不宜过宽，有窗自然通风羊舍跨度以 6～9 m 为宜，这样，舍内空气流通较好。羊舍的长度没有严格的限制，但考虑到设备安装和工作方便，一般以 50～80 m 为宜。羊舍长度和跨度除要考虑羊只所占面积外，还要考虑生产操作所需要的空间及饲槽利用情况等。

4. 羊舍高度

羊舍高度根据气候条件有所不同。在气候不太炎热的地区，羊舍不必太高，一般从地面到天棚的高为 2.5 m 左右；对于气候炎热的地区可增高至 3 m 左右；对于寒冷地区可适当降低到 2 m 左右。羊数多时，羊舍可高些，以保证充足的空气，但过高则不利于保温，建筑费用也高。

5. 门、窗

羊舍的门应宽敞些，以免羊进出时发生拥挤，一般门宽 3 m，高 2 m 左右，寒冷地区的羊舍，为防止冷空气直接进入，可在大门外设套门。门上不应有尖锐的突出物，以免刺伤羊只。不设门槛和台阶，有斜坡即可。羊舍的窗户面积一般占舍地面积的 1/15～1/10，距地面在 1.5 m 以上，以便防止贼风直接吹袭羊群。窗应向阳，保证舍内充足的光线，以利于羊的健康。

(二)羊舍建造的基本要求

1. 地面

地面的保暖和卫生条件很重要。羊舍地面要求平整干燥，易于除去粪便和更换垫土或垫料。舍内地面应高出运动场 15～30 cm，舍内地面要呈 2%～2.5%的坡度，以利于排水。

羊舍地面有实地面和漏缝地面两种类型。地面又因建筑材料不同分为夯实黏土、三合土(石灰∶碎石∶黏土为 1∶2∶4)、混凝土、砖地、石地、水泥地、木质地面等。

土质地面柔软，富有弹性，易于保温，造价低廉。缺点是不够坚固，容易出现小坑，不便于清扫消毒，易形成潮湿的环境。干燥地区可采用。

三合土地面较黏土地面好。如果当地土质不好，地面可铺成三合土地面。如果当地土质太黏，渗水性差，地面可铺沙土或平铺立砖。

水泥地面属于硬地面。其优点是结实、不透水、便于清扫消毒。缺点是地面太硬，导热性强，保温性能差。为防止地面湿滑，可将表面做成麻面。

石地地面虽便于清扫和消毒，但地面太硬，不渗水，不保温。

砖地面和木质地面最佳，保温、吸水、结实。砖的空隙较多，导热性小，具有一定的保温性能；用砖砌地面时，砖宜立砌，不宜平铺。使用砖地面成本较高，适应寒冷地区。

一般来说，羊舍和运动场地面最好采用立砖平铺。饲料间、人工授精室、产羔室和饲养员值班室的地面可铺成水泥地面，以便消毒。

2. 墙

墙在羊舍保温方面起着重要的作用。可利用砖、石、水泥、钢筋、木材等修成坚固耐用的永久性羊舍，这样可以减少维修费用。选用建筑材料应就地取材，选用砖木结构和土木结构均可，但必须坚固耐用、保温性能好、易消毒。

在潮湿和多雨地区，可以采用石头、砖建墙基和边角，并且垒到一定高度，上边再用土坯或土墙建成。在木头紧缺地区，也可用砖建拱顶羊舍，既经济又实用。在长城以北的北方地区，羊舍可适当增加墙壁厚度(如 38 cm 厚度)或使用保温性能较好的建筑材料。

我国多数地区建造羊舍普遍采用土墙、砖墙和石墙；国外有采用铝合金板、胶合板、玻璃纤维板建成保温隔热墙，其效果也很好。

墙基需有防潮处理，在墙基外面要有通畅的排水设施。

3. 屋顶和天棚

屋顶兼有防水、保温隔热、承重 3 种功能，正确处理三方面的关系对于保证羊舍环境的控制极为重要。其材料有陶瓦、石棉瓦、木板、塑料薄膜、油毡等。国外也有采用金属板的。屋顶的种类繁多，在羊舍建筑中常采用双坡式，也可以根据羊舍实际情况和当地的气候条件采用半坡式、平顶式、联合式、半钟楼式、钟楼式等(图 10-2)。单坡式羊舍，跨度小，自然采光好，适用于小规模羊群和简易羊舍；双坡式羊舍，跨度大，保暖能力强，但自然采光、通风差，适于寒冷地区，也是最常用的一种类型。在寒冷地区还可选用平顶式、联合式等类型，在炎热地区可选用钟楼式和半钟楼式。

在寒冷地区可加天棚，其上可贮存冬草，并能增强羊舍保温性能。

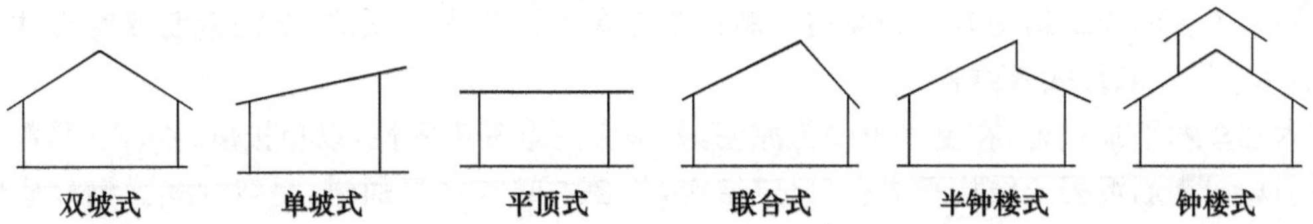

图 10-2　羊舍屋顶形状

4. 运动场

呈"一"字排列的羊舍，运动场一般设在羊舍的南面，低于羊舍地面，向南缓缓倾斜，以沙质壤土为好，便于排水和保持干燥。运动场周围设围栏，公羊围栏高度为 1.5 m，母羊为 1.2～1.3 m，围栏门宽 1.5～2.5 m。

(三)羊舍的基本类型

由于各地的气候条件不同，羊舍的类型也有很大差异，各地在建羊舍时应根据当地自然条件、饲养品种、方式、规模大小和经济情况而定。

1. 封闭式羊舍

有严密的屋顶外围护结构，羊舍四面均有墙壁与外界隔开，墙壁上开有门窗。冬季可将门窗关闭保暖，夏季可将门窗打开通风降温，封闭式羊舍的保温性能好，因此主要分布在季节间气候变化较大的农区及山区，一般是在北温带和寒带气候区域。封闭式羊舍的建造成本要比同样规模的其他形式的羊舍要高。

我国的规模羊场普遍采用的羊舍形式多为长方形。长方形房屋式羊舍一般都属于有窗封闭式羊舍，羊舍四周墙壁封闭严密，墙壁采用砖、石、土坯结构筑成，保温性能好。屋顶多为双坡式，跨度大。门一般设在南墙，多为双扇门；南墙和北墙都设有窗，南侧墙留窗数量多，面积大。羊舍长度和面积可根据羊群大小、每只羊应占面积及利用方式而适当加长或缩短。羊舍前设 2～3 倍于羊舍建筑面积的运动场，可根据羊群饲养需要隔成若干小圈。见图 10-3。

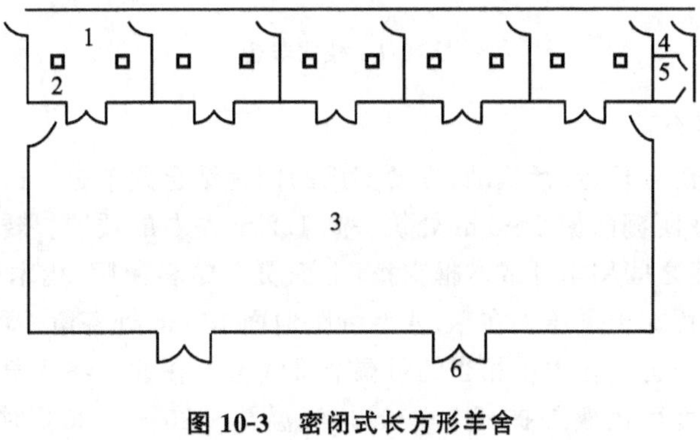

图 10-3　密闭式长方形羊舍

1. 羊舍　2. 通气孔　3. 运动场　4. 工作室　5. 饲料间　6. 舍门

2. 棚式羊舍

棚式羊舍上有舍顶，四面均用立柱(砖垒柱、水泥混凝土柱或钢柱)支撑。棚式羊舍的舍内小环境受外界环境变化的影响较大，适宜于长江以南的亚热带和热带地区采用的羊舍，不适宜于冬春寒冷季节养羊。

棚式羊舍的建筑结构有多种类型。棚式羊舍有木柱草木平顶式、水泥钢筋混凝土柱平拱式、钢柱彩钢瓦双坡式等结构。

木柱草木平顶式舍，在夏季可作为凉棚，冬季应注意其牢固性，以免被风、沙、雨、雪等自然灾害损坏。钢筋混凝土结构平拱舍，比较结实，羊舍中间有饲喂通道，呈双列式。钢柱彩钢瓦双坡式舍比较牢固，中间也有饲喂通道，饲喂通道两边为饲槽（兼作水槽），彩钢瓦结构夏季的隔热性能相对较差。

3. 棚、舍结合羊舍

这种羊舍大致分为两种类型。一是利用原有羊舍的一侧墙体，修成三面有墙，前面敞开的羊棚。羊平时在棚内过夜，冬春进入羊舍。另一种是三面有墙，向阳避风面为 1.0～1.2 m 的矮墙，矮墙上部敞开，外面为运动场的羊棚。平时羊在运动场过夜，冬春进入棚内，这种棚舍适用于冬、春天气较暖的地区。

4. 楼式羊舍

楼式羊舍又称高架羊舍。适于长江以南的多雨地区舍饲羊用。这种羊舍通风良好，防热、防潮性能较好。楼板多以木条、竹片敷设，间隙 1～1.5 cm，离地面 1.5～2.5 m。夏、秋季节气候炎热、多雨、潮湿，羊可住楼上，且通风好、凉爽、干燥。冬春冷季，楼下经过清理即可住羊，楼上可贮存饲草。见图 10-4。

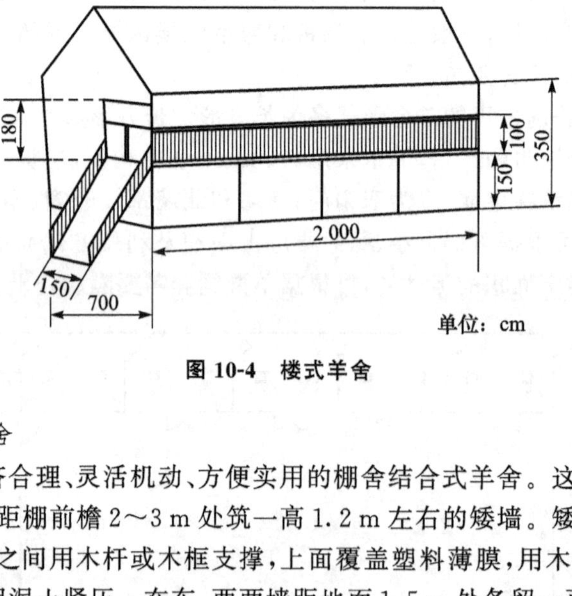

图 10-4 楼式羊舍

5. 农膜暖棚式羊舍

这是一种更为经济合理、灵活机动、方便实用的棚舍结合式羊舍。这种羊舍以原有三面墙的敞棚圈舍为基础，在距棚前檐 2～3 m 处筑一高 1.2 m 左右的矮墙。矮墙中部留约 2 m 宽的舍门，矮墙顶墙与棚檐之间用木杆或木框支撑，上面覆盖塑料薄膜，用木条加以固定。薄膜与棚檐和矮墙的连接处用泥土紧压。在东、西两墙距地面 1.5 m 处各留一可关可开的进气孔，在棚顶最高处也留两个与进气孔大小相当的可调节排气窗。在北方冬季气温降至 0～5℃时，这种暖棚式羊舍棚内温度可比棚外提高 5～10℃；气温至 －30～－20℃时，棚内可较棚外提高 20℃左右。这种羊舍充分利用了白天太阳能的蓄积和羊体自身散发的热量，提高夜间羊舍的温度，使羊只免受风雪严寒的侵袭。使用农膜暖棚养羊，要注意在出牧前打开进气孔、排气窗和舍门，逐渐降低室温，使舍内外气温大体一致后再出牧。待中午阳光充足时，关闭舍门及进、出气口，提高棚内温度。

6. 农家简易羊舍

这种羊舍适用于千家万户规模较小的饲养。羊舍一般为长方形，房顶可用瓦片或稻草覆盖，三面整墙，前面半墙或栏栅，高 1 m 左右，上半部敞开，墙用砖石砌成或泥土筑成。也可利用旧房、草棚等改建而成。舍内靠里半侧可设羊床，羊床离地面高 50～80 cm，以利于羊的休息和栖地清洁。舍内靠前沿墙壁设草架和栏门，以利于羊采食和出入。见图 10-5。

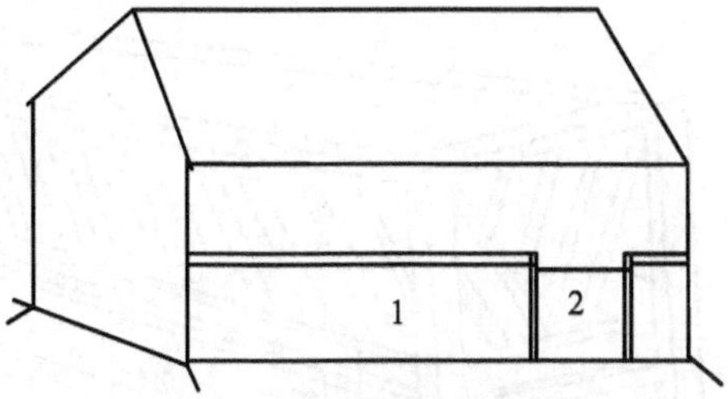

图 10-5　农家简易羊舍

1. 前半墙　2. 门

第三节　养羊设备

养羊的常用设备主要包括草架、饲槽、饮水槽、栅栏、药浴池、青贮窖等。

一、草架

羊爱清洁、喜吃干净饲草，利用草架喂羊，可避免羊践踏饲草，减少浪费，还可减少感染寄生虫的机会。草架的形式多种多样，有靠墙固定单面草架和“ ”形两面联合草架，还有的地区利用石块砌槽、水泥勾缝、钢筋作隔栅，修成草料双用槽架。草架设置长度，成年羊按每只 30～50 cm，羔羊 20～30 cm，草架隔栅间距以羊头能伸入栅内采食为宜，一般宽 15～20 cm。

(一)简易草架

用砖或石头砌成一堵墙，或直接利用羊舍墙，将数根 1.5 m 以上长的木棍或木条下端埋入墙根，上端向外斜 25℃，各木条或木棍的间隙应按羊体大小而定，一般以能使羊头部进出较易为宜。并将各竖立的木棍上端固定在一横棍上，横棍的两端分别固定在墙上即可。见图 10-6。

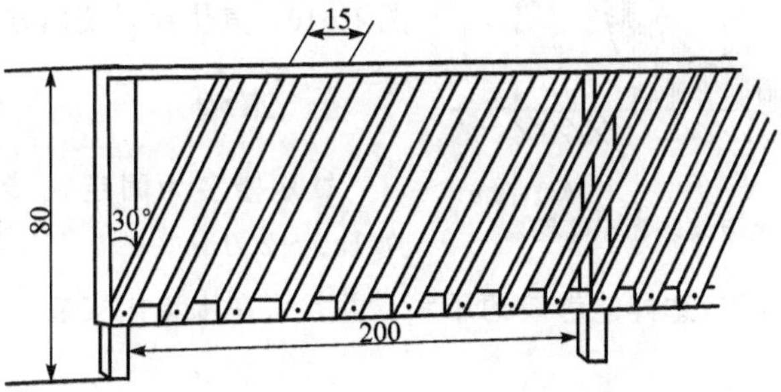

图 10-6　简易草架

(二)木制活动草架

先制作一个长方形立体框，再用 1.5 m 高的木条制成间隔 15～20 cm 的“U”形装草架，将装草架固定在立体框之间即可。见图 10-7。

一般木制草架成本低，容易移动，在放牧或半放牧饲养条件下比较实用。舍饲条件下在运动场内用砖块砌槽，水泥勾缝，钢筋作隔栅，做成饲料饲草两用饲槽，使用效果更好。建造尺寸可根据羊群规模设计。

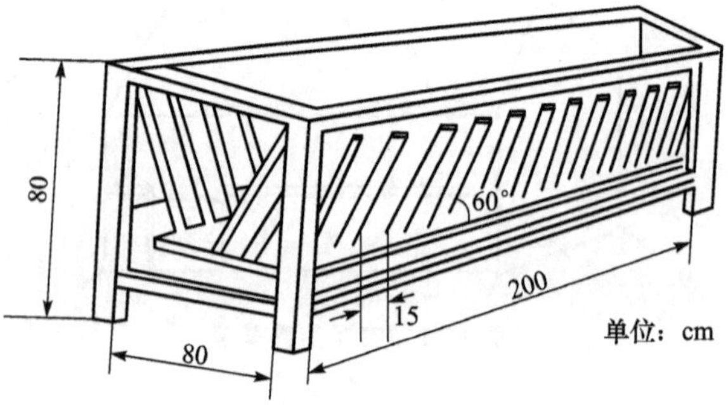

图 10-7　木制活动草架

二、饲槽

为了节省饲料，讲究卫生，要给羊设饲槽。可用砖、石头、土坯、水泥等砌成固定饲槽，也可用木板钉成活动饲槽。

(一)固定式饲槽

用砖、石头、水泥等砌成。见图 10-8。饲槽大小一般要求为：槽体高 23～25 cm，槽内宽 23～25 cm，深 14～15 cm，槽壁应用水泥抹光。槽长依据羊只数而定，一般可按每只大羊 30 cm、羔羊 20 cm 计算。为了让每只羊都能够均匀地吃到应采食的饲草料并便于管理，一般在饲槽上设隔栏分隔，宽度为 20～30 cm。

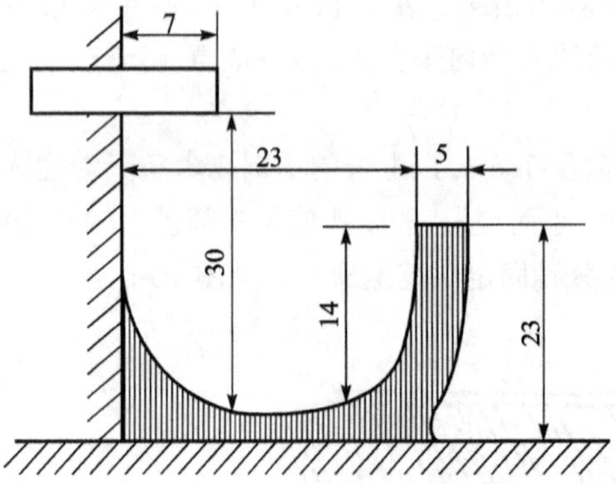

图 10-8　固定式水泥槽侧面示意图

(二)活动式饲槽

用厚木板或铁皮制成长 1.5～2 m，上宽 30～35 cm，下宽 25～30 cm 的饲槽。见图 10-9，图 10-10。其优点是使用方便、制造简单。

三、水槽

饮水槽多为固定式砖水泥结构。长度一般为 1.0～2.0 m。

也可安装自动饮水器，这样能够节约用水。并且可在水箱内安装电热水器，使羊在冬天能喝上温水。

四、栅栏

(一)母子栏

将两块栅栏板用铰链连接而成，每块高 1 m，长 1.2～1.5 m，将此活动木栏在羊舍角隅呈直角展开，并将其固定在羊舍墙壁上，可围成 1.2～1.5 m^2 的母仔间(图 10-11)。目的是使产羔母羊及羔羊有一个安静又不受其他羊只干扰的环境，便于母羊补料和羔羊哺乳，有利于产后母羊和羔羊的护理。

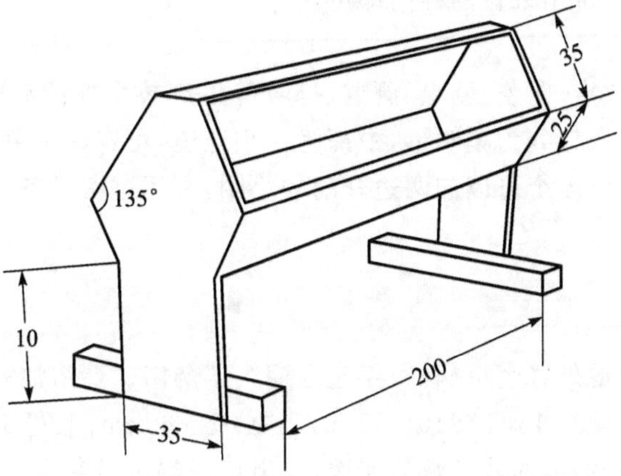

图 10-9　移动式轻便料槽

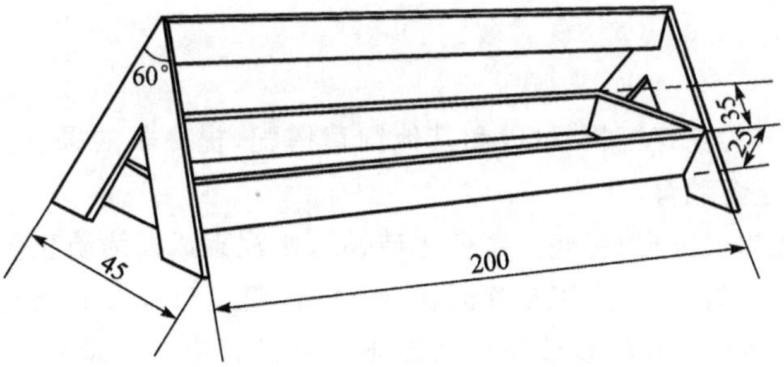

图 10-10　移动式三角架料槽

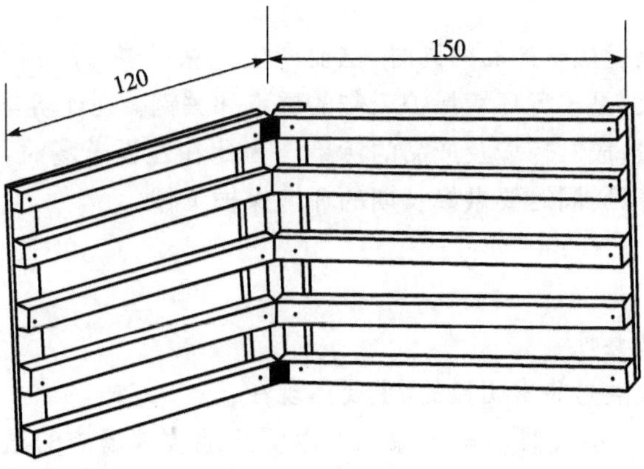

图 10-11　活动母仔栏

（二）羔羊补饲栅

可用多个栅栏、栅板或网栏在羊舍或补饲场靠墙围成足够面积的围栏，并在栏间插入一个大羊不能进、而羔羊自由进出采食的栅门即可。

（三）分羊栏

分羊栏供羊分群、鉴定、防疫、驱虫、测重、打号等生产技术性活动中用。分羊栏由许多栅板连接而成。在羊群的入口处为喇叭形，中部为一小通道，可容许羊单行前进。沿通道一侧或两侧，可根据需要设置3～4个可以向两边开门的小圈，利用这一设备，就可以把羊群分成所需要的若干小群。

五、药浴池

为防治羊疥癣及其他外寄生虫病，每年应定期给羊药浴。药浴池一般用水泥筑成，形状为长方形水沟状。池的深度约1 m，长10～15 m，底宽30～60 cm，上宽60～100 cm，以一只羊能通过而不能转身为宜，药浴池的入口端为陡坡，在出口一端筑成台阶，在入口一端设贮羊圈，出口一端设滴流台。羊出浴后，在滴流台上停留一段时间，使身上的药液流回池内。滴流台用水泥修成。在药浴池旁安装炉灶，以便烧水配药。药浴池应临近水井或水源，以利于往池内放水。有条件的养羊场、户可建造药浴池排水通道。

六、青贮窖

青贮料是绵、山羊的良好饲料，可以和其他饲草搭配，提高羊的采食量。为了制作青贮饲料，应在羊舍附近修建青贮窖。

青贮窖或壕一般为长方形，窖底及窖壁用砖、石、水泥砌成。为防止窖壁倒塌，青贮窖应建成倒梯形。青贮窖的一般尺寸，人工操作时深3～4 m，宽2.5～3.5 m，长度根据饲喂需要量确定，大小以2～3 d能将青贮原料装填完毕为原则。青贮窖应选择地势干燥的地方修建，在离青贮窖周围50 cm处，应挖排水沟，防止污水流入壕中。

第四节　羊场环境保护的主要环节

羊场在为市场提供优质羊产品的同时，也要产生大量的粪、尿、污水、废弃物和有害气体。其中固体废弃物量较大，是羊场环境保护工作的重点和关键。对于养羊的排泄物及废弃物，如果控制与处理不当，将造成对环境及产品的污染。为此在建设羊场时，要进行羊场的绿化，要注意污物处理设施的建设，同时要做好长期的环境保护工作。

一、羊场的绿化

（一）羊场绿化的必要性

羊场绿化的生态效益是非常明显的，主要体现在：

（1）有利于改善场区小气候　羊场绿化可以明显地改善场内的温度、湿度、气流等状况。在高温时期，树叶的蒸发能降低空气中的温度，也增加了空气中的湿度，同时也显著降低了树荫下的辐射强度。一般在夏季的树荫下，气温较树荫外低3～5℃。

（2）有利于净化空气　羊场羊的饲养量大，密度高，羊舍内排出的二氧化碳也比较集中，还有一定量的氨等有害气体一起排出。经绿化的羊场能净化这些空气。据报道，每公顷阔叶林，在生长季节每天可以吸收约 1 000 kg 的二氧化碳，生产约 730 kg 的氧，而且许多植物还能吸收氨。

(3)有利于减少尘埃 在羊场内及其四周，如种植有高大的树木，它们所形成的林带，能净化大气中的粉尘。当含尘量很大的气流通过林带时，由于风速降低，可使大粒灰尘下降，其余的粉尘及飘尘可被树木枝叶滞留或为黏液物质及树脂所吸附，使空气变得洁净。草地的减尘作用也很显著，除可吸附空气中的灰尘外，还可固定地面上的尘土。

(4)有利于减弱噪声 树木与植被对噪声具有吸收和反射的作用，可以减弱噪声的强度。树叶的密度越大，减音的效果也越显著。

(5)有利于减少空气及水中的细菌量 树林可以使空气中含尘量大为减少，因而使细菌失去了附着物，数目也相应减少。同时，某些树木的花、叶能分泌一种芳香物质，可以杀死细菌、真菌等。

(6)有利于防疫、防火 羊场外围的防护林带和各区域之间种植的隔离林带，可以起到防止人畜任意往来的作用，因而可以减少疫病传播的机会。在羊场中进行绿化，也有利于防火。

(二)羊场的合理绿化

场界周边可设置林带。在场界周边种植乔木和灌木混合林带，特别是在场界的北、西两侧，应加宽这种混合林带(宽 10 m 以上)，以起到防风阻沙的作用。

场区内绿化主要采取办公区绿化、道路绿化和羊舍周围绿化等几种方式。场区隔离林带，用于分隔场内各区。办公区绿化主要种植一些花卉和观赏树木。场内外道路两旁的绿化，一般种植 1～2 行，而且要妥善定位，在靠近建筑物的采光地段，不应种植枝叶过密、过于高大的树种，以免影响羊舍的自然采光。道路绿化，主要种植一些高大的乔木，如梧桐、白杨等，而且要妥善定位，尽量减少遮光。羊舍周围绿化，主要种植一些灌木和乔木。运动场遮阴林，在运动场南侧及西侧，设 1～2 行遮阴林，起到夏季遮阴的作用。

运动场及圈舍周围种植爬藤植物，可以营建绿色保护屏障。地锦(又名爬山虎)属多年生落叶藤本植物，从夏季防暑降温的角度考虑，可以在运动场及圈舍周围种植该种植物。为了防止羊只啃食，可以在早春季节先种植于花盆，然后移至运动场及圈舍围墙上。

一般要求养羊场场区的绿化率(含草坪)要达到 40%以上。

二、羊粪的合理利用

(一)农牧结合与粪肥还田

对于羊场产生的羊粪、污水等废弃物，要按照减量化、资源化和无害化的原则进行处理，经发酵后作为有机肥供给种植业生产。

羊粪尿主要成分易于在环境中分解。经土壤、水和大气等物理、化学过程及生物分解、稀释和扩散，逐渐得到净化，并通过微生物、植物的同化和异化作用，又重新形成植物体成分。

羊场的固体废物主要是羊粪。羊舍的粪便需要每日及时清除，然后用粪车运出场区。羊粪的收集过程必须采取防扬散、防流失、防渗漏等工艺。要求建立贮粪场和贮粪池，这些贮粪设施是需要经过水泥硬化处理，目的在于防止渗漏造成环境污染。所需贮粪池面积按贮放 6 个月堆入高 1.5 m 计，每只成年羊为 0.4 m^2。贮粪池深 1 m 左右，长宽尺寸依据具体情况灵活掌握。对于羊粪的贮存，要防止雨淋而产生污水，在非用肥季节最好以塑料薄膜覆盖，以减少不良气体产生和苍蝇滋生。

实行羊粪还田，是一种良性生态循环的农牧结合模式，是生态农业的发展方向。具体模式是种草养畜，草畜配套，养羊积肥，以羊促草。这种发展模式减少了规模养羊的环境污染；粪便通过发酵利用，可以减少寄生虫卵和病原菌对人畜的危害，还可以减少粪便中杂草籽对种植业的不良影响，实现了良好的经济效益和社会生态效益。

（二）制作有机肥

对于一些生产水平较高的示范性羊场，可以采用简易的设备建立复合有机肥加工生产线，使得羊粪经过不同程度的处理，有机质分解、腐化，生产出高效有机肥等产品。对于一般的羊场，可以采用堆肥技术，使羊粪经过堆腐发酵，杀灭病原微生物及寄生虫卵，也可以减少有害气体产生。

1. 堆肥处理技术

从卫生学观点和保持肥效等方面考虑，堆肥发酵后再利用要比使用生粪要好。堆肥的优点是技术和设施简单，使用方便，无臭味；同时，在堆制过程中，由于有机物的降解，堆内温度持续 15～30 d，达 50～70℃，可杀死绝大部分病原微生物、寄生虫卵，而且腐熟的堆肥属迟效肥料，对牧草及作物使用安全。

堆肥的方法：

(1)场地　水泥地或铺有塑料膜的地面，也可在水泥槽中。

(2)堆积体积　将羊粪堆成长条状，高不超过 1.5～2.0 m，宽不超过 1.5～3.0 m，长度视场地大小和粪便多少而定。

(3)堆积方法　先比较疏松地堆积一层，待堆温达到 60～70℃后保持 3～5 d(或者待堆温自然稍降后)，再将粪堆压实，然后再堆积一层新鲜粪。如此层层堆积到 1.5～2.0 m 为止，用泥浆或塑料膜密封。

(4)中途翻堆　为保证堆肥的质量，含水量超过 75%时应中途翻堆，含水量低于 60%时，最好泼水，满足一定的水分要求，从而有利于发酵处理效果。

(5)启用　密封 3～6 个月，待肥堆溶液的电导率小于 0.2 mS/cm 时启用。

2. 羊粪制成颗料肥料或制作成液体圈肥

颗料肥料是将发酵后的有机肥通过机器设备制成颗粒。制作液体圈肥的方法是，将生的粪尿混合物置于贮留罐内经过搅拌，通过微生物的分解作用，变成为腐熟的液体肥料。这种液体肥料对作物是安全的，在配备有机械喷灌设备的地区，液体粪肥较为适应。

三、减少污水排出量

废水主要指生产废水和生活污水。生产废水主要来源于各类羊舍的废水，因可能含有病原微生物而被视为污染源。生活污水的主要来源有行政办公区、消毒更衣室的生活用水和厕所产生的污水等。

羊场应采用干法清粪，实现粪尿等的干湿分离，减少生产用水浪费，从而减少污水的产水量。

对于楼式羊舍，羊舍内的粪便由漏缝地板漏入羊舍下方的贮粪池中，经冲洗粪水入专门的贮污池中。

运动场内的羊粪要做到每天清扫后送走，避免雨水冲刷后产生大量污水。

污水排放采用雨污分流，雨水采用专用沟组织排水。一般来说，在羊舍建造时就应考虑到在屋顶设置天沟，这样可以通过天沟将雨水引入到羊舍的排水管，然后流到排水沟中。

在场内修建污水处理池。粪水在池内静止可使50%～85%的固形物沉淀，处理池应大而浅，但其水深不小于0.6 m，最大深度不超过1.2 m。修建时采用水泥硬化，最好先使用防渗漏材料。羊舍及场内所产生的污水主要是尿液及粪便冲洗污水，经收集系统收集后，排入场内的污水处理池，经过二级或三级沉淀、自然发酵后，排入周边农田或果园。

四、废气处理

羊场的废气一是来源于羊场圈舍内外和粪堆、粪场周围的空间，粪污中的有机物经微生物分解产生的恶臭以及有害气体；另一来源是羊舍排放的污浊气体。羊场废气的恶臭除直接或间接危害人畜健康外，还会使羊的生产力降低，使羊场周围生态环境恶化。

在管理上采用及时清粪并保持粪便干燥，以减少废气产生量。可利用自然通风使其排出。

对于场内羊粪的处理，建立封闭式粪便处理设施是必要的，这样可以减少有害气体的产生及有害气体的逸散。附设有加工有机肥厂的羊场，发酵处理间的粪便加工过程中形成的恶臭气体可以集中在排气口处进行脱臭处理，处理的技术包括化学溶解法、电场净化法和等离子体分解法3种。

五、羊场的生物安全

（一）羊场的生物安全带

羊场四周设置围墙及防护林带，最好在院墙外面建有防疫沟，沟内常年有水。防止闲杂人员及其他畜禽串入种羊场。

同时，利用羊舍间防疫间距进行绿化布置，有利于防疫，同时也净化了空气，改善了生产环境。

（二）羊场蚊、蝇、虻的控制

蚊、蝇、虻是羊场传播一些疾病的有害昆虫，对于羊场的生物安全有很大影响，因此必须予以重视。

除了在易于滋生蚊、蝇、虻的污水沟定期投药物进行药杀以外，在场区设置诱蚊、诱虻、诱蝇的水池和悬挂灭蚊蝇装置也是合理的选择。

利用蚊、蝇、虻的喜水、喜草、喜臭味的特性，在离羊舍5～10 m的位置建造一个水池，并植水稻、水稗草。池中央距水面高度1 m处悬挂高光度青光电子灭蝇灯，这样既可使栖息于水池内稻、稗草上的虻诱飞而自杀，还可杀灭蚊子、苍蝇。池水中设置电极，利用土壤电处理机器每隔1 d启动一次，每次工作30 min，即可杀死水中的虻、蚊幼虫。

此外，对于羊场的粪便存贮设施及粪堆经常以塑料薄膜覆盖，也可以减少苍蝇滋生。

（三）病死羊的处理

兽医室和病羊隔离舍应设在羊场的下风头，距羊舍100 m以上，防止疾病传播。在隔离舍附近应设置掩埋病羊尸体的深坑（井），对死羊要及时进行无害化处理。对场地、人员、用具应选用适当的消毒药及消毒方法进行消毒。

病羊和健康羊分开喂养，派专人管理，对病羊所停留的场所、污染的环境和用具都要进行消毒。

当局部草地被病羊的排泄物、分泌物或尸体污染后，可以选用含有效氯 2.5%的漂白粉溶液、40%的甲醛、10%的氢氧化钠等消毒液喷洒消毒。

对于病死羊只应作深埋、焚化等无害化处理，防止病原微生物传播。

复习思考题

1. 哪些环境因素影响养羊业？
2. 羊场址选择注意哪些问题？
3. 简述羊舍设计的基本要求。
4. 羊舍建造的基本要求是什么？
5. 羊舍的基本类型有哪些？
6. 养羊常用设备有哪些？
7. 如何对羊粪进行有效利用？

附 《羊生产学》实验指导

实验一 羊毛、羊绒纤维组织学构造的观察

一、目的意义

羊毛、羊绒纤维的组织学结构是其工艺性能的基础。观察羊毛、羊绒纤维组织学构造是认识羊毛、羊绒品质的基本方法。通过观察构成羊毛、羊绒纤维的鳞片层、皮质层和髓质层的细胞形状、大小及排列状态，了解不同类型羊毛、羊绒纤维在组织结构上的特点。在此基础上，全面比较不同类型羊毛、羊绒纤维其外部形状上的差别，以准确识别不同类型的羊毛、羊绒纤维。

二、实验材料

黑绒板、尖头镊子、载玻片、盖玻片、培养皿、烧杯(250 mL)、外科直剪、玻璃棒、吸水纸、乙醚、浓硫酸、甘油(或石蜡油)、无水乙醇、火棉胶、蒸馏水、显微镜、实习用毛、绒样。

三、方法和步骤

(一)毛样的洗涤

将羊毛、羊绒样用镊子夹住下端，放入盛有乙醚的烧杯中，轻轻摇动，切勿弄乱纤维。洗净后取出毛、绒样，挤掉溶液，并用吸水纸吸去残留溶液，待干后备用。

(二)羊毛、羊绒纤维鳞片的观察

羊毛、羊绒纤维属动物性蛋白质，呈半透明状。在显微镜下观察无髓毛(羊绒)的鳞片时，不需任何特殊处理，即可看清。但是，有髓毛由于髓层的影响，鳞片不易清晰看到，但可将鳞片印在一些胶类物质上，再进行观察。其方法分述如下：

(1)直接观察法　取羊毛、羊绒纤维数根，剪成 2～4 mm 长的短纤维，并将其置于载玻片上，滴适量甘油，覆以盖玻片，即可在显微镜下观察。

(2)间接观察法　将火棉胶用玻璃棒均匀涂于载玻片上少许，待其呈半干状态时，再将洗净的毛纤维横置其上，稍加压力使毛纤维的一半嵌入胶中，即能印出理想的鳞片形状。纤维浸没过深或过浅，均不能印出较好的鳞片形状(实验图 1-1)。待胶干后，轻轻取下毛纤维，则在胶膜上印出纤维鳞片的形状。把印膜同载玻片一起置于显微镜下观察。

需要注意的是，间接方法虽然比较简单，但需反复练习才能掌握操作技巧。最主要的是要根据羊毛纤维的不同类型，准确掌握涂胶技术和印制时机。

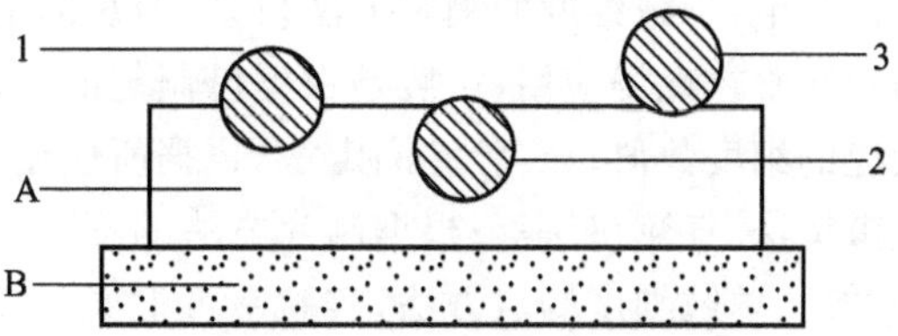

实验图 1-1　鳞片印制示意图

1. 正确　2. 过深　3. 过浅

A. 火棉胶　B. 载玻片

(三)羊毛、羊绒纤维皮质层细胞的观察

取无髓毛(羊绒)各数根，剪成短纤维，分别置于载玻片上，滴一滴浓硫酸，立即盖上盖玻片。待浓硫酸与皮质层细胞间质作用 2～3 min 后，用镊子将盖玻片稍加力磨动，此时皮质层细胞即可分离开来。然后将载玻片置显微镜下观察。

(四)羊毛纤维的髓层观察

选有髓毛、两型毛及死毛各数根，分别以甘油制片，置显微镜下观察其髓的形状和粗细。

由于羊毛纤维的髓层中充满空气，所以在显微镜下观察时呈黑色。为了较清晰地看到髓层细胞的形状，观察前需将髓层细胞中的空气排除。其方法是：用剪刀将排列整齐的数根死毛从中段剪断，然后置于载玻片中央，并在毛纤维上加一滴蒸馏水，再覆以盖玻片。然后在盖玻片的一端用吸水纸吸取蒸馏水，并在盖玻片的另一端不断滴无水乙醇，如此连续约 5 min 后，置显微镜下观察，髓层细胞即清晰可见。

四、结果整理

1. 绘图比较有髓毛、两型毛、无髓毛(羊绒)的组织学结构，并辅以文字说明。
2. 绘图并说明羊毛皮质层细胞及髓层细胞的形态及分布情况。

实验二　羊毛、羊绒细度的测定

一、目的意义

细度是羊毛、绒物理性能中的一项重要指标。它与羊毛、绒的用途及工艺价值密切相关。目前世界各国通用的羊毛、绒分级制度都是以细度为基础的，因此，它是绵羊、山羊育种工作中一项重要的鉴定内容。通过本次实验，学习羊毛、羊绒细度测定的操作方法，为深入了解羊毛、羊绒品质特性奠定基础。

二、实验材料

毛样、绒样、显微投影仪、物镜测微尺、楔形尺、黑绒板、载玻片、盖玻片、烧杯(250 mL)、培养皿、标本针、单面刀片、甘油(或石蜡油)、乙醚。

三、方法和步骤

羊毛、羊绒细度的测定方法较多，但总体上可分为经验测定法和实验室测定法两种。经验测定法常在现场应用，一般是根据已制定的毛、绒细度下限标样与欲测毛、绒样进行对照得出相应的细度数值。实验室测定法，根据所使用的仪器不同，可分显微投影仪法、激光扫描仪法、显微镜法、气流仪法等；根据制片方法的不同，又可分为短纤维法和横断面法等。下面介绍几种羊毛、羊绒细度测定方法，实验室可根据实际条件选择相应的方法进行测定。

(一)激光扫描仪法

1. 测定原理

激光扫描仪法是应用光散射原理测试单根羊毛纤维直径的方法。将 1.8～2.0 mm 的短纤维片段放入仪器的样品分散混合容器中，使其悬浮分散于92%的异丙醇和8%蒸馏水的混合液中，并随混合液流向测量室，测量室安装在测量探测器和光学鉴别器之间的光束通道上，短纤维片段逐根通过直径为500 μm的激光光束时遮断了激光光束，使激光光束的强度发生了改变，从而在测量探测器上检测出与单根纤维直径大小相应的电信号，该电信号通过光学鉴别器进行鉴别，剔除错误信号(例如杂质尘粒、纤维片、交错纤维等)，有效信号通过转换后由计算机进行数据处理显示和打印出纤维的直径分布等多项统计数据。本方法适用于各种形态的同质毛纤维，测量范围0～160 μm。

2. 仪器及试剂

(1)赛洛兰激光扫描纤维直径分析仪　主要包括纤维样品分散混合容器、测试槽、鉴别器及计算机系统等。

(2)纤维切断器　适用于毛条和羊毛毛丛，切取长度1.8～2.0 mm。

(3)微型钻芯取样器　用于各种形态的羊毛，钻取长度1.8～2.0 mm。

(4)液体比重计　测定范围SP. GR. 0.800～0.900。

(5)温度计　测量范围0～50℃。

(6)烘毛装置　用于将洗涤后的短纤维片段烘干。

(7)试剂　蒸馏水，异丙醇，去离子、低泡沫洗洁剂。

3. 实验步骤

(1)接通主机电源，使循环泵开始工作。

(2)查检测槽中的气泡。打开激光器开关，一只手捏住测量室到储液罐的硅橡胶输出管的下端，另一只手反复挤压管子，迫使液体通过测量室直至测量室内光线不闪烁为准。

(3)测量混合液的温度和比重。关好前门，使仪器预热并使机箱内温度恒定在20℃左右，当主机上部的红色指示灯开始闪烁时，说明机箱内温度已经恒定，这时用随机带的比重计量取混合液的比重，比重为0.81则符合要求。如果不符合要求则按规定添加水或异丙醇。

(4)仪器校准。通过计算机操作，打开操作软件，点击校准图标，按下位于主机前板的dump按钮或脚踏开关，排空分离器中的液体，然后松开，按任意键，软件检查所有的模拟电压，并与原保存的预设置值比较，所有检查结果显示为黑色，说明电压检查通过。退出电压检查，打开快速检查图标，同样进行一次排空，按任意键，软件开始检查，然后加入0.02 g直径为20 μm左右的毛条样品。这时按下dump按钮，排空净分离器中的液体，松开dump按钮，放入试样，按任意键。软件开始检查，最后系统提示一切正常，进行下步检查。退出快速检查，打开全面检查图标，软件开始外设检查、无试样计数检查、电平检查及快速检查，结果一切正常，仪器提示检查通过，可以进行样品测试。

(5)测试。上述检查全部通过后方可进行样品测试。用鼠标单击“选择Select”菜单中的“测量Measurement”，根据样品选择“测量范围Measurement Range”“0～80 μm”或“0～160 μm”；根据实验要求设置测量根数；输入样品信息；单击“OK”。用刷子清洁分离器周围及内壁，按下dump按钮或脚踏开关，排空分离器中的液体，然后放开dump按钮，用镊子将制备好的试样放入分离器中，测量开始，当测量根数达到设定值时仪器自动停止测量。

(6)测量完毕，清洁样品分散混合容器周围及内壁，排出所有纤维片段，退出测量程序，关闭激光器，如果长期不用，关闭主机电源。

4. 结果整理

测量结束后，软件自动计算统计结果并打印，包括测量根数、平均细度、标准差、变异系数、卷曲度、舒适度指数等。

(二)气流测定仪法

1. 测定原理

当一股气流通过装有一定重量纤维的漏孔底的筒状容器时，气流的流量(L/min)与纤维总表面积的平方成反比，而一定重量的纤维总表面积与其直径成反比，从而可以估计纤维的平均直径，这就是气流仪的工作原理。将一定重量的纤维试样装在两端为多孔板，容积固定的试样筒内，试样筒与流量计和压力计连接，用固定压力的气流通过试样筒内的纤维。根据流量计的浮子高度读数或流量读数与纤维平均直径之间的统计相关性来求得羊毛纤维的平均直径。本方法适用于各种形态的同质毛纤维。

2. 仪器设备

气流仪、梳毛设备(将毛样充分分散混匀)、电子天平(0.01 g)。

3. 实验步骤

(1)调节仪器水平，确认压力计玻璃管内液弯面和上刻线(零位)相切。

(2)打开仪器压缩机电源。

(3)用镊子将试样均匀地装入仪器的试样筒内。可以使用专用的填样棒，填样棒的直径能刚好宽松地塞进试样筒，塞进的深度应限制在试样筒的多孔塞压入的位置，以免纤维局部填塞过紧。然后插入多孔塞，旋紧定位螺旋盖。要确保多孔塞和试样筒筒壁之间不夹入纤维。

(4)缓缓开启气阀，调节压力计液体的下弯面和压力计的下刻线相切，然后读出流量计中与浮子顶面相齐处读数。浮子高度读数准确到 1 mm，流量读数准确到 0.1 L/min，查对相应的对照表后[浮子高度(mm)-纤维平均直径(μm)对照表或流量(L/min)-纤维平均直径(μm)对照表]，记入纤维平均直径读数(1 μm)。观察读数时视平面应和液体下弯面或浮子顶面保持平齐，以防止视差。有的仪器可以直接从仪器的纤维直径刻度得到读数，若标定后与原来的纤维直径刻度不符，需查对换算表。

(5)用镊子从试样筒中取出试样，可稍加疏松，但不得遗漏纤维，翻转后重新装入试样筒内。重复(2)(3)程序，记下同一试样的第二个纤维平均读数。

注：测试在标准大气中进行。如在非标准大气中进行试样制备和测试，试验结果应进行修正。在标定仪器和以后的正常测试中，试样制备和测试的操作手法应始终保持一致。

4. 实验次数和计算

(1)实验次数

①使用一台气流仪试验 2 个试样，每个试样得到 2 个数据，共得到 4 个纤维平均直径读数。如 4 次读数的极差大于规定的允许极差，加测 1 个试样。如仍大于规定范围，再加测 1 个试样，最多加测 4 个试样。

②使用两台气流仪试验 2 个试样，即每台仪器各测 1 个试样。如 4 次读数的极差大于规定范围，每台仪器各加测 1 个试样。如 8 次读数的极差仍大于规定的允许极差，再各加测 1 个试样，最多加测 6 个试样。如试验工作量大，实验室条件许可，以采用 2 台气流仪为好，便于抵消仪器误差和操作误差，并有助于及时察觉可能产生的仪器不正常情况。

(2)结果计算　每个试样有 2 个读数(μm)。实验结果以全部试样所有纤维平均直径读数

(μm)的算术平均值表示。结果修约至小数点后一位。

(三)投影显微镜法(A 法和 B 法)

1. 实验原理

把纤维片段的映像放大 500 倍并投影到屏幕上,用通过屏幕圆心的毫米刻度尺量出与纤维正交处的宽度(A 法)或用楔尺测量屏幕圆内的纤维直径(B 法),逐次记录测量结果,并计算出纤维直径平均值。本方法适用于各种形态,各种类型毛纤维细度的测试。

2. 仪器和器具

(1)投影显微镜。

(2)印有放大 500 倍刻度的楔尺。

注:采用方法 B 测量纤维平均直径,需用中国纤维检验局印制的楔尺。

(3)显微镜测微尺,分度为 0.01 mm。

(4)纤维切片器,可将纤维切成 0.2～0.4 mm 片段长度。

(5)黏性介质,要求:①20℃时折射率在 1.43～1.53;②有适当的黏性;③吸水率为零。适用的介质有杉木油或液体石蜡等,不宜使用无水甘油。

(6)载玻片。厚度应与物镜测微尺玻璃片的厚度相同,长为 76 mm,宽为 26 mm。

(7)盖玻片。厚度为 0.13～0.17 mm。

3. 测试步骤

(1)样品预调湿和调湿

①预调湿是在 50℃烘箱内至少烘半小时。若试验样品的回潮率低于标准平衡回潮率时,可不进行预调湿。

②调湿是将预调湿后的实验样品置于温度为(20±2)℃,相对湿度为(65±3)%的条件下,放置一定时间后称重,当两次重量的增量(两次称重相隔 2 h)不超过后一次重量的 0.25%时,即认为实验样品达到吸湿平衡。

③实验条件:温度(20±2)℃,相对湿度(65±3)%。

(2)试样制备

①把洗净的羊毛实验样品大致分成 40 份,从每一份中取出一簇纤维一分为二,注意不可使纤维拉断,随机丢弃一半,稍加整理使纤维基本呈平行状态,再从纵向分取一束,一分为二,丢弃一半,如此继续操作,直到每份剩下约 100 根纤维,这样共剩下约 4 000 根纤维。

②如果纤维含油率大于 1%,则用石油醚或其他溶剂处理两次,待干燥后放在标准大气中调湿。

③用纤维切片器或双刀片切取 0.2～0.4 mm 长的纤维片段,至少切 3 次,将这些纤维片段充分混合,取出一小部分放在滴有黏性介质的载玻片上,用镊子搅拌,使之均匀分布在介质内,盖上盖玻片。注意,应先去除多余的黏性介质混合物,保证覆上盖玻片后不会有介质从盖玻片下挤出,以免细纤维流失。

④本实验共制作 3 只试样(3 个载玻片),以供测量使用。

(3)试样检测

①校准放大倍数。将分度为 0.01 mm 的测微尺放在载物台上,投影在屏幕上测微尺的一个分度(0.01 mm)应精确地被放大为 5 mm,这时放大倍数为 500 倍。

②调焦。纤维边缘显示一细线,没有白色或黑色边线时处在焦平面上。当纤维映象的两

边不同时在焦平面上，调焦时使一个边缘在焦点上而另一边显示白线，然后测量在焦点上的边线到白线内测的宽度。

③测量。把载有试样的载玻片放在显微镜载物台上，盖玻片面对物镜，首先对盖玻片的角A进行调焦，纵向移动载玻片0.5 mm到B，再横向移动0.5 mm；这两步将在屏幕上取得第一个视野。按照此规则测量视野圆周内的每根纤维直径。在测量时对于以下情况应排除：

a. 其长度有一半以上在圆周以外的纤维；

b. 端部在透明刻度尺宽度范围内的纤维；

c. 在测量点上与另一根纤维相交的纤维；

d. 严重损伤或畸形的纤维。

第一视野内的纤维测量完毕后，将载玻片横向移动0.5 mm，这样在屏幕上出现第二个视野，沿载玻片的整个长度按相同方法继续进行，在到达盖玻片右边C处时，将载玻片纵向移动0.5 mm至D，并继续以0.5 mm步程横向移动测量。按下图所示的A，B、C、D、E、F、G……的次序检验整个载玻片中的试样，操作者不可随便选择被测量的纤维；纤维明显一端粗、一端细长，应测其居中部位。

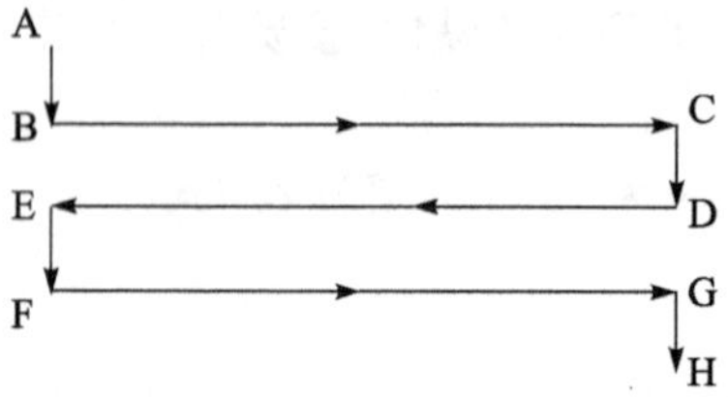

上述测量应由两名操作者各自独立进行，结果以二者测得结果平均值表示。若两者测得的结果差异大于两者平均值的3%时，应测量第三个试样，最终结果取3个试样实测数值的平均值。

(4)测量记录

A法：测量每根纤维都要使楔尺的一边与对准焦点的纤维一边相切，在纤维的另一边与楔尺另一边相交处读出数值，测量结果记在楔尺上。

B法：测量每一根纤维都要使分度刻度尺的一刻线与对准焦点的纤维一边相切。按A法所述，在纤维另一边上读出直径，测量结果可记入表格。如果纤维未对准焦点的边缘，落在刻度尺的两个分度之间，将其记在较小的毫米整数组内，在以后的计算中，可将记录在N组内的所有纤维的直径看作$N+0.5$ mm，当偶尔有一根纤维的直径正好处于毫米整数时，那么这根纤维既可算作$N-0.5$ mm组，也可算作$N+0.5$ mm组。当这种情况出现时，要把它们交替记作$N+0.5$ mm组和$N-0.5$ mm组计算。

4. 实验结果计算和整理

以mm为单位计算上述测量的算术平均值，在放大倍数为500时，将算术平均值乘以2，就是以μm为单位的纤维平均直径。

(1)计算公式(B法)

$$\bar{X}_{\text{mm}} = A + 0.5 + \frac{\sum(F \times D)}{\sum F} \times I$$

$$\bar{X} = \bar{X}_{\text{mm}} \times 2$$

$$S = \sqrt{\frac{\sum(F \times D^2)}{\sum F} - \left[\frac{\sum(F \times D)}{\sum F}\right]^2} \times I$$

$$CV=\frac{S}{\bar{X}}$$

式中：$\bar{X}_{mm}$ 为以 mm 计的纤维平均直径，mm；$\bar{X}$ 为以 μm 计的纤维平均直径，μm；A 为假定平均直径，mm；F 为测量根数；D 为相对假定算术平均数之差；I 为组距，1 mm；S 为标准差，μm；CV 为变异系数，%。

(2)数值修约　试验结果计算至小数点后三位，修约至两位小数。数字修约按 GB—8170 的规定进行。

实验三　羊的年龄鉴定

一、目的意义

绵、山羊的年龄一般根据育种记录和耳标就可了解，但在无耳号情况下，只能根据绵、山羊牙齿的更换和磨损情况进行初步判定。通过实习，学会根据绵、山羊牙齿变化情况判断羊只年龄的大小，为养羊生产实践中进行个体羊综合品质评定和选种、选育奠定基础。

二、实验材料

周岁以上绵、山羊若干只。

三、方法和步骤

(一)保定

可以通过助手帮助保定，也可以一个人单独操作。

(二)判定根据

绵、山羊牙齿的变化随品种、饲料条件等的不同而略有差异，但在一般情况下，可对照实验表 3-1 所列内容进行判断。

实验表 3-1　绵、山羊年龄判断表

绵、山羊年龄	乳门齿的更换及永久齿的磨损	习惯叫法
1.0～1.5	乳钳齿更换	对牙
1.5～2.0	乳内中间齿更换	四齿
2.5～3.0	乳外中间齿更换	六齿
3.5～4.0	乳偶齿更换	新满口
5	钳齿齿面磨平	老满口
6	钳齿齿面磨损显著，牙齿变短	
7	钳齿齿面磨损显著，牙齿间出现缝隙	漏水
8	开始有牙齿脱落	破口
9～10	牙齿基本脱落	光口

四、结果整理

记录每只羊的年龄大小，如果能查阅到育种记录，可以比较通过牙齿鉴定年龄与实验年龄大小的差别。

实验四　羊的外貌鉴定

一、目的意义

羊的外貌鉴定是羊育种选种工作的重要环节之一，通过实习，学习和掌握肉用羊、奶用羊鉴定技术和基本方法，为生产中进行羊的选种选育积累理论知识和实践经验。

二、实验材料

周岁以上肉用羊、奶用羊若干只，绵、山羊外貌鉴定评分表、消毒液等。

三、方法和步骤

每个鉴定人员应配备一位记录，两位抓羊及保定人员。为了便于现场学习、记录和资料整理，以肉用品种南江黄羊和奶用品种萨能奶山羊品种体型外貌鉴定项目、分级评分标准为例，供参考。

（一）肉用羊外貌鉴定的主要内容

（1）外貌描述　标准南江黄羊体型外貌是：全身被毛黄褐色、毛短富有光泽。颜面黑黄、鼻梁两侧有一对称的浅黄色条纹。公羊颈部及前胸被毛黑黄粗长。枕部沿背脊有一条黑色毛带，十字部渐浅。头大小适中，母羊颜面清秀。大多数有角，少数无角。耳较长或微垂，鼻梁微隆。公、母羊均有毛髯，少数羊颈下有肉髯。体型大、匀称，肉用体型明显；头小额宽，鼻端为粉红色，面部清秀、无杂色毛；颈长短适中，与肩部结合良好；胸深而广，肋骨开张；背腰平直，尻部倾斜适中；四肢粗壮，肢势端正、蹄质坚实。体质结实，结构匀称，体躯略呈圆桶形。公羊额宽、头部雄壮、睾丸发育良好。母羊乳房发育良好。

（2）评分标准　根据外貌描述内容，对其外貌评分如实验表4-1和实验表4-2所示。

实验表4-1　南江黄羊体型外貌鉴定评分表

项目		评分要求	满分	
			公	母
外貌	被毛	被毛黄色、富有光泽。自枕部沿背脊有一条黑色毛带，十字部渐浅，颜面黑黄、鼻梁两侧有一对称的浅黄色条纹。公羊颈部及前胸被毛黑黄粗长	14	13
	头形	头大小适中，额宽面平、鼻微拱，耳大长直或微垂	8	6
	外形	体躯略呈圆桶形，公羊雄壮，母羊清秀	6	5
	小计		28	24

续实验表 4-1

项目		评分要求	满分	
			公	母
体躯	颈	公羊粗短,母羊较长,与肩结合良好	6	6
	前躯	胸部深广,肋骨开张	10	10
	中躯	背腰宽平,腹部较平直	10	10
	后躯	荐宽、尻丰满斜平适中,母羊乳房呈梨形,发育良好,无附加乳头	12	16
	四肢	粗壮端正,蹄质结实	10	10
	小计		48	52
发育	外生殖器	发育良好,公羊睾丸对称,母羊外阴部正常	10	10
	整体结构	肌肉丰满、膘情适中体质结实,各部结构匀称、紧凑	14	14
	小计		24	24
总计			100	100

(3)等级划分　对外貌评分后,再对其外貌等级进行划分如实验表 4-2 所示。

(二)奶用羊外貌鉴定的主要内容

(1)外貌描述　萨能奶山羊具有乳用家畜特有的楔形体型,体格高大,细致紧凑。头长,面直,耳薄、常向前方平伸,眼大灵活。被毛粗短,为白色或淡黄色。皮肤薄,呈粉红色。公、母羊均无角或偶有短角,大多有须,有些颈部有肉垂。公羊颈粗壮、母羊颈细长。胸部宽深,背腰长而平直,后躯发育好。公羊腹部浑圆紧凑,母羊腹大而不下垂。四肢结实,姿势端正。蹄质坚实呈蜡黄色。母羊乳房基部宽广,向前延伸,向后突出,质地柔软,乳头 1 对,大小适中。

实验表 4-2　南江黄羊外貌等级划分

等级	公羊	母羊
特	≥95	≥95
一	≥85	≥85
二	≥80	≥75
三	≥75	≥65

(2)评分标准　根据外貌描述内容,对其外貌评分如实验表 4-3 和实验表 4-4 所示。

实验表 4-3　母羊外貌鉴定评分表

项目	满分标准	标准分
一般外貌	体质结实、结构匀称、轮廓明显,反应灵敏。外貌特征符合品种要求。头长、清秀,鼻直、嘴齐,眼大有神,耳长、薄并前倾、灵活,颈部长。皮肤柔软、有弹性。毛短,白色有光泽	25
体躯	体躯长、宽、深,肋骨开张、间距宽,前胸突出且丰满,背腰长而平直,腰角宽而突出,肷窝大,腹大而不下垂,尻部长而不过斜,臀端宽大	30
泌乳系统	乳房容积大,基部宽广、附着紧凑,向前延伸、向后突出。两叶乳区均衡对称。乳房皮薄、毛稀、有弹性,挤奶后收缩明显,乳头间距宽,位置、大小适中,乳静脉粗大弯曲,乳井明显,排乳速度快	30
四肢	四肢结实、肢势端正,关节明显而不膨大、肌腱坚实、前肢端正,后肢飞节间距宽,利于容纳庞大的乳房,系部坚强有力,蹄形端正、蹄质坚实、蹄底圆平	15

实验表 4-4　公羊外貌鉴定评分表

项目	满分标准	标准分
一般外貌	体质结实、结构匀称、雄性特征明显。外貌特征符合品种要求。头大、额宽，眼大突出，耳长直立，鼻直，嘴齐，颈粗壮。前躯略高，皮肤薄而有弹性，被毛短而有光泽	30
体躯	体躯长而宽深，鬐甲高。胸围大，前胸宽广，肋骨拱圆，肘部充实。背腰宽平，腹部大小适中，尻长宽而不过斜	35
雄性特征	体躯高大，轮廓清晰，目光炯炯，温顺而有悍威。睾丸大、左右对称，附睾明显、富于弹性。乳头明显、附着正常、无副乳头	20
四肢	四肢健壮，肢势端正，肌腱坚实，前肢间距宽阔，后肢开张，蹄形端正，蹄缝紧密，蹄质坚韧，蹄底平正	15

(3)等级划分　对外貌评分后，再对公、母羊的外貌等级进行划分如实验表 4-5 所示。

实验表 4-5　外貌等级标准

品种		等级			
		特级	一级	二级	三级
成年公羊	≥	85	80	75	70
成年母羊	≥	80	75	70	65

四、结果整理

1. 参照肉用羊和乳用羊体型外貌鉴定标准和格式制定表格，将鉴定结果记入鉴定表中。
2. 按照鉴定结果，查阅并参照被鉴定羊只品种等级标准，对所鉴定羊只定出等级。

实验五　绵、山羊产肉力指标和羊肉品质测定

一、目的意义

绵、山羊的产肉力和羊肉品质是肉羊重要生产力指标，是衡量肉羊生产水平的重要依据。测定绵羊(或山羊)的肉用性能，是检验羊品种在产肉性能方面选育效果的重要手段；也是检验肉羊饲养效果的手段之一。通过实习实验，学习和掌握测定肉羊产肉力和评价羊肉品质的主要方法和过程。

二、实验材料

待宰肉羊若干只，秤、刀具、硫酸纸、铅笔、直钢尺、酸度计等。

三、方法和步骤

(一)肉羊产肉力指标的测定

(1)胴体重　胴体重指屠宰放血后，剥去毛皮、除去头、内脏及前肢膝关节和后肢趾关节以下部分后，整个躯体(包括肾脏及其周围脂肪)静置 30 min 后的重量。

(2)净肉重　净肉重指胴体经精细剔除骨头后余下的净肉重量。要求在剔肉后的骨头上附着的肉量及耗损的肉屑量不能超过 300 g。

(3)屠宰率　屠宰率指胴体重与羊屠宰前活重(宰前空腹 24 h)之比,用百分率表示。

$$屠宰率=胴体重/宰前活重\times100\%$$

(4)净肉率　净肉率一般指胴体净肉重占宰前活重的百分比。胴体净肉重占胴体重的百分比则为胴体净肉率。

$$净肉率=净肉重/宰前活重\times100\%$$

$$胴体净肉率=净肉重/胴体重\times100\%$$

(5)骨肉比　骨肉比指胴体骨重与胴体净肉重之比。

(6)眼肌面积　测量倒数第 1 与第 2 肋骨之间脊椎上眼肌(背最长肌)的横切面积,该测定值与产肉量呈高度正相关。测量方法:一般用硫酸绘图纸描绘出眼肌横切面的轮廓,再用求积仪计算出面积。如无求积仪,可用下面公式估测:

$$眼肌面积(cm^2)=眼肌高度\times眼肌宽度\times0.7$$

(7)GR 值　GR 值指在第 12 与第 13 肋骨之间,距背脊中线 11 cm 处的组织厚度,作为代表胴体脂肪含量的标志(参见图 2-10)。GR 值(mm)大小与胴体膘分的关系:0～5 mm,胴体膘分为 1(很瘦);6～10 mm,胴体膘分为 2(瘦);11～15 mm,胴体膘分为 3(中等);16～20 mm,胴体膘分为 4(肥);21 mm 以上,胴体膘分为 5(极肥);我国制定的羊肉质量分级标准(NY/T 630—2002)中,将 GR 值称为“肋肉厚”。

(二)羊肉品质评定

1. 肉色

实验原理:肉色是指肌肉的颜色,是由组成肌肉中的肌红蛋白和肌白蛋白的比例所决定。但与肉羊的性别、年龄、肥度、宰前状态、放血的完全与否、冷却、冻结等加工情况有关。成年绵羊的肉呈鲜红或红色,老母羊肉呈暗红色,羔羊肉呈淡灰红色。一般情况下,山羊肉的肉色较绵羊肉色红。

实验方法:评定肉色时,可用分光光度计精确测定肉的总色度,也可按肌红蛋白含量来评定,现场多用目测法。即取最后一个胸椎处背最长肌(眼肌)为代表,新鲜肉样于宰后 1～2 h,冷却肉样于宰后 24 h 在 4℃左右冰箱中存放。在室内自然光度下,用目测评分法评定新鲜肉切面,避免在阳光直射下或在室内阴暗处评定。灰白色评 1 分,微红色评 2 分,鲜红色评 3 分,微暗红色评 4 分,暗红色评 5 分。两级间允许评 0.5 分。具体评分时可用美式或日式肉色评分图对比,凡评为 3 分或 4 分者均属正常颜色。

2. 大理石纹

实验原理:指肉眼可见的肌肉横切面红色中的白色脂肪纹状结构,红色为肌细胞,白色为肌束间的结缔组织和脂肪细胞。白色纹理多而显著,表示其中蓄积较多的脂肪,肉多汁性好,是简易衡量肉含脂量和多汁性的方法。若要准确评定,需经化学分析和组织学方法等测定。

实验方法:现在常用的方法是取第一腰椎部背最长肌鲜肉样,置于 0～4℃冰箱中 24 h 后,取出横切,以新鲜切面观察其纹理结构,并借用大理石纹评分标准图评定。只有大理石纹的痕迹评为 1 分，有微量大理石纹评为 2 分，有少量大理石纹评为 3 分，有适量大理石纹评为 4 分，有过量大理石纹的评为 5 分。

3. 羊肉酸碱度(pH)的测定

实验原理：羊肉酸碱度是指肉羊宰杀停止呼吸后，在一定条件下，经一定时间所测得的 pH。

实验方法：现常用酸度计测定肉样 pH，按酸度计使用说明书在室温下进行。直接测定时，在切开的肌肉面用金属棒从切面中心刺一个孔，然后插入酸度计电极，使肉紧贴电极球端后读数。捣碎测定时，将肉样加入组织捣碎机中捣 3 min 左右，取出装在小烧杯中，插入酸度计电极测定。

评定标准：鲜肉 pH 为 5.9～6.5；次鲜肉 pH 为 6.6～6.7；腐败肉 pH 在 6.7 以上。

4. 羊肉失水率测定

实验原理：失水率是指羊肉在一定压力条件下，经一定时间所失去的水分占失水前肉重的百分数。失水率越低，表示保水性能越强，肉质柔嫩，肉质越好。

实验方法：测定时，截取第一腰椎以后背最长肌 5 cm 肉样一段，平置在洁净的橡皮片上，用圆形取样器(面积约 5 cm^2)，切取中心部分眼肌样品一块，其厚度为 1 cm，立即用感量为 0.001 g 的天平称重，然后放置于铺有多层吸水性好的定性中速滤纸，以水分不透出、全部吸净为度，一般在 18 层定性中速滤纸的压力计平台上，肉样上方覆盖 18 层定性中速滤纸，上、下各加一块书写用的塑料板，加压至 35 kg，保持 5 min，撤除压力后，立即称量肉样重量。肉样加压前后重量的差异即为肉样失水重。按下列公式计算失水率：

$$失水率=(肉样压前重量-肉样压后重量)/肉样压前重量\times 100\%$$

5. 羊肉系水率测定

实验原理：系水率是指肌肉保持水分能力，用肌肉加压后保存的水量占总含水量的百分数表示。

实验方法：测定方法是取背最长肌肉样 50 g，按食品分析常规测定法测定肌肉加压后保存的水量占总含量的百分数。

$$系水率=(肌肉总水分量-肉样失水量)/肌肉总水分量\times 100\%$$

6. 熟肉率

实验原理：熟肉率指肉熟后与生肉的重量比率。

实验方法：取一侧腰大肌中段约 100 g，于宰杀后 12 h 内进行测定。剥离肌外膜所附着的脂肪后，用感量 0.1 g 的天平称重(W_1)，将样品置于铝蒸锅的蒸屉上用沸水在 2 000 W 的电炉上蒸煮 45 min，取出后冷却 30～45 min 或吊挂于室内无风阴凉处，30 min 后再称重(W_2)。计算公式为：

$$熟肉率=W_2/W_1\times 100\%$$

7. 羊肉的嫩度

实验原理：羊肉嫩度是指肉的老嫩程度，是人食肉时对肉撕裂、切断和嚼咀时的难易，嚼后在口中留存肉渣的大小和多少的总体感觉。

实验方法：羊肉嫩度评定通常采用仪器评定和品尝评定两种方法。仪器评定目前通常采用肌肉嫩度计，以 kg 为单位表示。数值愈小，肉愈细嫩，数值愈大，肉愈粗老。口感品尝法通常是取后腿或腰部肌肉 500 g 放入锅内蒸 60 min，取出切成薄片，放于盘中，佐料任意添加，凭咀嚼碎裂的程度进行评定，易碎裂则嫩，不易碎裂则表明粗硬。

8. 膻味

实验原理：膻味是绵、山羊所固有的一种特殊气味，致膻物质的化学成分主要存在于脂肪酸中，起关键作用的有己酸（$C_6H_{12}O_2$）、辛酸（$C_8H_{16}O_2$）、癸酸（$C_{10}H_{20}O_2$）及4-乙基辛-2-烯酸等低碳链游离脂肪酸，但是它们单独存在并不产生膻味，必须按一定的比例结合成一种较稳定的络合物，或者通过氢键以相互缔合形式存在时，才产生膻味。

实验方法：鉴别羊肉膻味最简便的方法是煮沸品尝。取前腿肉 0.5～1.0 kg 放入铝锅内蒸 60 min，取出切成薄片，放入盘中，不加任何佐料（原味），凭咀嚼感觉来判断膻味的浓淡程度。

四、结果整理

（1）绵羊（或山羊）主要产肉力测定结果　将测定的主要产肉力指标整理后记录于实验表 5-1。

实验表 5-1　绵羊（或山羊）屠宰测定结果记录

羊号	胴体重/kg	屠宰率/%	GR 值/mm	眼肌面积/cm^2	净肉重/kg	净肉率/%	骨肉比/%

（2）绵羊（或山羊）主要肉品质评定结果　将羊肉主要品质评定结果记录于实验表 5-2。

实验表 5-2　绵羊（或山羊）肉品质评定结果记录

肉样序号	时间/h	肉色/分	大理石纹/分	酸碱度	失水率/%	系水率/%	熟肉率/%	嫩度/kg	膻味

实验六　羊饲料配方设计

一、目的意义

为保证不同年龄、不同生理阶段的羊只的生长发育、繁殖和生产，在养羊业生产中，要设计和选择不同的饲料配方。试差法是生产中应用较广泛的一种饲料配制方法，也称试配法。此法是根据经验，先拟定一个饲料配方，然后计算该配方的营养成分含量，再与饲养标准比较，如果某种营养成分含量过多或不足，再适当调整配方中饲料原料的比例，反复调整，直到所有营养成分都满足要求为止。通过本试验，使学生掌握试差法的应用原理、方法和操作步骤，学会根据现有条件进行羊的饲料配方设计。

二、实验材料

饲料原料成分表，饲养标准。

三、方法和步骤

为体重 30 kg，预期日增重 295 g 的生长育肥绵羊配制日粮，可用饲料有玉米秸、野干草、玉米、麸皮、棉籽饼、豆饼、磷酸氢钙、石粉、食盐。计算步骤如下：

1. 查阅标准

查美国绵羊饲养标准(NRC,1985)与饲料成分表,列出必要参数(实验表 6-1、实验表 6-2)。

实验表 6-1　体重 30 kg、日增重 295 g 的生长育肥羊饲养标准

干物质/[kg/(只·d)]	代谢能/[MJ/(只·d)]	粗蛋白/[g/(只·d)]	钙/[g/(只·d)]	磷/[g/(只·d)]
1.30	14.25	191.00	6.60	3.20

实验表 6-2　供选饲料养分含量

饲料名称	干物质/%	代谢能/(MJ/kg)	粗蛋白/%	钙/%	磷/%
玉米秸	90.9	7.06	5.9		
野干草	90.6	6.56	8.9	0.54	0.09
玉米	88.4	12.63	8.6	0.04	0.21
麸皮	88.6	9.07	14.4	0.18	0.78
棉籽饼	92.2	11.24	33.8	0.64	
豆饼	90.6	13.08	43.0	0.32	0.05
磷酸氢钙	99.0			23.29	18.00
石粉	99.0			38.42	

2. 计算粗饲料提供的营养量

饲料干物质采食量 1.3 kg/(只·d),育肥羊精粗比一般 6∶4,30 kg 体重的肉羊需粗饲料干物质为 0.52 kg,其中 1/2 为玉米秸(0.52×1/2=0.26 kg),1/2 为野干草(0.26kg)。计算出粗饲料提供的养分(实验表 6-3)。

实验表 6-3　粗饲料提供的养分量

饲料名称	干物质/kg	代谢能/MJ	粗蛋白质/g	钙/g	磷/g
玉米秸青贮	0.26	2.02	16.88	0	0
野干草	0.26	1.88	25.54	1.55	0.26
合计	0.52	3.90	42.42	1.55	0.26
标准	1.30	14.25	191.00	6.60	3.20
与标准差值	0.78	10.35	148.58	5.05	2.94

3. 精饲料配合

通过上述配比,粗饲料提供的营养与营养标准比较不足的部分,由混合精料供给。试定各种精料用量并计算出养分含量(实验表 6-4)。

实验表 6-4 试定精料养分含量

饲料种类	用量/kg	干物质/kg	代谢能/MJ	粗蛋白/g	钙/g	磷/g
玉米	0.536 6	0.474 4	6.778	46.151	0.214 7	1.126 9
麸皮	0.091 8	0.081 3	0.832 4	13.215	0.165 2	0.715 8
棉籽饼	0.043 7	0.040 3	0.491 2	14.771	0.135 5	0.279 7
豆饼	0.174 8	0.158 4	2.286	75.164	0.559 4	0.087 4
磷酸氢钙	0.008 74	0.008 65	0	0	2.035 5	1.573 2
石粉	0.005 24	0.005 19	0	0	2.014 7	0
预混料	0.004 37	0.004 89	0	0	0	0
食盐	0.008 74	0.008 74	0	0	0	0
合计	0.874	0.781 8	10.388	149.30	5.125	3.783
需补充		0.78	10.35	148.58	5.05	2.94
超出量		0.001 8	0.038	0.72	0.075	0.843

4. 调整配方

由实验表 6-4 可见日粮中的综合净能和粗蛋白已基本符合要求，如果代谢能高(或低)，应相应减(或增)能量饲料，粗蛋白也是如此，能量和蛋白符合要求后再看钙和磷的水平及比例，两者都已超出标准，且钙磷比为 1.65(符合钙磷比 1.5～2.0)，不必补充相应的饲料。

5. 确定饲料配方

此育肥羊日粮配方为实验表 6-5 和实验表 6-6。

实验表 6-5 育肥羊日粮配方 kg

饲料	玉米秸	野干草	玉米	麸皮	棉籽饼	豆饼	磷酸氢钙	石粉	食盐	预混料
数量	0.286	0.287	0.537	0.092	0.044	0.175	0.008 7	0.005 2	0.008 7	0.004 4

实验表 6-6 精料混合料配方 %

玉米	麸皮	棉籽饼	豆饼	磷酸氢钙	石粉	食盐	预混料
61.4	10.5	5.0	20.0	1.0	0.6	1.0	0.5

四、作业

改变羊的体重、日增重和现有饲料种类，设计一个饲料配方。

实验七 鲜羊奶的常规检验

一、目的意义

为了确保鲜羊奶的质量，加工成优质高档羊奶产品，在收购时要对鲜羊奶进行检查验收。鲜羊奶检查验收的项目很多，各地因地制宜，不同地区检查的标准亦不尽一致。鲜羊奶的常规检验方法，在生产上简单、易于操作，方便群众。通过本试验操作，可以使学生了解鲜羊奶的基本特性，掌握鲜羊奶常规检验基本理论方法，并在生产实践中进行运用。

二、实验材料

鲜羊奶、小烧杯、比重计、温度计（50℃或100℃，棒状水银温度计即可）、玻璃量筒（200～250 mL）、酒精等。

三、方法和步骤

（一）色泽

（1）实验原理　正常的新鲜羊奶呈白色而不透明，色泽比牛奶白。羊奶的不透明性是由于脂肪球和酪蛋白微粒受光线反射引起的。羊奶的色泽与品种和所喂饲料的种类及生理时期有关。如萨能奶山羊的乳汁色泽比杂种改良羊的要白一些。饲喂青绿饲料和放牧的羊，乳的色泽比喂干饲料的要深。初乳比常乳的色泽较深，浓稠。如果羊奶的色泽异常，如出现粉红色、青灰色的乳均为乳房炎乳；若羊奶呈黄褐色，是羊奶中混有尿液等一类杂物的表现；若羊奶呈淡青色，是羊奶中加有食盐、水和面汤的表现。异常乳属于不合格乳。

（2）实验方法　取鲜羊奶初乳和常乳各50 mL，分别分成2份，放在小烧杯中，比较观察其色泽。记录鲜乳的正常色泽，并观察看有没有异常情况，如有分析原因。

（二）气味

（1）实验原理　正常新鲜羊奶的气味，略带豆香味，加热时味道更浓。这是因为羊奶中含有一些乳糖和固有的低级脂肪酸。但羊奶的气味常因外界不清洁的环境或奶山羊所喂饲料而改变。如在繁殖季节，公羊舍离泌乳羊舍很近，公羊副性腺分泌物所散发的膻味，很容易被羊奶吸附，使羊奶散发出强烈的膻味；若羊体不干净或挤奶场所不卫生，周围环境中的不良气体亦会吸附到羊奶中，使其产生某些特殊的异味。在饲料的选择上，泌乳羊切勿喂给大量的葱、韭菜、紫云英或其他含有挥发性油类的饲料，因为这些饲料在羊体中消化吸收后，此种挥发性油类便会在乳中产生，使乳也具有此种不良的气味。

（2）实验方法　取新鲜羊奶20 mL放在小烧杯中，也可利用观察色泽试验时所用奶进行试验。将鼻子从远及近慢慢靠近烧杯的上面，深吸气，轻轻嗅闻，及时记录所闻到的气味，如有异常气味，分析其原因。

（三）比重或密度

（1）实验原理　比重或密度用乳比重计直接测定，其测定的目的是检查乳中无脂干物质含量的多少。比重是指某物质的重量与同温度同体积水的重量之比。实际上乳的比重计是以15℃为标准。而密度是指一定温度下单位容积内的质量，乳的密度系指在20℃时的质量与同容积水在4℃时的质量比（即20℃/4℃）。在同温度下，比重和密度的绝对值差异很小，几乎可以通用。采用两种方法测定，同一份常乳可测得密度为1.030，而比重则为1.028，仅相差0.002。乳的密度或比重是其中所含各种成分的总和，由于乳中的无脂干物质都比水重，所以乳中干物质愈多，比重愈大。初乳因无脂干物质多，所以其密度也高（1.038～1.042）。乳中脂肪比水轻，因此，脂肪增加时密度或比重降低。乳的密度或比重，随温度而变化，在10～25℃范围内，温度每变化1℃，乳的密度相差0.000 2，或乳比重计的0.2度。乳中加水时，密度或比重即行降低，每加10%的水，密度约降低0.003，即普通乳比重计的3度。在鲜奶检验过程中，若密度或比重低于1.026，一般降级处理或按每低1度，扣除10%的水分。测定羊奶的比重计或称乳稠计，与牛奶上所用的相同。测定范围为 1.015～1.045。在比重计上刻有 15～45 范围的刻度，以“度”来表示。例如其刻度为 15，即相当于比重 1.015；刻度为 30，则相当于比重 1.030。比重计有两种，一种为 15℃/15℃ 比重计（又称此为比重乳稠计），另一种为 20℃/4℃ 乳稠计（又称为密度乳稠计）。后者度数换算为前者时，在后者度数上加 2 即可。

(2)实验方法　先将羊奶充分混匀，取样约 200 mL，沿玻璃量筒壁徐徐注入量筒，避免产生泡沫，然后将比重计轻轻插入量筒内的羊奶中心，使其徐徐下沉，静置 1～3 min 后读取羊奶液面的刻度，以羊奶液面的月牙形上部尖端部分为准。同时，用温度计测羊奶温度，如果不是 15℃，可参考实验表 7-1 查取该羊奶 15℃时的比重。

实验表 7-1　全脂乳比重换算表

	温度/℃										
	10	11	12	13	14	15	16	17	18	19	20
比重乳稠计度数	24.2	24.3	24.5	24.6	24.8	25.0	25.2	25.4	25.6	25.8	26.0
	25.2	25.3	25.5	25.6	25.8	26.0	26.2	26.4	26.6	26.9	27.1
	26.2	26.3	26.5	26.6	26.8	27.0	27.2	27.4	27.6	27.9	28.2
	27.1	27.2	27.4	27.6	27.8	28.0	28.2	28.4	28.6	28.9	29.2
	28.1	28.2	28.4	28.6	28.8	29.0	29.2	29.4	29.6	29.9	30.2
	29.0	29.2	29.4	29.6	29.8	30.0	30.2	30.4	30.6	30.9	31.2
	30.0	30.2	30.4	30.6	30.8	31.0	31.2	31.4	31.7	32.0	32.3
	31.0	31.2	31.4	31.6	31.8	32.0	32.2	32.4	32.7	33.0	33.3
	32.0	32.2	32.4	32.6	32.8	33.0	33.2	33.4	33.7	34.0	34.3
	32.9	33.1	33.3	35.5	33.8	34.0	34.2	34.4	34.7	35.0	35.3
	33.8	34.0	34.2	34.4	34.7	35.0	35.2	35.4	35.7	36.0	36.3

例如，在乳温 18℃时所测的羊奶比重为 1.030 6（即表中 18℃下的 30.6），则 15℃时查表得 1.030 0。

如果用 20℃/4℃ 比重计（密度乳稠计）时，可按下法计算，即测定羊奶的温度高于 20℃时，每高出 1℃应加比重计（15℃/15℃）度数 0.2 度；如果乳的温度低于 20℃时，则每低 1℃应减去比重计（15℃/15℃）度数 0.2 度。

例如，在温度为 16℃时测得比重计（15℃/15℃）度数为 31 度，则 20℃时应为：

31－(20－16)×0.2＝31－0.8＝30.2，即相当于比重 1.030 2。

在温度 25℃时测得比重计（15℃/15℃）度数为 29.8 度，则 20℃时应为：29.8＋(25－20)×0.2＝29.8＋1.0＝30.8，即相当于比重 1.030 8。

(四)新鲜度

(1)实验原理　新鲜度是评定鲜羊奶受到污染的程度的一个指标。若羊奶放置时间过长，则奶中的乳酸菌就会大量繁殖，分解乳糖，致使奶中酸度增高，不能加工成合格的乳制品。生产上检查羊奶新鲜度的方法常用的是酒精阳性反应法。这种检验方法速度快，手续简便，现在生产上仍广泛采用。但如果羊奶钙的含量高，而钾的含量低，这种检验办法灵敏度和特异性不强，不易区分低酸度酒精阳性乳（16 °T 以下）。

用酒精阳性反应法检查羊奶新鲜度时，所用的酒精浓度为60度。若60度中性酒精与等容积的羊奶混合均匀后，出现蛋白质凝固现象，我们就称这种乳为酒精阳性乳，这个反应就叫羊奶的酒精阳性反应。把出现酒精阳性反应的乳定为不合格乳。

(2)实验方法　用刻度吸管吸取60度中性酒精2 mL，置于洁净干燥的玻璃试管中(15×150)，用另一刻度吸管吸取搅拌均匀的待检的不同时间羊奶2 mL(包括新鲜奶和隔夜奶)，注入试管中，充分摇动，使酒精与羊奶混合，若不出现阳性反应的乳称为新鲜乳，对于新奶，可再经过15 min、30 min、1 h检测一次，记录在不同时间观察，鲜奶发生的变化。

四、结果整理

根据观察和试验，把结果整理到实验表7-2中。

实验表7-2　羊奶的常规检查结果

实验项目	实验结果	结果分析
色泽		
气味		
比重或密度		
新鲜度		

参考文献

[1] 崔中林,罗军.规模化安全养奶山羊综合新技术[M].北京:中国农业出版社,2005.
[2] 崔中林.奶山羊无公害养殖综合新技术[M].北京:中国农业出版社,2003.
[3] 冯建忠.羊繁殖实用技术[M].北京:中国农业出版社,2004.
[4] 国家畜禽遗传资源委员会.中国畜禽遗传资源志:羊志[M].北京:中国农业出版社,2011.
[5] 贾志海.现代养羊生产[M].北京:中国农业出版社,1999.
[6] 蒋思文.畜牧概论[M].北京:高等教育出版社,2006.
[7] 金世琳.乳品工业手册[M].北京:中国轻工业出版社,1987.
[8] 李建国,田树军.肉羊标准化生产技术[M].北京:中国农业大学出版社,2003.
[9] 李建文.奶山羊高效益饲养技术[M].北京:金盾出版社,1996.
[10] 李拥军,薛慧文,张浩.肉羊健康高效养殖[M].北京:金盾出版社,2009.
[11] 李志农.中国养羊学[M].北京:农业出版社,1993.
[12] 刘荫武,曹斌云.应用奶山羊生产学[M].北京:中国轻工业出版社,1990.
[13] 吕效吾.养羊学[M].北京:中国农业出版社,1981.
[14] 马兴元.羊皮制革技术[M].北京:化学工业出版社,2005.
[15] 王恬.畜牧学通论[M].北京:高等教育出版社,2002.
[16] 张英杰.绵羊舍饲半舍饲养殖技术[M].北京:中国农业大学出版社,2003.
[17] 张英杰.养羊手册[M].2版.北京:中国农业大学出版社,2005.
[18] 张英杰.羊生产学[M].北京:中国农业大学出版社,2010.
[19] 张英杰.规模化生态养羊技术[M].北京:中国农业大学出版社,2012.
[20] 张英杰,刘月琴.羔羊快速育肥法[M].北京:中国农业科学技术出版社,2014.
[21] 赵有璋.现代中国养羊[M].北京:金盾出版社,2005.
[22] 赵有璋.羊生产学[M].3版.北京:中国农业出版社,2011.
[23] 中国羊品种志编写组.中国羊品种志[M].上海:上海科学技术出版社,1989.
[24] 中华人民共和国农业部.中国畜牧业年鉴2007[M].北京:中国农业出版社,2007.
[25] 中华人民共和国统计局.中国统计年鉴2007[M].北京:中国统计出版社,2007.
[26] 朱士恩.家畜繁殖学[M].5版.北京:中国农业出版社,2011.
[27] CoopI. E. Sheep and goat production, world animal science[M], C1. Amsterdam: Elsevier scientific publishing company, 1982.
[28] Gall, C. Goat production[M]. 2nd Printing. London: Academic press Inc(London)LTD, 1987.
[29] NRC. Nutrient Requirements of Goats[M]. Washington, D. C.: National Academy Press, 1981.
[30] 陈瑜芳.羊奶脱脂除膻及发酵工艺研究[D].福建农林大学,2013.
[31] 程胜利,郝正里,李发弟,等.不同营养水平全饲粮颗粒料肥育羔羊的效果[J].甘肃农业大学学报,2001,36(1):44-49.
[32] 道良佐.美国的羔羊肉生产[J].草食家畜,1988(2):1-4.

[33] 邓婵娟.奶山羊 IGF-I 和 IGF-IR 基因多态性及其与产奶、体尺性状的相关分析[D].西北农林科技大学,2010.
[34] 邓蓉,张存根,郭爱云.中国肉羊生产与贸易的现状及其发展对策[J].北京农学院学报,2006,21(3):69-73.
[35] 董世华.羊奶的营养价值[J].食品与健康,2001(4):19.
[36] 韩起文,秦立虎,孙武斌.原料奶掺假的快速检验技术[J].中国乳业,2005(7):43-45.
[37] 蓝贤勇.山羊重要功能基因遗传分析及其与经济性状的关系[D].西北农林科技大学,2007.
[38] 李静,许晓曦,滕国新.羊奶膻味脂肪酸代谢调控研究[J].食品工业科技,2010(4):402-404.
[39] 李军,杨星伟.肉羊产业化生产与宁夏畜牧业持续发展[J].宁夏农林科技,1999(6):27-29.
[40] 李信涛,吴京旗,吴士芳,等.优质肉羊业是"高产、优质、高效"的新产业[J].黑龙江畜牧兽医,2001(8):14-15.
[41] 李忠奎.发展优质肉羊产业前景广阔[J].黑龙江畜牧兽医,2001(9):39-40.
[42] 刘芳,邓蓉,刘柳,等.世界肉羊业生产及贸易研究[J].北京农学院学报,2007,22(1):49-53.
[43] 刘芳,何忠伟.中国肉羊产业国际竞争力影响因素分析[J].世界农业,2007(6):33-36.
[44] 刘洪波,施兆红.山羊奶——现代人类健康的营养佳品[J].中国畜牧杂志,2005,41(11):52-53.
[45] 罗海玲.建立有机、协调、稳定的良性循环发展模式,促进养羊业健康发展[J].中国畜牧杂志,2008(增刊):41-44.
[46] 马荣暖.奶山羊 α-乳清蛋白基因、β-乳球蛋白基因多态性及其与产奶及体尺性状的关联分析[D].西北农林科技大学,2010.
[47] 马月辉,付蓉.我国养羊业发展战略分析[J].黑龙江畜牧兽医,2003(6):8-10.
[48] 潘君乾.我国羊肉生产现状及发展趋向[J].动物科学与动物医学,2003,20(3):43-46.
[49] 彭华.我国肉羊生产存在的问题及发展趋势[J].当代畜牧,2007(5):1-4.
[50] 浦亚斌,马月辉,王瑞云,等.发展中的国内和国外肉羊业[J].中国草食动物,2002:29-32.
[51] 浦亚斌,马月辉.浅议提高我国绵羊肉生产能力的措施[J].中国草食动物,2004(S1):33-34.
[52] 任洪辉,张鹏,王永.我国奶羊产业发展的前景、问题和对策[J].江苏农业科学,2013,41(11):230-232.
[53] 王景元.小尾寒羊不同营养标准育肥试验报告[J].中国养羊,1992(2):19-22.
[54] 王兰昭.昌都地区推行羔羊育肥前景浅析[J].西藏畜牧兽医,1998(1):36-37.
[55] 王兆丹,魏益民,郭波莉,等.中国肉羊产业的现状与发展趋势分析[J].中国畜牧杂志,2009,45(10):19-23.
[56] 魏全意,吴金龙,丁永忠,等.预混料及不同精料给量对舍饲小尾寒羊育肥效果的研究[J].饲料研究,2003(1):5-7.

[57] 乌达巴拉，邵凯，达来，等. 国内外肉羊生产发展现状[J]. 养殖与饲料，2008(2):84-86.
[58] 武原红，冯旭芳，刘美云，等. 不同饲养方式养羊产肉对比试验[J]. 山西农业大学学报，1999，19(3):253-256.
[59] 徐为民，徐幸莲，周光宏. 宰后肉嫩化的机制酶假说与钙理论[J]. 肉类工业，2001(10):43-45.
[60] 徐颍，汪璇，刘小丹，等. 羊奶的优势与发展前景[J]. 黑龙江畜牧兽医，2010:36-38.
[61] 杨雨滋，金天新. 山羊皮革的特征与鉴别[J]. 中国皮革，2001(12):68-70.
[62] 战英杰. 中国羊毛生产和外贸格局及其影响因素分析[D]. 中国农业科学院，2011.
[63] 张德荣. 改良绵、山羊皮理化特性的研究[D]. 甘肃农业大学，2007.
[64] 张居农，刘红，苗启华，等. 调整以产毛为主的养羊生产方向，加快西部优质肉羊生产的步伐[J]. 中国畜牧杂志，2004，40(1):5-8.
[65] 张乃峰，刁其玉. 加快我国肥羔羊产业化发展的技术措施[J]. 中国草食动物，2003，23(6):43-45.
[66] 张孝若. 肉和肉制品的质量概念[J]. 肉类工业，1994(3):20-23.
[67] 张瑛，汤天彬，王庆普，等. 我国肉羊业生产现状与发展战略[J]. 中国草食动物，2005，25(3):46-47.
[68] 赵永聚. 国内外养羊业发展特点与趋势[J]. 畜牧市场，2004(8):7-11.
[69] 朱成昌. 山羊皮革现代工艺研究的进展[J]. 中国皮革，1990(5):16-18.